高等学校**计算机专业**
新形态教材精品系列

计算机组成与结构 第2版

罗福强 王光斌 黄婷◎编著

Computer Organization and Architecture

人民邮电出版社
北 京

图书在版编目（CIP）数据

计算机组成与结构：慕课版 / 罗福强，王光斌，黄婷编著. -- 2 版. -- 北京：人民邮电出版社，2025. 1. -- （高等学校计算机专业新形态教材精品系列）.
ISBN 978-7-115-64611-8

Ⅰ．TP303

中国国家版本馆 CIP 数据核字第 2024Q2U068 号

内 容 提 要

本书以当前主流微机技术为背景，全面介绍计算机各功能子系统的逻辑结构、组成和工作机制。本书共 10 章，包括计算机系统概述、运算方法与运算器、寻址方式与指令系统、主存储器、控制器、存储器系统、系统总线、I/O 接口、流水线技术、多处理机技术等。本书内容翔实，实用性强，提供比较完整的基于 Logisim 软件的虚拟仿真实验任务，配套丰富的学习资源，包括教学 PPT、重难点教学视频、课后作业、部分考研真题等。本书文字叙述简洁、流畅，没有晦涩的术语，力求将艰深的理论问题描述得更加通俗易懂。本书还突出新技术的发展与应用，尽量让每一位读者都有所收获。

本书可作为高等院校计算机类、自动化类、电子信息类等专业学生的教材，也可作为从事计算机专业相关工作的工程技术人员的参考书。

◆ 编　著　罗福强　王光斌　黄　婷
　　责任编辑　刘　博
　　责任印制　陈　犇

◆ 人民邮电出版社出版发行　　北京市丰台区成寿寺路 11 号
　　邮编　100164　　电子邮件　315@ptpress.com.cn
　　网址　https://www.ptpress.com.cn
　　涿州市京南印刷厂印刷

◆ 开本：787×1092　1/16
　　印张：21.25　　　　　　　　　　　2025 年 1 月第 2 版
　　字数：518 千字　　　　　　　　　2025 年 1 月河北第 1 次印刷

定价：79.80 元

读者服务热线：(010)81055256　印装质量热线：(010)81055316
反盗版热线：(010)81055315
广告经营许可证：京东市监广登字 20170147 号

传统关于计算机硬件原理的课程有"计算机组成原理""微型计算机原理""计算机系统结构"等，这些课程通常是计算机类、电子信息类等专业的必修课程。随着云计算、物联网、大数据、区块链、人工智能等新兴技术的全面发展，如何把更多的新兴技术融入课程体系，成为相关专业人才培养方案修/制订时面临的首要问题。如何调整传统的学科基础理论课程，特别是如何调整计算机硬件基础方面的课程，以适应时代发展的要求，成为非常棘手的问题；既要保证学科基础理论够用，又要保证应用型人才培养有足够的支撑，这就需要一种既能涵盖计算机组成与结构理论方面的主要内容，又能培养学生的硬件设计与创新能力的全新教材。正是出于这个目标，我们对本书第 1 版进行了全面修订。

本书共 10 章。第 1 章概述计算机的基本概念和计算机系统结构、组成与实现的关系，分析影响计算机系统结构设计的主要因素；第 2 章以定点加、减、乘、除、移位运算逻辑以及溢出判断逻辑为重点，深入讨论运算器的设计与组织方法；第 3 章以 Intel 80x86 指令集为例全面介绍指令系统及其设计方法；第 4 章着重讨论主存储器的设计方法；第 5 章以单总线结构为例讨论控制器的时序控制和信息传送控制原理，阐述指令的执行流程，分析组合逻辑控制器和微程序控制器的组成与设计方法；第 6 章介绍存储器系统的结构，重点讨论并行存储器、高速缓存、虚拟存储器和磁盘存储器的组成结构和工作原理；第 7 章介绍系统总线及其设计方法；第 8 章主要介绍 I/O 接口的两种工作方式——中断方式和 DMA 方式，讨论 I/O 接口的组成结构与实现方法；第 9 章着重讨论流水线技术的相关概念及实现思路，同时介绍向量流水线处理机、超标量与超流水线处理机的结构和特点；第 10 章介绍阵列处理机和多处理机系统的结构和特点。与第 1 版相比，本版补充和新增了很多内容，例如：哈佛结构的计算机基本组成、Intel 多核处理器的基本组成等。

本书在编写时秉持以下基本编写思想：第一，符合认知规律，由浅入深，循序渐进，按 4 学分的教学设计编排全书内容；第二，贴合应用型或技能型高等院校学生的实际情况，立足于主流的计算机系统结构，把相关原理和概念讲清楚、讲透彻，对比较复杂的技术原理点到为止；第三，提供实操性强的实验任务，既增强学生对理论的深度理解，又培养学生的硬件设计与创新能力，解决教学长期以来课程理论与实践脱节的问题。

因此，与同类教材相比，本书具有以下鲜明的特色：第一，知识结构完整，融计算机组成原理、微机原理和计算机系统结构为一体，避免重复教学，更加节约教学资源；第二，突出对应用与创新能力的培养，提供完整的基于 Logisim 软件的实验任务，每个实验任务既有完整的原理介绍，又有详细的实验步骤；第三，结合考研学生的需求，提供丰富的课后习题资源，习题以单选题和判断题为主，辅以经典的应用题和历年考研的部分真题；第四，结合课程素质教育的需要，特别设计有关国产芯片、指令集、硬件产品方面的拓展习题。

参与本书编写工作的有：成都锦城学院的罗福强、成都信息工程大学的王光斌和四川工商学院的黄婷等。其中，罗福强编写了第 1～7 章，王光斌编写了第 8～10 章，黄婷负责习题的优化和全书教学视频的制作。全书由罗福强负责统稿和审校。编者在本书立项、编写过程中得到各单位领导的大力支持和指导，在此特别表示感谢。

由于编者水平受限，书中难免有不妥之处，编者希望读者朋友能提供中肯的意见，以弥补不足，把更好的图书呈现给大家！

联系方式：LFQ501@sohu.com。

编　者
2024 年 11 月

目录
Contents

第 3 章

寻址方式与指令系统

第 4 章

主存储器

第 5 章

控制器

第 6 章

存储器系统

第 7 章

系统总线

第 8 章

I/O 接口

第 9 章

流水线技术

第 10 章

多处理机技术

第 1 章　计算机系统概述

本书主要介绍计算机的系统结构和硬件组成，为读者建立计算机系统的整机概念，展示计算机的体系结构、逻辑组成与工作机制。本书主要以微型计算机为参照，深入讨论计算机的 CPU、内存、I/O 系统的逻辑组成与架构，从 CPU 级、硬件系统级理解整机概念，从指令系统级、微程序级理解计算机的工作机制。

为此，本章将围绕计算机系统的基本组成，计算机系统结构、组成与实现，计算机系统结构设计，计算机系统结构的分类及其发展等，介绍计算机的体系结构、逻辑组成及工作机制。

1.1　计算机系统的基本组成

完整的计算机系统由硬件和软件两大部分组成。硬件是指看得见、摸得着的物理设备，通常包括中央处理器（Central Processing Unit，CPU）、存储器（Memory）、输入设备（Input Device）和输出设备（Output Device）等。其中，CPU 由运算器和控制器组成，前者用来完成数据的算术运算和逻辑运算；后者从程序中取出指令，执行指令，发出控制信号，控制相关部件协同完成工作。存储器用来保存程序和数据以及程序运行的结果。输入设备用来输入程序和数据，并将其保存到存储器中。输出设备用来输出程序运行的结果。根据计算机内部硬件之间的组成关系，计算机系统结构分为两种：冯·诺依曼结构与非冯·诺依曼结构。非冯·诺依曼结构的典型代表是哈佛结构。

1.1.1　冯·诺依曼结构的计算机组成

冯·诺依曼结构计算机是以美籍匈牙利数学家约翰·冯·诺依曼（John von Neumann）的名字命名的。1945 年 3 月，为了改进世界上第一台通用计算机 ENIAC（电子数字积分计算机）的设计方案，冯·诺依曼起草了一个全新的"存储程序通用电子计算机方案"——离散变量电子自动计算机（Electronic Discrete Variable Automatic Computer，EDVAC）方案。在该方案中，冯·诺依曼提出了计算机的设计原则，其核心思想如下：（1）采用二进制，指令和数据均采用二进制格式；（2）计算机的硬件由五大功能部件组成，包括运算器、控制器、存储器、输入设备和输出设备，如图 1-1 所示；（3）存储程序和自动执行，一个计算机程序由若干条指令组成，所有指令和数据存储在存储器中，计算机从存储器中依次取出每条指令和对应的数据，实现自动执行；（4）指令由操作码和地址码构成，操作码是对指令功能的编码，不同功能的指令有不同的操作码，地址码是对数据存储地址的编码。

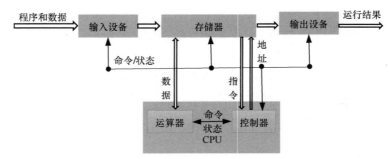

图 1-1　冯·诺依曼结构计算机组成

　　冯·诺依曼结构计算机是如何工作的呢？无论是进行复杂数据计算，还是进行大范围数据查询，或者是实现一个自动控制过程，整个系统都必须按步骤来处理。首先，必须使用编程语言事先编写源程序。源程序是不能被计算机直接执行的，计算机只能执行机器指令。每条指令规定了计算机从哪里获取数据，进行何种操作，以及将操作结果送到什么地方等。因此，在运行程序之前，必须把源程序转换为指令序列，并将这些指令序列按一定顺序存放在存储器的各个地址单元中。在运行程序时，控制器先从存储器中取出第 1 条指令，并根据这条指令的含义发出相应的操作命令，以执行该指令。如果需要从存储器中取出操作数（例如执行一条加法指令），则先从存储单元中读取操作数，送入运算器，再由运算器进行指定的算术运算和逻辑操作等，最后把运算结果送回到存储器中。接下来，读取后继指令，在控制器的指挥下完成规定操作，依此进行下去，直到遇到停止指令。在程序的运行过程中，如果需要输入数据或输出运行结果，则在控制器的控制下通过输入设备输入数据并将输入的数据保存到存储器中，或者通过输出设备将程序的运行结果输出。

　　因此，冯·诺依曼结构计算机以相同方式存储程序与数据，并按照指令序列的顺序一步步地执行程序，自动地完成程序指令规定的操作，这是冯·诺依曼结构计算机的基本特点。冯·诺依曼结构计算机的优点是结构简单，易于实现和设计，因此有利于推动过去几十年计算机的发展。采用冯·诺依曼结构的微处理器主要有：英特尔（Intel）公司的 8086 系列、摩托罗拉（Motorola）公司的 M68HC 系列、爱特梅尔（Atmel）公司的 AT89 系列等。

1.1.2　哈佛结构的计算机组成

　　哈佛结构是由美国哈佛大学教授霍华德·艾肯（Howard Aiken）和霍尔曼·威尔士（Hallman Wales）于 20 世纪 40 年代开发的，它来源于哈佛大学的"马克一号"继电器式计算机。"马克一号"计算机将指令和数据分别存储在纸带和机电计数器上，CPU 首先到指令存储器中读取程序指令内容，解码后得到数据地址，再到相应的数据存储器中读取数据，并进行下一步操作。它具有 4 个特征：（1）既能处理正数，也能处理负数；（2）能求解各类复杂函数，如三角函数、对数函数、贝塞尔函数、概率函数等；（3）全自动，即处理过程一旦开始，运算就完全自动进行，不需要人的参与；（4）在计算过程中，后续的计算取决于前一步计算所获得的结果。"马克一号"计算机采用了分开存储指令和数据的设计，其指令存储器和数据存储器分离、独立，这种结构的设计与冯·诺依曼结构的设计不同，被称为哈佛结构。"马克一号"计算机的出现开创了计算机的新纪元，奠定了哈佛结构计算机在计算机发展史上的地位。

　　哈佛结构计算机的硬件组成与冯·诺依曼结构计算机的相似，不同的是它采用两个独立的存储器，一个用于存储指令，另一个用于存储数据，如图 1-2 所示。在执行指令时，CPU 从指令存储器读取指令，同时从数据存储器中读取操作数。哈佛结构具有存储器并行读取的特点，即指令和数据可以同时读取，从而提高了存取效率。

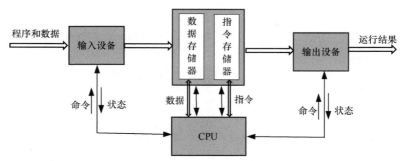

图 1-2　哈佛结构计算机组成

与冯·诺依曼结构相比，哈佛结构具有两大优点：（1）存储器独立，指令存储器和数据存储器分离、独立，互不影响，同时可以进行并行处理，提高了存取效率；（2）指令和数据并行处理，哈佛结构的指令和数据可以同时读取，能适应一些大数据分析和高性能计算的应用。

哈佛结构广泛应用于嵌入式系统、数字信号处理器和高性能计算机等领域。目前，采用哈佛结构的 CPU 或微控制器的产品有很多，例如，微芯（Microchip）公司的 PIC 系列芯片，摩托罗拉公司的 MC68 系列，齐洛格（Zilog）公司的 Z8 系列，爱特梅尔公司的 AVR 系列，安谋（ARM）公司的 STM32、ARM9、ARM10 和 ARM11，德州仪器（TI）公司的 DSP 系列等。特别是 ARM 系列，它促进了整个信息技术产业向以智能手机为代表的"移动互联时代"的转变。

1.1.3　微型计算机的硬件组成

微型计算机，简称微机，通常分为台式计算机、笔记本计算机和平板计算机等。微机通常分为主机和外围设备（简称外设）两部分。主机包括主板、CPU、内存等。外设包括输入设备（如键盘、鼠标等）、输出设备（如显示器、打印机等）和外存（如硬盘、光驱等）。

1．主板

机箱中最大的一块电路板称为主板，其外观如图 1-3 所示。主板是整个微机系统内部结构的基础，虽然市场上的主板品种繁多,结构布局也各不相同，但其主要功能和组成部件基本一致。主

图 1-3　典型微机主板

板上的主要部件包括控制芯片组、CPU 插座、内存插槽、总线扩展槽、基本输入输出系统（Basic Input Output System，BIOS）芯片以及各种外设接口等。微机正是通过主板将 CPU、内存、显卡、硬盘等各部件连接成一个整体的。

2. CPU

CPU 的组成与功能

微机的 CPU，又称微处理器，它是整个微机系统的核心，其外观如图 1-4 所示。CPU 的规格档次直接决定了计算机系统的档次。反映 CPU 档次的最重要的指标是主频与字长。主频是指 CPU 的时钟频率，单位通常是 MHz（兆赫兹）或 GHz（吉赫兹），主频越高，CPU 的运算速度就越快。例如，Intel Core i7 3.4GHz，是一款由英特尔公司生产的酷睿 i7 的 CPU，其时钟频率为 3.4GHz。

CPU 的内部通常由运算部件——算术逻辑部件（Arithmetic and Logic Unit，ALU）、寄存器组、执行单元（Execution Unit，EU）等部件组成。这些部件通过 CPU 内部的总线相互交换信息。图 1-5 所示为 Intel 8086 CPU 的内部结构。CPU 的主要功能包括两个方面：一是完成算术运算（包括定点数运算、浮点数运算）和逻辑运算，二是读取、分析和执行指令。

图 1-4　CPU

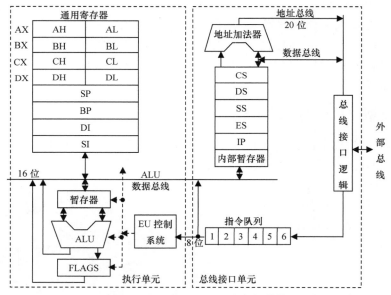

图 1-5　Intel 8086 CPU 的内部结构

CPU 的运算部件（ALU）负责对数据进行处理，即对来自内存的数据进行算术运算和逻辑运算处理，以实现指令所规定的功能。

EU 控制系统负责指令的读取、分析和执行，产生与指令相关的操作信号，并把各操作信号按顺序（称为微命令序列）送往相应的部件，从而控制这些部件按指令的要求执行动作，包括收集各部件的状态信息。产生微命令序列的方式有两种，一种是由组合逻辑电路直接产生，另一种是通过进一步执行该指令对应的微程序产生。前者称为组合逻辑控制方式，后者称为微程序控制方式。微程序控制方式的基本思路是，先把操作信号编码构成微指令，再把微指令编制成微程序并固化在控制存储器中，执行指令时找到对应的微程序并执行，即可直接向各部件送出微命令。

寄存器组用来保存从存储单元中读取的指令或数据，也保存来自其他各部件的状态信息。在 CPU 中有通用寄存器和专用寄存器两类。

（1）通用寄存器

通用寄存器是指允许程序员的指令代码直接访问的寄存器，它们对程序员是可见的。例如，Intel 8086 中有 8 个 16 位的通用寄存器，其中有 4 个数据寄存器（AX、BX、CX、DX），4 个地址指针寄存器（SP、BP、DI、SI）。AX（Accumulator Register），即累加寄存器，主要用于算术运算和数据传输。BX（Base Register），即基址寄存器，主要用于保存内存地址。CX（Counter Register），即计数寄存器，主要用于循环控制和移位操作。DX（Data Register），即数据寄存器，主要用于输入输出和乘除法运算。SI（Source Index Register），即源索引寄存器，主要用于字符串操作。DI（Destination Index Register），即目标索引寄存器，主要用于字符串操作。BP（Base Pointer Register），即基址指针寄存器，用于存储堆栈的基址。SP（Stack Pointer Register），即栈指针寄存器，用于指向当前堆栈的栈顶。

4 个数据寄存器的高 8 位用 H 标识，低 8 位用 L 标识，分别对应 8 个名称：AH、AL、BH、BL、CH、CL、DH、DL。因此每一个寄存器既可以作为 16 位寄存器，也可以作为两个独立的 8 位寄存器。在 32 位的 Intel CPU 中，8 个通用寄存器是 EAX、EBX、ECX、EDX、ESP、EBP、EDI、ESI，其低 16 位可以单独访问，其中又可进一步分为高位字节与低位字节单独访问，命名与 8086/8088 的相同，即 AX（AH、AL）、BX（BH、BL）、CX（CH、CL）、DX（DH、DL），所以在目标代码级上与 8086/8088 兼容。在 64 位的 Intel CPU 中，8 个通用寄存器是 RAX、RBX、RCX、RDX、RSP、RBP、RDI、RSI，其低 32 位和低 16 位都可以单独访问，保持与 32 位的处理器兼容。

【例 1-1】已知寄存器 EAX 的值为 10100001101000010101111001010011，请分别指出 AX、AH、AL 的值。

解　EAX 为 32 位寄存器，其低 16 位是 AX。AX 中高 8 位是 AH，低 8 位是 AL，它们的关系如图 1-6 所示。

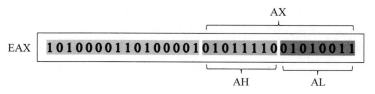

图 1-6　EAX、AX、AH 和 AL 的关系

可见，AX=0101111001010011，AH=01011110，AL=01010011。

（2）专用寄存器

专用寄存器是指 CPU 指定用来完成某一种特殊功能的寄存器，其中一部分是程序员可见的，如代码段寄存器 CS、数据段寄存器 DS、堆栈段寄存器 SS 等；另一部分用来保存控制器产生的操作控制信息，对程序是透明的（即不允许程序指令访问）。

常用的专用寄存器如下。

① 数据寄存器（Memory Data Register，MDR）：用来暂时存放由主存读出的指令/数据或写入主存的指令/数据，即 CPU 要写入主存单元的数据先送入 MDR 中，然后从 MDR

送入主存相应的单元中；同样，从主存单元中读出数据时，数据先送入 MDR 中，然后从 MDR 送入 CPU 指定的寄存器。所以 MDR 可作为 CPU 和内存、外设传送信息的中转站。

② 指令寄存器（Instruction Register，IR）：用来保存当前正在执行的指令。在该指令执行完成之前，IR 中的内容不会发生改变，若 IR 的内容改变则意味着一条新指令的开始。为了提高指令的执行速度，可安排读下一条指令与分析上一条指令同时进行。在 Intel 8086 中 IR 变成了指令队列缓冲器，可同时缓存从主存中读出的多条指令。

③ 程序计数器（Program Counter，PC）：也称为指令计数器，在 Intel 8086 中称为 IP（Instruction Pointer，指令指针）寄存器，用来存放将要执行的指令的地址。CPU 从内存成功读取指令后，PC 将自增指向后继指令，若是转移指令，PC 中将存放转移的目的地址。

④ 地址寄存器（Memory Address Register，MAR）：用来保存当前 CPU 所访问的主存单元的地址。由于内存和 CPU 之间存在着操作速度上的差别，所以必须使用 MAR 来保存地址信息，直到内存的读/写操作完成为止。CPU 进行主存访问时，要先找到需要访问的存储单元，所以将被访问单元的地址存放在 MAR 中，当需要读取指令时，CPU 先将 PC 的内容送入 MAR 中，再由 MAR 将指令地址送往主存；同样，当需要读取或存取数据时，也要先将该数据的有效地址送入 MAR，再送往主存进行译码。

⑤ 程序状态字寄存器（Program State Word，PSW）：在 Intel 8086 中称为标志寄存器（Flags Register，FLAGS，有些书籍缩写成 FR），用来记录现行程序的运行状态和指示程序的工作方式，即保存由算术指令和逻辑指令运行或测试的结果建立的各种条件码内容，如运算结果进位标志（C）、运算结果溢出标志（V）、运算结果为零标志（Z）、运算结果为负标志（N）等。

此外，为了暂时存放某些中间过程所产生的信息，避免破坏通用寄存器的内容，CPU 中还设置了暂存器，如在 ALU 输出端设置暂存器存放运算结果。

3. 存储器

存储器用来存储信息，包括程序、数据和文档等。存储器的存储容量越大、存取速度越快，计算机系统的处理能力就越强、工作速度就越快。不过，一个存储器很难同时满足大容量和高速度的要求，因此常将存储器分为主存储器、高速缓存和辅助存储器等 3 级存储器。

其中，主存储器，简称主存，是直接与 CPU 相连的存储部件，主要用来存放即将执行的程序以及相关数据。主存的每个存储单元都有一个唯一的编号（称为内存单元地址），CPU 可按地址直接访问它们。主存通常用半导体存储器构造，具有较快的速度，但容量有限。因为主存一般在主机之内，所以又称内存。

高速缓存（Cache），就是一种位于 CPU 与内存之间的存储器。它的存取速度比普通内存的快得多，但容量有限。高速缓存主要用于存放当前内存中使用最多的程序块和数据块，并以接近 CPU 的工作速度向 CPU 提供数据和指令。由于在大多数情况下，一段时间内程序的执行总是集中于程序代码的某一较小范围，因此，如果将这段代码一次性装入高速缓存，则可以在一段时间内满足 CPU 的需要，从而使 CPU 对内存的访问变为对高速缓存的访问，以提高 CPU 的访问速度和整个系统的性能。在 CPU 内部引入高速缓存，这种设计是对冯·诺依曼结构或哈佛结构的重大改进，可以在不颠覆现有基本结构的情况下极大地提高 CPU 的工作速度。

辅助存储器简称辅存，又称外存，它与主存的区别在于，存放在外存中的数据必须调入主存后才能被 CPU 所使用。在微机中，常见的外存包括硬盘、光盘和 U 盘等。

4．总线

总线是一组能为多个部件分时共享的信息传送线。微机通常采用总线结构，使用一组总线把 CPU、存储器和输入输出（Input/Output，I/O）设备连接起来，各部件间通过总线交换信息。总线类似人的神经系统，它在微机各部件之间传递信息。

根据所传送的信息类型，可将系统总线分为数据总线、地址总线和控制总线。其中，数据总线用于 CPU、存储器和 I/O 接口之间的数据传递。地址总线专门用于传递数据的地址信息。控制总线用于传递控制器所发出的控制其他部件工作的控制信号，例如时钟信号、CPU 发向主存或外设的数据读/写命令、外设送往 CPU 的请求信号等。

5．I/O 接口

由于计算机系统整体上采用标准的系统总线连接各部件，每一种总线都规定了其地址线和数据线的位数、控制信号线的种类和数量等。而外设通常是机电结合的装置，遵循不同的标准进行设计和制造，因此在总线与外设之间存在着速度、时序和信息格式等方面的差异。为了将标准的总线与各具特色的外设连接起来，需要在系统总线与外设之间设置一些部件，使它们具有缓冲、转换、连接等功能。这些部件称为 I/O 接口。

1.1.4　计算机系统的层次结构

计算机系统以硬件为基础，通过各种软件来扩充系统功能，形成一个有机组合的整体。为了对计算机系统的有机组成建立整机概念，便于对系统进行分析、设计和开发，可以从硬、软件组成的角度将系统划分为若干层次。这样，在分析计算机的工作原理时，可以根据特定需要，从某一层去观察、分析计算机的组成、性能和工作机制。除此之外，按分层结构化设计策略实现的计算机系统，不仅易于制造和维护，也易于扩充。

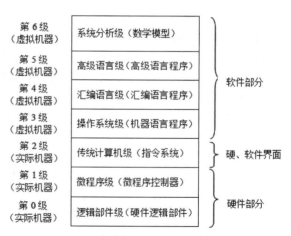

图 1-7　计算机系统的层次结构模型

计算机系统的层次结构模型可分为 7 级，如图 1-7 所示。层次结构由高到低分为系统分析级、高级语言级、汇编语言级、操作系统级、传统计算机级、微程序级、逻辑部件级。对于一个具体的计算机系统，层次会有所不同。

对处于不同级的设计人员来说，只要熟悉和遵守使用该级的规范，其程序总是能在该级上运行并得到结果，而不需要了解该级是如何实现的。

可见，"计算机"这一概念在普通人眼里是由一堆实实在在的物理部件组成的，而对于设计人员来说，它被定义成一种能存储和执行相应语言程序的算法和数据结构的集合体，它更多的是"虚拟机器"。

系统分析级（第 6 级）是为满足计算机系统工程而设计的，它面向各

冯·诺依曼计算机的工作原理及层次结构

种应用问题，目的是快速构造解决问题的数学模型，它包括一系列规范化的设计方法和表示方法，例如统一建模语言（UML）就是其典型代表。系统分析级的结果经专门工具可转换成第 5 级的高级语言程序（例如 UML 的逻辑模型通过 Rational Rose 可直接生成 Java、C++源程序，数据库的物理模型通过 PowerBuilder 可直接生成 SQL Server、Sybase、Oracle 等数据库系统中的 SQL 语句），再逐级向下实现。

第 5 级的高级语言程序用接近数学语言或自然语言的方式来表达计算机程序，设计时更多地考虑方便人理解和运用，具有良好的可移植性和通用性。随着计算机技术的发展，高级语言的种类越来越多，目前已达数百种，常用的高级语言主要有 Java、C、C#、C++、Objective-C、Python、PHP、Perl、JavaScript 等。高级语言程序不能直接被计算机识别，需要通过相应的编译程序或解释程序转换为用机器指令表示的目标程序才能被计算机识别并执行。高级语言程序先通过编译程序翻译成第 4 级的汇编语言程序，再由汇编语言程序翻译成可执行的目标程序（即二进制的机器语言程序），从而逐级向下实现；也可以通过解释程序直接解释成机器指令，越级向下实现。

第 4 级的汇编语言使用助记符来表示第 3 级的机器指令，即将机器语言符号化。与机器语言相比，汇编语言的可读性和可维护性有了显著的提高，而且汇编语言的运算速度也非常快。但由于汇编语言与机器指令具有一一对应的关系，实际上是机器语言的一种符号化表示，因此不同 CPU 类型的计算机的汇编语言是互不通用的。而且由于汇编语言与 CPU 内部结构关系紧密，因此汇编语言要求程序设计人员掌握 CPU 内部结构寄存器和内存储器组织结构，所以对一般人来说，汇编语言难学、难记。在计算机程序设计语言体系中，由于汇编语言与机器指令的一致性和与计算机硬件系统的接近性，通常将机器语言和汇编语言合并称为低级语言。计算机执行用汇编语言编制的程序时，必须先用汇编语言的编译程序将其翻译成机器语言程序，然后才能运行。

第 3 级的操作系统直接运行在裸机之上，用于管理和控制计算机硬件和软件资源，是最基本的系统软件，由一系列程序组成，向上提供基本操作命令、数据结构和系统管理功能。因此，操作系统通常位于传统计算机之上，它能直接识别和管控二进制的机器语言程序。操作系统是系统软件的核心，任何其他软件必须在操作系统的支持下才能运行。一个典型的操作系统由处理机调度、存储管理、设备管理、文件系统、作业调度等几大模块组成。其中，处理机调度模块能够对处理机的分配和运行进行有效的管理；存储管理模块能够对内存进行有效的分配与回收管理，提供内存保护机制，避免用户程序相互干扰；设备管理模块用来管理 I/O 设备，提供良好的人机界面，完成相关的 I/O 操作；文件系统模块能够对大量的、以文件形式组织和保存的信息提供管理；作业调度模块对以作业形式存储在外存中的用户程序进行调度管理，将它们从外存调入内存，交给 CPU 运行。对用户而言，操作系统提供人机交互界面，为用户操作和使用计算机提供方便。例如，Windows 操作系统提供窗口操作界面，允许用户使用鼠标或键盘通过选择菜单命令来完成计算机的各种操作，包括文件管理、设备管理、打开或关闭计算机等。

第 2 级是指令系统，采用传统计算机级的语言。它提供了硬件能直接处理的所有指令。所谓指令是规定 CPU 执行某种特定操作的命令，通常一条指令对应着一种基本操作，又称为机器指令。这些指令直接表示为二进制的格式，可以采用组合逻辑控制，直接用硬件来实现；也可以采用微程序控制，用由微指令组成的微程序来解释实现，而每一条微指令由硬件直接执行。不管采用何种方式，它们产生的微命令将直接控制硬件电路的动作。一个指令系统就是一个机器语言程序，不同的计算机具有不同的机器语言程序。机器指令不直观、难记，编写过程中容易出错，且难以检查错误。因此用机器语言编写程序的难度是非常大的。

第 1 级和第 0 级是硬件部分。

1.1.5 计算机系统的性能指标

要全面衡量一台计算机的性能，必须从系统的观点来综合考虑。主要从以下指标来考虑。

1．基本字长

基本字长是指 CPU 一次能传送或处理的二进制代码的位数。在一次运算中，操作数和运算结果通过数据总线，在寄存器和运算部件之间传送。基本字长反映了寄存器、运算部件和数据总线的位数。基本字长越大，要求寄存器的位数就越大，那么操作数的位数就越多，因此，基本字长决定了定点算术运算的计算精度。

基本字长还决定计算机的运算速度。例如，对一个基本字长为 8 位的计算机来说，原则上操作数只能为 8 位。如果操作数超过 8 位，就必须分次计算，因此理论上 8 位机的运算速度自然没有更高位机（如 16 位、32 位或 64 位）的运算速度快。

基本字长还决定硬件成本。基本字长越大，相应的部件和总线的位数就越多，相应的硬件设计和制造成本就会呈几何级数量增加。因此，必须较好地协调计算精度与硬件成本的制约关系，针对不同的需求开发不同的计算机。

基本字长甚至决定指令系统的功能。一条机器指令既包含由硬件必须完成的操作任务，也包含操作数的值或存储位置以及操作结果的存储位置。机器指令需要在各部件间进行传递。因此，基本字长直接决定了硬件能够直接识别的指令的总数，进而决定了指令系统的功能。

2．运算速度

运算速度表示计算机进行数值运算的快慢程度。决定计算机运算速度的主要因素是 CPU 的主频。主频是 CPU 内部的石英振荡器输出的脉冲序列的频率。它是计算机中一切操作所依据的时间基准信号。主频脉冲经分频后所形成的时钟脉冲序列的频率称为 CPU 的时间频率。两个相邻时钟频率的时间间隔为一个时钟周期。它是 CPU 完成一步操作所需的时间。因此时钟频率也反映 CPU 的运算速度，而如何提高时钟频率成为 CPU 研发时所要解决的主要问题。例如，Intel 8088 的时钟频率为 4.77MHz，80386 的时钟频率提高到 33MHz，80486 的时钟频率进一步提高到 100MHz，如今 Intel 最新的酷睿-i7 的时钟频率已经达到 5GHz。在已知时钟频率的情况下，若想了解某种运算所需的具体时间，则根据该运算所占用的时钟周期数，即可算出所需时间。

运算速度通常有两种表示方法，一种是把计算机在 1s 内完成定点加法运算的次数记为该机的运算速度，称为"定点加法速度"，单位为"次/秒"；另一种是把计算机在 1s 内平均执行的指令条数记为该机的运算速度，称为"每秒平均执行的指令条数"，单位为 IPS 或 MIPS，其中 MIPS 为百万条指令/秒。在 RISC（精简指令集计算机）微处理器中，几乎所有的机器指令都是简单指令，因此更适合使用 IPS 来衡量其运算速度。例如，Intel 80486 的运算速度达到 20MIPS 以上，而 Intel Core i7 Extreme 965EE 的运算速度达到 76383MIPS。

3．数据通路宽度与数据传输率

数据通路宽度和数据传输率主要用来衡量计算机总线的数据传送能力。

（1）数据通路宽度

数据通路宽度是指数据总线一次能并行传送的二进制数据的位数，它影响计算机的有效处理速度。数据通路宽度分为 CPU 内部和 CPU 外部两种情况。CPU 内部的数据通路宽度一般与 CPU 基本字长相同，等于内部数据总线的位数。而 CPU 外部的数据通路宽度是指系统数据总线的位数。有的计算机 CPU 内、外部数据通路宽度是相同的，而有的计算机则不同。例如，Intel 80386 CPU 的内、外总线都是 32 位的，而 8088 的内总线和外总线分别为 16 位和 8 位。

（2）数据传输率

数据传输率是指数据总线每秒传输的数据量，也称数据总线的带宽。它与总线数据通路宽度和总线时钟频率有关，即

$$数据传输率=总线数据通路宽度 \times 总线时钟频率/8（Byte/s）$$

例如，PCI（协议控制信息）总线宽度为 32 位，总线频率为 33MHz，则总线带宽为132MB/s。

4．存储容量

存储容量用来衡量计算机的存储能力。由于计算机的存储器分为内存储器和外存储器，因此存储容量相应地分为内存容量和外存容量。

（1）内存容量

内存容量就是内存所能存储的信息量，通常表示为"内存单元×每个单元的位数"。

因为微机的内存按字节编址，每个编址单元为 8 位，因此在微机中通常使用字节数来表示内存容量。例如，某台奔腾 4 计算机的内存容量为 2 吉字节，记为 2GB（B 为 Byte 的缩写，1GB=1024MB，1MB=1024KB，1KB=1024B）或者 2G×8 位。

由于有些计算机的内存是按字编址的，每个编址单元存放一个字，字长等于 CPU 的基本字长，因此内存容量也可以使用"字数×位数"来表示。例如，某台计算机的内存有 64×1024个字单元，每个单元 16 位，则该机内存容量可表示为 64K×16 位，即 128KB。

内存容量是由系统地址总线的位数决定的，例如，假设地址总线有 32 位，内存就有2^{32}个存储单元，理论上内存容量可达 4GB。注意，基于成本或价格的考虑，计算机实际内存容量可能要比理论上的内存容量小。

（2）外存容量

外存容量主要是指硬盘的容量。通常情况下，计算机软件和数据需要以文件的形式先存放到硬盘上，需要运行时再将其调入内存运行。因此，外存容量决定了计算机存储信息的能力。

5．软硬件配置

一个计算机系统配置了多少外设？配置了哪些外设？这些问题都会影响整个系统的性能和功能。在配置硬件时，必须考虑用户的实际需要和支付能力，寻求更高的性能价格比。

根据计算机的通用性，一台计算机可以配置任何软件，如操作系统、高级语言及应用软件等。在配置软件时，必须考虑各软件之间的兼容性以及具体硬件设备情况，以保证系统能更稳定、更高效地运行。

6．可靠性

计算机的可靠性是指计算机连续无故障运行的最长时间，以"小时"计。可靠性越高，表示计算机无故障运行的时间越长。

上述几个方面是全面衡量计算机系统性能的基本技术指标，但对于不同用途的计算机，在性能指标上的侧重应有所不同。

1.2 计算机系统结构、组成与实现

1.2.1 计算机系统结构、组成与实现的定义与内涵

计算机系统结构也称计算机体系结构，它只是计算机系统的层次结构中的一部分，它研究的是软、硬件之间的功能分配以及对传统计算机级软、硬件界面的确定，它决定了计算机的抽象属性，为机器语言和汇编语言程序设计人员提供设计规范，程序设计人员必须遵循这些规范编写程序，这样程序才能在计算机上正确运行。

计算机系统结构的属性如下。

（1）字长：确定计算机能一次性识别的二进制代码的位数。

（2）数据表示：硬件能直接识别和处理的数据类型及其表示、存储和读/写方式。

（3）指令系统：规定各指令的功能、格式、长度、排序方式和控制机构。

（4）寻址方式：确定最小可寻址单位、寻址种类、有效地址计算。

（5）寄存器组织：确定通用/专用寄存器的数量、表示方法和使用方法。

（6）存储器系统组织：确定内存的最小编址单位、编址方式、容量、最大可编址空间等。

（7）中断机构：包括中断的分类和分级、中断处理程序功能及其入口地址、中断的流程。

（8）I/O结构：确定I/O设备与主机之间的连接和使用方式、流量和操作控制。

（9）计算机的运行状态的定义和切换，系统各部分的信息保护方式和保护机构等。

计算机组成指的是计算机系统结构的逻辑实现，包括计算机级内部的数据流和控制流的组成以及逻辑设计等。它着眼于传统计算机级各事件的排序方式与控制机构、各部件的功能及各部件间的联系。计算机组成要解决的问题是在所希望达到的性能和价格下，如何更好、更合理地把各种设备和部件组织成计算机来实现所确定的系统结构。近几十年来，计算机组成设计主要围绕提高速度，着重于提高操作的并行度、重叠度，以及功能的分散和设置专用功能部件。

计算机组成设计通常要确定的内容如下。

（1）数据通路宽度：数据总线一次并行传送的二进制数据的位数。

（2）专用部件的设置：是否设置乘除法运算、浮点运算、字符处理、地址运算、多媒体处理等的专用部件，设置的数量。

（3）各种操作对硬件的共享程度：是否采用分时共享。分时共享可减少硬件投入，虽

然不利于提高硬件读/写速度，但可以降低系统价格。

（4）功能部件的并行度：是否采用重叠、流水线或分布式控制和处理。

（5）控制机构的组成方式：是使用组合逻辑控制还是使用微程序控制，是单机处理还是多机处理。

（6）缓冲和排除技术：在部件之间如何设置缓冲，设置多大的缓冲器来弥补速度差；是用随机、先进先出、先进后出、优先级还是用循环控制方式来安排事件处理的顺序。

（7）预估、预判技术：为优化性能，如何预测未来行为，以保证接下来要执行的指令或要使用的数据已提前装入高速缓存中，避免从内存读取指令或数据而降低系统性能。

（8）可靠性技术：用什么冗余和容错技术来提高可靠性。

计算机实现指的是计算机组成的物理实现，包括处理机、主存等部件的物理结构，器件的集成度和速度，器件、模块、板卡的划分与连接，专用器件的设计，微组装技术，信号传输，电源、冷却及整机装配技术等。它着眼于器件技术和微组装技术。

计算机系统结构、组成和实现是 3 个不同的概念，各自有不同的含义。例如，指令系统的确定属于计算机系统结构，指令的实现（包括取指令、操作码译码、计算操作数的地址、取操作数、执行、传送结果等操作的安排）属于计算机组成，而实现这些指令功能的具体电路、器件的设计以及装配技术属于计算机实现。

计算机系统结构、组成和实现之间又有着紧密的联系，而且随着时间和技术的进步，这些含义也会有所改变，在某台计算机中作为系统结构的内容，在另一台计算机中可能是组成和实现的内容。特别是，VLSI（超大规模集成电路）技术的发展更使计算机系统结构、组成和实现融于一体，难以分开。因此，过去我们要设置两门课程来开展计算机组成和计算机系统结构的教学，如今我们更倾向于合二为一。这也是本书编写的初衷。

1.2.2　计算机系统结构、组成与实现三者的相互影响

计算机系统结构、组成和实现三者互不相同，但又相互影响。

（1）相同结构的计算机可以因速度不同而采用不同的组成。

例如，相同的指令序列既可以顺序执行，也可以重叠执行；乘法运算可以用专门的乘法器实现，也可以用加法器、移位器等经重复加、移位实现。这些都取决于性能和价格等各种因素。

（2）同一种计算机组成可以有多种不同的计算机实现。

例如，主存器件可使用双倍数据速率（Double Data Rate，DDR）同步动态随机存储器技术，也可以使用闪存（Flash Memory）技术。这取决于要求的性能价格比及器件的发展状况。

（3）不同的系统结构也可能采用不同的计算机组成技术。

例如，实现"A=B+C; D=E+F;"，其中，A、B、C、D、E、F 都是内存变量，若采用面向寄存器的系统结构，其指令序列为：

```
MOV AX,B
ADD AX,C
MOV A, AX
MOV AX, E
ADD AX, F
MOV D,AX
```

而对于面向主存的三地址寻址方式的结构，其指令序列可以是：

```
ADD B,C,A
ADD E,F,D
```

如果要提高运算速度，可并行执行上述指令序列。为此这两种结构在组成上都要求设置至少两个加法器。对于寄存器的系统结构来说，还要求为各个加法器配置独立的寄存器组，而对于面向主存的三地址寻址方式的结构来说无此种要求，但要求能同时形成多个访存操作数地址且能同时访存。

（4）计算机组成反过来也会影响系统结构。

例如，当指令系统中增加了诸如多倍长运算、十进制运算、字符串处理、矩阵乘、求多项式值、查表、开方等复合机器指令时，如果采用微程序解释实现，则因为减少了大量访存（访问主存）操作，速度比用基本指令构成的机器语言子程序实现要快几倍到十几倍。如果没有组成技术的进步，系统结构是不可能有进展的。

因此，系统结构的设计必须结合应用考虑，为软件和算法的实现提供更多更好的支持，同时要考虑可能采用和准备采用的组成技术。系统结构设计应避免过多地或不合理地限制各种组成、实现技术的采用与发展，尽量做到既能方便地在低档机上用简单、便宜的组成实现，又能在高档机上用复杂、较贵的组成实现，使之能充分发挥出实现方法所带来的好处，这样的系统结构才有生命力。

1.3 计算机系统结构设计

1.3.1 计算机系统的设计思路

从多级层次结构出发，计算机系统可以有自上而下、自下而上和由中间开始 3 种不同的设计思路。这里的"上"和"下"是指层次结构的"上"和"下"。

1. "自上而下"设计

"自上而下"设计要先考虑如何满足应用要求，通过分析用户的需求来确定计算机应有的基本功能和特性，包括操作命令、语言结构、数据类型和格式等，然后再逐级往下设计，每级都考虑怎样优化上一级实现，如图 1-8 所示。

"自上而下"地设计计算机系统，其好处是能充分满足用户的需求，因此适用于专用机的设计，而不宜用于通用机的设计。因为当需求发生改变时，软、硬件分配将无法适应，从而使系统效率急剧下降。从经济效益的角度看，生产厂商通常也是从已有计算机中"选型"，避免生产批量少的硬件和系统，因此只要传统计算

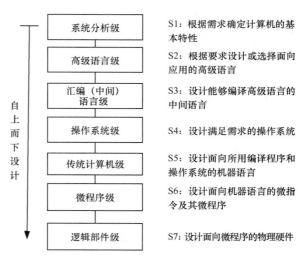

图 1-8 计算机系统自上往而下的设计

机级以下的两级不进行专门设计，就很难达到真正地面向应用需求来优化实现。

2.“自下而上”设计

“自下而上”设计是不管用户需求，只根据现有的器件，参照或吸收已有各种计算机的特点，先设计出微程序级及传统计算机级，然后为不同应用分配不同的操作系统和编译系统软件，使应用开发人员能根据系统所提供的语言种类、数据形式，采用合适的算法来满足相应的应用需求。因此，这种设计思路适用于常用的通用机的设计。

但是，在硬件不能改变的情况下，为了满足用户需求，只能被动地改变软件设计，这样势必造成软、硬件脱节，无法通过优化硬件的设计来优化软件的设计，也会导致软件设计变得异常复杂。这样研制出的硬件的某些性能指标可能是虚假的，例如传统计算机级的“每秒运算次数”指标就是虚假的。又如，通过减少操作系统开销和优化高级语言编译带来的速度提升往往比单纯地提高“每秒运算次数”的效果要显著。因此，“自下而上”的设计在硬件技术飞速发展而软件发展相对缓慢的今天，难以适应系统设计要求，故很少使用。

3.“由中间开始”设计

软、硬件设计分离和脱节是上述“自上而下”和“自下而上”设计的主要不足，对此，“由中间开始”设计被提出。“中间”指的是层次结构中的软硬件交界面，目前多数是在传统计算机级与操作系统级之间。

进行合理的软、硬件功能分配时，既要考虑能得到的器件，又要考虑可能的应用所需的算法和数据结构，先定义好这个交界面，确定哪些功能由硬件实现，哪些功能由软件实现，同时还要考虑好硬件对操作系统、编译系统的实现提供哪些支持。然后由这个中间点开始分别往上进行软件设计，往下进行硬件设计。软件和硬件并行设计，可缩短系统设计周期，设计过程也可交流互动。当然，这要求设计者应同时具备丰富的软件、硬件等方面的知识。由于软件设计周期一般比较长，为了能在硬件研制出来之前进行软件测试，还必须提供有效的软件设计环境和开发工具。

随着 VLSI 技术的迅速发展，硬件价格不断下降，加上人们对软件基本单元认识的不断深入，图 1-8 中软件和硬件之间的界面（传统计算机级）不断上升，即现有的软件功能更多地改由硬件完成，或者说为软件提供更多的硬件支持。因此，计算机系统的软、硬件结合得更加紧密，软件、硬件、语言之间的界限越来越模糊，计算机组成和实现也就融合于 VLSI 的设计之中。

1.3.2　软硬件取舍的基本原则

计算机系统结构设计主要是进行软、硬件功能分配。一般来说，提高硬件功能的比例可提高计算机的性能和速度，也可减少程序所需的存储空间，但后果是提高了硬件成本，降低了硬件的利用率和计算机系统的灵活性和适应性；提高软件功能的比例可降低硬件成本，提高系统的灵活性、适应性，但系统速度下降，软件设计费用和所需存储器用量增加。因此，计算机系统结构设计在确定软、硬件功能分配比例时必须遵循以下基本原则。

1.高性能价格比

确定软、硬件功能分配比例的第一原则就是，应考虑在现有器件条件下系统有较高的性能价格比，在实现费用、速度和性能要求方面进行综合权衡。

下面仅从实现费用分析。

无论是硬件实现还是软件实现，实现费用都包括研发费用和重复生产费用。假设某功能的软、硬件实现的每次研发费用分别为 D_1 和 D_2，由于硬件的研发费用要远远高于软件的研发费用，因此 $D_2 \approx 100D_1$ 是完全可能的。假设该功能的软、硬件实现的每次重复生产费用分别为 M_1 和 M_2，由于硬件实现的重复生产费用比软件实现的重复生产费用要高得多，因此 $M_2 \approx 100M_1$ 是完全可能的。

因为用硬件实现的功能通常只需研发一次，而用软件实现时，每每用到该功能往往需要重新研发。若 i 为该功能在软件实现时需要重新研发的次数，则该功能用软件实现的总研发费用为 $i \times D_1$，若同一功能的软件在存储介质上需要 j 次拷贝，则该功能用软件实现的总重复生产费用为 $j \times M_1$。

假设该计算机系统生产了 x 台，每台用硬件实现的总费用为 $D_2 \div x + M_2$，而改用软件实现则为 $i \times D_1 \div x + j \times M_1$。显然，只有当 $D_2 \div x + M_2 < i \times D_1 \div x + j \times M_1$ 时，硬件实现从费用上讲才是合算的。

若将上述 D_1 和 D_2、M_1 和 M_2 的比值代入，则得：

$$100D_1 \div x + 100M_1 < i \times D_1 \div x + j \times M_1$$

可见，只有 i 和 j 的值比较大时，该不等式才能够成立。也就是说，只有该功能是常用的基本功能，才宜用硬件实现。因此，不能盲目地认为硬件实现的比例越大越好。

另外，软件研发费用远比软件的重复生产费用高，因此 $D_1 \approx 10^4 \times M_1$ 是完全可能的，如果把该比例代入上式，得：

$$10^6 \div x + 100 < 10^4 \times i \div x + j$$

由于 i 值通常比 100 小，所以 x 值越大，该不等式才越有可能成立。也就是说，只有生产量足够大，增加硬件功能实现的比例才合适。如果用硬件实现不能给用户带来明显的好处，产量又较少，则这种系统是不会有生命力的。

2．可灵活扩展

确定软、硬件功能分配的第二原则就是可灵活扩展，也就是在设计某种系统结构时，要保证这种结构不能过多或不合理地限制各种组成和实现技术的采用，不但能整合现有的组成和实现技术，而且为新技术留有接口，使计算机系统具有良好的可扩展性。只有这样，系统结构才会有生命力。

3．尽可能缩小的语义差距

确定软、硬件功能分配的第三原则就是尽可能缩小的语义差距。也就是说，系统结构设计不仅从"硬"的角度能应用组成技术和器件技术的新成果、新发展，还从"软"的角度能为编译系统和操作系统的实现、为高级语言程序的设计提供更好、更多的支持，能进一步缩小高级语言与机器语言、操作系统与系统结构、软件开发环境与系统结构之间的语义差距。计算机系统结构、机器语言是用硬件和固件实现的，而这些语义差距是用软件来填补的。因此，语义差距的大小实质上取决于软、硬件功能分配，语义差距缩小了，系统结构对软件设计的支持就加强了。

1.3.3　影响计算机系统结构设计的主要因素

计算机软件、应用和器件的发展是影响计算机系统结构设计的主要因素。因此，进行计算机系统结构的设计不仅要了解计算机组成与实现技术，还要了解计算机软件、应用和器件的发展。

1．系统结构设计要解决好软件的可移植性问题

软件的可移植性指的是软件不修改或只经少量修改就能从一台计算机迁移到另一台计算机上运行，使同一软件能运行于不同的系统环境。这样，那些证明是可靠的软件就能长期使用，不会因计算机更新而需要重新研发，既能大大减少研发软件的工作量，又能迅速应用新的硬件技术更新系统，让新系统立即发挥效能，同时软件设计者又有更多的精力来研发全新的软件。

解决软件可移植性的基本技术主要有以下几种。

（1）统一高级语言

由于高级语言是面向应用和算法的，与计算机的具体结构关系不大，如果能设计出一种完全通用的高级语言，为所有程序员所使用，那么使用这种语言编写的应用软件就可以在不同的计算机之间进行移植。

目前高级语言有上百种，原因如下：①不同的用途要求高级语言的语法、语义结构不同，程序员又都喜欢使用自己熟悉的、特别适合其用途的高级语言，不愿意增加那些不想要的功能，不愿意抛弃惯用的功能；②高级语言的基本结构有时也存在争议（以指针为例，有人认为指针使内存管理更灵活，是 C 语言的"灵魂"，又有人认为它有随意篡改内存的风险，易造成内存泄漏，病毒泛滥，应该取消）；③即使是同一种高级语言在不同厂家的计算机上也不能完全通用（例如，有些高级语言具有不同版本，有些高级语言嵌入了部分汇编语言程序，这就造成即使是用同种高级语言编写的软件也很难在不同计算机之间移植）。所以，没有一种能解决各种应用问题的真正通用的高级语言。

虽然设计出一种统一的高级语言面临重重障碍，但从长远来看，这将是重要发展方向，至少相对于统一成少数几种高级语言是大有益处的，如今 Java 的成功正好是一个印证。

（2）采用系列机

系列机是一系列结构相同或相似的计算机。系列机的出现是计算机发展史上一个重要的里程碑。它较好地解决了软件环境要求相对稳定和硬件、器件技术迅速发展的矛盾。软件环境相对稳定，能不断积累、丰富、完善软件，使软件质量、产量不断提高，又能不断地吸收新的硬件和器件技术，能快速地推出新的产品。

在设计系列机时，首先确定一种系统结构，之后软件设计者按此结构设计软件，硬件设计者根据计算机速度、性能、价格或市场定位，选择不同的组成、实现技术，研发不同档次的计算机。

系列机必须保持系统结构的稳定，其中最主要的是确定好系列机的指令系统、数据表示及概念性结构，既要满足应用的各种需要和发展，又要考虑能方便地采用从低档到高档的各种组成和实现技术。

系列机各档次计算机之间要解决软件的向上兼容和向下兼容问题。所谓向上（下）兼容是指按某档计算机编制的软件，不加修改就能运行于比它高（低）档的计算机上。同一系列内的软件至少要做到向上兼容。

随着器件的价格下降，为适应性能不断提高或应用领域的不断拓展的需求，系统内后来推出的计算机的系统结构可能会发生变化。但这种变化只能是为提高性能所作的必要扩

展，要尽可能地保证软件向前兼容和向后兼容。所谓向前（后）兼容是指在按某个时间推出的该型号的计算机上编制的软件，不加修改就能运行于在它之前（后）推出的计算机上。同一系列内的软件至少要做到向后兼容。

（3）虚拟化

系列机只能在系统结构相同或相近的计算机之间实现软件移植。对于完全不同的系统结构来说，要实现软件移植，就必须做到在一种计算机的系统结构之上实现另一种计算机的系统结构。其中最主要的是解决在一种计算机上实现另一种计算机的指令系统问题，因此产生了虚拟化技术。虚拟化技术包括模拟和仿真两种实现手段。

例如，要想使 B 计算机上的软件移植到 A 计算机上，可把 B 的机器语言看成 A 的机器语言级之上的一个虚拟机器语言，在 A 计算机上用虚拟机的概念实现 B 计算机的指令系统，如图 1-9 所示。B 的每条机器指令用 A 的一段机器语言程序解释。这种用机器语言解释实现软件移植的方法称为模拟。进行模拟的 A 计算机为宿主机，被模拟的 B 计算机称为虚拟机。

为了使虚拟机的软件能在宿主机上运行，除了模拟虚拟机的机器语言之外，还要模拟其存储器系统、I/O 系统以及操作系统，让虚拟机的操作系统受宿主机操作系统控制。实际上，被模拟的虚拟机的操作系统已经成为宿主机的一道应用程序。

同时，虚拟机的每条指令需要宿主机的模拟程序来解释，是不能直接被宿主机的硬件执行的。如果宿主机本身采用微程序控制，那么模拟时一条 B 机器指令需要二次翻译。先经 A 计算机的机器语言程序解释，然后每条 A 机器指令又经一段微程序解释。如果能直接用 A 的微程序去解释 B 的指令，如图 1-10 所示，显然这将加快解释过程。这种用微程序直接解释另一种机器指令系统的方法称为仿真。进行仿真的计算机称为宿主机，被仿真的计算机称为目标机。为仿真所写的起解释作用的微程序称为仿真微程序。

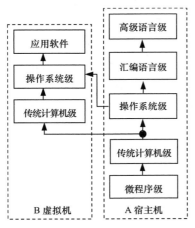

图 1-9　用模拟实现软件移植

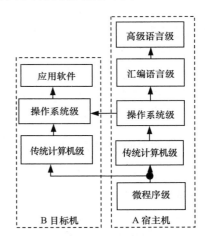

图 1-10　用仿真实现软件移植

可见，仿真和模拟的主要区别在于解释用的语言。仿真用微程序解释，其解释程序存储在处理机内的控制存储器中；模拟用机器语言程序解释，其解释程序存储在主存中。

2. 计算机应用始终推动着系统结构的发展

各种应用对系统结构的设计提出范围广泛的要求。其中，程序可移植、高性能价格比、高可靠性、易操作、易使用、易维护等都是共同的要求。从用户角度来讲，总希望计算机的应用范围越宽越好，希望在一台计算机上能同时支持科学计算、信息处理、实时控制、多媒体处理、网络传输等，应用发生改变时不必重新购买计算机。为此，早在 20 世纪 60 年代，IBM 公司就推出多功能通用机 IBM 360 和 370 系列。从 20 世纪 80 年代起，各计算机厂商持续推出基于 Intel 8086 结构的系列微型计算机，促使计算机应用在全球迅速普及。

多功能通用机概念起始于 20 世纪 60 年代的大、中型计算机，后来的小型计算机和微型计算机都实现了多功能通用化。回顾这几十年的发展，大、中、小、微、亚微、微微型计算机的性能、价格随时间的变化趋势体现如下特点：性能越来越高，价格越来越低。可以毫不夸张地说，现在市面上任意一款以笔记本计算机为代表的亚微型计算机，甚至以智能手机为代表的微微型计算机的性能都比 20 世纪 60 年代初的巨型计算机的性能还高，功能还多。

由于 VLSI 技术的发展，计算机厂商在处理性能和价格的关系时，要么维护价格提高性能，要么维持性能降低价格。因此，客观上各档（型）计算机的性能随着时间下移，使得新的低档（型）计算机拥有了原来高档（型）计算机的性能。

从系统结构的角度来看，其主要原因是低档（型）计算机在设计时引用了甚至照搬了高档（型）计算机的结构和组成。例如，以前出现在巨、大型计算机上的复杂寻址方式、虚拟存储器技术、高速缓存技术、I/O 处理机技术以及各种复杂的数据表示等，现在都已经在微、亚微、微微型计算机上普遍采用。

这种低档计算机承袭高档计算机系统结构的情况正符合中、小、微型计算机的设计原则，即充分发挥器件技术进展，以尽可能低的价格去实现原来高档计算机已有的结构和组成，不必投资研究新的结构和组成。这有利于拓展计算机应用，促进计算机工业的发展。

对于巨、大型计算机来说，为满足高速、高性能就要不断研制新的结构和组成。例如，重叠、流水线和并行，高速缓存和虚拟存储器，多处理机，采用高级数据表示的向量机、阵列机都是首先来自巨型计算机或大型计算机。巨、大型计算机通常采取维护价格和提高性能或提高价格和提高性能来研究新的结构和组成。

计算机应用可归纳为 4 类，包括数据处理、信息处理、知识处理和智能处理。因此，计算机系统结构在支持高速并行处理、自然语言理解、知识获取、知识表示、知识利用、逻辑推理和智能处理等各方面必须有新的发展和突破。

3．器件的发展加速了系统结构的发展

计算机器件已经从电子管、晶体管、小规模集成电路、大规模集成电路迅速发展到超大规模集成电路，并开始使用砷化镓器件、高密度组装技术和光电子集成技术。在几十年的发展过程中，器件的功能和使用方法发生了很大变化，从早期的非用户片，发展到现场片和用户片。这些对系统结构和组装技术的发展都产生了深刻的影响。

非用户片，也称通用片，其功能由器件厂商在生产时确定，用户只能使用而不能改变其内部功能。其中，门电路、触发器、多路开关、加法器、译码器、寄存器和计数器等逻辑类器件的集成度难以提高。因为它将使器件的引线倍增，并影响到器件的通用性。相比之下，存储类器件适合集成度的提高，容量增大一倍只需增加一个地址输入端，通用性反而更强，因为销售量大，厂商愿意改进工艺，进一步提高性能，降低价格，因此计算机系统结构和组成都有意识地发展存储逻辑，用存储器件取代逻辑器件。例如，用微程序控制

器取代组合逻辑控制器，用只读存储器（ROM）实现乘法运算、编码体制（码制）转换、函数计算等。

现场片是 20 世纪 70 年代中期出现的，用户根据需求可改变器件的内部功能，例如可编程只读存储器（PROM）、现场可编程门阵列（FPGA）等，使用灵活、功能强大，如果与存储器件结合，规整通用，适合大规模集成。

用户片是专门按用户要求生产的 VLSI 器件。完全按用户要求设计的用户片称为全用户片。全用户片由于设计周期长、设计费用高、销量低、成本高，器件厂商不愿意生产。因此，门阵列、门触发器阵列等半用户片得到较大发展，生产厂商基本按通用片来生产，仅最后在门电路或触发器间连线时按用户要求制作。

器件的发展改变了传统的逻辑设计方法。过去，逻辑设计主要是逻辑化简，节省门的个数、门电路的输入端和门电路的级数，以节省功耗、降低成本和提高速度。但对 VLSI 来说，这些操作反而使设计周期延长、逻辑电路不规整、故障诊断困难、计算机产量低、成本增加。因此，应当充分利用 VLSI 器件技术发展带来的好处，优化系统结构和组成，借助辅助设计系统加强芯片设计，在满足功能和速度的前提下缩短设计周期，提高系统性能。

器件的发展是推动系统结构和组成前进的关键因素。几十年来，器件的速度、集成度和可靠性都随时间呈指数提升，相反其体积随时间呈指数减小，价格随时间呈指数降低。器件技术的快速发展，使计算机的主频、速度和可靠性都呈指数提高，加快了重叠技术、流水线技术、高速缓存技术、虚拟存储器技术的大量应用，推动了向量机、阵列机、多处理机的发展。

器件的发展加速了系统结构的下移。正是器件性能价格比的迅速提高，才促使了巨、大型计算机的系统结构和组成快速地下移到中、小、微型计算机，从而加快计算机技术的全球化普及。器件的发展为多处理器或多主机的分布式处理、智能终端机提供基础。

器件的发展促进了算法、语言和软件的发展。特别是微处理器性能价格比的迅速改善，加速了大规模高性能并行处理机、网络通信、机群系统这种新的结构的发展。硬件上，由成百上千的微处理器组成并行处理机，成百上千的工作站组成机群系统。同时，软件上，促进人们为这种新的结构研究新的并行算法、并行语言，开发新的能控制并行操作的操作系统和新的并行处理应用软件。如今，云计算、云存储的应用正如火如荼地展开。

总而言之，软件、应用、器件对系统结构的发展具有很大影响。反过来，系统结构的发展又会对软件、应用、器件提出新的发展要求。只有了解计算机系统的结构、组成、实现，以及软件、应用和器件的发展，才能对结构进行富有成效的设计、研究和探索。

1.4　计算机系统结构的分类及其发展

1.4.1　并行性的概念

1．并行性的含义

据统计，1965—1975 年，器件延迟时间大约缩短到原来的 1/10，而计算机指令的平均执行时间缩短为原来的 1%。这说明，器件技术的迅速发展能促使计算机系统性能迅速提高。但是，在一定时期内，因为生产工艺、价格等，器件的发展会受到限制。要想在同一种器件技术水平上进一步提高系统性能，必须开发并行性技术，其目的是提高计算机解题的效率。

所谓并行性，就是指计算机系统所拥有的可同时进行运算或操作的特性。无论是数值计算、信息处理、知识处理、多媒体处理、网络通信，还是智能处理，都隐含可同时进行运算或操作的成分。因此，开发并行性是可行的。

并行性实际上包含同时性和并发性两重含义。

同时性指两个或多个事件在同一时刻发生，通常依靠器件资源的简单重复来实现。例如，在器件技术相同的前提下，采用 64 位运算器可同时进行两个 64 位二进制数的并行运算，其速度自然是采用 8 位运算器进行 64 位运算的 8 倍。

并发性指两个或多个事件在同一时间间隔内发生，因为器件价格因素的限制通常分时共享器件资源，采用重叠、流水线、多线程、多进程、多用户、多任务的并发执行，在同一时间间隔内完成多种操作，在时间上就体现为并行性。

2．并行性的分级

并行性具有不同的等级，从不同的角度，其等级划分方法也不相同。

① 从执行程序的角度，并行性等级由低到高可以分为以下 4 级。

微操作级——在一条指令内部，各个微操作并行执行。微操作级的并行性取决于硬件和组成的设计。

指令级——多条指令并行执行。指令级的并行性必须处理好指令间存在的相互关联。

进程级——多个任务、进程或程序段并行执行。进程级并行性的关键在于如何进行多个任务的分解和同步。

作业级——多个作业或多道程序并行执行。作业级并行性的关键在于算法，即怎样将有限的硬、软件资源有效地同时分配给正在运行的多个作业。

并行性等级由高到低体现了硬件实现的比例在增大，因此并行性的实现问题是软、硬件功能分配问题。当硬件成本直线下降而软件成本直线上升时，就增大硬件实现的比例。

② 从数据处理的角度，并行性等级从低到高又可分为以下 4 级。

位串字串——同时对一个字的一位进行处理，通常指传统的串行单处理机，无并行性。

位并字串——同时对一个字的全部位进行处理，通常指传统的并行单处理机，开始出现并行性。

位片串字并——同时对多个字的同一位（称位片）进行处理，开始进入并行处理领域。

全并行——同时对多个字的全部或部分位组进行处理。

③ 从信息处理与加工的角度，并行性等级还可分为以下 4 级。

存储器操作并行——在一个存储周期内访问存储器的多个地址单元。典型代表是并行存储器系统和以相联存储器为核心的相联处理机。

处理器操作步骤并行——一条指令的取指、分析、执行，浮点加法的求阶差、对阶、尾加、舍入、规格化等操作步骤在时间上重叠、流水地进行。典型代表是流水线处理机。

处理器操作并行——通过重复设置多个处理器，让它们在同一控制器的控制之下按同一指令要求对向量、数组中各元素同时操作。典型代表是阵列处理机。

指令、任务、作业并行——同时或并发地执行多条指令、多个任务或作业，这是较高级的并行。这一并行等级通常使用多个处理机同时对多条指令和相关多个数据组进行处理。典型代表是多处理机系统。

1.4.2 并行处理系统与多机系统

1．并行处理系统的结构

并行处理系统除了分布式处理系统、机群系统外，按其基本结构特征，可以分成流水线计算机、阵列处理机、多处理机系统和数据流计算机等 4 种不同的结构。

流水线计算机主要通过时间重叠，让多个部件在时间上交错、重叠地并行执行运算和处理，以实现时间上的并行。流水线计算机主要应解决好拥塞控制、冲突预防、分支处理、指令和数据的相关处理、流水线重组、中断处理、流水线调度以及作业顺序的控制等问题，尽可能将标量循环运算转换成向量运算，以消除循环、避免相关。

阵列处理机主要通过资源重复，设置大量算术逻辑部件（ALU），在同一控制部件作用下同时运算和处理，以实现空间上的并行。由于各个处理机是同类型的且实现同样的功能，所以阵列处理机是一种对称、同构型多处理机系统。阵列处理机主要应解决好处理单元间的灵活而有规律的互连模式及互连网络的设计、存储器组织、数据在存储器中的分布，以及研制对具体题目的高效并行算法等问题。

多处理机系统主要通过资源共享，让一组处理机在统一的操作系统控制下，实现软件和硬件各级相互作用，达到时间和空间的异步并行，所有处理机可共享 I/O 子系统、数据库及主存等资源。它可以改善系统的吞吐量、可靠性、灵活性和可用性。多处理机系统主要应解决处理机间的互连、存储器组织和管理、资源分配、任务分解、系统死锁的预防、进程间的通信和同步、多处理机的调度、系统保护、并行算法和并行语言的设计等问题。

数据流计算机不同于传统的控制流计算机。传统的控制流计算机是通过访问共享存储单元让数据在指令之间传递，指令执行顺序隐含在控制流中，受程序计数器支配。数据流计算机不共享存储单元的数据，设置共享变量，指令执行顺序只受指令中数据的相关性制约。数据是以表示某一操作数已准备就绪的数据令牌直接在指令之间传递的。数据流计算机主要研究的内容包括硬件结构及其组织、数据流程序图、能高效并行执行的数据流语言等。

2．多机系统及其耦合度

多机系统包括多处理机系统和多计算机系统。多处理机系统与多计算机系统的区别是：前者是由多台处理机组成的单一计算机系统，各处理机都可有自己的控制部件和局部存储器，能执行各自的程序，它们都受逻辑上统一的操作系统控制，处理机间以文件、单一数据或向量、数组等形式交互，全面实现作业、任务、指令、数据各级的并行；后者是由多台独立的计算机组成的系统，各计算机分别在逻辑上独立的操作系统控制下运行，计算机之间可以互不通信，通信以文件或数据集形式经通道或通信线路进行，可实现多个作业间的并行。

为了反映多机系统中各计算机之间物理连接的紧密程度和交叉作用能力的强弱，引入耦合度概念。多机系统的耦合度可以分为最低耦合、松散耦合和紧密耦合等。

最低耦合系统就是各种脱机处理系统，其耦合度最低，除通过某种中间存储介质连接外，各计算机之间并无物理连接，也无共享的联机硬件资源。

松散耦合系统是由多台计算机通过通道或通信线路实现互连，共享磁盘、打印机等外设，可实现文件或数据集一级并行的系统。它有两种形式：一种是多台功能专用的计算机通过通道和共享的外设相连，各计算机以文件和数据集形式将结果送到共享的外设，供其他计算机继续处理，使系统获得较高效率；另一种是各计算机经通信线路互连成计算机网络，实现更大范围内的资源共享。这两种形式采用异步工作，结构较灵活，扩展性较好，但需花费辅助操作开销，且系统传输带宽较窄，难以满足任务级的并行处理要求，因而特别适合分布式处理。

紧密耦合系统是由多台计算机经总线互连，共享主存，有较高的信息传输率，可实现数据集一级、任务级、作业级并行的系统。它可以是主辅机方式配合工作的非对称系统，但更多的是对称多处理机系统，在统一的操作系统管理下获得各处理机的高效率和负载均衡。

1.4.3　计算机系统结构的分类

计算机系统结构从不同的角度具有不同的分类。

前面已经根据并行处理系统的基本结构特征，把计算机系统分为流水线计算机、阵列处理机、多处理机系统和数据流计算机等 4 种不同的结构。根据数据处理的并行度，计算机系统结构又分为位串字串、位并字串、位片串字并和全并行 4 类，这是 1972 年美籍华人冯泽云的分类方法。

1966 年，米歇尔·J.弗林（Michael J.Flynn）根据指令流和数据流的多倍性，把计算机系统结构分为 4 类：单指令流单数据流（SISD）、单指令流多数据流（SIMD）、多指令流单数据流（MISD）和多指令流多数据流（MIMD）。指令流是指计算机执行的指令序列，数据流是指由指令流调用的数据序列，包括输入数据和中间结果。多倍性是指在主机中处于同一执行阶段的指令或数据的最大可能个数。

其中，SISD 是传统的单处理器计算机，处理器中的控制单元一次只能对一条指令译码且只对一个处理单元分配数据。SISD 系统采用流水线方式，可以大大提高指令的执行速度。

SIMD 在处理器中设置多个处理单元，通过统一的控制单元同时为这些处理单元分配数据流，以提高指令的执行速度。阵列处理机和相联处理机是 SIMD 的典型代表。

MISD 具有多个控制单元和多个处理单元，可根据多条不同指令的要求对同一数据流及其中间结构进行处理，一个处理单元的输出可作为另一个处理单元的输入，实现指令级的并行，但无法实现数组级并行。这种系统实际很少见。

MIMD 具有多个控制单元和多个处理单元，这些单元均能独立地同时访问主存模块，属于多处理机系统，能实现作业、任务、指令、数组各级全面并行。MIMD 可进一步分为紧耦合多处理机系统和松耦合多处理机系统。

1978 年，美国的戴维·J. 库克（David J. Kuck）根据指令流和执行流的多倍性把计算机系统结构分为单指令流单执行流（SISE）、单指令流多执行流（SIME）、多指令流单执行流（MISE）和多指令流多执行流（MIME）。

1.4.4　计算机系统结构的未来发展

计算机系统结构研究的是计算机软硬件界面问题，其中主要是指令系统。根据指令系统，现代计算机有两种：复杂指令集计算机（Complex Instruction Set Computer，CISC）和精简指令集计算机（Reduced Instruction Set Computer，RISC）。过去，RISC 技术因自身超标量、流水线、指令集并行等优点不断发展，逐渐取代 CISC 成为工作站和服务器的主流技术。

对于指令系统，CISC 的指令字长是可变的，在执行时需要较多的处理工作，从而影响系统性能。而 RISC 的指令字长是定长的，在执行时其"取指""分析""执行"操作可重叠、流水并行执行，速度快，性能稳定。借助多处理机技术，RISC 可轻易实现同时执行多条指令。因此，RISC 明显优于 CISC。在未来，RISC 将成为主流。

除此之外，还有一种超长指令字（Very Long Instruction Word，VLIW）技术，它利用编译器把若干个简单的、无相互依赖的操作压缩到同一个长指令字中，当该指令字从高速缓存或主存送入处理器时，先分析出各个操作，再一次性地分派到多个独立的执行单元中，从而实现并行执行。从理论上来说，它同超标量技术是等价的，但能开发更强的并行性，简化硬件设计，且处理器只需简单执行编译程序所产生的结果，因而大大简化了运行时资源的调度。

由于提高单个处理器的运算能力和处理能力变得越来越难，因此研发多个 CPU 的并行处理技术成为今后的主要趋势，它们涵盖集群技术和网格技术等，目的是提高服务器等大型设备的处理能力和运算速度。

随着云计算技术的成熟，全新"云计算"的系统结构产生了。云计算把并行计算与分布式计算技术、虚拟化技术、海量存储技术、计算机网络与 Internet 技术等整合为一体，构建一种由主服务控制机群和多组分类控制机群组成的机群系统，负责接收服务请求，经过合法性验证后，进行应用分类的负载均衡。云计算是一种全新的理念，它的客户端不需要高强度存储与计算设备，由服务器完成存储和计算，并将最终数据传给客户端。这种系统结构使计算机处理能力得到了最大限度的共享，将是未来发展的重点。

人工智能的发展催生了人工智能芯片。人工智能芯片，是一种专门用于处理人工智能任务的芯片。它能够通过并行计算、基于神经网络的深度学习等技术，实现对大规模数据的快速处理，为人工智能系统的运行提供强大算力支持。人工智能芯片的发展最早可以追溯到 20 世纪 90 年代。当时，由于图像识别、语音识别等任务的复杂性和计算密集性，传统的通用芯片已无法满足人工智能的需求。于是，研究人员开始探索专门用于人工智能的硬件设计。随着技术的不断发展，如今的人工智能芯片已经历多个阶段的发展，包括基于GPU、TPU 或 NPU 的并行计算等。其中，GPU（Graphics Processing Unit，图形处理单元）通过大规模并行计算实现高速数据处理，主要分两大类，即传统 GPU 和 GPGPU（General Purpose Graphic Processing Unit，通用图形处理器）。前者提供专门用于图形图像处理的功能，包括视频编/解码加速引擎、2D 加速引擎、3D 加速引擎、图像渲染等专用运算模块，主要用于个人计算机、工作站和笔记本计算机；后者作为运算协处理器，针对不同应用领域的需求，增加了专用向量、张量、矩阵运算指令，提升了浮点运算的精度和性能，主要用于数据中心、人工智能、自动驾驶等。TPU（Tensor Processing Unit，张量处理单元）是谷歌公司专门为提高深层神经网络运算能力而研发的一种芯片，它是针对 TensorFlow 深度学习框架进行优化的处理单元，具有较强的张量运算处理能力。NPU（Neural network Processing Unit，神经网络处理单元）专门为物联网人工智能而设计，其核心是计算单元，具备矩阵乘法、卷积、点乘、激活函数等功能，用于加速神经网络的运算，解决传统芯片在神经网络运算时效率低的问题。

未来不仅处理器的计算能力有更高要求，功耗控制也将会成为重要的研究对象。由于计算机的功耗正以指数级上升，所以设计先进的系统结构（特别在开发嵌入式应用时）要时刻考虑功耗问题。人们需要更低能耗比的算法和硬件，这将促使计算机体系结构的进步。

总之，未来计算机系统结构将重点发展 RISC 体系，并尽可能地将 CISC 体系的优点继承到 RISC 体系中；主要发展并行处理技术，将多个高性能处理器运用高效率算法进行合理分配；发展云计算和人工智能技术，尽可能共享算力和算容资源；更加严格地控制功耗，降低能耗比。

习题 1

1. 单项选择题

（1）所谓超大规模集成电路（VLSI）是指一个芯片上能容纳（   ）电子元件。

A. 数十个　　　　B. 数百个　　　　　　C. 数千个　　　　　　D. 数万个以上

（2）对计算机的软、硬件资源进行管理，是（   ）的功能。

A. 操作系统　　　B. 数据库管理系统　　C. 语言处理程序　　　D. 用户应用软件

（3）CPU 的组成不包括（   ）。

A. 存储器　　　　B. 寄存器　　　　　　C. 控制器　　　　　　D. 运算器

（4）主机中能对指令进行译码的部件是（   ）。

A. 存储器　　　　B. 寄存器　　　　　　C. 控制器　　　　　　D. 运算器

（5）指令寄存器（IR）存放的是（   ）。

A. 下一条要执行的指令　　　　　　B. 已执行完了的指令

C. 正在执行的指令　　　　　　　　D. 要转移的指令

（6）按冯·诺依曼结构设计的计算机，主机的构成是（   ）。

A. 运算器和控制器　　　　　　　　B. 运算器和内存

C. CPU 和主存　　　　　　　　　　D. 控制器和外设

（7）下列描述中（   ）是正确的。

A. 控制器能理解、解释和执行所有机器的指令

B. 一台计算机包括输入设备、输出设备、控制器、存储器及运算器 5 个部件

C. 所有的数据运算都在控制器中完成

D. 以上答案都正确

（8）一个计算机功能部件把程序存储在内部的只读存储器（ROM）中，称之为（   ）。

A. 硬件　　　　　B. 软件　　　　　　　C. 固件　　　　　　　D. 芯片

（9）用来指定待执行指令所在地址的寄存器是（   ）。

A. 指令寄存器　　B. 程序计数器　　　　C. 地址寄存器　　　　D. 数据寄存器

（10）若某个程序在执行时，负责将源程序翻译成机器语言程序而且一次只能读取、翻译并执行源程序的一行语句，则该程序称为（   ）。

A. 目标程序　　　B. 编译程序　　　　　C. 解释程序　　　　　D. 汇编程序

（11）在计算机系统的层次结构中，从下往上，各级相对顺序正确的应当是（   ）。

A. 汇编语言级、操作系统级、高级语言级

B. 微程序级、传统计算机级、汇编语言级

C. 传统计算机级、高级语言级、汇编语言级

D. 汇编语言级、系统分析级、高级语言级

（12）在计算机系统的层次结构中，计算机被定义为（   ）的集合。

A. 能存储和执行相应语言程序的算法和数据结构

B. 机器语言程序（指令序列）和微程序（微指令序列）

C. 应用软件和系统软件

D. 软件和硬件

（13）开发并行性的途径有（　　）、资源重复和资源共享。

A．多计算机系统　　　　　　　　　　B．多道分时

C．分布式处理系统　　　　　　　　　D．时间重叠

（14）从计算机系统结构上讲，机器语言程序员所看到的机器属性是（　　）。

A．计算机软件所要完成的功能　　　　B．计算机硬件的全部组成

C．编程要用到的硬件组成　　　　　　D．计算机和部件的硬件实现

（15）下列说法不正确的是（　　）。

A．软件设计费用比软件重复生产费用高

B．硬件功能只需实现一次，而软件功能可能要多次重复实现

C．硬件的生产费用比软件的生产费用高

D．硬件的设计费用比软件的设计费用高

（16）计算机系统结构不包括（　　）。

A．主存速度　　　　B．计算机工作状态　　　C．信息保护　　　　D．数据表示

（17）计算机组成设计不考虑（　　）。

A．专用部件设置　　　　　　　　　　B．功能部件的集成度

C．控制机构的组成　　　　　　　　　D．缓冲技术

（18）在计算机系统设计中，提高软件功能实现的比例可（　　）。

A．提高解题速度　　　　　　　　　　B．减少需要的存储器容量

C．提高系统的灵活性　　　　　　　　D．提高系统的性能价格比

（19）除了分布式处理系统、机群系统外，并行处理计算按其基本结构特征可分为流水线计算机、阵列计算机、多处理机系统和（　　）。

A．计算机网络　　　　　　　　　　　B．控制流计算机

C．多处理器系统　　　　　　　　　　D．数据流计算机

（20）不同系统的计算机之间，实现软件移植的途径不包括（　　）。

A．用统一的高级语言　　　　　　　　B．用统一的汇编语言

C．模拟　　　　　　　　　　　　　　D．仿真

2．阐述题

（1）请阐述计算机系统结构、组成与实现的关系。

（2）简述冯·诺依曼结构与哈佛结构的区别。

（3）简述计算机系统的层次结构及其意义。

（4）指出以下与计算机组成与结构有关的英文术语的含义。

CPU、RAM、ROM、CMOS、Cache、BIOS、MHz、MIPS、IR、PSW、MAR、MDR、SISD、SIMD、VLSI、CISC、RISC

（5）已知寄存器 EBX 的值为 12DE60H（十六进制），请分别指出 BX、BH、BL 的值。

（6）【考研真题】除了采用高速芯片，分别指出存储器、运算器、控制器和 I/O 系统各自还可采用什么方法提高计算机运行速度，各举一例简要说明。

（7）【考研真题】什么是计算机的主频？主频和机器周期有什么关系？

（8）【课程思政】查阅相关资料，分析"神威·太湖之光"和"天河二号"超级计算机在计算科学和国家发展中的作用以及其在国际科技竞争中的地位。

（9）【课程思政】查阅相关资料，探讨国内芯片行业的发展现状，分析国产芯片的市场

竞争策略并讨论其面临的技术和市场挑战。

（10）【课程思政】查阅相关资料，比较国内芯片与国外先进芯片的差距，分析差距产生的原因，并讨论如何借鉴国际经验，吸收国际技术，以加速国内芯片领域的发展。

实验 1　Logisim 逻辑电路设计体验

1.1　实验目的
（1）巩固常用数字逻辑重要概念，为学习本书后续章节内容奠定基础。
（2）通过几个简单的逻辑电路的设计与验证强化 Logisim 软件的使用。
（3）掌握在 Logisim 中进行逻辑电路设计与验证的方法。
（4）体验简单的逻辑芯片的封装与复用。

Logisim 的基本操作

1.2　实验内容
（1）逻辑门的应用及转换。
（2）触发器电路的设计与验证。

1.3　实验原理
1. 用与非门实现异或门

公式：$A \oplus B = \overline{A}B + A\overline{B} = \overline{\overline{\overline{A}B} \cdot \overline{A\overline{B}}}$。

2. 基本 R-S 触发器的原理

在基本 R-S 触发器中，R、S 分别是英文 Reset（复位）和 Set（置位）的缩写。基本 R-S 触发器可由两个与非门交叉耦合构成，如图 1-11 所示，R 和 S 为触发器的两个输入端，Q 和 $\overline{Q}$ 为触发器的两个互补输出端。其中，R 称为置 0 端或复位端，S 称为置 1 端或置位端，触发器的状态以 Q 的输出为准。基本 R-S 触发器具备以下 4 个功能：

➤ 置 1（当 R=0，S=1 时，Q=1）；
➤ 置 0（当 R=1，S=0 时，Q=0）；
➤ 存储（当 R=0，S=0 时，表示突然断电，触发器的状态不变）；
➤ 不确定状态（当 R=1 且 S=1 时）。

基本 R-S 触发器是最简单的一种触发器，也是构成各种复杂触发器的基础。

3. 钟控 D 触发器

钟控 D 触发器只有一个输入端 D，它是对基本 R-S 触发器的控制电路稍加修改后形成的。修改后的控制电路在时钟脉冲控制信号 CP 的作用（即 CP=1 时）下，将输入信号 D 转换成一对互补信号送给基本 R-S 触发器的两个输入端，如图 1-12 所示，使基本 R-S 触发器的两个输入信号只可能为 01 或者 10 两种取值，从而消除了触发器状态不确定的情形。钟控 D 触发器可用于实现对触发器工作的定时控制。

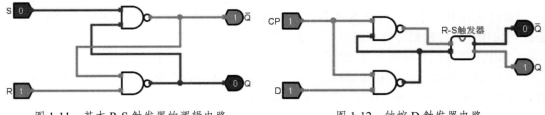

图 1-11　基本 R-S 触发器的逻辑电路　　　　图 1-12　钟控 D 触发器电路

1.4 实验过程

1. 准备工作

进入 Windows 系统的命令提示符界面，输入 java -version 命令，测试个人所用计算机是否安装 JDK（Java Development Kit，Java 开发工具）。如果看到类似如下的提示信息，说明已安装 JDK，否则应先安装 JDK 并配置 JRE（Java Run Environment，Java 运行环境）变量，再重新测试。

```
C>java -version
java version "17.0.2" 2022-01-18 LTS
Java(TM) SE Runtime Environment (build 17.0.2+8-LTS-86)
Java HotSpot(TM) 64-Bit Server VM (build 17.0.2+8-LTS-86, mixed mode, sharing)
```

2. 下载并安装 Logisim

下载并成功安装 Logisim 后，试运行该软件，看看是否成功。Logisim 是一种用于设计和模拟数字逻辑电路的教育工具，它足够简单，可以帮助学习与逻辑电路相关的最基本概念。Logisim 能够将较小的子电路构建成更大的电路，并通过鼠标拖动绘制电路图，可以用于设计和模拟整个 CPU。

3. 用与非门实现两个 1 位二进制数的异或门电路

操作步骤如下。

（1）添加 1 个电路。操作方法：单击 Logisim 工具栏中的添加电路按钮"￼"，之后输入电路名称，如"异或门电路"，最后单击"OK"按钮，Logisim 将自动创建一个空白电路画布。

（2）添加 3 个引脚，其中 2 个用于输入，1 个用于输出。操作方法：在 Logisim 窗口左侧的"线路（Wiring）"电子元件列表中单击"引脚（Pin）"，再单击"异或门电路"画布中的空白区，即可添加 1 个引脚；把 2 个输入引脚的"标签"属性值分别修改为 A 和 B，"标签位置"修改为"左（西）"，把输出引脚的"标签"属性值修改为 C，"标签位置"修改为"右（东）"，"输出引脚？"属性值修改为"是"，如图 1-13 所示。

（3）添加与非门和非门，连接电路。操作方法：从 Logisim 窗口左侧的"逻辑门（Gates）"电子元件列表中选择"非门（NOT Gate）"或"与非门（NAND Gate）"，在"异或门电路"画布中的空白区添加 2 个非门和 3

选区：引脚(Pin)	
朝向	左 (西)
输出引脚?	是
数据位宽	1
三态?	是
未定义处理	不变
标签	C
标签位置	右 (东)
标签字体	Dialog 标准 12
标签颜色	#000000

图 1-13　修改引脚的属性

个与非门元件，根据与非门实现异或门的逻辑表达式，调整各元件的位置关系，完成各元件间的连接。

连接的操作方法是：用鼠标指针指向一个元件的输出引脚，按住鼠标左键并拖曳，画布中将自动显示连接线，当连接线连接到另一个元件的输入引脚时，释放鼠标左键。也可以采用反向操作。完成全部连接之后的电路如图 1-14 所示。

（4）电路测试。操作方法：首先单击 Logisim 窗口工具栏上的"￼"按钮，使电路进入测试模式；之后，分别修改电路中 2 个输入引脚的值，观察输出引脚 C 的结果，看看是否实现异或运算，测试效果如图 1-15 所示。

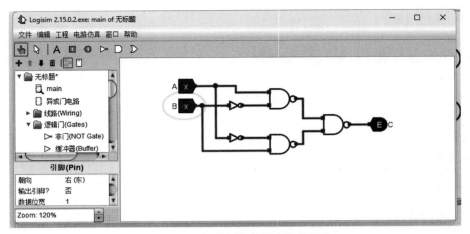

图 1-14　用与非门实现异或门的电路

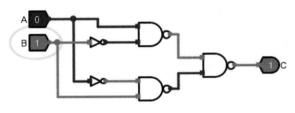

图 1-15　异或运算的测试效果

最后，将测试结果填入表 1-1 之中。

表 1-1　异或运算的测试结果

A	B	C（理论）	C（测试）
0	0		
0	1		
1	0		
1	1		

注意： Logisim 操作比较简单、直观，因篇幅有限，本书后续所有的实验任务不再给出详细操作步骤。

（5）多位二进制数的异或运算。单击 Logisim 窗口工具栏上的"⌖"按钮，异或门电路重新进入编辑模式，把所有元件的"数据位宽"属性的值修改为 4。然后重新切换到测试模式。之后，分别设置 2 个输入引脚的 4 位进制值，观察输出引脚 C 的结果，看看是否实现 4 位数的异或运算。注意，当电路处于测试状态时，如果选中电路中的某一条连接线，系统将显示该连接线所传输的数据值。4位二进制数的异或运算效果如图 1-16所示。

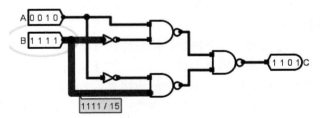

图 1-16　4 位二进制数的异或运算效果

4. 基本 R-S 触发器的电路设计与验证

首先，在 Logisim 窗口中添加一个名为"R-S 触发器"的电路；然后在电路画布中添加电路元件［2 个输入引脚（R 和 S），2 个输出引脚（Q 和 Q′），2 个与非门］，设置各元件的属性，根据基本 R-S 触发器的工作原理进行连接。将电路切换到测试模式，验证 R-S 触发器的功能是否正确。

最后，将测试结果填入表 1-2 之中。

表 1-2　基本 R-S 触发器的测试结果

R	S	Q（理论）	Q（测试）	功能
0	1			
1	0			
0	0			
1	1			

5. 钟控 D 触发器的测试

首先，在 Logisim 窗口中添加一个名为"钟控 D 触发器"的电路；然后在该电路画布中添加电路元件［2 个输入引脚（CP 和 D），2 个输出引脚（Q 和 Q′），2 个与非门］，设置各元件的属性。

由于钟控 D 触发器是以基本 R-S 触发器为基础的逻辑电路，因此需要重用上一个任务中已完成的"R-S 触发器"电路。操作方法是：单击 Logisim 窗口左侧元件列表框中的"R-S 触发器"电路，移动鼠标指针进入"钟控 D 触发器"电路画布，鼠标指针变成小芯片图标"▢"，在画布上找到合适位置，单击即可完成对上一个任务中设计的"R-S 触发器"电路的芯片封装和引用。注意，此时如果用鼠标指针指向"R-S 触发器"芯片的输入、输出引脚，系统将自动显示每一个引脚的名称。

完成上述操作之后，根据钟控 D 触发器的工作原理并参照图 1-14 进行连接。将电路切换到测试模式，验证该触发器的功能是否正确。最后，将测试结果填入表 1-3 之中。

表 1-3　钟控 D 触发器的测试结果

CP	D	Q（理论）	Q（测试）	功能
1	0			
1	1			
0	0			
0	1			

1.5　实验总结

请按以下格式撰写实验总结。

在本次的电路设计实验中，通过 Logisim 我先后完成了以下电路的设计与制作：……。之后进行了详细的仿真测试，测试结果符合设计目标。在本次实验中，我体会了……过程，学会了……。通过这次实验，我本人更加了解和熟悉……，认识了……，提高了……。

第2章 运算方法与运算器

计算机的基本功能就是对各种数据信息进行加工处理。数据信息有很多种表示方法，计算机内部对数据信息的加工归结为两种基本运算：算术运算和逻辑运算。本章中将重点介绍数据信息的表示方法、定点数和浮点数的四则运算、溢出判断方法、移位操作以及运算器设计的有关知识。

2.1 计算机中的数据表示

2.1.1 计算机中常用数制

进位制是指用一组固定的符号和统一的规则来表示数值大小的记数方法，如 24 小时为一天，可采用二十四进制；7 天为一个星期，可采用七进制；12 个月为一年，可采用十二进制。

我们最为熟悉的记数体制是十进制记数制，但在计算机内部，存储、处理和传输的信息都采用二进制代码进行表示，这是因为二进制数具有以下优点。

➢ 只有 0 和 1 两个数字符号，容易用电路元件的两个不同状态来表示，如电平的高低、灯泡的亮灭、二极管的通断等。表示时，将其中一个状态定为 0，另一个状态则为 1。这种表示简单可靠，所用元器件少，且存储传输二进制数也很方便。

➢ 运算规则简单，电路容易实现和控制。表 2-1 给出了二进制数相应的算术运算规则。

表 2-1 二进制数算术运算规则

加法运算	0+0=0	0+1=1	1+0=1	1+1=10
乘法运算	0×0=0	0×1=0	1×0=0	1×1=1

由于二进制的数位太长，读写不方便，所以人们又常采用八进制数或十六制数进行表示。八进制数有 8 个不同的数字符号，即 0、1、2、3、4、5、6、7；十六进制数有 16 个数字符号，它们分别是：0、1、2、3、4、5、6、7、8、9、A、B、C、D、E、F。为便于区别数的进制及书写，我们通常用一个下标来表示数的进制位，如：$(1000)_2$ 表示二进制数，$(376)_8$ 表示八进制数，$(3AF6)_{16}$ 表示十六进制数，$(1000)_{10}$ 表示十进制数。十进制数是日常用的数，可省略下标，如$(1000)_{10}$ 可直接写为 1000。二进制、八进制、十进制及十六进制对照关系见表 2-2。

表 2-2　二进制、八进制、十进制、十六进制对照关系

十进制	二进制	八进制	十六进制	十进制	二进制	八进制	十六进制
0	0	0	0	11	1011	13	B
1	1	1	1	12	1100	14	C
2	10	2	2	13	1101	15	D
3	11	3	3	14	1110	16	E
4	100	4	4	15	1111	17	F
5	101	5	5	16	10000	20	10
6	110	6	6	17	10001	21	11
7	111	7	7	18	10010	22	12
8	1000	10	8	19	10011	23	13
9	1001	11	9	20	10100	24	14
10	1010	12	A	……	……	……	……

2.1.2　非数值型数据的表示

计算机中的非数值型数据主要用于信息处理、文字处理、图形图像处理、信息检索、日常的办公管理等，包括以下几种形式。

机器数表示及特点

1．逻辑数据

逻辑数据包含"0"和"1"，用来表示事物的两个对立面，事物成立用"1"表示，不成立用"0"表示，例如电容的充放电、二极管的导通与截止、开关是否闭合等。"1"和"0"，代表现实生活中的"真"和"假"、"是"和"否"等逻辑概念，作为逻辑数据，通过逻辑比较、判断和运算，完成复杂的逻辑推理、证明等工作。应注意，逻辑数据表达的是事物的逻辑关系，没有数值的大小之分。

2．字符编码

美国信息交换标准码（ASCII）是常用的字符代码，有 7 位和 8 位两种版本。国际上通用的 ASCII 是 7 位版本，即用 7 位二进制码表示，共有 128（$2^7=128$）个字符，其中有 33 个控制字符、10 个阿拉伯数字、52 个大小写英文字母、33 个各种标点符号和运算符号等特殊字符。在计算机中，实际用 1 个字节（8 位）来表示一个字符，最高位为"0"，而汉字编码中机内码的每个字节最高位为"1"，可防止与西文 ASCII 的冲突。表 2-3 给出了 7 位 ASCII 字符表，例如大写字母 C 的 ASCII，在表中对应于字符 C 的位置，找出其对应的列 $a_6a_5a_4$ 和行 $a_3a_2a_1a_0$ 的值，并按 $0a_6a_5a_4a_3a_2a_1a_0$ 排列，即可得 C 的 ASCII 为 01000011，对应的十进制数表示为 $(67)_{10}$，十六进制数为 $(43)_{16}$。

表 2-3　7 位 ASCII 字符表

低 4 位 $a_3a_2a_1a_0$	高 3 位 $a_6a_5a_4$							
	000	001	010	011	100	101	110	111
0000	NUL	DLE	SP	0	@	P	`	p
0001	SOH	DC1	!	1	A	Q	a	q
0010	STX	DC2	"	2	B	R	b	r
0011	ETX	DC3	#	3	C	S	c	s

低4位	高3位 $a_6a_5a_4$							
$a_3a_2a_1a_0$	000	001	010	011	100	101	110	111
0100	EOT	DC4	$	4	D	T	d	t
0101	ENQ	NAK	%	5	E	U	e	u
0110	ACK	SYN	&	6	F	V	f	v
0111	BEL	ETB	'	7	G	W	g	w
1000	BS	CAN	(	8	H	X	h	x
1001	HT	EM	)	9	I	Y	i	y
1010	LF	SUB	*	:	J	Z	j	z
1011	VT	ESC	+	;	K	[	k	{
1100	FF	FS	,	<	L	\	l	|
1101	CR	GS	-	=	M	]	m	}
1110	SO	RS	.	>	N	^	n	~
1111	SI	US	/	?	O	_	o	DEL

3．汉字编码

计算机能处理汉字信息的前提条件是对每个汉字进行编码,这些编码统称为汉字编码。汉字信息在系统内传送的过程就是汉字编码转换的过程。由于汉字信息处理系统各组成部分对汉字信息处理的要求不同,所以在进行处理的各个阶段有不同的编码,根据用途可以将这些编码分为:机内码、输入码及字形码。

（1）汉字机内码

ASCII 是针对英文字母、数字和其他特殊字符的编码,不能用于对汉字编码。若要用计算机处理汉字,则必须先对汉字进行适当的编码。我国于 1981 年 5 月颁布实施了《信息交换用汉字编码字符集 基本集》（GB 2312—1980）,该标准规定了汉字交换所用的基本汉字字符和一些图形字符,其中汉字 6763 个。其中,一级汉字（常用字）3755 个（按汉字拼音字母顺序排列）,二级汉字 3008 个（按部首笔画次序排列）,各种符号 682 个,共计 7445 个。该标准给定的每个字符的二进制编码即国标码。

将 GB 2312—1980 的全部字符集组成一个 94×94 的方阵,每一行称为一个"区",编号为 01～94,称为区号;每一列称为一个"位",编号也为 01～94,称为位号。将一个汉字所在的区号和位号简单地组合在一起即可得到该汉字的区位码。因为要用一个字节表示区号编码,用另一个字节表示位号编码,所以汉字编码需要两个字节。

汉字机内码是汉字存储在计算机内的编码。为了避免 ASCII 和国标码同时使用时产生二义性问题,大部分汉字系统都采用将国标码每个字节高位置 1 作为汉字机内码,这样不仅解决了二义性问题,还使汉字机内码与国标码具有极简单的对应关系。

汉字机内码、国标码和区位码 3 者之间的转换关系如下:

$$国标码=区位码+2020H \tag{2-1}$$

$$机内码=国标码+8080H=区位码+A0A0H \tag{2-2}$$

即在用十六进制表示时,区位码的两个字节分别加 20H 得到对应的国标码,国标码的两个字节的最高位置 1,两个字节分别加 80H 即可得到对应的机内码,区位码的两个字节分别加 A0H 得到对应的机内码。

【例 2-1】设汉字"啊"的区位码是 1601D,请计算该字的国标码和机内码（说明：D

表示十进制格式）。

    解 已知汉字"啊"的区位码是1601D，表示区号为16，位号为01，将区号和位号分别转换为十六进制，得该字的区位码是1001H，由式（2-1）和式（2-2），得

    汉字"啊"的国标码=1001H+2020H=3021H；

    汉字"啊"的机内码=3021H+8080H=B0A1H。

    1995年我国又颁布了《汉字内码扩展规范》（GBK）。GBK与GB 2312—1980国家标准所对应的机内码标准兼容，同时支持ISO/IEC10646: 2020和GB/T 13000—2010的全部中日韩（CJK）汉字，共计21003个汉字。

    （2）汉字输入码

    汉字输入码，又称外码，指直接从输入设备输入的各种汉字输入方法的编码。目前，汉字输入法主要有键盘输入、文字识别和语音识别等，其中键盘输入法是主要方法。汉字输入码大体可以分为以下几种。

    流水码：如区位码、电报码、通信密码，优点是重码少，缺点是难于记忆。

    音码：以汉语拼音为基准输入汉字，优点是容易掌握，但重码率高。

    形码：根据汉字的字形进行编码，优点是重码少，但不容易掌握。

    音形码：音码和形码的结合体，能降低重码率，提高汉字输入速度。

    （3）汉字字形码

    在计算机内部，汉字编码采用机内码，为了让人们看得懂，显示和打印时需要将其转换为字形码。所谓汉字字形码是以点阵方式表示汉字，将汉字分解为若干个"点"组成的点阵字形。通用汉字点阵规格有：16×16点阵、24×24点阵、32×32点阵、48×48点阵、64×64点阵。每个点在存储器中用一位二进制数存储，则对于（$n×n$）点阵，一个汉字所需要的存储空间为（$n×n÷8$）个字节。如一个16×16点阵汉字需要32个字节的存储空间，一个24×24点阵汉字需要72个字节的存储空间。

2.1.3　带符号数的表示

    在日常的书写中，我们常用正号"+"或负号"–"加绝对值来表示数值，如$(+56)_{10}$、$(-23)_{10}$、$(+11011)_2$、$(-10110)_2$等，这种形式的数值被称为真值。在计算机中，一个数的二进制表示形式，叫作这个数的机器数。机器数是带符号的，它的最高位是符号位，正数为0，负数为1，其余位仍然表示数值。例如，十进制中的数+4，当计算机字长为8位时，对应的机器数就是0000 0100，如果是–4，就是1000 0100。

    注意，因为机器数的最高位是符号位，所以机器数的形式值就不等于真正的数值。例如，上面的有符号数 1000 0100，其最高位1代表负，其真正数值是–4，而不是形式值132（1000 0100转换成十进制等于132）。所以，为区别起见，将带符号位的机器数对应的真正数值称为机器数的真值。

    例如，0000 0001的真值 = +000 0001 = +1，1000 0001的真值 = –000 0001 = –1。

    在计算机中，机器数实际上可以有不同编码形式，常用编码形式有以下3种。

1．原码

    原码是一种最高位表示符号，其余位表示绝对值的编码形式。在原码表示法中，符号位用"0"表示正号，用"1"表示负号。换句话说，原码就是数字化的符号位加上数的绝

对值。

设 X 表示真值，$|X|$ 表示 X 的绝对值，$[X]_原$ 表示 X 的原码（n 位，其中最高位是符号位，其余 $(n-1)$ 位是数值位），则定点小数（纯小数）和定点整数（纯整数）的原码定义式如下。

（1）定点小数

$$[X]_原 = \begin{cases} X & 0 \leqslant X < 1 \\ 1 - X = 1 + |X| & -1 < X \leqslant 0 \end{cases} \qquad (2\text{-}3)$$

【例 2-2】设字长为 5 位，若 $X_1 = +0.1101$，$X_2 = -0.1101$，求 $[X_1]_原$ 和 $[X_2]_原$。

解 因 $X_1 > 0$，故 $[X_1]_原 = X_1 = 0.1101$；

因 $X_2 < 0$，故 $[X_2]_原 = 1 + |X_2| = 1.0000 + 0.1101 = 1.1101$。

（2）定点整数

$$[X]_原 = \begin{cases} X & 0 \leqslant X < 2^{n-1} \\ 2^{n-1} - X = 2^{n-1} + |X| & -2^{n-1} < X \leqslant 0 \end{cases} \qquad (2\text{-}4)$$

式（2-4）中，n 为 X 的位数。

【例 2-3】设字长为 8 位，若 $X_1 = +1101$，$X_2 = -1101$，求 $[X_1]_原$ 和 $[X_2]_原$。

解 因 $X_1 > 0$，故 $[X_1]_原 = X_1 = 0000\ 1101$；

因 $X_2 < 0$，故 $[X_2]_原 = 2^7 + |X_2| = 1000\ 0000 + 0000\ 1101 = 1000\ 1101$。

从定义和上述示例可以看出，原码有以下特点。

① 最高位为符号位，正数时为 0，负数时为 1，数值位与真值一样，保持不变。

② 一个数的原码与机器字长有关，字长决定了原码的长短（即位数），也决定了用原码表示的机器数的取值范围。

例如，当字长为 8 位时，数 n 的原码长度为 8 位，其取值范围是：

$$1111\ 1111 \leqslant n \leqslant 0111\ 1111，即 -127 \leqslant n \leqslant 127$$

③ "0" 的原码有两种不同的表示形式，当字长为 8 位时：

$$[+0]_原 = 0000\ 0000，[-0]_原 = 1000\ 0000$$

④ 原码是人脑较容易理解和计算的编码形式，与代数中正负数的表示接近。

2. 反码

在反码表示法中，符号位用 "0" 表示正号，用 "1" 表示负号；正数的反码数值位与真值的数值位相同，负数的反码数值位是将真值位按位取反得到的，即将真值中的 "0" 变成 "1"、"1" 变成 "0"。反码实际上就是因负数需要把数值位的真值逐位取反而得名的。

设 X 表示真值，$[X]_反$ 表示 X 的反码（n 位，其中最高位是符号位，其余 $(n-1)$ 位是数值位），则定点小数与定点整数的反码定义式如下。

（1）定点小数

$$[X]_反 = \begin{cases} X & 0 \leqslant X < 1 \\ (2 - 2^{-n+1}) + X & -1 < X \leqslant 0 \end{cases} \qquad (2\text{-}5)$$

【例 2-4】设字长为 5 位，若 $X_1 = +0.1101$，$X_2 = -0.1101$，求 $[X_1]_反$ 和 $[X_2]_反$。

解 因 $X_1 > 0$，故 $[X_1]_反 = X_1 = 0.1101$；

因 $X_2<0$，故 $[X_2]_{反}=(2-2^{-4})+X_2=10.0000-0.0001+(-0.1101)=1.0010$。

$$
\begin{array}{r}
10.0000 \\
-\quad 0.0001 \\
\hline
1.1111
\end{array}
\Rightarrow
\begin{array}{r}
1.1111 \\
-\quad 0.1101 \\
\hline
1.0010
\end{array}
$$

（2）定点整数

$$[X]_{反}=\begin{cases} X & 0\leqslant X<2^{n-1} \\ (2^n-1)+X & -2^{n-1}<X\leqslant 0 \end{cases} \tag{2-6}$$

【例 2-5】设字长为 8 位，若 $X_1=+1101$，$X_2=-1101$，求 $[X_1]_{反}$ 和 $[X_2]_{反}$。

解　因 $X_1>0$，故 $[X_1]_{反}=X_1=0000\ 1101$；

因 $X_2<0$，故 $[X_2]_{反}=2^8-1+X_2=10000\ 0000-1+(-0000\ 1101)=11110010$。

$$
\begin{array}{r}
1\ 0000\ 0000 \\
-\qquad\qquad 1 \\
\hline
1111\ 1111
\end{array}
\Rightarrow
\begin{array}{r}
1111\ 1111 \\
-\quad 0000\ 1101 \\
\hline
1111\ 0010
\end{array}
$$

从定义和上述示例可以看出，反码有以下特点。

① 0 的反码也有两种不同的表示形式，当字长为 8 位时：

$$[+0]_{反}=0000\ 0000，\quad [-0]_{反}=1111\ 1111。$$

② 负数的反码与原码除符号位相同之外，其余位每位正好相反。因此在求负数的反码时，可先计算其原码，然后把原码除符号位之外全部取反，即得反码。例如，字长为 6 位时，$(-27)_{10}=[111011]_{原}=[100100]_{反}$。

3．补码

补码表示法的思想来源于数学中的补数概念。在数学中，只要数 a 和 b 满足 $a+b=M$，则称 a、b 互为补数，其中 M 被称为"模"。"模"实际上表示一个计量系统的计数范围。例如，时钟的计量范围是 $0\sim11$，模 $M=12$。在以 12 为模的系统中，11 和 1，10 和 2，9 和 3，8 和 4，7 和 5，6 和 6 都互为补数。补数的概念可以扩展到含有正负数的计数系统中，假设 $a>0$、$b<0$，只要 $a+(-b)=M$，则也称 a 和 b 互为补数。例如，当模为 12 时，考虑数的正负，则 0 和 -12、1 和 -11，2 和 -10，3 和 -9……9 和 -3，10 和 -2，11 和 -1 都互为补数。

如图 2-1 所示，-2 和 10 互补，在时钟表盘上是同一个时间，在生活中你可说当前时间是晚上 10 点，也可以说差 2 小时为午夜 0 点或半夜 12 点。

在计算机中，补码的概念和方法与补数的完全一样。设机器字长为 8 位，不考虑负数时，所能表示的最大数是 1111 1111，若再加 1 变成 1 0000 0000（9 位），但是由于只能存储 8 位，最高位 1 自然丢失，又回到了 0000 0000，所以 8 位二进制整数的模为 $2^8=256$。

把补数用到计算机中的数值处理上，就得到补码。设 X 表示真值，$[X]_{补}$ 表示 X 的补码（n 位，其中最高位是符号位，其余 $(n-1)$ 位是数值位），则定点小数与定点整数的补码定义式如下。

图 2-1　补码举例

（1）定点小数

$$[X]_{\text{补}} = \begin{cases} X & 0 \leqslant X < 1 \\ 2 + X = 2 - |X| & -1 \leqslant X < 0 \end{cases} \qquad （2\text{-}7）$$

【例2-6】设字长为5位，若X_1=+0.1101，X_2=−0.1101，求$[X_1]_{\text{补}}$和$[X_2]_{\text{补}}$。

解 因X_1>0，则$[X_1]_{\text{补}}$=0.1101；

因X_2<0，则$[X_2]_{\text{补}}$=2−$|X_2|$=2−0.1101=1.0011。

$$\begin{array}{r} 10.0000 \\ -\quad 0.1101 \\ \hline 1.0011 \end{array}$$

（2）定点整数

$$[X]_{\text{补}} = \begin{cases} X & 0 \leqslant X < 2^{n-1} \\ 2^n + X = 2^n - |X| & -2^{n-1} \leqslant X < 0 \end{cases} \qquad （2\text{-}8）$$

【例2-7】设字长为8位，若X_1=+1101，X_2=−1101，求$[X_1]_{\text{补}}$和$[X_2]_{\text{补}}$。

解 因X_1>0，则$[X_1]_{\text{补}}$=0000 1101；

因X_2<0，则$[X_2]_{\text{补}}$=2^8−$|X_2|$=1 0000 0000 − 0000 1101=1111 0011。

$$\begin{array}{r} 1\ 0000\ 0000 \\ -\quad 0000\ 1101 \\ \hline 1111\ 0011 \end{array}$$

从补码的定义，可以看出补码具有以下特点。

① 0的补码表示与其原码和反码表示不同，是唯一的，即$[0]_{\text{补}}$=0。

② 字长为n位时，整数的补码的取值范围是$-2^{n-1} \sim 2^{n-1}-1$。例如，字长为8位时，用补码表示的整数的取值范围$-2^7 \sim 2^7-1$，即$-128 \sim 127$。请读者思考，为什么负数的补码比正数的多一个？

③ 正数的补码等于原码，负数的补码等于反码加1。因此，求负数补码时，可先求原码，然后将真值各数值位按位取反，最后加1即得到补码。

> **练一练**：设机器字长为6位，请分别计算十进制数0.25、−0.25、+25和−25的原码、反码和补码。

研究补码究竟有何意义？补码的意义在于：任何有模的计量系统，均可化减法运算为加法运算。例如，假设当前时针指向7点，而正确时间是5点，调整时间有两种方法：一种是倒拨2小时，即7−2=5；另一种是顺拨10小时，7 + 10 = (7+12−2) mod 12=5，即7 − 2 = 7 + 10。可见，加10和减2的效果是一样的。为什么会这样呢？其根本原因是−2和10是互补的，即−2的补码是10。因此，凡是减2运算，都可以用加10来代替。这样，将减法问题转换成加法问题，只需把减数用相应的补码表示就可以了。

2.1.4 定点数和浮点数

计算机中的数值型数据有两种表示格式：定点格式和浮点格式。若数的小数点位置固定不变则称之为定点数；反之，若数的小数点位置不固定则称之为浮点数。

1．定点格式

定点数的特点是数据的小数点位置固定不变。一般地，小数点的位置只有两种约定：一种约定是小数点位置在符号位之后、有效数值部分的最高位之前，即定点小数；另一种约定是小数点位置在有效数值部分的最低位之后，即定点整数。

（1）定点小数

若数 x 的形式为 $x = x_0.x_1x_2\cdots x_n$（其中 x_0 为符号位，$x_1 \sim x_n$ 为数值位，也称为尾数，x_1 为数值最高有效位），则定点小数在计算机中的表示形式如图 2-2 所示（注意，小数点在图中只是起标记作用，实际上计算机在存储小数时并不保存小数点）。

一般来说，若定点小数数值位的最后一位 $x_n=1$，其他各位都为 0，则数的绝对值最小，即 $|x|_{\min} = 2^{-n}$。若数值位均为 1，则此时数的绝对值最大，即 $|x|_{\max} =1-2^{-n}$。由此可知，定点小数的表示范围为：$2^{-n} \leqslant |x| \leqslant 1-2^{-n}$。

【例 2-8】设字长为 5 位，指出定点小数 x 的表示范围。

解　因为长度为 $(n+1)$ 位的定点小数的表示范围是 $2^{-n} \leqslant |x| \leqslant 1-2^{-n}$，

所以定点小数 x 的表示范围是 $2^{-4} \leqslant |x| \leqslant 1-2^{-4}$，即 $0.0001 \leqslant |x| \leqslant 1.1111$。

（2）定点整数

若数据 x 的形式为 $x = x_0x_1x_2\cdots x_n.$（其中 x_0 为符号位，$x_1 \sim x_n$ 为数值位，即尾数，x_n 为数值位最低有效位），则定点整数在计算机中的表示形式如图 2-3 所示。

图 2-2　计算机中定点小数的表示　　　　图 2-3　计算机中定点整数的表示

与定点小数类同，当数值位最后一位 $x_n=1$，其他各位都为 0，有 $|x|_{\min} =1$；当数值位均为 1，则有 $|x|_{\max} =2^n-1$，所以，定点整数的表示范围是：

$$1 \leqslant |x| \leqslant 2^n-1$$

不管是定点小数还是定点整数，计算机所处理的数必须在定点格式所能表示的范围之内，否则会发生溢出。当数据小于定点格式所能表示的最小值时，计算机将其作"0"处理，称为下溢；当数据大于定点格式所能表示的最大值时，计算机将无法表示，称为上溢。上溢和下溢统称为溢出。当有溢出发生时，CPU 中的程序状态字寄存器（PSW）中的溢出标志位将置位，并进行溢出处理。

用定点数进行运算处理的计算机被称为定点机。当采用定点数表示时，若数据既有整数又有小数，则需要设定一个比例因子，将数据缩小为定点小数或扩大为定点整数再参加运算，最后根据比例因子，将运算结果还原为实际数值。应注意，若比例因子选择不当，往往会使运算结果产生溢出或降低数据的有效精度。

> **注意：** 定点数的小数点实际上在机器中并不存在，只是一种人为的约定，所以对于计算机而言，处理定点小数和处理定点整数在硬件构造上并无差别。

2．浮点格式

定点数的表示较为单一，数值的表示范围小，且运算的时候易发生溢出，所以在计算

运算方法与运算器　**第 2 章**

机中，更多地采用类似科学记数法的方式来表示数，即浮点数表示。如数值$(-1110.011)_2$可表示为：$F=(-1110.011)_2=1.1110011\times2^{(+4)_{10}}=1.1110011\times2^{(+100)_2}=1.01110011\times2^{(+101)_2}$。

根据以上形式可写出二进制所表示的浮点数的一般形式：$F=M\times2^P$。其中纯小数 M 是数 F 的尾数，决定数的精度；整数 P 是数 F 的阶码，确定了小数点的位置，决定数的范围；2^P 为比例因子。因为小数点的位置可以随比例因子的不同而在一定范围内自由浮动，所以这种表示方法被称为浮点表示法。与定点数相比，浮点数能表示的数的范围要大得多，精度也高。计算机中浮点数的完整格式如图 2-4 所示。

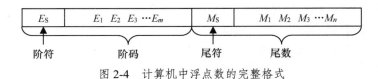

图 2-4 计算机中浮点数的完整格式

E_S 为阶码的符号位，表示阶的正负；M_S 为尾数的符号位（也是数 F 的符号位），表示尾数的正负。

为了充分利用尾数的二进制位数来表示更多的有效数字，我们通常采用规格化形式表示浮点数，即将尾数的绝对值限定在某个范围以内，在阶码底数为 2 的情况下，规格化数的尾数应该满足：

$$\frac{1}{2}\leqslant|M|<1$$

在规格化数中，若尾数用补码表示，当 $M\geqslant0$ 时，尾数格式为 $M=0.1\times\times\cdots\times$；当 $M<0$ 时，尾数格式应为 $M=1.0\times\times\cdots\times$。

【例 2-9】设包含符号位，阶码 4 位，尾数 6 位，求十进制数–98 和 0.23 的规格化浮点数，并写出它们在计算机中的存储格式。

解　$[-98]_原=1110\ 0010$，$[-98]_补=1001\ 1110$，根据规格化数的要求，–98 的规格化浮点数应为 $1.011110\times2^6=1.011110\times2^{0110}$，于计算机中的存储格式如下。

阶码	尾数
0110	101111

$[0.23]_原\approx0.0011101$，$[0.23]_补=0.0011101$，同理，0.23 的规格化浮点数应为 $0.11101\times2^{-2}=0.11101\times2^{1110}$（注：–2 的 4 位长的补码形式为 1110），故 0.23 于计算机中的存储格式如下。

阶码	尾数
1110	011101

由上可看出，若尾数的符号位与数值最高位不一致，该数即为规格化数，所以在进行浮点数运算时，计算机只需使用异或逻辑即可判断数据是否为规格化数。

当一个浮点数的尾数为 0 时，不论其阶码为何值，都将之称为机器零，或者当该浮点数的阶码的值小于计算机所能表示的最小值时，不管其尾数为何值，计算机也将其作为机器零。尽管浮点格式能扩大数据的表示范围，但浮点格式在运算的过程中也会出现溢出现象。与定点格式一样，当一个数的大小超出了浮点格式的表示范围时，称为溢出。浮点数的溢出只是对规格化数的阶码进行判断，当阶码小于计算机能表示的最小阶码时，称为下溢，此时将数据作为机器零处理，计算机仍可运行；当阶码大于计算机所能表示的最大阶码时，称为上溢，此时计算机必须转入出错中断处理。

Intel Pentium 处理器中的浮点数表示完全符合 IEEE 标准，表 2-4 给出了 Pentium 处理器可表示的 3 种类型的浮点数。

表 2-4　Pentium 处理器可表示的 3 种类型的浮点数

参数	单精度浮点数	双精度浮点数	扩充精度浮点数
浮点数长度（字长）	32	64	80
尾数长度	23	52	64
符号位的位数	1	1	1
指数长度	8	11	15
最大指数	+127	+1023	+16383
最小指数	−126	−1022	−16382

2.2　定点数的加、减法运算

在带符号数的表示方法中，原码是最易于理解的编码，但是采用原码进行加、减法运算时，数值位和符号位需分开处理，操作比较麻烦，所以计算机中广泛采用补码进行加、减法运算。此外，在运算中还会涉及溢出判断、移位及舍入处理等相关操作。

补码加、减法运算
及溢出判断

2.2.1　补码加、减法运算方法

补码加、减法运算规则如下：

➤　参与运算的操作数及最后的运算结果均用补码表示；

➤　操作数的符号位与数值位同时进行运算，即符号位作为数的一部分参与运算；

➤　求和时，将补码表示的操作数直接相加，运算结果即为和的补码；

➤　求差时，先将减数求补，再与被减数相加，运算结果即为差的补码；

➤　加、减法运算后，若符号位有进位，则丢掉所产生的进位。

运算时所依据的基本关系式如下：

$$[X+Y]_补 = [X]_补 + [Y]_补 \tag{2-9}$$

$$[X-Y]_补 = [X]_补 + [-Y]_补 \tag{2-10}$$

由式（2-9）、式（2-10）可看出，进行加法运算时，直接将两个补码表示的操作数相加即可得到补码所表示的和；进行减法运算时，减去一个数等于加上这个数的补数，这是由于补码采用了模和补数的概念，负数可以用相应的补数表示，所以可将减法运算转换为加法运算。

若已知$[Y]_补$，求$[-Y]_补$的方法如下：将$[Y]_补$的各位（包括符号位）逐位取反，再在最低位加 1，即可求得$[-Y]_补$。如$[Y]_补$= 101101，则$[-Y]_补$= 010011。

【例 2-10】设字长为 5 位，已知 X=+1001，Y=+0100，求$[X+Y]_补$和$[X-Y]_补$的值。

解　因为$[X]_补$=0 1001，$[Y]_补$=0 0100，$[-Y]_补$=1 1100，所以有

$[X+Y]_{补}= [X]_{补}+[Y]_{补}=0\ 1001+0\ 0100=0\ 1101$（即 9+4=13）

$[X-Y]_{补}= [X]_{补}+[-Y]_{补}=0\ 1001+1\ 1100=0\ 0101$（符号位产生的进位丢掉，即 9-4=5）

$$
\begin{array}{r}
0\ 1001 \\
+\ 0\ 0100 \\
\hline
0\ 1101
\end{array}
\qquad \boxed{丢弃}
\qquad
\begin{array}{r}
0\ 1001 \\
+\ 1\ 1100 \\
\hline
\boxed{1}\ 0\ 0101
\end{array}
$$

2.2.2 溢出判断与移位

1．溢出判断方法

若运算结果超出机器数所能表示的范围，则会发生溢出。在加、减法运算中，只有当两个同号的数相加或是两个异号的数相减，运算结果的绝对值增大时，才可能会发生溢出。因为有溢出发生时，溢出的部分丢失，结果将会出错，所以计算机中应该设置有关溢出判断的逻辑，当产生溢出时能停机并显示"溢出"标志，或者通过溢出处理程序的处理后重新进行运算。

当正数与正数相加或正数与负数相减时，若绝对值超出计算机允许表示的范围，则称为正溢；当负数与负数相加或负数与正数相减时，若绝对值超出计算机允许表示的范围，则称为负溢。下面通过实例分析发生溢出的情况，给出几种溢出判断的方法。

设参与运算的操作数为 A、B（字长 5 位，数值位 4 位），结果为 F，S_A、S_B 和 S_F 分别表示两个操作数及结果的符号，C 表示数值最高位产生的进位，C_F 表示符号位产生的进位。

下面分 4 种情况进行讨论和分析。

① 正数+正数，例如 $A=12$、$B=9$，二者和为 12+9=21，超出最大值+15，所以发生正溢。并且由以下计算竖式可看出：S_F 与 S_A、S_B 异号，$C=1$，$C_F=0$。

$$
\begin{array}{r}
0\quad 1100 \\
+\ 0\ _11001 \\
\hline
1\quad 0101\ (C=1,\ C_F=0)
\end{array}
$$

② 正数-负数，例如 $A=12$、$B=-9$，二者差为 12- (-9)=21，超出最大值+15，所以发生正溢。因为 $A=0\ 1100$，$B=1\ 1001$，所以$[A]_{补}=0\ 1100$，$[B]_{补}=1\ 0111$，$[-B]_{补}=0\ 1001$，列出计算竖式可看出（竖式同上）：S_F 与 S_A、S_B 异号，$C=1$，$C_F=0$。

③ 负数+负数，例如 $A=-12$、$B=-9$，二者和为(-12)+(-9)=-21，超出补码所能表示的最小值-16，所以发生负溢。因为 $A=1\ 1100$，$B=1\ 1001$，所以$[A]_{补}=1\ 0100$，$[B]_{补}=1\ 0111$，列出计算竖式可看出：S_F 与 S_A、S_B 异号，$C=0$，$C_F=1$。

$$
\begin{array}{r}
1\quad 0100 \\
+\ _11\quad 0111 \\
\hline
\boxed{1}\ 0\quad 1011\ (C=0,\ C_F=1)
\end{array}
\qquad \boxed{丢掉}
$$

④ 负数-正数，例如 $A=-12$、$B=9$，二者差为(-12) -9= -21，超出补码所能表示的最小值-16，所以发生负溢。因为 $A=1\ 1100$，$B=0\ 1001$，$[A]_{补}=1\ 0100$，$[B]_{补}=0\ 1001$，$[-B]_{补}=1\ 0111$，计算竖式与上式相同，所以有 S_F 与 S_A、S_B 异号，$C=0$，$C_F=1$。注意，减去一个正数实质是加上一个负数，所以可将其作为负数相加。

由以上分析可以得出几种判断溢出的方法。

（1）根据 A、B 两数及其结果 F 的符号位的关系判断

$$\text{“溢出”} = \overline{S_A}\,\overline{S_B}S_F + S_A S_B \overline{S_F} \qquad (2\text{-}11)$$

该方法是从操作数与运算结果的符号位进行考虑的，表明两个同号的数相加，运算结果的符号与操作数的符号相反时有溢出发生。当两个正数相加，即 $S_A=0$、$S_B=0$ 时，$S_F=1$，则说明产生正溢；当两个负数相加，即 $S_A=1$、$S_B=1$ 时，$S_F=0$，则说明产生负溢。为了与最后运算结果的符号进行比较，该方法要求保留运算前操作数的符号。而在某些指令格式中运算后的操作数将被运算结果替代，此时将无法判断溢出。

（2）根据两个进位的关系判断

$$\text{“溢出”} = C \oplus C_F \qquad (2\text{-}12)$$

该方法是从进位信号的关系进行考虑的，表明当数值最高位产生的进位与符号位产生的进位相反时有溢出发生。该判断逻辑较多地应用在单符号位的补码运算中。

（3）采用变形补码判断

在计算机中常用变形补码判断有无溢出发生。所谓变形补码是指采用了多个符号位的补码。因为当两个 n 位数相加减时，运算结果最多只有 $(n+1)$ 位，若将操作数的符号变为双符号，运算后结果的进位最多只占据原来的符号位，绝不会占据新添加的符号位，所以可以用新添加的符号位（S_{F1}）表示运算结果的符号，原来的符号位（S_{F2}）暂时保存结果的最高位数值。

将前面实例①和实例③采用变形补码进行计算，有：

```
    00  1 1 0 0                      11   0 1 0 0
 +  00  ₁1 0 0 1                  + ₁11   0 1 1 1
 ───────────────                  ───────────────
    01  0 1 0 1 (S_F1=0，S_F2=1)  [1] 10  1 0 1 1 (S_F1=1，S_F2=0)
                                     丢掉
```

由以上两个竖式可看出，若运算结果的两个符号位相反，则表明有溢出发生：当 $S_{F1}S_{F2}=01$ 时，正溢；当 $S_{F1}S_{F2}=10$ 时，负溢；当 $S_{F1}S_{F2}=00$ 或 $S_{F1}S_{F2}=11$ 时，无溢出发生，所以可以用异或逻辑进行溢出判断：

$$\text{“溢出”} = S_{F1} \oplus S_{F2} \qquad (2\text{-}13)$$

2．移位操作

移位运算在日常生活中很常见，如数的放大、缩小。例如，当某个十进制数相对于小数点左移 n 位时，相当于该数乘以 10^n；右移 n 位时，相当于该数除以 10^n。同理，用二进制表示的机器数在相对于小数点左移 n 位或右移 n 位时，其实质是将该数乘以或除以 2^n。

移位运算又称为移位操作，是计算机中进行算术运算和逻辑运算的基本操作，如通过移位运算和加法运算来实现乘法或除法运算。根据移位的性质，可分为逻辑移位、算术移位和循环移位；根据移位的方向，可分为左移和右移两大类。

（1）逻辑移位

逻辑移位将移位对象看作没有数值含义的一组二进制代码。在逻辑左移时，在最低位的空位添"0"；在逻辑右移时，在最高位的空位添"0"。移位时一般将移出的数保存在进位状态寄存器 C 中。例如，寄存器内容为 01010011，逻辑左移一位后为 10100110，逻辑右移一位后为 00101001。

逻辑移位可以用来实现串—并转换、位判别或位修改等操作。如串行输入数据，利用

移位操作将其拼装成并行数据输出，完成串—并转换；通过移位操作将需要的某个数位移至最高位或最低位，然后对其进行判断或修改等操作。

（2）算术移位

算术移位与逻辑移位不同，因为数字代码具有数值意义，且带有符号位，所以操作过程中必须保证符号位不变，这也是算术移位的重要特点。

对于正数来说，由于 $[x]_原=[x]_补=[x]_反=$ 真值，所以在移位后的空位上添 "0"。而对于负数，由于原码、补码和反码的表示形式不同，在移位时，对其空位的添补规则也不同，表 2-5 中列出了移位时原码、补码和反码 3 种不同码制所对应的空位添补规则。

表 2-5　带符号数的空位添补规则

正数		负数	
码制	添补规则（符号位不变）	码制	添补规则（符号位不变）
原码	空位均添 "0"	原码	空位添 "0"
补码	空位均添 "0"	补码	左移添 "0"，右移添 "1"
反码	空位均添 "0"	反码	空位添 "1"

> **注意：** 在算术左移中，若数据采用单符号位，且移位前数据绝对值≥1/2，则左移后会发生溢出，这是不允许的。若数据采用双符号位，有溢出发生时，可用第二符号位暂时保存溢出的有效数值位，第一符号位指明数据的真正符号。

（3）循环移位

按照进位位 C 是否参与循环，可将循环移位分为小循环（自身循环）和大循环（连同进位位一起循环），示意图如图 2-5 所示。

循环移位规则如下。

➤ 小循环左移——各位依次左移，最低位空出，将移出的最高位移入最低位同时保存到进位状态寄存器中；

➤ 小循环右移——各位依次右移，最高位空出，将移出的最低位移入最高位同时保存到进位状态寄存器中；

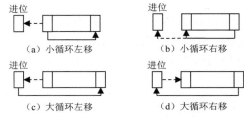

图 2-5　循环移位示意图

➤ 大循环左移——连同进位位 C 依次左移，最低位空出，进位状态寄存器中的数移入最低位，将移出的最高位移入进位状态寄存器中。

➤ 大循环右移——连同进位位 C 依次右移，进位状态寄存器空出，进位状态寄存器中的内容移入最高位，将移出的最低位移入进位状态寄存器中。

【例 2-11】已知 $[x]_补=0.1101$，$[y]_补=1.0101$，求这两个数的算术左移一位、算术右移一位、逻辑左移一位、逻辑右移一位的结果。

解　二者移位后的结果如表 2-6 所示。

表 2-6　【例 2-11】移位后的结果

数据	算术左移	算术右移	逻辑左移	逻辑右移
$[x]_补=0.1101$	1.1010（溢出）	0.0110	1.1010	0.0110
$[y]_补=1.0101$	1.1010	1.1010	0.1010	0.1010

3．舍入处理

在浮点数对阶或向右规格化时，尾数要进行右移，相应尾数的低位部分会被丢掉，从而造成一定误差，所以要进行舍入处理。舍入处理时，应该遵循误差最小的原则，即本次舍入处理所造成的误差和累计处理后造成的误差都应该最小。下面介绍两种常用的舍入方法。设数据有$(n+1)$位尾数，现要求保留n位尾数。

（1）"0舍1入"法

"0舍1入"法与十进制中的"四舍五入"法类似：若第$(n+1)$位是"0"，则直接舍去；若第$(n+1)$位是"1"，则舍去第$(n+1)$位，并在第n位做加"1"修正。舍入后会有误差产生，但误差值小于最末位的权值。例如，$[x]_原=0.1010$，"0舍1入"后保留3位尾数有$[x]_原=0.101$；而$[y]_补=1.0101$保留3位尾数有$[y]_补=1.011$。

（2）"末位恒置1"法

"末位恒置1"即舍去第$(n+1)$位，并将第n位恒置"1"。例如，$[x]_原=0.1101$，采用此方法保留3位尾数有$[x]_原=0.111$；而$[y]_补=1.0111$保留3位尾数有$[y]_补=1.011$。由此可见，这种方法不会涉及进位运算，比较简单，逻辑上易于实现。

2.3 定点数的乘、除法运算

在计算机中，除了加法、减法，乘法和除法也是很重要的运算，有的计算机中设置了硬件逻辑，可以直接通过乘、除法器完成乘、除法运算，而有的计算机内没有相关的逻辑，可以通过转换为累加、移位操作，用软件编程实现乘、除法运算。因此，学习运算方法不仅有助于乘、除法器的设计，也有助于乘、除法编程。下面介绍定点数乘、除法运算中的原码一位乘、除法及补码一位乘、除法。

2.3.1 原码一位乘法

下面首先从笔算乘法入手，通过对这个过程进行分析，找出用计算机能够实现的方法。设$A=+0.1101$、$B=+0.1011$，求$A \times B$。

$$
\begin{array}{r}
0.1101 \\
\times \quad 0.1011 \\
\hline
1101 \\
1101 \\
0000 \\
1101 \\
\hline
0.10001111
\end{array}
$$

$A \times 2^0$	A不移位
$A \times 2^1$	A左移1位
0×2^2	0左移2位
$A \times 2^3$	A左移3位

因为正数与正数相乘得正数，所以 $A \times B=+0.10001111$。由上式可以看出，乘法运算的过程是对应每一位乘数求得一项部分积，并将部分积逐位左移，然后将所有部分积相加得到最后的乘积。若计算机采用笔算的乘法求解步骤，会存在以下问题：一是将多个部分积依次相加，计算机难以实现；二是最后乘积的位数随着乘数位数的增多而增多，这将造成资源的浪费和运算时间的增加，此外计算机中的加法器不能完成错位相加，且每次只能完成两个数的加操作，因此可以将上述n位乘转换为n次"累加与右移"的操作，即每一步

只求一位乘数所对应的部分积，并将所得部分积与原部分积累加，然后将累加和右移一位，重复上述操作 n 次后得到最后乘积。

对于原码乘法来说，符号位与数值位可分开处理。由于乘法运算中"正正得正，负负得正，正负得负"，所以将两个乘数的符号相异或即可得到乘积的符号，利用以上方法将两个乘数的绝对值相乘即可得到积的绝对值，再将积的符号与积的数值拼接即可得到最后的乘积。

原码一位乘法是指按照以上方法每次对一位乘数进行处理，即取两个乘数的绝对值相乘，每次将一位乘数所对应的部分积与原来部分积的累加和相加，然后右移一位。为了能用计算机实现，操作数与运算结果需要用相关的寄存器来存放。下面给出有关的寄存器设置、符号位的处理以及基本的操作。

1．寄存器设置

设用寄存器 A 存放部分积的累加和，初始值为 0；用寄存器 B 存放被乘数 X，绝对值参与运算，符号单独处理；用寄存器 C 存放乘数 Y，初始值为乘数的绝对值，符号单独处理。每做一次乘法，寄存器 C 中已经处理的乘数要右移舍去，同时将寄存器 A 的数值右移，将其最末位移入寄存器 C 的最高位。运算结束后，寄存器 A 中存放乘积的高位部分，寄存器 C 中存放乘积的低位部分。

2．符号位处理

由于在部分积进行累加时，数值位的最高有效位可能会产生进位，为了暂时存放这个进位，需要将寄存器 A 和 B 都设置为双符号位，用第一符号位表示部分积的符号，第二符号位暂时存放数值最高位的进位，在之后的右移操作中，第二符号位上的数将移回有效的数值位。对于原码一位乘法来说，因为部分积始终为正，所以第一符号位可以省略，使用单符号位，右移时符号位添"0"即可。但是因为除法运算需要双符号位，而且常会将乘法器与除法器合成为一个部件，所以这里也采用双符号位表示。

3．基本操作

原码一位乘法中，每次只处理寄存器 C 的最末位乘数 C_n，以后每次运算时，将其余乘数依次右移到 C_n 进行判断操作，所以 C_n 被称为判断位。若 $C_n=0$，进行部分积累加和 $A+0$ 操作，然后右移一位（即直接将 A 右移一位）；若 $C_n=1$，进行 $A+B$（被乘数）操作，然后右移一位。注意：当乘数的数值位有 n 位时，要进行 n 次累加移位的操作，所以可以用一个计数器 CR 来统计操作步骤，控制操作的循环次数。最后乘积的符号：$S_X \oplus S_Y = S_A$，因此最后的结果为 (S_A, A, C)。

【例 2-12】设字长为 6 位，已知 $X=+0.1101$，$Y=-0.1011$，求 $[X×Y]_原$。

解　寄存器 A 的初始值为 $A=00.0000$，寄存器 B 中存放 $|X|=00.1101$（下表中记为 B），寄存器 C 中存放 $|Y|=.1011$（下表中记为 C）。

步骤	条件	操作	部分积累加和 A	乘数 C　　C_n
初始值	C_n		00.0000	.1　0　1　1
第一步	$C_n=1$	$+B$	$+\underline{00.1101}$	
			00.1101	
		$\rightarrow$	00.0110	1.　1　0　1

步骤	条件	操作	部分积累加和 A	乘数 C	C_n
第二步	$C_n=1$	$+B$	$+\ \underline{00.1101}$		
			01.0011		
		$\rightarrow$	00.1001	$1\quad 1.\quad 1$	$\underline{0}$
第三步	$C_n=0$	$+0$	$+\ \underline{00.0000}$		
			00.1001		
		$\rightarrow$	00.0100	$1\quad 1\quad 1.$	$\underline{1}$
第四步	$C_n=1$	$+B$	$+\ \underline{00.1101}$		
			01.0001		
		$\rightarrow$	00.1000	$1\quad 1\quad 1$	1

由于 $S_A = S_X \oplus S_Y = 1 \oplus 0 = 1$，$|X| \times |Y| = 0.10001111$，所以 $[X \times Y]_原 = 1.10001111$。

2.3.2 补码一位乘法

在计算机中，数据通常采用补码表示，若用原码进行乘法运算，需要在运算开始和结束时进行码制转换，这样既不方便又影响速度，所以我们希望能用补码直接进行乘法运算。补码一位乘法与原码一位乘法类似，每次运算时只对一位乘数进行处理，但操作数与结果均用补码表示，连同符号位一起按照相应的算法进行运算。下面讨论一种由布斯（Booth）夫妇提出的算法——Booth 算法，也称为比较法，该方法是广泛采用的补码乘法。

设被乘数 X 和乘数 Y 均为字长为 $(n+1)$ 位的定点小数，其中 x_0 和 y_0 为符号位，x_i 和 y_i（$i = -1, \cdots, -n$）为有效数值位，则有：

$$[Y]_补 = y_0 \cdot 2^0 + y_{-1} \cdot 2^{-1} + \cdots + y_{-(n-2)} \cdot 2^{-(n-2)} + y_{-(n-1)} \cdot 2^{-(n-1)} + y_{-n} \cdot 2^{-n}$$

由定点小数的补码定义可知：当 $Y > 0$ 时，有 $Y = [Y]_补$；当 $Y < 0$ 时，有 $Y = -2 + [Y]_补$，所以

$$Y > 0 \ 时，\quad y_0 = 0，\quad Y = 0 \cdot 2^0 + y_{-1} \cdot 2^{-1} + \cdots + y_{-(n-1)} \cdot 2^{-(n-1)} + y_{-n} \cdot 2^{-n}$$

$$Y < 0 \ 时，\quad y_0 = 1，\quad Y = -2^0 + y_{-1} \cdot 2^{-1} + \cdots + y_{-(n-1)} \cdot 2^{-(n-1)} + y_{-n} \cdot 2^{-n}$$

将以上两式进行合并可得：$Y = -y_0 \cdot 2^0 + y_{-1} \cdot 2^{-1} + \cdots + y_{-(n-1)} \cdot 2^{-(n-1)} + y_{-n} \cdot 2^{-n}$。

所以，

$[XY]_补$

$= [X \cdot (-y_0 \cdot 2^0 + y_{-1} \cdot 2^{-1} + \cdots + y_{-(n-1)} \cdot 2^{-(n-1)} + y_{-n} \cdot 2^{-n})]_补$

$= [X]_补 \cdot (-y_0 \cdot 2^0 + y_{-1} \cdot 2^{-1} + \cdots + y_{-(n-1)} \cdot 2^{-(n-1)} + y_{-n} \cdot 2^{-n})$

$= [X]_补 \cdot [-y_0 \cdot 2^0 + (y_{-1} \cdot 2^0 - y_{-1} \cdot 2^{-1}) + \cdots + (y_{-(n-1)} \cdot 2^{-(n-2)} - y_{-(n-1)} \cdot 2^{-(n-1)}) + (y_{-n} \cdot 2^{-(n-1)} - y_{-n} \cdot 2^{-n})]$

$= [X]_补 \cdot [(-y_0 \cdot 2^0 + y_{-1} \cdot 2^0) + (-y_{-1} \cdot 2^{-1} + y_{-2} \cdot 2^{-1}) + \cdots + (-y_{-(n-1)} \cdot 2^{-(n-1)} + y_{-n} \cdot 2^{-(n-1)}) - y_{-n} \cdot 2^{-n}]$

$= [X]_补 \cdot [(y_{-1} - y_0) \cdot 2^0) + (y_{-2} - y_{-1}) \cdot 2^{-1} + \cdots + (y_{-n} - y_{-(n-1)}) \cdot 2^{-(n-1)} + (0 - y_{-n}) \cdot 2^{-n}]$

$= [X]_补 \cdot [(y_{-1} - y_0) \cdot 2^0) + (y_{-2} - y_{-1}) \cdot 2^{-1} + \cdots + (y_{-n} - y_{-(n-1)}) \cdot 2^{-(n-1)} + (y_{-(n+1)} - y_{-n}) \cdot 2^{-n}]$

其中，$y_{-(n+1)}$ 是增设在乘数最低位的附加位，初始值为 0。由此可知，求 $[XY]_补$ 的问题被转换成计算 $[X]_补$ 与一个新的多项式的乘积的汇总问题，且该多项式每一项的系数都是原乘数补码相邻两项系数的差值（低位–高位）。设 $K_i = y_i - y_{i+1}$，$i \in [-n, -1]$，则

$$[XY]_补 = \sum_{i=-n}^{-1} (K_i [X]_补 \cdot 2^{-i}) + (y_{-1} - y_0) \cdot [X]_补 \tag{2-14}$$

所以，可以根据乘数相邻两位的比较结果来确定运算操作的规律，如表 2-7 所示。

表 2-7　Booth 算法规律

高位 y_{i+1}	低位 y_i	低位−高位	操作说明
0	0	0	部分积+0，右移一位
0	1	1	部分积+$[X]_\text{补}$，右移一位
1	0	−1	部分积+$[-X]_\text{补}$，右移一位
1	1	0	部分积+0，右移一位

下面给出 Booth 算法的运算规则。

（1）符号位参与运算，参与运算的两个乘数以及运算结果均用补码表示。

（2）被乘数取双符号位参与运算，部分积初始值为 0。在实现补码一位乘法时，需要用寄存器 A 来存放部分积的累加和，用寄存器 B 存放被乘数，二者均采用双符号位。

（3）乘数可取单符号位，以控制最后一步是否需要校正。用寄存器 C 来存放乘数，且在乘数最末位增设一个初始值为 0 的附加位。

（4）按照表 2-7 所示规律进行操作。对于有 n 位数值位的乘数，要进行$(n+1)$次加操作和 n 次右移操作，即最后一步不移位。

（5）右移时要按照补码移位的规则进行。

【例 2-13】设字长为 6 位，已知 $X= -0.1101$，$Y= +0.1011$，求$[X×Y]_\text{补}$。

解　初始化设置时，寄存器 A 的值 $A=00.0000$，寄存器 B 的值 $B=[X]_\text{补}=11.0011$，$-B=[-X]_\text{补}=00.1101$，寄存器 C 的值 $C=[Y]_\text{补}=0.1011$。

步骤	条件	操作	部分积累加和 A	乘数 C　　C_{-n}	附加位 $C_{-(n+1)}$	说明
初始值	$C_{-n}C_{-(n+1)}$		00.0000	0.1 0 1　　1	0	
第一步	10	−B	+ 00.1101 00.1101			部分积+$[-X]_\text{补}$
		→	00.0110	1 0.1 0　　1	1	右移一位
第二步	11	+0	+ 00.0000 00.0110			部分积+0
		→	00.0011	0 1 0.1　　0	1	右移一位
第三步	01	+B	+ 11.0011 11.0110			部分积+$[X]_\text{补}$
		→	11.1011	0 0 1 0.　　1	0	右移一位
第四步	10	−B	+ 00.1101 00.1000			部分积+$[-X]_\text{补}$
		→	00.0100	0 0 0 1　0.	1	右移一位
第五步	01	+B	+ 11.0011 11.0111	0 0 0 1		部分积+$[X]_\text{补}$ 不移位

所以，$[X×Y]_\text{补}=1.01110001$。

2.3.3　原码一位除法

计算机中可以通过累加右移实现乘法运算，而除法运算是乘法运算的逆运算，故可通过左移减法来实现除法运算。下面通过分析除法的笔算过程，进一步得出计算机求解的方法。

设 $X=-0.1011$，$Y=0.1101$，求 $X\div Y$。笔算除法时，商的符号可由被除数与除数异或得到，数值部分的运算通过下列竖式得到。

$$
\begin{array}{r}
0.1101 \\
0.1101\overline{)0.10110} \\
\end{array}
$$

$$
\begin{array}{ll}
\underline{0.01101} & 2^{-1}\cdot Y \\
0.010010 & \\
\underline{0.001101} & 2^{-2}\cdot Y \\
0.00010100 & \\
\underline{0.00001101} & 2^{-4}\cdot Y \\
0.00000111 & \\
\end{array}
$$

所以 $x\div y$ 的商为 -0.1101，余数 $=-0.00000111$。

上式运算中，每次上商都是通过比较余数（被除数）和除数的大小来确定商是"1"还是"0"，且每做一次减法后，总是保持余数不动，低位补"0"，再减去右移后的除数，最后再单独处理商符（商的符号）。若将上述规则用于计算机内，实现起来有一定困难，原因如下。

（1）计算机不能"心算"上商，必须通过比较被除数（或余数）和除数绝对值的大小来确定商值，即 $|X|-|Y|$，若差为正（够减）上商 1，差为负（不够减）上商 0。

（2）若每次做减法总是保持余数不动低位补"0"，再减去右移后的除数，则要求加法器的位数必须为除数的两倍。仔细分析发现，右移除数可以用左移余数的办法代替，运算结果一样，而且在硬件实现上更有利。应该注意所得到的余数不是真正的余数，而是左移扩大后的余数，所以将它乘以 2^{-n} 后得到的才是真正的余数。

（3）笔算求商时是从高位向低位逐位求的，而要求计算机把每位商直接写到寄存器的不同位也是不可行的。但计算机可将每次运算得到的商值直接写入寄存器的最低位，并把原来的部分商左移一位，通过这种方法得到最后的商。

原码除法与原码乘法类似，商符与商值分开处理，商符由被除数符号位与除数符号位异或得到，商值由被除数与除数的原码的数值部分相除得到，最后将二者拼接即可得到商的原码。对于小数除法和整数除法来说，可以采用同样的算法，但是要满足的条件不同。

小数定点除法中，必须满足下列条件。

（1）应避免除数为"0"或被除数为"0"。若除数为"0"，则结果为无限大，计算机中有限的字长无法表示；若被除数为"0"，则结果总是"0"，除法操作等于白做。

（2）被除数<除数，因为如果被除数大于或等于除数，必有整数商出现，在定点小数的运算中将产生溢出。

整数除法中，要求满足以下条件：被除数和除数不为 0，且被除数大于或等于除数。因为这样才能得到整数商。通常在做整数除法前，先进行判断，若不满足上述条件，计算机发出出错信号，需重新设定比例因子。

依据对余数的处理不同，原码除法可分为恢复余数法和不恢复余数法（加减交替法）两种。下面以定点小数为例，给出这两种运算规则。

1．恢复余数法

计算机在做除法运算时，不论是否够减，都要将被除数（余数）减去除数，若所得的

余数 r 为正，即符号位为 "0"，表明够减，商 "1"，余数左移一位后继续下一步操作；若所得的余数 r 为负，即符号位为 "1"，表明不够减，商 "0"，此时由于已经做了减法，所以必须恢复原来的余数（即把减去的除数加回去），然后余数左移一位后继续下一步操作。因此，这种方法被称为 "恢复余数法"。

应注意的是，商值的确定是通过减法运算来比较被除数和除数绝对值大小的，而计算机内只设有加法器，故需将减法操作变为加法操作，即将减去除数转换为加上除数的补数。

除法运算中会涉及以下的寄存器：寄存器 A，双符号位，初始值为被除数的绝对值，之后存放各次操作所得的余数；寄存器 B，双符号位，存放除数的绝对值；寄存器 C，单符号位，存放商的绝对值，初始值为 "0"。所得的商由寄存器的末位送入，且在产生新商的同时，原有商左移一位。

【例 2-14】已知 $X=-0.1011$，$Y=-0.1101$，用恢复余数法求 $[X \div Y]_原$。

解 $[X]_原=1.1011$，$[Y]_原=1.1101$，商符为 "0"，初始化设置时，寄存器 A 的值 $A=|X|=00.1011$，寄存器 B 的值 $B=|Y|=00.1101$，$[-|Y|]_补=11.0011$，寄存器 C 的值 $C=|Q|=0.0000$。

步骤	条件	操作	被除数/余数 A	商值 C C_{-n}	Q	说明
初始值			00.1011	0.0000		
第一步	$r<0$，不够减	$-B$	+11.0011			减去除数
			11.1110	0.0000	$Q_1=0$	余数为负，商 "0"
		$+B$	+00.1101			恢复余数
			00.1011			
		←	01.0110			左移一位
第二步	$r>0$，够减	$-B$	+11.0011			减去除数
			00.1001	0.0001	$Q_2=1$	余数为正，商 "1"
		←	01.0010			左移一位
第三步	$r>0$，够减	$-B$	+11.0011			减去除数
			00.0101	0.0011	$Q_3=1$	余数为正，商 "1"
		←	00.1010			左移一位
第四步	$r<0$，不够减	$-B$	+11.0011			减去除数
			11.1101	0.0110	$Q_4=0$	余数为负，商 "0"
		$+B$	+00.1101			恢复余数
			00.1010			
		←	01.0100			左移一位
第五步	$r>0$，够减	$-B$	+11.0011			减去除数
			00.0111	0.1101	$Q_5=1$	余数为正，商 "1"

由以上步骤可得 $[商]_原=0.1101$，$[余数]_原=1.0111 \times 2^{-4}$（余数符号与被除数的符号一致）。

在上例中，共上商 5 次，其中第一次的商值在商的整数位上，对小数除法而言，可用来做溢出判断，即当该位为 "1" 时，表示产生溢出，不能进行运算，应进行处理；当该位为 "0" 时，说明除法合法，可以进行运算。

在恢复余数法中，每当余数为负时，应该恢复余数。由于每次余数的正负是随着操作数的变化而变化的，这就导致除法运算的实际操作步骤无法确定，不便于控制。此外，在做恢复余数的操作时，要多做一次加法运算，延长了执行时间，所以在计算机中一般采用的是 "不恢复余数法"。

2．不恢复余数法

不恢复余数法是由恢复余数法演变而来的一种改进算法。分析原码恢复余数法可知：

- 当余数 $r>0$ 时，商"1"，再将 r 左移一位后减去除数$|Y|$，即 $2r-|Y|$；
- 当余数 $r<0$ 时，商"0"，此时要先恢复余数（$r+|Y|$），然后将恢复后的余数左移一位再减去除数$|Y|$，即 $2(r+|Y|)-|Y|$。

由以上分析可看出，当余数 $r>0$ 时，商"1"，做 $2r-|Y|$ 的运算；当余数 $r<0$ 时，商"0"，而 $2(r+|Y|)-|Y|=2r+|Y|$，此时如果直接做 $2r+|Y|$ 的运算，就不需要再恢复余数，故将这种方法称为"加减交替法"或"不恢复余数法"。运算规则如下。

- 符号位不参与运算，对于定点小数要求$|$被除数$|<|$除数$|$。
- 可将被除数当作初始余数，当余数 $r>0$ 时，商"1"，余数左移一位，再减去除数；当余数 $r<0$ 时，商"0"，余数左移一位，再加上除数。
- 要求 n 位商时（不含商符），需要做 n 次"左移、加/减"操作。若第 n 步余数为负，则需要增加一步——加上除数恢复余数，使得最终的余数仍为绝对值形式。注意最后增加的一步不需要移位，最后的余数为 $r\times2^{-n}$（与被除数同号）。

【例2-15】设字长为 6 位，已知 $X=-0.1011$，$Y=0.1101$，用不恢复余数法求$[X\div Y]_原$。

解 $[X]_原=1.1011$，$[Y]_原=0.1101$，商符为"1"，寄存器 A 的值 $A=|X|=00.1011$，寄存器 B 的值 $B=|Y|=00.1101$，$[-|Y|]_补=11.0011$，寄存器 C 的值 $C=|Q|=0.0000$。

步骤	条件	操作	被除数/余数 A	商值 C C_{-n}	Q	说明
初始值			00.1011	0.0000		
第一步		$\leftarrow$	01.0110			左移一位
		$-B$	+11.0011			减去除数
	$r>0$，够减		00.1001	0.0001	$Q_1=1$	余数为正，商"1"
第二步		$\leftarrow$	01.0010			左移一位
		$-B$	+11.0011			减去除数
	$r>0$，够减		00.0101	0.0011	$Q_2=1$	余数为正，商"1"
第三步		$\leftarrow$	00.1010			左移一位
		$-B$	+11.0011			减去除数
	$r<1$，不够减		11.1101	0.0110	$Q_3=0$	余数为负，商"0"
第四步		$\leftarrow$	11.1010			左移一位
		$+B$	+00.1101			加上除数
	$r>0$，够减		00.0111	0.1101	$Q_4=1$	余数为正，商"1"

故$[商]_原=1.1101$，$[余数]_原=1.0111\times2^{-4}$（余数符号与被除数的符号一致）。

2.3.4 补码一位除法

补码除法的被除数、除数用补码表示，符号位和数值位一起参与运算，直接用补码除，求出反码商，再修正为近似的补码商。

1．补码不恢复余数法

在补码一位除法中也必须比较被除数（余数）和除数的大小，并根据比较的结果上商。

运算方法与运算器 第2章

另外，为了避免溢出，被除数的绝对值要小于除数的绝对值，即商的绝对值不能大于 1。

补码不恢复余数法的算法规则如下。

（1）被除数与除数同号，被除数减去除数；被除数与除数异号，被除数加上除数。

（2）余数与除数同号，商"1"，余数左移一位减去除数；余数和除数异号，商"0"，余数左移一位加上除数。

（3）重复（2），包括符号位在内，共做($n+1$)步。

为了统一并简化控制线路，一开始就根据$[X]_补$和$[Y]_补$的符号位是否相同，上一次商 Q_0'。这位商 Q_0 不是真正的商的符号，故称其为假商。如果$[X]_补$和$[Y]_补$的符号位相同，假商为"1"，控制下一次做减法；否则，假商为"0"，控制下一次做加法。以后按同样的规则运算下去。显然，第一次上的假商 Q_0' 只是为除法做准备工作，共进行($n+1$)步操作。最后，第一次上的商 Q_0' 移出寄存器，剩下 Q_0 至 Q_n 即运算结果。

2．商的校正

补码一位除法的算法是在商的末位"恒置 1"的舍入条件下推导出的。按照这种算法得到的有限位商为负数时是反码形式。而正确需要得到的商是补码形式，两者之间的差别至多是相关末位的一个"1"，这样引起的最大误差是 2^{-n}。在对商的精度没有特殊要求的情况下，一般采用商的末位"恒置 1"的方式进行舍入，这样处理的好处是操作简单，便于实现。

如果要求进一步提高商的精度，可以不用"恒置 1"的方式舍入，而按上述法则多求一位后，再采用如下校正方法对商进行处理。

（1）刚好能除尽时，如果除数为正，商不必校正；如果除数为负，则商加 2^{-n}。

（2）不能除尽时，如果商为正，则不必校正；如果商为负，则商加 2^{-n}。

【例 2-16】已知 $X= -0.1001$，$Y= 0.1101$，用不恢复余数法求$[X\div Y]_补$。

解 $[X]_补=1.0111$，$[Y]_补=0.1101$，$[-Y]_补=1.0011$

步骤	操作	被除数 X/余数 r	商值 Q	说明
第一步		11.0111	<u>0</u>	$[X]_补$和$[Y]_补$异号，商 Q_0'=0
	+$[Y]_补$	+00.1101		加上除数
第二步		00.0100	0 <u>1</u>	余数和除数同号，商"1"
	←	00.1000		左移一位
	+$[-Y]_补$	+11.0011		减去除数
第三步		11.1011	01<u>0</u>	余数和除数异号，商"0"
	←	11.0110		左移一位
	+$[Y]_补$	+00.1101		加上除数
第四步		00.0011	010<u>1</u>	余数和除数同号，商"1"
	←	00.0110		左移一位
	+$[-Y]_补$	+11.0011		加上除数
第五步		11.1001	0101<u>0</u>	余数和除数异号，商"0"
	←	11.0010		左移一位
	+$[Y]_补$	+00.1101		加上除数
第六步		11.1111		余数和除数异号
		11.1111	1.0100<u>0</u>	仅 Q 左移一位，商"0"

商采用末尾"恒置1"的方法校正后得：$[Q]_{\text{补}}=1.0101$，$[r]_{\text{补}}=1.1111\times2^{-4}$。

2.4 浮点运算介绍

计算机中的数据除了定点数之外，还有浮点数。因为浮点数可表示的范围大，运算不易溢出，所以被广泛采用。本节将对浮点数的四则运算进行简单的介绍。

2.4.1 浮点数的加、减法运算

一般来说，规格化浮点数的加、减法运算可按照判断操作数、对阶、求尾数和/差、结果规格化、判断溢出以及对结果进行舍入处理几个步骤进行。

1．判断操作数

判断操作数中是否有 0 存在，当有操作数为 0 时，可以简化操作。如果加数（或减数）为 0，则运算结果等于被加数（或被减数）；如果被加数为 0，则运算结果等于加数；如果被减数为 0，则运算结果等于减数的补码。

2．对阶

阶码大小不一样的两个浮点数进行加、减法运算时，必须先将它们的阶码调整为一样大，该过程称为对阶。因为只有阶码相同，其尾数的权值才真正相同，才能对尾数进行加、减法运算。一般来说，对阶的规则是"小阶对大阶"，即以大的阶码为准，调整小的阶码直到二者相等。这是因为对于阶码小的数而言，如果将其阶码增大，该数的尾数要进行右移，舍去的是尾数的低位部分，误差较小；反之，若对于阶码大的数，如果将其阶码减小，尾数则要左移，丢失的是尾数的高位部分，必然会出错。

对阶时一般采用的方法是求阶差，即将两数的阶码相减。若阶差为"0"，则说明两数阶码相同，无须对阶；若阶差不为"0"，则按照对阶规则进行对阶——小阶码增大，同时尾数右移。

3．求尾数和/差

阶码对齐后，尾数按照定点数的运算规则进行加、减法运算。

4．结果规格化及判断溢出

若运算后的结果不符合规格化约定，需要对尾数移位，使之规格化，并相应地调整阶码。当用补码表示时，若所得结果的尾数绝对值小于 1/2（表现形式为 11.1××…×或 00.0××…×），需要将尾数左移，阶码减小，直至满足规格化条件，称该过程为"左规"；若结果的尾数绝对值大于 1（表现形式为 10.××…×或 01.××…×），则需要将尾数右移一位，阶码加 1，该过程为"右规"。

> **注意**：在"左规"时，若阶码小于所能表示的最小阶，表明发生"下溢"，也就是说，浮点数的绝对值小于规格化浮点数的分辨率，此时尾数应该记作"0"；在"右规"时，若阶码大于所能表示的最大阶，则表明发生"上溢"，将产生溢出中断，在浮点数加、减法运算中"右规"最多只需要进行一次。

5．舍入

当对结果进行"右规"时，要对尾数的最低位进行舍入处理，可采用之前所讲的"0舍1入"法、"末位恒置1"法等。

【例2-17】 若 $X_1 = 0.1100 \times 2^{001}$，$X_2 = 0.0011 \times 2^{011}$，求 $X_1 + X_2$。

解 因为两数阶码不一致，所以先对阶。将 X_1 尾数右移两位，同时阶码加2：

$X_1 = 0.1100 \times 2^{001} = 0.0011 \times 2^{011}$，

$X_1 + X_2 = 0.0011 \times 2^{011} + 0.0011 \times 2^{011} = (0.0011 + 0.0011) \times 2^{011} = 0.0110 \times 2^{011}$

所得结果不是规格化数，将运算结果"左规"可得：0.1100×2^{010}。注意：由于结果是"左规"，所以不需要做舍入处理。

2.4.2 浮点数的乘、除法运算

浮点数在做乘、除法运算时，不需要对阶。对于乘法运算，将阶码相加，尾数相乘，最后对乘积做规格化即可；对于除法运算，将阶码相减，尾数相除即可得到运算结果。

1．浮点数乘法运算

两个浮点数相乘，乘积的阶码等于两个操作数阶码之和，乘积的尾数等于两个操作数尾数之积。与浮点加、减法运算相同，乘法运算后的结果也可能会发生溢出，所以要进行规格化和舍入处理，步骤如下。

（1）判断操作数是否为"0"，若有一个操作数为"0"，则乘积为"0"，无须再运算。

（2）将操作数的阶码相加，判断是否有溢出。因为浮点数的阶码是定点整数，所以阶码相加实质是定点整数的加法运算，可按照前面所讲的加法规则进行运算。若运算后产生"下溢"，则结果为"0"；若产生"上溢"，则需要做溢出处理。

（3）尾数相乘。因为浮点数的尾数是定点小数，所以尾数相乘可以选择定点小数乘法中的相关规则来完成运算。在浮点运算器中一般会设置两套运算器分别对阶码和尾数进行处理。

（4）规格化及舍入处理。因为参与运算的操作数都是规格化数，所以乘积尾数的绝对值必然大于或等于 1/4，所以"左规"最多只需一次。又由于 $[-1]_{补}$ 是规格化数，所以只有在 $(-1) \times (-1) = +1$ 时，需要"右规"一次。

做乘法运算时，乘积尾数的位数会增多，为了使乘积的尾数与原浮点数的格式一致，需要进行舍入处理。

【例2-18】 若 $X_1 = 0.1100 \times 2^{001}$，$X_2 = 0.0011 \times 2^{011}$，求 $X_1 \times X_2$。

解 $X_1 \times X_2 = (0.1100 \times 2^{001}) \times (0.0011 \times 2^{011}) = (0.1100 \times 0.0011) \times 2^{001+011} = 0.0010 \times 2^{100}$

2．浮点数除法运算

两个浮点数相除，商的阶码为被除数的阶码与除数的阶码之差，商的尾数为被除数的尾数除以除数的尾数之商。浮点除法的运算步骤如下。

（1）判断操作数是否为"0"。若除数为"0"，则会出错；若被除数为"0"，则商为"0"。

（2）调整被除数的尾数，使被除数尾数的绝对值小于除数尾数的绝对值，以此确保商的尾数为小数。注意在调整被除数的阶码时，可能会有"上溢"。

（3）求商的阶码。利用定点整数的减法运算，用被除数的阶码减去除数的阶码即可得到商的阶码。若结果的阶码产生"下溢"，则商作为机器零处理；若产生"上溢"，则需要做溢出处理。

（4）求商的尾数。因为浮点数的尾数是定点小数，所以利用定点小数除法的运算规则，用被除数的尾数除以除数的尾数即可得到商的尾数。

通过以上步骤求得的商值不需要进行规格化处理。因为在被除数尾数调整后，商的尾数的绝对值肯定小于 1，所以不需要"右规"；又由于两个操作数均是规格化数，即$|M| \geqslant 1/2$，所以商的绝对值必然大于或等于 1/2，不需要"左规"。综上所述，最后得到的商不需要进行规格化处理。

2.5 运算器的组成与结构

在计算机中，运算器是对数据进行加工处理的重要部件，而算术逻辑部件又是运算器的核心部件，通过运算器可以实现数据的算术运算和逻辑运算。本节将介绍有关加法器、算术逻辑部件的设计以及运算器的组织结构。

2.5.1 加法器

1．加法单元的设计

补码加减运算器设计

加法单元是能够实现加法运算的逻辑电路，是算术逻辑部件的基本逻辑电路，有半加器和全加器之分。若两个二进制数相加，只考虑本位的相加，而不考虑低位来的进位，这种相加称为半加，能够实现半加功能的逻辑电路称为半加器。若两个 1 位二进制数相加，除了考虑本位的相加外，还要考虑低位来的进位，这种相加称为全加，能够实现全加功能的逻辑电路则称为全加器，所以全加器有 3 个输入变量（参加本位运算的操作数 A_i、B_i 以及从低位来的进位信号 C_{i-1}），2 个输出变量（本位和 S_i 及本位向高位的进位 C_i）。全加器 3 个输入与 2 个输出的组合关系如表 2-8 所示。

表 2-8　全加器 3 个输入与 2 个输出的组合关系

A_i	B_i	C_{i-1}	S_i	C_i
0	0	0	0	0
0	0	1	1	0
0	1	0	1	0
0	1	1	0	1
1	0	0	1	0
1	0	1	0	1
1	1	0	0	1
1	1	1	1	1

分析表 2-8 中 A_i、B_i、C_{i-1} 和 S_i 的关系，什么条件下会产生本位和（即 $S_i=1$）呢？可分以下两种情况讨论。

一种情况，A_i 和 B_i 其中一个为 1，另一个为 0，即 A_i 和 B_i 相异，对应逻辑表达式 $A_i \oplus B_i=1$，此时只要 C_{i-1} 为 0，S_i 就为 1。也就是说，$A_i \oplus B_i$ 的结果 1 与 $C_{i-1}=0$ 相异，对应的逻辑表

达式为 $A_i \oplus B_i \oplus C_{i-1}=1$。

另一种情况，A_i 和 B_i 相同（要么同为 0，要么同为 1），此时只要 C_{i-1} 为 1，S_i 就为 1。也就是说，无论 A_i 和 B_i 是同为 0，还是同为 1，只要它们进行某种逻辑运算的结果为 0，与 $C_{i-1}=1$ 相异时，S_i 就为 1，显然这种逻辑运算只能是异或运算。因此，第一种情况的逻辑表达式 $A_i \oplus B_i \oplus C_{i-1}=1$ 也适用于第二种情况。

什么条件下会产生本位进位（即 $C_i=1$）呢？可以分为以下两种情况讨论。

一种情况，A_i 和 B_i 相加已经产生进位，说明 A_i 和 B_i 都为 1，此时不管 C_{i-1} 是 1 还是 0，不影响 C_i 输出，这种情况对应逻辑表达式是 $A_i\&B_i=1$，也可以简写成 $A_iB_i=1$。

另一种情况，A_i 和 B_i 相加没有产生进位，说明：要么 A_i 和 B_i 都为 0，此时无论 C_{i-1} 是什么值，进位输出 C_i 都不会为 1；要么 A_i 和 B_i 其中一个为 1，另一个为 0，即 A_i 和 B_i 相异，此时只有 C_{i-1} 为 1 时，进位输出 C_i 才为 1，这种情况对应逻辑表达为 $(A_i \oplus B_i) \& C_{i-1}=1$，也可以简写成 $(A_i \oplus B_i)C_{i-1}=1$。

综上，一位全加器的本位和、本位进位的逻辑关系表示如式（2-15）所示，由逻辑门所构成的全加器如图 2-6 所示。现在广泛采用的全加器的逻辑电路是由两个半加器所构成的，这种结构比较简单，且有利于实现进位的快速传递，逻辑图如图 2-7 所示。

$$\begin{cases} S_i = A_i \oplus B_i \oplus C_{i-1} \\ C_i = (A_i \oplus B_i)C_{i-1} + A_iB_i \end{cases} \qquad (2\text{-}15)$$

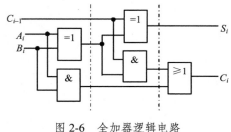

图 2-6　全加器逻辑电路

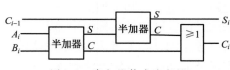

图 2-7　半加器构成全加器

2. 进位链的设计

一位全加器只能完成一位数据的求和，如果要完成 n 位数的相加，则需要将 n 个全加器联合起来构成 n 位加法器来实现，依据对进位信号的不同处理，可将加法器分为串行加法器和并行加法器。一般来说，进位信号的产生和传递是从低位向高位进行的，其逻辑结构形态如同链条，所以将进位传递逻辑称为进位链。

（1）进位信号

由前面全加器的分析可知，第 i 位的进位信号为 $C_i = (A_i \oplus B_i)C_{i-1} + A_iB_i$，该逻辑表达式是构成串行进位和并行进位两种结构的基本逻辑表达式，可变形为：$C_i = (\overline{A_i} \oplus \overline{B_i})C_{i-1} + A_iB_i$ 和 $C_i = (A_i + B_i)C_{i-1} + A_iB_i$。

令 $G_i = A_iB_i$，$P_i = A_i \oplus B_i$（或 $P_i = A_i \oplus B_i$ 或 $P_i = A_i + B_i$），则第 i 位的进位信号可表示为：

$$C_i = G_i + P_iC_{i-1} \qquad (2\text{-}16)$$

其中，G_i 为进位产生函数（也称为本地进位或绝对进位），该分量不受进位传递的影响，表明若两个输入量 A_i 和 B_i 都为 "1"，则必定产生进位；P_i 为进位传递函数（也称为进位传递条件），P_iC_{i-1} 被称为传递进位或条件进位，表明当进位传递条件有效（即 $P_i=1$）时，低位传来的进位信号可以通过第 i 位向更高的位进行传递，即当 $C_{i-1}=1$ 时，只要 A_i 和 B_i 中有一个为"1"，必然产生进位。

（2）串行进位加法器

n 位串行进位加法器是由 n 个全加器级联构成的，低位全加器的进位输出连接到相邻的高位全加器的进位输入，各个全加器的进位按照由低位向高位逐级串行传递，并形成一个进位链，4 位串行进位加法器的原理图如图 2-8 所示。串行进位加法器具有电路简单的特点。但是由于每一位相加的和都与本位进位输入有关，最高位只有在其他各低位全部相加并产生进位信号之后才能产生最后的运算结果，所以运算速度较慢，而且位数越多，运算速度越慢。

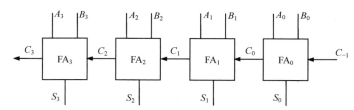

图 2-8　4 位串行进位加法器原理图

（3）并行进位加法器

并行进位加法器可以根据输入信号同时形成各位向高位的进位，而不必逐级传递进位信号，解决了串行进位加法器运算速度慢的问题，又被称为先行进位加法器、超前进位加法器。以 4 位二进制数 $A_3A_2A_1A_0$ 和 $B_3B_2B_1B_0$ 相加为例，各位相加时产生的进位表达式如下：

$$C_0 = P_0C_{-1} + G_0$$
$$C_1 = P_1C_0 + G_1 = P_1(P_0C_{-1} + G_0) + G_1 = P_1P_0C_{-1} + P_1G_0 + G_1$$
$$C_2 = P_2C_1 + G_2 = P_2(P_1P_0C_{-1} + P_1G_0 + G_1) + G_2 = P_2P_1P_0C_{-1} + P_2P_1G_0 + P_2G_1 + G_2$$
$$C_3 = P_3C_2 + G_3 = P_3(P_2P_1P_0C_{-1} + P_2P_1G_0 + P_2G_1 + G_2) + G_3$$
$$= P_3P_2P_1P_0C_{-1} + P_3P_2P_1G_0 + P_3P_2G_1 + P_3G_2 + G_3$$

由以上式子可以看出，采用代入法，将每个进位逻辑表达式中所包含的前一级进位消去后，各个全加器的进位信号只与最低位的进位信号有关，所以当输入两个加数及最低位的进位信号 C_{-1} 时，可同时并行产生进位信号 $C_0 \sim C_3$，而不必像串行进位加法器需逐级传递进位信号。在实际实现时，若采用纯并行进位结构，当参与运算的数据位数增多时，进位形成逻辑中的输入变量的数目也随之增加，这将会受到元器件扇入系数的限制，因而，在数据位数较多的情况下，常采用分级、分组的进位链结构，如组内并行、组间串行或者组内并行、组间并行。

（4）分级、分组进位加法器

① 组内并行、组间串行的进位链。

组内并行、组间串行的进位链结构是指在数据位数较多的情况下，以 4 位为一个小组，每组内采用并行进位结构，小组与小组之间采用串行进位结构。以 $n=16$ 为例，原理图如图 2-9 所示。

运算方法与运算器　第 2 章

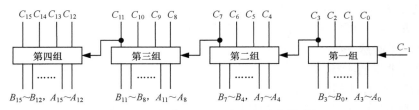

图 2-9　组内并行、组间串行加法器原理图

采用组内并行、组间串行的进位方式，虽然每个小组内部是并行的，但是对于高位小组来说，各进位信号的产生仍然依赖低位小组的最高位进位信号的产生，所以存在一定的等待时间，当位数较多时，组间进位信号的串行传递会带来较高的时间延迟。若将组间串行改为组间并行，则可以进一步提高运算速度。

② 组内并行、组间并行的进位链。

在组内并行、组间并行的进位链结构中，可将进位链划分为两级：组内的并行进位为第一级，用 $C_{15} \sim C_0$ 表示；组间的并行进位为第二级，用 $C_{\mathrm{I}} \sim C_{\mathrm{IV}}$ 表示。组内的并行进位逻辑与前面所讲相同，只是下标序号相应发生变化。各小组之间的进位信号是各组所产生的最高进位，如第一小组的最高进位 C_3 作为第二小组的初始进位被送入第二小组的最低进位信号端，该组间进位信号被记为 C_{I}，所以有：

$$C_{\mathrm{I}} = C_3 = P_3 P_2 P_1 P_0 C_{-1} + P_3 P_2 P_1 G_0 + P_3 P_2 G_1 + P_3 G_2 + G_3$$

若令 $G_{\mathrm{I}} = P_3 P_2 P_1 G_0 + P_3 P_2 G_1 + P_3 G_2 + G_3$、$P_{\mathrm{I}} = P_3 P_2 P_1 P_0$ 分别为第一小组的进位产生函数和进位传递函数，则 $C_{\mathrm{I}} = P_{\mathrm{I}} C_{-1} + G_{\mathrm{I}}$，以此类推，可得到其余组间进位信号逻辑：

$$C_{\mathrm{II}} = P_{\mathrm{II}} P_{\mathrm{I}} C_{-1} + P_{\mathrm{II}} G_{\mathrm{I}} + G_{\mathrm{II}}$$
$$C_{\mathrm{III}} = P_{\mathrm{III}} P_{\mathrm{II}} P_{\mathrm{I}} C_{-1} + P_{\mathrm{III}} P_{\mathrm{II}} G_{\mathrm{I}} + P_{\mathrm{III}} G_{\mathrm{II}} + G_{\mathrm{III}}$$
$$C_{\mathrm{IV}} = P_{\mathrm{IV}} P_{\mathrm{III}} P_{\mathrm{II}} P_{\mathrm{I}} C_{-1} + P_{\mathrm{IV}} P_{\mathrm{III}} P_{\mathrm{II}} G_{\mathrm{I}} + P_{\mathrm{IV}} P_{\mathrm{III}} G_{\mathrm{II}} + P_{\mathrm{IV}} G_{\mathrm{III}} + G_{\mathrm{IV}}$$

由上可知，各组间的进位信号可以同时产生，且能作为初始进位信号送至各组的最低进位输入端，因此各小组可以同时产生各组内的进位信号，从而大大提高运算速度。组内并行、组间并行进位加法器的原理图如图 2-10 所示。

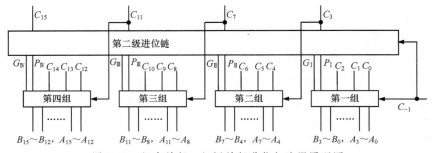

图 2-10　组内并行、组间并行进位加法器原理图

2.5.2　算术逻辑部件

算术逻辑部件（ALU）是利用集成电路技术，将若干位全加器、并行进位链及输入控制门几个部分集成在一块芯片上构成的，通过 ALU 既可以完成算术运算（如加、减等），也可以完成逻辑运算（如"与""或""异或"等）。本小节以 SN74181 芯片（一种 4 位片

的 ALU 芯片，即每块芯片上有一个 4 位全加器、4 位并行进位链及 4 个输入选择控制门）为例进行介绍。

SN74181 的芯片方框图如图 2-11 所示，其中 $A_3 \sim A_0$ 和 $B_3 \sim B_0$ 是操作数输入端，$F_3 \sim F_0$ 是结果输出端，$\overline{C_n}$ 是低位进位输入信号端，$\overline{C_{n+4}}$ 是高位进位输出信号端，G 和 P 分别为小组进位产生函数端和小组进位传递函数端，M 端信号用来控制运算类型，工作方式选择控制信号端 $S_0 \sim S_3$ 用来控制运算功能。SN74181 可完成 16 种逻辑运算和 16 种算术运算。由于这种芯片可以产生多种输出逻辑函数，所以也称之为通用函数发生器。SN74181 的功能表如表 2-9 所示。注意，算术运算中数据用补码表示，表 2-9 中的"加"是指算术加，运算时要考虑进位，而符号"+"指的是"逻辑加"。

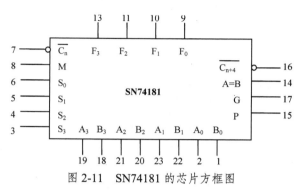

图 2-11　SN74181 的芯片方框图

表 2-9　SN74181 功能表

工作方式选择信号				逻辑运算	算术运算
S_3	S_2	S_1	S_0	$M=1$	$M=0$
0	0	0	0	$\overline{A}$	A
0	0	0	1	$\overline{A+B}$	$A+B$
0	0	1	0	$\overline{A}B$	$A+\overline{B}$
0	0	1	1	逻辑 0	减 1
0	1	0	0	$\overline{AB}$	A 加 $A\overline{B}$
0	1	0	1	$\overline{B}$	$(A+B)$ 加 $A\overline{B}$
0	1	1	0	$A \oplus B$	A 减 B 减 1
0	1	1	1	$A\overline{B}$	$A\overline{B}$ 减 1
1	0	0	0	$\overline{A}+B$	A 加 AB
1	0	0	1	$\overline{A \oplus B}$	A 加 B
1	0	1	0	B	AB 加 $(A+\overline{B})$
1	0	1	1	AB	AB 减 1
1	1	0	0	逻辑 1	A 加 A
1	1	0	1	$A+\overline{B}$	$(A+B)$ 加 A
1	1	1	0	$A+B$	$(A+\overline{B})$ 加 A
1	1	1	1	A	A 减 1

利用数片 ALU 芯片和并行进位链处理芯片（如 SN74182），就可构成多位的 ALU。因为每片 SN74181 芯片可以处理 4 位数据的运算，所以可以将其作为一个 4 位的小组，利用前面所讲的组内并行、组间串行或并行来构造更多位的 ALU。例如用 4 片 SN74181 芯片可构造 16 位 ALU。图 2-12 所示为组间串行的 16 位 ALU 示意图，图 2-13 所示为组间并行的 16 位 ALU 示意图。采用组间并行方式时，需要 SN74182 芯片，该芯片是一个产生并行进

位信号的部件，与 SN74181 配套使用。SN74182 芯片的作用是作为第二级并行进位系统，它并行输出的 3 个进位信号 $\overline{C_3}$、$\overline{C_7}$、$\overline{C_{11}}$ 分别作为高位 SN74181 芯片的进位输入信号。

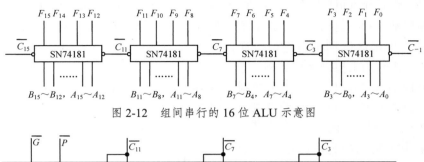

图 2-12　组间串行的 16 位 ALU 示意图

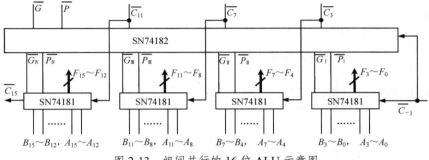

图 2-13　组间并行的 16 位 ALU 示意图

2.5.3　定点运算器

运算器中主要包括算术逻辑部件（ALU）、阵列乘除器、寄存器、多路开关、三态缓冲器及数据总线等逻辑部件，它的设计主要是围绕 ALU 和寄存器同数据总线之间如何传送操作数和运算结果进行的。在决定设计方案时，需要考虑数据传送的方便性和操作速度，此外，还要考虑在硅片上制作总线的工艺。

基本运算部件由输入逻辑、ALU 及输出逻辑 3 部分构成，结构示意图如图 2-14 所示。其中 ALU 是运算部件的核心，完成具体的运算操作，其核心是加法器；输入逻辑从各种寄存器中或 CPU 内部数据线上选择两个操作数，将它们送入 ALU 中进行运算，该逻辑可以是选择器或暂存器；输出逻辑将运算结果送往接收部件，运算结果可以被直接传送，或是经过移位后再传送，因而输出逻辑中设有移位器，可实现数据的左移、右移或字节交换。

运算器大体可以分为以下 3 种不同的结构形式：单总线结构、双总线结构及三总线结构。

1．单总线结构的运算器

单总线结构的运算器框图如图 2-15 所示，由于只控制一条单向总线，所以这种结构的运算器控制电路比较简单。由图 2-15 可以看到，所有的部件都接到同一条总线上，数据可以在任意两个寄存器之间，或者在任意一个寄存器和 ALU 之间进行传送。如果具有阵列乘法器或除法器，那么它们所处的位置应与 ALU 相当。

在这种结构的运算器中，同一时间内只能有一个操作数被送入单总线，因而要把两个操作数输入 ALU，就需要有 A、B 两个缓冲寄存器分两次传送。在执行加法操作时，第一个操作数先被放入缓冲寄存器 A 中，然后把第二个操作数放入缓冲寄存器 B 中，只有两个操作数同时出现在 ALU 的两个输入端时，加法运算才会开始执行，运算后的结果通过单总线被送至目的寄存器，所以该结构的操作速度较慢。虽然在这种结构中输入数据和传送操作结果需要 3 次串行的选通操作，但并不是每种指令都会增加很多执行时间。只有在对都在 CPU 寄存器中的两个操作数进行操作时，单总线结构的运算器才会造成一定的时间损失。

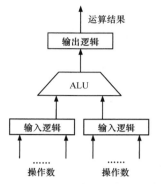 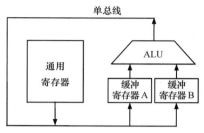

图 2-14　基本运算部件结构示意图　　　　图 2-15　单总线结构的运算器框图

单总线结构的运算器的优点在于只需要一条控制线路，电路结构简单，操作简便，但是由于操作数和结果的传送共用一条总线，所以需要缓冲器且有一定的延时。

2．双总线结构的运算器

双总线结构的运算器有两条总线，或者说总线是双向的，其框图如图 2-16 所示。在这种结构中，两个操作数可以同时被两条总线送到 ALU 的输入端进行运算，只需一次操作控制。运算结束后，将结果存入暂存器中。由于两条总线都被输入操作数占据，所以 ALU 的输出结果不能直接送至总线，必须在 ALU 输出端设置暂存器。然后将暂存器中的运算结果通过两条总线中的一条送至目的寄存器中。

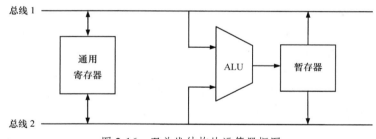

图 2-16　双总线结构的运算器框图

双总线结构中的操作分两步完成。

（1）在 ALU 的两个输入端输入操作数，得到运算结果并将其送入暂存器中。

（2）把结果送至目的寄存器。如果在两条总线和 ALU 的输入端之间各加一个输入缓冲寄存器，将两个要参与运算的操作数先放至这两个缓冲寄存器中，那么 ALU 运算后的结果就可以直接被送至总线 1 或总线 2，而无须在输出端加暂存器。

双总线结构的运算器具有以下特点。

优点：两组寄存器（通用寄存器和输入缓冲寄存器）可以分别与两条总线进行数据交换，使得数据的传送更为灵活。

缺点：由于操作数占据了两条总线，为了能使运算结果直接输出到总线上，需要添加暂存器，这会增加成本。

3. 三总线结构的运算器

三总线结构的运算器框图如图 2-17 所示。在三总线结构中，要送至 ALU 两个输入端的操作数分别由总线 1 和总线 2 提供，ALU 的输出则与总线 3 相连，在同一时刻，两个参与运算的操作数和运算结果可以被同时（运算结束时）放置在这 3 条不同的总线上，所以运算速度快。

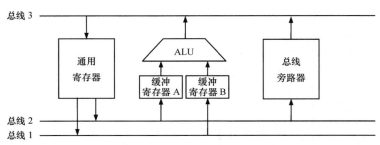

图 2-17　三总线结构的运算器框图

由于 ALU 本身有时间延迟，所以打入输出结果的选通脉冲必须考虑到该延迟。另外，如果一个不需要修改（不需要 ALU 操作）的操作数要直接从总线 2 传送到总线 3，那么可以通过控制总线旁路器直接将数据传出；如果该操作数传送时需要修改，那么就要被送至ALU。

三总线结构的运算器运算速度快，成本也是这 3 种结构中最高的。

2.5.4　浮点运算器

根据计算机进行浮点运算的频繁程度以及对运算速度的要求，可以通过软件实现、设置浮点运算选件、设置浮点流水运算部件或使用一套运算器等方法来实现浮点运算。下面给出浮点运算器的一般结构。

根据浮点运算的规则，浮点运算包括阶码运算和尾数运算两个部分，所以浮点运算器可由阶码运算器和尾数运算器两个定点运算部件来实现，其中阶码运算器是一个定点整数运算器，结构相对简单，尾数运算器是一个定点小数运算器，结构相对复杂。浮点运算器的一般结构如图 2-18 所示。

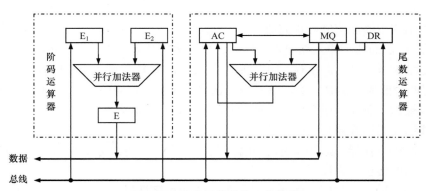

图 2-18　浮点运算器的一般结构

阶码运算器可以完成阶码的相加、相减及比较操作,包含暂存两个操作数阶码的寄存器 E_1 和 E_2,以及存放运算结果阶码的逻辑部件 E,E 中还包括判断逻辑。两个操作数的阶码分别被放在寄存器 E_1 和 E_2 中,它们与并行加法器相连以便计算。浮点运算中的阶码比较可通过 $E_1–E_2$ 来实现,并将相减的结果放入 E 中,可根据 E 中存放的阶差来控制有关尾数的右移,完成对阶。也就是说,在尾数相加或相减之前要进行对阶,需要将一个尾数进行移位,这是由 E 来控制的,E 的值每减一次 1,相应的尾数右移 1 位,直至减到 0。当尾数移位结束,就可按通常的定点运算的方法进行处理。运算结果的阶码值仍存放在 E 中。

尾数运算器实质上就是一个通用的定点运算器,要求该运算器能实现加、减、乘、除 4 种基本算术运算。该运算器中包含 3 个用来存放操作数的单字长寄存器:累加器 AC、乘商寄存器 MQ、数据寄存器 DR。其中 AC 和 MQ 连起来还可组成左右移位的双字长寄存器 AC‖MQ,并行加法器可用来加工处理数据,操作数先存放在 AC 和 DR 中,运算后将结果回送至 AC。乘商寄存器 MQ 在乘法运算时存放乘数,而在除法运算时存放商,所以将其称为乘商寄存器。DR 用来存放被乘数或除数,而结果(乘积或商与余数)则存放在 AC‖MQ 中。在四则运算中,使用这些寄存器的典型方法如表 2-10 所示。

表 2-10　寄存器的典型使用方法

运算类别	寄存器关系
加法	AC + DR→AC
减法	AC–DR→AC
乘法	DR×MQ→AC–MQ
除法	AC÷DR→AC–MQ

习题 2

1. 单项选择题

(1)$(2000)_{10}$ 化成十六进制数是(　　　)。

A. $(7CD)_{16}$　　　　　B. $(7D0)_{16}$　　　　　C. $(7E0)_{16}$　　　　　D. $(7F0)_{16}$

(2)在小型或微型计算机里,普遍采用的字符编码是(　　　)。

A. BCD 码　　　　　B. 十六进制　　　　　C. 格雷码　　　　　D. ASC Ⅱ

(3)在机器数(　　　)中,0 的表示形式是唯一的。

A. 原码　　　　　B. 反码　　　　　C. 移码　　　　　D. 补码

(4)若某数 x 的真值为 -0.1010,在计算机中该数表示为 1.0110,则该数所用的是(　　　)码。

A. 原　　　　　B. 补　　　　　C. 反　　　　　D. 移

(5)根据国标规定,每个汉字在计算机内占用(　　　)的存储空间。

A. 1 个字节　　　　　B. 2 个字节　　　　　C. 3 个字节　　　　　D. 4 个字节

(6)设 $X= -0.1011$,则 $[X]_{补}$ 为(　　　)。

A. 1.1011　　　　　B. 1.0100　　　　　C. 1.0101　　　　　D. 1.1001

(7)某机字长 32 位。其中 1 位符号位,31 位表示真值。若用定点整数表示,则最大正整数为(　　　)。

A. $+(2^{31}-1)$ B. $+(2^{30}-1)$ C. $+(2^{31}+1)$ D. $+(2^{30}+1)$

（8）设寄存器位数为 8，机器数采用补码形式（含 1 位符号位）。对应于十进制数–27，寄存器内为（　　）。

A. 27H   B. 9BH   C. E5H   D. 5AH

（9）长度相同但格式不同的两种浮点数，假设前者阶码长、尾数短，后者阶码短、尾数长，其他规定均相同，则它们可表示的数的范围和精度为（　　）。

A. 两者可表示的数的范围和精度相同

B. 前者可表示的数的范围大但精度低

C. 后者可表示的数的范围大且精度高

D. 前者可表示的数的范围大且精度高

（10）如果浮点数用补码表示，则下列尾数（　　）满足规格化数的要求。

A. 1.11000   B. 0.11110   C. 1.00010   D. 0.01010

（11）若浮点数用补码表示，则判断一个浮点数是否为规格化数的方法是（　　）。

A. 阶符与数符相同为规格化数

B. 阶符与数符相异为规格化数

C. 数符与尾数小数点后第一位数字相异为规格化数

D. 数符与尾数小数点后第一位数字相同为规格化数

（12）在定点二进制运算器中，减法运算一般通过（　　）来实现。

A. 原码运算的二进制减法器   B. 补码运算的二进制减法器

C. 补码运算的十进制加法器   D. 补码运算的二进制加法器

（13）运算器的主要功能除了进行算术运算之外，还能进行（　　）。

A. 初等函数运算   B. 逻辑运算   C. 对错判断   D. 浮点运算

（14）运算器的核心部分是（　　）。

A. 数据总线   B. 多路开关   C. 算术逻辑部件   D. 累加寄存器

2. 应用题

（1）已知某定点数字长为 16 位（含 1 位符号位），原码表示，试写出下列典型值的二进制代码及十进制真值。

①非零最小正整数；   ②最大正整数；

③绝对值最小负整数；   ④绝对值最大负整数；

⑤非零最小正小数；   ⑥最大正小数；

⑦绝对值最小负小数；   ⑧绝对值最大负小数。

（2）【考研真题】为了便于软件移植，按 IEEE 754 标准，32 位浮点数的标准格式如下：

31	30 23	22 0
S	E	M

一个规格化的 32 位浮点数 x 的真值可表示为：

$$x = (-1)^s \times (1.M) \times 2^{E-127}$$

请把十进制数 20.59375 转换成 IEEE 754 标准的 32 位浮点数的格式来存储（要求给出计算过程）。

（3）【考研真题】设浮点数字长为 32 位，欲表示 ±60000 的十进制数，在保证数的最大精度条件下，除阶符、数符各取 1 位外，阶码和尾数各取几位？按这样分配，该浮点数溢出的条件是什么？

（4）请采用变形补码对下列数值进行加、减法运算，并指出是否有溢出发生。

① $[X]_补=0.11001$，$[Y]_补=0.10101$；

② $[X]_补=0.11001$，$[Y]_补=1.10101$；

③ $[X]_补=1.11001$，$[Y]_补=0.10101$；

④ $[X]_补=1.1001$，　$[Y]_补=1.0100$。

（5）假设机器字长为 8 位，$x=13$，$y=-9$，请分别使用原码一位乘法和补码一位乘法计算 x 与 y 的乘积，并判断是否发生溢出（要求给出计算过程）。

（6）【考研真题】寄存器字长 8 位，R1 寄存器中存放的二进制编码是 01111011，R2 寄存器中存放的二进制编码是 11101010。假设在寄存器中存放的是补码，含一位符号，计算两者的和，将结果存放在寄存器 R3 中，计算前者与后者的差，将结果存放在寄存器 R4 中，寄存器 R3 和寄存器 R4 中的二进制编码分别是多少？结果是否溢出？

（7）【课程思政】探讨运算器技术在国防安全领域的应用，如军事模拟、密码学等，分析国家安全与技术研发之间的关系，以及个人在维护国家安全方面的责任。

（8）【课程思政】分析芯片从设计、生产制造到封装测试的产业分工关系，评估国产芯片在全球市场中的地位和竞争力，探讨如何才能全面实现我国芯片产业自主可控。

实验 2-1　加法器的电路设计与实现

2.1　实验目的
（1）掌握全加器的逻辑原理及其电路设计方法。
（2）掌握多位加法器产生进位信号的逻辑原理和进位链电路的设计方法。
（3）体验 Logisim 的组合逻辑电路分析功能，能利用 Logisim 自动生成逻辑电路。
（4）掌握 Logisim 中分线器及探针的使用方法，初步学会绘制更复杂的电路图。

2.2　实验内容
（1）全加器的电路设计与实现。
（2）四位加法器的设计与实现。

2.3　实验原理
1. 全加器的本位和与本位进位的逻辑原理

$$\begin{cases} S_i = A_i \oplus B_i \oplus C_{i-1} \\ C_i = (A_i \oplus B_i)C_{i-1} + A_iB_i \end{cases} \tag{2-17}$$

2. 多位加法器的进位传递逻辑

多位加法运算进位信号的产生与传递是从低位向高位进行的，其逻辑结构形态如同链条，所以将进位传递逻辑称为进位链。依据对进位信号的不同处理，可将加法器分为串行加法器和并行加法器。令 $G_i = A_iB_i$，$P_i = A_i \oplus B_i$，则 $C_i = G_i + P_iC_{i-1}$。

本次实验只实现串行进位，有兴趣的同学可试一试并行进位的电路设计。

2.4　实验过程
1. 全加器的电路设计

首先，在 Logisim 窗口中添加一个名为"全加器"的电路；然后在该电路画布中添加

运算方法与运算器　第 2 章

以下电路元件：3 个输入引脚（Ai、Bi 和 Cin），2 个输出引脚（Si 和 Cout），2 个异或门，2 个与门，1 个或门。设置各元件的属性。

完成上述操作之后，根据全加器的本位和与本位进位的逻辑运算关系并参照图 2-6 进行连接，完成连接之后的电路如图 2-19 所示。

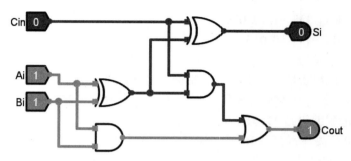

图 2-19　全加器的电路组成与布线

将电路切换到测试模式，验证该全加器的功能是否正确。最后，将测试结果填入表 2-11 之中。

表 2-11　全加器的测试结果

Ai	Bi	Cin	Si（测试）	Cout（测试）
0	0	0		
0	0	1		
0	1	0		
0	1	1		
1	0	0		
1	0	1		
1	1	0		
1	1	1		

2．全加器电路的自动生成

Logisim 具有根据逻辑表达式或者输入输出的真值表自动生成电路的功能。具体操作方法是：首先根据电路要求添加输入引脚和输出引脚，例如全加器的 3 个输入引脚（Ai、Bi 和 Cin），2 个输出引脚（Si 和 Cout）；然后选择 Logisim "工程"菜单中的"分析组合逻辑电路"命令，打开"组合逻辑电路分析"窗口；切换到"输入"或"输出"选项卡，就能看到已添加的输入/输出引脚已经变成了输入/输出逻辑变量。单击"真值表"选项卡，根据本位和与本位进位的运算关系，设置各输入组合对应的输出值，如图 2-20 所示。最后单击"生成电路"按钮，Logisim 将自动生成图 2-21 所示的电路。注意，此电路是图 2-19 所示电路的等效电路，二者的逻辑功能完全相同。

3．四位加法器的设计

首先，在 Logisim 窗口中添加一个名为"四位加法器"的电路；然后在该电路画布中添加以下电路元件：9 个输入引脚（A4～A1，B4～B1 和 C0），5 个输出引脚（S4～S1 和 C4）。设置各元件的属性。把前文绘制的全加器电路连续 4 次复用到本电路图中，操作方法如下：单击 Logisim 窗口左侧元件列表框中的"全加器"电路，移动鼠标指针进入"四位加法器"电路图的画布，鼠标指针变成"⌒"小芯片图标，在画布上找到合适位置，单击，即可完成 1 次复用。

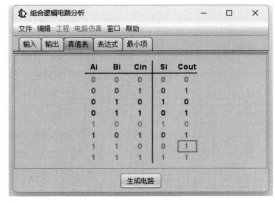

图 2-20 "组合逻辑电路分析"窗口

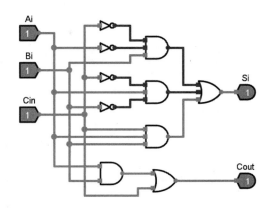

图 2-21 Logisim 自动生成的全加器电路

完成上述操作之后，根据串行进位的进位关系并参照图 2-8 进行连接，完成连接之后的电路如图 2-22 所示。

将电路切换到测试模式，设置 C0 为 0，输入两个 4 位的二进制数（例如 8 和 9 的二进制），验证运算结果是否正确。最后，将测试结果填入表 2-12 中。

4. 使用分线器简化电路的输入与输出

Logisim 的分线器的作用是把一条多芯电缆分成多根或多组连线，或者把多根或多组连线合并成一条多芯电缆。下面使用分线器简化修改图 2-22 所示的加法器电路。

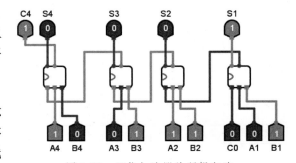

图 2-22 四位加法器的逻辑电路

表 2-12 四位加法器的测试结果

A4～A1	B4～B1	S4～S1（理论）	C4（理论）	S4～S1（测试）	C4（测试）

首先，从 Logisim 窗口左侧的"线路（Wiring）"电子元件列表中找到"分线器（Splitter）"，在"四位加法器"的电路图中添加 3 个分线器。设置它们的"外观"属性为"中心式"，2 个分线器的"朝向"属性为"右（东）"，1 个分线器的"朝向"属性为"左（西）"。

保留 A1、B1、S1、C0、C4 引脚，删除引脚 A4～A2、B4～B2、S4～S2 及它们与全加器的连接线。把 A1 和 B1 的标签名称分别修改为 A 和 B，把标签位置都修改为"左（西）"，把位宽都由 1 修改为 4，把朝向都修改成"右（东）"；把 S1 的标签名称修改为 S，把标签位置修改为"右（东）"，把位宽由 1 修改为 4，把朝向修改成"左（西）"。

之后，从 Logisim 窗口左侧的"线路（Wiring）"电子元件列表中找到"探针（Probe）"，用于监测计算结果，把它的"进制"属性修改成"有符号的十进制"，把朝向修改成"上（北）"。

调整各元件的位置关系并重新连接各元件，如图 2-23 所示。

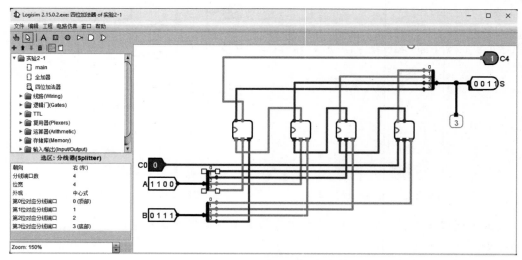

图 2-23　分线器在电路中的使用

将电路切换到测试模式，设置 C0 为 0，输入两个 4 位的二进制数（例如 8 和 9 的二进制），验证该加法器的功能是否正确。最后，将测试结果填入表 2-13 之中。

表 2-13　电路简化后的全加器的测试结果

A	B	S（理论）	C4（理论）	S（测试）	C4（测试）

2.5　实验总结

请按以下格式撰写实验总结。

在本次的电路设计实验中，通过 Logisim 我先后完成了以下电路的设计与制作：……。之后进行了详细的仿真测试，测试结果符合设计目标。在本次实验中，我体会了……过程，学会了……。通过这次实验，我本人更加了解和熟悉……，认识了……，提高了……。

实验 2-2　运算器原型的设计与实现

2.1　实验目的

（1）强化对补码的理解与运用。

（2）熟悉算术运算单元、逻辑运算单元、移位器的功能，理解其逻辑电路结构。

（3）学会在 Logisim 中绘制算术运算单元、逻辑运算单元和移位器逻辑电路图。

（4）学会模块化组合逻辑电路的设计方法。

（5）熟悉运算器的状态及其检测方法，包括溢出标志、符号标志、进位标志、零标志。

2.2　实验内容

（1）算术运算单元的设计与实现。

（2）逻辑运算单元的设计与实现。

（3）ALU 的设计与实现。

（4）移位器的设计与实现。

（5）运算器的组织与实现。

（6）溢出的判断与实现。

2.3　实验原理

1. 补码加、减法运算

根据补码加、减法运算的计算式：$[X+Y]_补 = [X]_补 + [Y]_补$，$[X-Y]_补 = [X]_补 + [-Y]_补$，减法运算可以转化为加法运算。为此，需要设计一个选择加法或减法运算的输入引脚，可以约定：若该引脚值为 1，表示把$[Y]_补$直接送入加法器进行加法运算，否则先求$[-Y]_补$，再将求得的$[-Y]_补$送入加法器，完成补码减。计算$[-Y]_补$的方法是：将$[Y]_补$的各位（包括符号位）逐位取反，再在最低位加 1。

例如，设字长为 8 位，如果要计算 6–4，则其计算过程如下。

$[6-4]_补 = [6]_补 + [-4]_补$，

$[6]_补 = 0000\ 0110$，

$[-4]_补 = \overline{[4]}_补 + 1 = 1111\ 1011 + 1 = 1111\ 1100$

$$
\begin{array}{r}
0000\ 0110 \\
+\quad 1111\ 1100 \\
\hline
1\ 0000\ 0010
\end{array}
$$

丢弃 ↙

丢弃最高进位，得 0000 00010（即 6–4=2）。

由此可见，当用补码表示数的时候，加、减法运算可以统一为加法运算。

2. 移位运算

移位运算有两种实现方式，一种是采用移位寄存器，另一种是采用错位接线法。前者依赖时序脉冲信号。由于本实验所设计的运算器采用单内总线结构，速度要求高，不涉及时序，也不需要暂存，因此使用错位接线法。

错位接线法需使用分线器和多路选择器来构建组合逻辑电路。分线器用于实现错位接线，多路选择器用于选择是直传还是移位。

例如，对于一次 1 位的移位，可使用 2 个分线器错开 1 位接线，再连接到多路选择器，最后输出。如图 2-24 所示电路，左边分线器 L 的 0~6 号线连接到右边分线器 R 的 1~7 位上，输入引脚 I 连接到 R 的 0 位上，L 的 7 号线连接到输出引脚，这样错接 1 位实现左移 1 位。

对于双向移位，可使用 4 个分线器错位接线，再连接到多路选择器上，最后输出。对应的组合逻辑电路如图 2-25 所示。例如，S=10，表示右移 1 位，X=1111 0000，把 X 的最低位 0 移出，送入输出引脚 OR，同时把 IR=1 作为最高位与 X 的 1~7 位合并，通过多路选择器输出，最终输出引脚 Y=1111 1000。注意，此时 IL 和 OL 的状态无意义。

运算方法与运算器 / 第 2 章

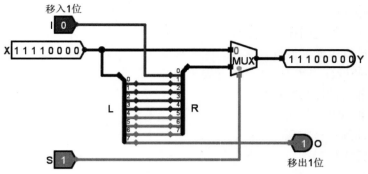

S=0，X直传；S=1，左移1位

图 2-24　一次左移 1 位

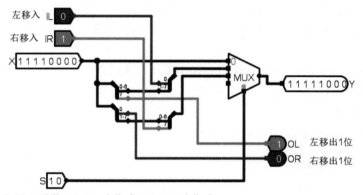

S=00，X直传；S=01，左移1位；S=10，右移1位

图 2-25　双向移位

如果想要一次移多位，就需要用到桶形移位器，其电路将更加复杂。如图 2-26 所示的 8 位桶形向左移位器可以一次移动 0～7 位，接线时需要保证相邻分线器错开 1 位连线，例如：第 1 个分线器的 0、1、2、3、4、5、6、7 位分别连接第 2 个分线器的 1、2、3、4、5、6、7、0 位，第 2 个分线器的 1、2、3、4、5、6、7、0 位分别连接第 3 个分线器的 2、3、4、5、6、7、0、1 位，以此类推，实现错位。

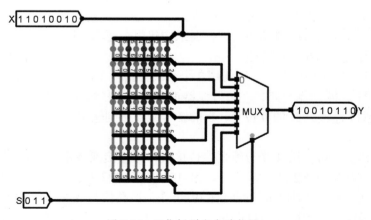

图 2-26　8 位桶形向左移位器

3. 溢出的判断

当运算的结果超过数的最大表示范围时，就会发生溢出。对于加法运算，只有在两数都为正，或者两数都为负的情况下才有可能发生溢出；对于减法运算，只有在正数减负数，或者负数减正数的情况下才有可能发生溢出。在统一用补码表示数时，把减法运算统一为加法运算，根据两数及其结果的符号位的关系就可以判断是否发生溢出，逻辑表达式如下。

$$\text{"溢出"} = \overline{S_A}\ \overline{S_B}S_F + S_A S_B \overline{S_F} \tag{2-18}$$

2.4 实验过程

1. 算术运算单元的设计

算术运算单元使用补码，提供加法、减法、加 1 和减 1 等运算。其中，减法运算使用非门取反，再加上低位进位 C0=1。加 1 运算可以通过低位进位 C0 置 1 实现。减 1 运算可以通过加–1 的补码实现，[–1]_补=1111 1111=FF。在 Logisim 中，可以在电路中添加"常量"（Constant）元件直接传送 0 或–1。为此，需要使用 4 路的多路选择器来构造 4 个不同的输入通路。具体实现步骤如下。

首先在 Logisim 窗口中添加一个名为"ALU"的电路；然后在该电路画布中添加以下电路元件：4 个输入引脚（A、B、C0 和 S1S0），2 个常量，1 个非门，1 个多路选择器，1 个加法器，2 个输出引脚（S 和 C），3 个探针。

设置各元件的属性。其中，A、B、常量、多路选择器、加法器和 S 的数据位宽全部为 8，表示从输入、计算到输出的整个线路上的数据信息都是 8 位二进制数。S1S0 的数据位宽为 2，提供 4 种功能选择：S1S0=00 时表示 A+B，S1S0=01 时表示 A–B，S1S0=10 时表示 A+1，S1S0=11 时表示 A–1。2 个常量的值分别为 0x00 和 0xFF。3 个探针用于监测输入和输出线路上的数据，其"进制"属性修改为"有符号的十进制"。

完成上述操作之后，根据算术运算的数据关系进行连接，完成连接之后的电路如图 2-27 所示。

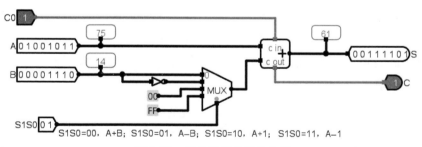

图 2-27　算术运算单元的电路

将电路切换到测试模式，输入适当的数据，验证该算术运算单元的功能是否正确。最后，将测试结果填入表 2-14 中。

表 2-14　算术运算单元的测试结果

A	B	C0	S1S0	S（测试）	C（测试）	功能
						A+B
						A+B+1
						A+[–B]
						A–B

A	B	C0	S1S0	S（测试）	C（测试）	功能
						A+1
						A−1
						直传 A

2. 逻辑运算单元的设计

一般来说，逻辑运算单元只需提供几种基本的运算，包括与、或、非、异或等运算。可直接使用 Logisim 的逻辑门元件，由两路信号输入，通过多路选择器输出结果。具体实现步骤如下。

首先在 Logisim 窗口的 "ALU" 电路画布中添加以下电路元件：3 个输入引脚（A、B 和 S1S0），1 个与门，1 个或门，1 个非门，1 个异或门，1 个多路选择器，1 输出引脚 S。设置各元件的属性。其中，A、B、与/或/非/异或门、多路选择器和 S 的数据位宽全部为 8。S1S0 的数据位宽为 2，提供 4 种功能选择：S1S0=00 时表示 $A \cdot B$，S1S0=01 时表示 A+B，S1S0=10 时表示 $\overline{A}$，S1S0=11 时表示 $A \oplus B$。

完成上述操作之后，根据逻辑运算的数据关系进行连接，完成连接之后的电路如图 2-28 所示。

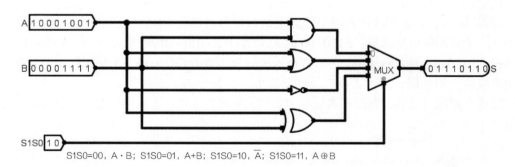

S1S0=00, $A \cdot B$; S1S0=01, A+B; S1S0=10, $\overline{A}$; S1S0=11, $A \oplus B$

图 2-28 逻辑运算单元的电路

将电路切换到测试模式，输入适当的数值，验证该逻辑运算单元的功能是否正确。最后，将测试结果填入表 2-15 中。

表 2-15 逻辑运算单元的测试结果

A	B	S1S0	S（测试）	功能
				$A \cdot B$
				$A + B$
				$\overline{A}$
				$A \oplus B$

3. ALU 的设计与实现

把前面两个实验得到的算术运算单元和逻辑运算单元电路组合起来，即可得到 ALU。具体操作方法是：先删除一些输入引脚，让算术运算单元和逻辑运算单元共用一套输入引脚，同时删除 1 个输出引脚；添加 1 个输入引脚 S2，用于选择运算功能，S2=0 时表示选择算术运算，S2=1 时表示选择逻辑运算；添加 1 个多路选择器，构造算术逻辑运算结果的传输通路。完成这些操作之后，根据算术逻辑运算的数据关系重新连接，完成连接之后的电路如图 2-29 所示。

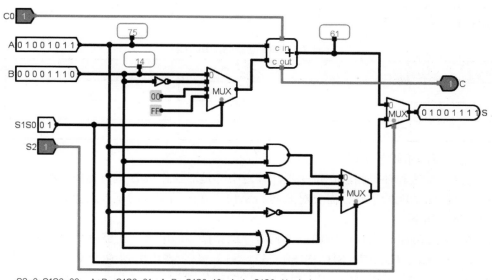

S2=0: S1S0=00, A+B; S1S0=01, A-B; S1S0=10, A+1; S1S0=11, A-1
S2=1: S1S0=00, A·B; S1S0=01, A+B; S1S0=10, $\overline{A}$; S1S0=11, A⊕B

图 2-29　合并算术运算单元和逻辑运算单元之后的 ALU 电路

将电路切换到测试模式，输入适当的数值，验证算术运算单元和逻辑运算单元的功能是否仍然正确。如果有误，请检查线路是否连接错误或存在遗漏。

4. 移位器的设计与实现

补码一位乘法和补码一位除法的每一步计算都是利用移位运算来实现的，乘法需要右移，除法需要左移。为此，本实验需要实现双向移位功能。具体操作步骤如下。

首先在 Logisim 窗口中添加一个名为"移位器"的电路，在该电路中添加 4 个输入引脚（X、IL、IR 和 SH），分别用于输入移位前的数据、左移时的输入、右移时的输入和移位功能选择，SH 的数据位宽为 2，SH=00 时表示数据直传，SH=01 时表示左移 1 位，SH=10 时表示右移 1 位。之后，添加 3 个输出引脚（Y、OL 和 OR），分别用于输出左移后的结果、左移时原数据的最高位、右移时原数据的最低位。同时，添加 4 个分线器和 1 个多路选择器，它们的位宽全部修改成 8,4 个分线器呈 2×2 的布局排列。左边 2 个分线器的朝向设置成"右（东）"，外观设置为"右手式"；右边 2 个分线器的朝向设置成"左（西）"，外观设置为"左手式"。左上分线器的第 0~6 位对应分线端口全部设置成"0（顶部）"，即调整为一组线；第 7 位对应分线端口设置成"1（底部）"，如图 2-30 所示。右上分线器的第 0 位对应分线端口设置成"0（顶部）"，第 1~7 位对应分线端口全部设置成"1（底部）"，即调整为一组线。左下分

选区：分线器(Splitter)	
朝向	右（东）
分线端口数	2
位宽	8
外观	右手式
第0位对应分线端口	0（顶部）
第1位对应分线端口	0（顶部）
第2位对应分线端口	0（顶部）
第3位对应分线端口	0（顶部）
第4位对应分线端口	0（顶部）
第5位对应分线端口	0（顶部）
第6位对应分线端口	0（顶部）
第7位对应分线端口	1（底部）

图 2-30　左上分线器的属性设置

线器与右上分线器的设置相同，右下分线器与左上分线器的设置相同。最后，参照图 2-25 进行连接。

将电路切换到测试模式，输入适当的数值，验证该移位器的功能是否正确。最后，将测试结果填入表 2-16 中。

表 2-16　移位器的测试结果

X	IL	IR	SH	Y	OL	OR	功能
							直传
							左移
							右移

5. 运算器的组织与实现

由于补码乘法和补码除法在每一步计算之中都是对操作数 B 进行移位。为了奠定 ALU 具备乘法和除法功能的基础，需要对 B 进行移位。在前面实验的基础之上，组合一个运算器，操作步骤如下。

首先，在 Logisim 窗口中添加一个名为"运算器"的电路，在该电路中添加 9 个输入引脚（A、B、C0、IL、IR、SH、S1S0、S2、S3），4 个输出引脚（S、C、OL、OR）。其中，A、B、S 的数据位宽为 8，SH 和 S1S0 的数据位宽为 2。S3 用于移位或算术逻辑功能选择，S3=0 时表示对 B 进行移位运算，S3=1 时表示 A 和 B 进行算术逻辑运算。其余各引脚的作用与前文实验中设置的引脚相同。

之后，利用 Logisim 的电路复用功能，把已经实现的 ALU 电路和移位器电路封装成芯片，并添加到"运算器"的电路中。

添加一个多路选择器。最后根据输入引脚、ALU 芯片、移位器芯片和输出引脚的关系进行连接，效果如图 2-31 所示。

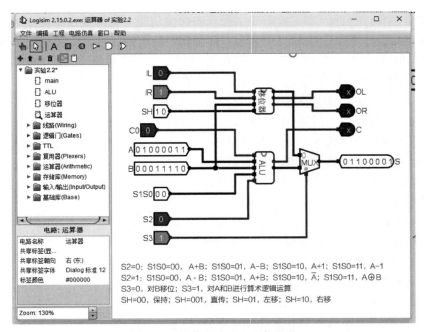

图 2-31　运算器的组合逻辑电路

把电路切换到测试模式，输入适当的数值，验证该运算器的各功能是否正确。

注意，图 2-31 所展示的电路是按照模块化的组合逻辑电路的方法进行设计的。模块化的组合逻辑电路设计方法与 C 语言编程中的模块化程序设计方法在理念上相同。当然本次的实验也可以把所有功能电路绘制在一个电路图中，如图 2-32 所示，电路结构更加复杂了。

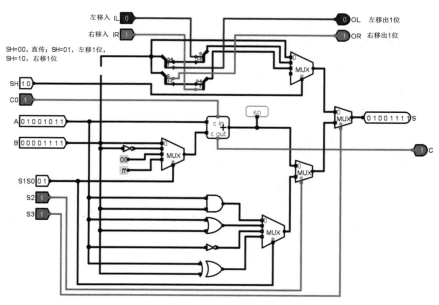

图 2-32　运算器等效电路

6. 溢出的判断与实现

根据"溢出"$= \overline{S_A} \, \overline{S_B} \, S_F + S_A S_B \overline{S_F}$，只要把 A、B、S 的符号位独立出来，就可以实现溢出的判断。为此，可在图 2-31 所示的运算器电路中添加 3 个分线器，把它们的朝向修改成"右（东）"，分线端口数修改为 2，外观修改成"左手式"，第 0 ~ 6 位对应分线端口修改成"0（顶端）"，第 7 位对应分线端口修改成"1（底端）"，这样操作数的第 7 位（即符号位）就分离出来了。之后，再添加 3 个非门、2 个与门、1 个或门和 1 个输出引脚 OV。把 2 个与门的输入引脚数修改为 3，根据判断溢出的逻辑表达式连接各元件。把电路切换到测试模式，输入适当的数值，验证该运算器的各功能是否正确。

7. 其他运算状态的检测

除了溢出标志 OV 之外，ALU 的状态标志还包括符号标志 SI、进位标志 CA、零标志 ZO 等。

其中，SI 用于检测算术运算的结果是正数还是负数，SI=1 时表示负数。为此，可以直接输出加法器的 S 引脚的符号位。

CA 用于检测算术运算最高位是否产生进位，也可以用于检测移位操作移出的数据位，此时，只需把图 2-31 的输出引脚 C 改名为 CA 即可。

ZO 用于检测算术运算的结果是否为 0，或者逻辑运算结果是否为 0，ZO=1 时表示结果为 0。为此，可将 ALU 的 8 位输出送入或非门，只要或非门的输出为 1，说明 8 位数全部为 0。具体操作方法是：首先添加 1 个分线器、1 个或非门和 1 个输出引脚 ZO；然后，把分线器的分线端口数和位宽全部修改为 8，把或非门的输入引脚数修改为 8。之后将分线器一端连接 ALU 的 S 输出端，另一端的各分线一一对应地连接到或非门的输入引脚，或非门的输出与 ZO 相连接，如图 2-33 所示。

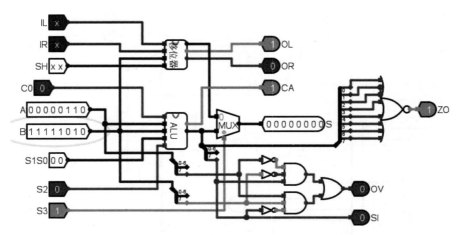

S2=0: S1S0=00, A+B; S1S0=01, A-B; S1S0=10, A+1; S1S0=11, A-1
S2=1: S1S0=00, A·B; S1S0=01, A+B; S1S0=10, $\overline{A}$; S1S0=11, A⊕B
S3=0, 对B移位; S3=1, 对A和B进行算术逻辑运算
SH=00, 保持, SH=001, 直传; SH=01, 左移; SH=10, 右移

图 2-33　带状态检测的运算器电路

在图 2-33 中，S3=1，S2=0，S1S=00，C0=0，表示执行算术运算 A+B。因 A=0000 0110=6，B=1111 1010= −6，故 A+B=0，ZO=1。

将电路切换到测试模式，输入适当的数值，验证以上 4 个状态检测功能是否正确。最后，将测试结果填入表 2-17 之中。

表 2-17　ALU 状态检测的测试结果

S3S2S1S0C0	功能	A	B	S	CA	SI	OV	ZO

2.5　实验总结

请按以下格式撰写实验总结。

在本次的电路设计实验中，通过 Logisim 我先后完成了以下电路的设计与制作：……。之后进行了详细的仿真测试，测试结果符合设计目标。在本次实验中，我体会了……过程，学会了……。通过这次实验，我本人更加了解和熟悉……，认识了……，提高了……。

第3章 寻址方式与指令系统

通过程序，计算机可以完成各种工作。程序是由一系列的指令构成的。指令顾名思义，就是人指示计算机硬件执行诸如加、减、移位等基本操作的命令。它是程序可执行形态的基本单元，由一组二进制代码表示。所谓指令系统就是一台计算机所能执行的各种不同类型指令的总和，即一台计算机所能执行的全部操作。指令系统是表征一台计算机性能的重要因素，每一条指令的格式与功能不仅直接影响到计算机的硬件结构，也直接影响到系统软件，影响到计算机的适用范围。因此，指令系统是软件和硬件的主要界面，是计算机系统结构的核心属性。本章主要介绍指令系统的有关知识。

3.1 指令与指令系统设计

3.1.1 指令格式

指令就是要计算机执行某种操作的命令，由操作码和地址码两个部分构成，指令的基本格式如下。

OP	Addr
操作码字段	地址码字段

其中，操作码说明操作的性质及功能，地址码描述该指令的操作对象。地址码可以给出操作码、操作数或操作数的地址，及操作结果的存放地址。指令中的基本信息如下。

1．操作码

指令系统的每一条指令都有一个操作码，用来表示该指令应进行什么性质的操作，如加、减、移位、传送等。操作码的不同编码表示不同的指令，即每一种编码代表一种指令。组成操作码字段的位数一般取决于计算机指令系统的规模。操作码的位数越多，所能够表示的操作种类就越多。例如，若操作码有 3 位，则指令系统中只有 8 条指令；若操作码有 5 位，则指令系统中有 32 条指令。

2．操作数或操作数地址

操作数即参与运算的数据。少数情况下，指令中会直接给出操作数，但是大部分情况下，指令中只给出操作数的存放地址，如寄存器号或主存单元的地址码。一般将内容不随指令执行而变化的操作数称为源操作数，内容随指令执行而改变的操作数称为目的操作数。

3．结果存放地址

结果存放地址是指最后操作结束时，用来存放操作结果的地址，如存放在某个寄存器中或主存中的某个单元中。

4．后继指令地址

程序由一系列的指令构成。当其中的一条指令（现行指令）执行后，为了使程序能够连续运行，指令需要给出下一条指令（后继指令）存放的地址。将存放后继指令的主存储器单元的地址码称作后继指令地址。

大多数情况下程序是顺序执行的，所以可在硬件上设置一个专门存放现行指令地址的程序计数器（PC），每取出一条指令，PC 自动增值指向后继指令的地址。例如，假设现行指令占用 1 个存储单元，则取出现行指令后，PC 的内容加 1 即指向后继指令的地址；若现行指令占用 n 个存储单元，则取出现行指令后，PC 的内容加 n 便可以使 PC 指向后继指令的地址。

后继指令地址是一种隐地址，是隐含约定、由 PC 提供的，在指令代码中不会出现，因此可以有效地缩短指令的长度，而且可以根据结果灵活转移。这种以隐含方式约定、在指令中不出现的地址称为隐地址，指令代码中明确表示的地址称为显地址。使用隐地址可以减少指令中显地址的个数，缩短指令。

3.1.2 指令字长

指令字长是指一条指令中所包含的二进制代码的位数。由于指令字长=操作码的长度+地址码的长度，所以各指令字长会因为操作码的长度、操作数地址的长度及地址数目的不同而不同。

指令字的位数越多，所能表示的操作信息及地址信息就越多，指令功能越丰富。但是指令位数越多，存放指令所需的存储空间就越多，读取指令时所花费的时间也会越长；此外，指令越复杂，相应的执行时间也就越长。若指令字长固定不变，则格式简单，读取执行所需的时间较短。因此，对指令字长有两种不同的设计方法：定字长指令和变字长指令。

1．定字长指令

定字长指令结构中的各种指令字长均相同，且指令字长不变。采用定字长格式的指令执行速度快，结构简单，便于控制。

为了获得更快的执行速度，出现了一个非常重要的发展趋势，即采取精简指令系统，相应地采用定字长指令。逐渐成熟的精简指令系统技术被广泛地应用于工作站一类的高档微机，或者采用众多的精简指令系统处理器构成大规模并行处理阵列，而且精简指令系统技术的发展对个人计算机的发展产生了重大影响。

2．变字长指令

变字长指令结构中，各种指令字长随指令功能而异，"需长则长，能短则短"，结构灵活，指令字长能得到充分利用，但指令的控制较为复杂。

由于主存储器一般是按字节编址（以字节为基本单位）的，所以指令字长通常设计为字节的整数倍，例如个人计算机的指令系统中，指令字长有单字节、双字节、三字节、四字节等。若采用短指令，可以节省存储空间、提高取指令的速度，但有很大的局限性；若采用长指令，可以扩大寻址范围或者带几个操作数，但是存在占用地址多、取指令时间相对较长的问题。若考虑将二者在同一台计算机中混合使用，则可以取其长处，给指令系统带来很高的灵活性。

为了便于处理，一般将操作码放在指令的第一个字节，当读出操作码后马上就可以判定该指令是双操作数指令还是单操作数指令，抑或是零地址指令，从而确定该指令还有几个字节需要读取。

例如，Intel Pentium Ⅱ的指令最多可有 6 个变长域，其中 5 个是可选的，指令格式如图 3-1 所示，各字段说明如下。

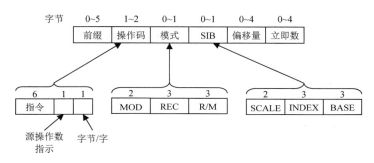

图 3-1　Intel Pentium Ⅱ指令格式

（1）前缀字段——一个额外的操作码，附加在指令的前面，用于扩展指令的功能，例如用来指示指令重复执行，以实现串操作。

（2）操作码字段——其最低位用于指示操作数是字节还是字；次低位用于指示主存地址是源地址还是目的地址（如果需要访问主存的话）。

（3）模式字段——包括与操作数有关的信息，分为 3 个子字段：一个 2 位的 MOD 字段和两个 3 位的寄存器字段 REG 和 R/M。Pentium Ⅱ指令系统规定操作数中必须有一个在寄存器中，REG 则指定一个操作数所在的寄存器，MOD 与 R/M 的组合决定另一个操作数的寻址方式，若 MOD=11，则由 R/M 指定另一个操作数所在的寄存器；若 MOD≠11，则另一个操作数在主存中，R/M 定义这个操作数的寻址方式。

（4）额外模式 SIB 字段——当 MOD≠11 时，需要 SIB 参与决定寻址方式。SIB 字节分为 3 个子字段，其中 SCALE 字段占 2 位，指出变址寄存器的比例因子；INDEX 字段占 3 位，指出变址寄存器；BASE 字段占 3 位，指出基址寄存器。当出现 SIB 字节时，操作数的地址按照以下方法进行计算：先用 INDEX 字段的内容乘以 1、2、4 或 8（由比例因子决定），再加上 BASE 字段的内容，最后根据 MOD 字段决定是否要加偏移量（8 位或 32 位）。

（5）偏移量字段——又称位移量，主存通常采用分页或分段管理，每页（段）内存都有一个起始地址，偏移量用来定义将要访问的目标地址单元相对这个起始地址的位置。

（6）立即数字段——又称常量，它直接指定操作数的值，因此不需要到寄存器或主存中寻找操作数。

寻址方式与指令系统　第3章

3.1.3 指令的地址码

指令中的地址码字段包括操作数的地址和操作结果的地址，在大多数指令中，地址信息所占的位数最多，所以地址结构是指令格式中的一个重要问题。根据指令格式，常规的双操作数运算指令应该包括 4 个地址：两个操作数的地址、存放结果的地址及后继指令地址。很明显，这种四地址结构的指令所需的位数太多，需要采用隐地址方式以减少指令中显地址的个数，即简化地址结构。按照一条指令中的显地址个数，可以将指令分为三地址指令、二地址指令、一地址指令及零地址指令。指令中给出的各地址 Ai 可能是寄存器号，也可能是主存储器单元的地址码，(Ai)表示 Ai 中的内容，(PC)表示 PC 中的内容。

1. 三地址指令格式

三地址指令格式如下：

OP	A1	A2	A3
操作码	操作数 1 地址	操作数 2 地址	结果存放地址

指令功能：(A1) OP (A2)→A3

　　　　　(PC) + n→PC

功能描述：3 个地址均由指令给出，要求先分别按 A1 和 A2 读取操作数，再根据操作码 OP 进行有关的运算操作，最后将运算结果存入 A3 地址所指定的寄存器或主存单元中；读取现行指令后，PC 的内容加 n，使 PC 指向后继指令地址。

例如，要完成"加"操作(X) + (Y)→Z，使用三地址指令时，可使用下面的指令：

```
ADD X,Y,Z
```

> **注意**：当从寄存器或是存储单元读取指令或数据后，原来存放的内容并没有丢失，除非有新的内容写入寄存器或是存储单元。所以在执行三地址指令之后，存放在 A1 和 A2 中的源操作数还可以被再次使用；该指令也可以被再次调用。

2. 二地址指令格式

二地址指令格式如下：

OP	A1	A2
操作码	目的操作数地址	源操作数地址

指令功能：(A1) OP (A2)→A1

　　　　　(PC) + n→PC

功能描述：要求先分别按 A1 和 A2 读取操作数，再按照操作码 OP 进行有关的运算操作，最后将运算结果存入 A1 中替代原来的操作数；读取现行指令后，PC 的内容加 n，使 PC 指向后继指令地址。

运算后，由 A2 提供的操作数仍然保留在原处，称 A2 为源操作数地址；由 A1 提供的操作数被运算结果替代，即 A1 成为存放运算结果的地址，被称为目的操作数地址。采用这一隐含约定，三地址指令中存放结果的地址被简化，减少了指令中显地址的数目。

例如，要完成"加"操作(X) + (Y)→Z，使用二地址指令时，可使用下面的指令：

```
ADD  X,Y
MOV  Z,X
```

3．一地址指令格式

一地址指令格式如下：

OP	A
操作码	地址码

一地址指令中只给出了一个操作数地址 A，所以需要根据操作码的含义确定其具体形态。一地址指令有两种常见的形态：只有目的操作数的单操作数指令和隐含约定目的地址的双操作数指令。

（1）只有目的操作数的单操作数指令

所谓单操作数指令是指指令中只需要一个操作数，如加 1、减 1、求反、求补等操作。单操作数指令在运行时，首先按地址 A 读取操作数，然后进行操作码 OP 指定的操作，最后将运算结果存回原地址。

指令功能：OP (A)→A

$\qquad$(PC) + n→PC

（2）隐含约定目的地址的双操作数指令

因为指令中只给出了一个操作数地址 A，对于双操作数指令来说，另一个操作数采用隐含方式给出。若操作码含义为加、减、乘、除之类，则说明该指令是双操作数，按指令给出的源操作数地址读取源操作数，目的操作数隐含在累加寄存器 AC 中，运算后的结果存放在 AC 中，替代 AC 中原来的内容。累加寄存器 AC 通常简称为累加器，其功能是当运算器的算术逻辑单元执行算术或逻辑运算时，为算术逻辑单元提供一个工作区，暂时存放算术逻辑单元的运算结果信息。

指令功能：(A) OP (AC)→AC

$\qquad$(PC) + n→PC

例如，要完成"加"操作(X) + (Y)→Z，使用一地址指令时，可使用下面的指令：

```
LDA  X;X➜AC
ADD  Y;AC+Y➜AC
STA  Z;AC➜Z
```

4．零地址指令格式

零地址指令格式如下：

OP
操作码

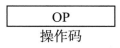

零地址指令中，只有操作码而没有显地址。可能使用零地址指令的情况有以下 3 种。

（1）不需要操作数的指令

不需要操作数的指令有停机指令和空操作指令等。执行空操作指令的目的是消耗时间，达到延时效果，本身并没有实质性的运算操作，所以不需要操作数。

　　　　寻址方式与指令系统　第3章

（2）单操作数指令

对于单操作数指令，采用零地址指令格式时，可以隐含约定操作数在累加器 AC 中，即对累加器 AC 的内容进行操作。

指令功能：OP (AC) → AC

（3）双操作数指令

对于双操作数指令，可将操作数事先存放在堆栈中，由堆栈指针 SP 隐含指出。由于堆栈是一种按照"先进后出"的顺序进行存取的存储组织，每次存取的对象都是栈顶单元的数据，因此这种指令只对栈顶单元中的数据进行操作，运算结果仍然存回堆栈中。

例如，要完成"加"操作(X) + (Y)→Z，使用零地址指令时，可使用下面的指令：

```
PUSH  X
PUSH  Y
ADD
POP   Z
```

通过以上对各指令的分析可以看出，采用隐地址可以减少显地址的个数，简化指令的地址结构。一般来说，指令中的显地址数目较多，则指令字长较长，所需存储空间较大，读取时间较长，但是使用较为灵活；反之，若指令中的显地址数目较少，采用隐地址，则指令字长较短，所需存储空间较小，读取时间较短。但是使用隐地址的方式对地址选择有一定的限制，所以说二者各有利弊，设计者往往采用折中的办法。

3.1.4　指令的操作码

计算机执行的操作功能由操作码来指示，操作码在设计时主要采用以下几种方案。

1．定长操作码、变长指令码

定长操作码、变长指令码，是指操作码的长度及位置固定，集中放在指令的第一个字段中，指令的其余字段均为地址码。该方案常用于指令字长较长，或是采用可变长指令格式的情况，如个人计算机中。一般 n 位操作码的

指令格式设计

指令系统最多可以表示 2^n 条指令，如操作码的长度为 8 位，则可以表示 256 种不同的操作。

由于操作码的长度及位置固定，对指令的读取和识别较为方便。因为所读取的指令代码的第一个字段即操作码，所以可以判断出该指令的类型及相应的地址信息组织方法。又由于不同的操作码涉及的地址码的个数不同，采用这种格式的指令，可以使指令的长度随着操作码的变化而变化。如加、减指令可以有 3 个地址码（2 个操作数地址和 1 个结果存放地址），传送指令有 2 个地址码（源地址和目的地址），加 1 指令只需一个地址（操作数地址），返回指令不涉及操作数，所以没有地址码。

采用定长操作码、变长指令码方式的指令，其操作码字段规整，有利于简化操作码译码器的设计。因为字长较长的计算机不是十分在意每位二进制的编码效率，所以这种设计方案广泛被用于指令字长较长的大、中、超小型计算机中。而精简指令集计算机（RISC）中的指令较少，相应地所需的操作码也较少，因而也常用定长操作码的指令。

2．变长操作码、定长指令码

变长操作码、定长指令码是一种操作码长度不定，但指令字长固定的设计方案，这种

设计方案可以在指令字长有限的前提下仍然保持较丰富的指令种类。由于不同的指令需要的操作码的长度不同，所以为了有效利用指令中的每一位二进制位，可采用扩展操作码的方法，即操作码和地址码的长度不固定，操作码的长度随着地址码的长度的减少而增加。采用该方案时，在指令字长一定时，对于地址数少的指令可以允许操作码长些，对于地址数多的指令可以允许操作码短些。

【例 3-1】设某机器指令字长为 16 位，包括 1 个操作码字段和 3 个地址码字段，每个字段长度均为 4 位，格式如图 3-2 所示。现在要求扩展出 15 条三地址指令、15 条二地址指令、15 条一地址指令及 16 条零地址指令。试给出操作码的扩展方案。

图 3-2　指令格式示意图

解　4 位操作码有 2^4=16 种组合（0000 ~ 1111），如果全部用来表示三地址指令，只能表示 16 条不同的指令。若只取其中的 15 条指令（操作码为 0000 ~ 1110）作为三地址指令，则可以将剩下的一组编码（1111）作为扩展标志，把操作码扩展到 A1，即操作码从 4 位扩展到 8 位（11110000 ~ 11111111），可表示 16 条二地址指令。同理，若只取其中的 15 条指令（操作码为 11110000 ~ 11111110）作为二地址指令，则可以将剩下的一组编码（11111111）作为扩展标志，把操作码扩展到 A2，即操作码扩展到 12 位，又可表示 16 条一地址指令。依此类推，继续扩展，即可得到 16 条零地址指令。该扩展方案的示意图如图 3-3 所示。

15　　　　　12	11　　　　　8	7　　　　　4	3　　　　　0	
OP	A1	A2	A3	
0　0　0　0	A1	A2	A3	
……	……	……	……	15 条三地址指令
1　1　1　0	A1	A2	A3	
1　1　1　1	0　0　0　0	A2	A3	
……	……	……	……	15 条二地址指令
1　1　1　1	1　1　1　0	A2	A3	
1　1　1　1	1　1　1　1	0　0　0　0	A3	
……	……	……	……	15 条一地址指令
1　1　1　1	1　1　1　1	1　1　1　0	A3	
1　1　1　1	1　1　1　1	1　1　1　1	0　0　0　0	
……	……	……	……	16 条零地址指令
1　1　1　1	1　1　1　1	1　1　1　1	1　1　1　1	

图 3-3　扩展方案的示意图

实际设计指令系统的时候，应该根据各类指令的条数采用更为灵活的扩展方案。

【思考】采用这种方法，针对本例，能不能扩展形成 14 条三地址指令、30 条二地址指令、31 条一地址指令及 16 条零地址指令呢？

使用操作码扩展技术的另一种考虑是霍夫曼原理，根据在程序中出现的概率大小来分配操作码，即对于出现概率大的指令（也就是使用频度高的指令）分配较短的操作码，而对于出现概率小的指令（也就是使用频度低的指令）分配较长的操作码，以此来减少操作码在程序中的总位数。所以说，操作码扩展技术是一种重要的指令优化技术，可以缩短指令的平均长度，且增加指令字表示的操作信息，广泛应用于指令字长较短的微、小型计算机中。

3．单功能型或复合型操作码

指令设计通常采用单功能型操作码，即操作码只表示一种操作含义，以便能够快速地识别操作码并执行操作。有的计算机指令字长有限、指令的数量也有限，为了使一条指令能够表示更多的操作信息，可以采用复合型的操作码，也就是说将操作码分为几个部分，表示多种操作含义，使操作的含义比较丰富。

3.1.5 指令系统设计

指令系统的设计是计算机系统结构设计的首要任务，计算机所有硬件的结构与组成的设计都是围绕指令系统展示的，以实现指令系统为目的。

1．指令系统的设计原则

一个合理而有效的指令系统，对于提高计算机的性能价格比有很大影响，在设计指令系统时，应特别注意如何支持编译系统高效、简易地将源程序翻译成目标程序，为达到这一目的，应遵循以下原则。

（1）完备性——任何运算都可以通过指令编程实现，要求所设计的指令系统要指令丰富、功能齐全、使用方便，具有所有的基本指令。

（2）正交性——又称为分离原则或互不相干原则，即指令中表示不同含义的各字段，如操作类型、寻址方式、数据类型等，在编码时应互相独立、互不相关。

（3）有效性——用这些指令编写的程序运行效率高、占用空间小、执行速度快。

（4）规整性——指令系统应具有对称性、适应性、指令与数据格式的一致性。其中，对称性要求指令同等对待所有寄存器和存储单元，使任何指令都可以使用所有的寻址方式，减少特殊操作和例外情况；适应性要求一种操作可以支持多种数据，如字节、字、双字、十进制数、浮点数等；指令与数据格式的一致性要求指令字长与机器字长和数据长度有一定的关系，便于指令和数据的存取及处理。

（5）兼容性——为满足软件兼容的要求，系列机的各种机型之间应该具有基本相同的指令集，即指令系统应该具有一定的兼容性，至少要做到向后兼容。

（6）可扩展性——一般来讲，后推出的机型中总要添加一些新的指令，所以要保留一定余量的操作码空间，以便日后进行扩展使用。

2．指令系统的设计步骤

设计一个全新的指令系统，可根据以下基本步骤完成。

（1）根据应用，初步拟出指令的分类和具体的指令，确定这些指令的功能、基本格式和字长。

（2）规定指令操作码和地址码的格式，也就是用二进制数来表示每一条指令，并定义各二进制位的具体意义。

（3）确定操作数的类型（数据表示）和获取操作数的方法（寻址方式）。

（4）试编出用该指令系统设计的各种高级语言的编译程序。

（5）用各种算法编写大量测试程序进行模拟测试，看各指令效能是否达到要求。

（6）将程序中高频出现的指令串复合改成一条新指令，即用硬件实现；将低频出现的指令取消，其操作改用由基本的指令组成的指令串来完成，即用软件实现。

（7）重复第（2）～（6）步，直至指令系统的效能达到要求为止。

3.2 寻址方式

所谓寻址方式即寻找指令或是操作数的有效地址的方式，它是指令系统设计的重要内容。从计算机硬件设计者的角度来看，它与计算机硬件结构密切相关；从程序员的角度来看，它不但与汇编语言程序设计有关，而且与高级语言的编译程序有密切联系。因为存储器可以用来存放数据，也可以用来存放指令，所以，寻址包括对指令的寻址和对操作数的寻址。

3.2.1 指令寻址方式

指令寻址是指找出下一条将要执行的指令在存储器中的地址。一般来说，指令寻址的方式有两种：一种是顺序寻址方式，另一种是跳跃寻址方式。

1. 顺序寻址方式

计算机的工作过程是"先取指令，再执行指令"。指令在存储单元中被顺序存储，所以当执行一段程序时，通常是一条指令接一条指令按顺序进行。也就是说，从存储器中取出第一条指令，然后执行该指令；接着从存储器中取出第二条指令，再执行第二条指令；然后取第三条指令……直至该段程序的指令都读取执行结束，这种程序顺序执行的过程即顺序寻址方式。在该过程中，可用程序计数器（PC）来指示指令在存储器中的地址。

PC 是指令寻址的焦点，用来存储指令寻址的结果。PC 具有自动修改（+1）功能，可用于执行非转移类指令；还有接收内总线数据的功能，可用于执行转移类指令或中断处理时的转移类操作，所以改变 PC 的内容就会改变程序执行的顺序，多种寻址方式的实质是改变 PC 的内容。

在顺序寻址方式中，在执行指令时 PC 会自动修改其内容，为下一条指令的读取做准备，这样周而复始地进行就可以完成顺序执行的程序。顺序寻址方式示意图如图 3-4 所示。

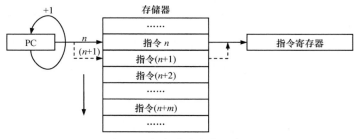

图 3-4　顺序寻址方式示意图

2. 跳跃寻址方式

当程序转移执行的顺序时，如执行了转移类指令或有外部中断发生时，要按照新的指令地址开始执行，所以 PC 的内容必须发生相应的改变，以便及时跟踪新的指令地址。这种情况下，指令的寻址采取跳跃寻址方式。所谓跳跃是指下一条指令的地址码不是由 PC 给出，而是由本条指令给出。采用指令跳跃寻址方式，可以实现程序转移或构成循环程序，从而缩短程序长度，或将某些程序作为公共程序引用。指令系统中的各种条件转移或无条件转移指令，就是为了实现指令的跳跃寻址而设置的。跳跃寻址方式示意图如图 3-5 所示。

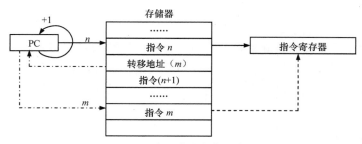

图 3-5　跳跃寻址方式示意图

3.2.2　操作数寻址方式

相对指令寻址而言，对操作数的寻址更为复杂。操作数不像指令那样顺序存储在主存中，有些公用的操作数会集中存放在某一区域，而大多数操作数的存放没有规律，这就给操作数的寻址带来一定的困难。又由于程序设计技巧的发展，很多操作数的设置方法被提出，所以出现了各种各样的操作数寻址方式。

操作数可能被放在指令中，或是某个寄存器中，或是主存的某个单元中，也有可能在堆栈或 I/O 接口中。当操作数存放在主存的某个存储单元中时，若指令中的地址码不能直接用来访问主存，则这样的地址码被称为形式地址；对形式地址进行一定计算后得到的存放操作数的主存单元地址，即存放操作数的实际地址，该地址被称为有效地址。操作数寻址方式就是由指令中提供的形式地址演变出有效地址的方式，也就是说，寻址方式是规定如何对地址做出解释以找到所需的操作数的方式。

若在指令中设置寻址方式字段，由寻址方式字段不同的编码来指定操作数的寻址方式，则称为"显式"寻址方式；若是由操作码决定有关的寻址方式，则称为"隐式"寻址方式。可将众多的寻址方式归纳为以下 4 种基本方式或是它们的变形组合。

（1）立即寻址——指令中直接给出操作数。读取指令时，可直接从指令中获得操作数。

（2）直接寻址——指令中直接给出存放操作数的主存单元地址或是寄存器号。通过直接访问该主存单元或寄存器即可获得操作数。

（3）间接寻址——指令中所给的主存单元地址或寄存器号，不代表操作数的值，而代表存放操作数的地址，需要先获得操作数的地址，然后根据该地址访问主存获得操作数。

（4）变址寻址——指令中所给的是形式地址，需要根据该形式地址计算得到有效地址后，再访问主存单元获得操作数。

下面介绍一些常用的基本寻址方式。

1．立即寻址

在指令中给出操作数，操作数占据一个地址码部分，在取出指令的同时取出可以立即使用的操作数，所以该方式称为立即寻址，该操作数被称为立即数。立即寻址方式示意图如图 3-6 所示，图中 OP 为操作码字段，用以指明操作种类；M 为寻址方式字段，用以指明所用的寻址方式。

OP	……	M	立即数

图 3-6　立即寻址方式示意图

立即寻址方式不需要根据地址寻找操作数，所以指令的执行速度快。但是由于操作数是在指令中给出的，是指令的一部分，不能修改，因此立即寻址只适用于操作数固定的情况，通常用于为主存单元和寄存器提供常数，设定初始值。使用时应注意立即数只能作为源操作数。其优点是立即数的位置随着指令在存储器中位置的不同而不同。

2．存储器直接寻址

指令中的地址码字段所给的就是存放操作数的实际地址，即有效地址 EA。按照指令中所给的有效地址直接访问一次主存便可获得操作数，所以称这种寻址方式为存储器直接寻址或直接寻址。其寻址方式示意图如图 3-7 所示，图中有效地址 EA 为主存单元地址。

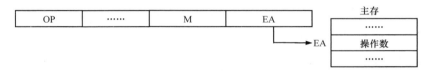

图 3-7　存储器直接寻址方式示意图

直接寻址方式较为简单，无须做任何寻址计算。由于指令中给出的操作数的有效地址是指令的一部分，所以不能进行修改，因此只能用于访问固定的存储单元或者外设接口中的寄存器。此外，因为存储单元的地址位数较多，所以包含在指令中时，指令字长会较长。如果减少指令中有效地址的位数，则会限制访问主存的范围。

【例 3-2】假设主存中部分地址与相应单元存储的操作数之间的对应关系如下，而某指令中的地址码 EA 为"2001H"，请问按照存储器直接寻址方式所读取的操作数是什么？

地址	存储内容
2000H	3BA0H
2001H	1200H
2002H	2A01H

解　因为存储器直接寻址方式中，指令中的有效地址即主存中存储操作数的地址，所以地址为"2001H"的存储单元中的内容"1200H"即操作数。

3．寄存器直接寻址

一般计算机中都设置有一定数量的通用寄存器，用以存放操作数、操作数地址及运算结果等。指令中地址码部分给出某一通用寄存器的寄存器号，所指定的寄存器中存放着操作数，这种寻址方式称为寄存器直接寻址，也称为寄存器寻址。其寻址方式示意图如图3-8所示，图中Rx为寄存器号。

图3-8　寄存器直接寻址方式示意图

寄存器寻址方式具有以下特点。

➢ 与立即寻址方式相比，寄存器寻址中的操作数是可变的。

➢ 由于寄存器的数量较少，地址码的编码位数比主存单元地址位数少很多，所以可以有效缩短指令，减少取指令的时间，如指令中只需要 3 位编码就可以表示 8 个寄存器，如"000"表示 R0，"001"表示 R1……"111"表示 R7。

➢ 与直接寻址相比，寄存器存取数据的速度比主存快得多，所以可以加快指令的运行速度。

➢ 用寄存器存放基址值、变址值可派生出其他更多的寻址方式，使编程更具有灵活性。

【例 3-3】假设 CPU 中寄存器的内容如下，某指令中的寄存器号为"001"，请指出按照寄存器寻址方式所读取操作数的值。

R0——2101H，R1——2A01H，R2——3BA0H，R3——1200H，……

解　因为寄存器直接寻址方式中，所给出的寄存器中所存放的就是所需操作数，编码为"001"的寄存器 R1 中的内容"2A01H"即操作数。

4．存储器间接寻址

如果指令中地址码 A 给出的不是操作数的直接地址，而是存放操作数地址的主存单元地址（简称为操作数地址的地址），这种寻址方式称为**存储器间接寻址**或**间接寻址**。其寻址方式示意图如图 3-9 所示，字段 A 中存放的是操作数的有效地址 EA 在主存中的地址。

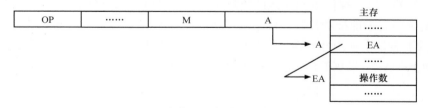

图3-9　存储器间接寻址方式示意图

通常将主存单元 A 称为间址单元或间址指示器，间接地址 A 与有效地址 EA 的关系是 EA=(A)，即 EA 为地址 A 所对应存储单元中的内容。采用间接寻址可将主存单元 A 作为操作数地址的指针，用以指示操作数的存放位置，只要修改指针的内容就修改了操作数的地址，而无须修改指令，所以该方式较为灵活，便于编程。除此之外，采用间接寻址可以做到用较短的地址码来访问较大的存储空间。指令中给出的形式地址字段 A 虽然较短，只能访问到主存的低地址部分，但是存储在这些单元中的操作数的地址可以访问到整个主存空间。

应注意，间接寻址至少要访问两次主存才能取出操作数，所以指令执行的速度较慢。

【例 3-4】假设主存中部分地址与相应单元存储的操作数之间的对应关系如下，某指令中所给的地址码 A 为 "2001H"，请指出按照存储器间接寻址方式所读取的操作数。

地址	存储内容
2000H	3BA0H
2001H	2002H
2002H	2A01H

解　因为存储器间接寻址方式中，指令中的形式地址 A 是操作数地址的地址，所以地址为 "2001H" 的存储单元中的内容 "2002H" 即操作数的地址，根据地址 "2002H" 再访问一次主存，可得到操作数 "2A01H"。

5．寄存器间接寻址

为了弥补直接寻址中指令过长及间接寻址中访问主存次数多的缺点，可以采用寄存器间接寻址，即指令中给出寄存器号，被指定的寄存器中存放操作数的有效地址，根据该有效地址访问主存获得操作数。其寻址方式示意图如图 3-10 所示，寄存器 Rx 中存放着操作数的有效地址 EA，EA=(Rx)。

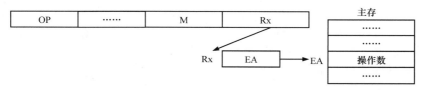

图 3-10　寄存器间接寻址方式示意图

寄存器间接寻址方式的指令较短，在取指令后只需一次访存便可得到操作数，因此指令执行速度比存储器间接寻址的快。由于寄存器中存放着操作数的地址，所以在编程时常用某些寄存器作为地址指针，在程序运行期间修改间址寄存器的内容，可使同一条指令访问不同的主存单元，为编程提供了方便。

【例 3-5】 假设各寄存器的内容及主存中部分地址与相应单元存储的操作数之间的对应关系如下，指令所给的寄存器号为 "001"，请指出按寄存器间接寻址方式读取的操作数。

寄存器		主存单元	
寄存器号	存储内容	地址	存储内容
R0	2101H	2000H	3BA0H
R1	2002H	2001H	2002H
R2	3BA0H	2002H	2A01H

解　按照寄存器间接寻址的定义，指令指定的寄存器号为 "001"，即寄存器 R1，其中的内容 "2002H" 为操作数的地址，根据该地址访问相应的主存单元，得到操作数 "2A01H"。

6．变址寻址

在指令中指定一个寄存器作为变址寄存器，并在指令地址码部分给出

操作数寻址
方式2

一个形式地址 D，将变址寄存器的内容（称为变址值）与形式地址相加可得操作数的有效地址，这种寻址方式称为变址寻址。其寻址方式示意图如图 3-11 所示，寄存器 Rx 为变址寄存器，D 为形式地址，有效地址 EA=(Rx)+D。

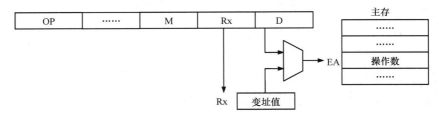

图 3-11　变址寻址方式示意图

变址寻址常用于字符串处理、数组运算等成批数据处理中。典型用法是将指令中的形式地址作为基址，将变址寄存器的内容作为位移量。如有一字符串存储在以地址 A 为首地址的连续主存单元中，只需让首地址 A 作为指令中的形式地址，在变址寄存器中指出字符的序号，就可以利用变址寻址访问该字符串中的任意一个字符。再如，连续存放的数据块要在两个存储区间进行传送，可以指明这两个存储区的首地址 A1 和 A2，用同一变址寄存器提供位移量 N，即可实现传送操作。

在某些计算机中，变址寄存器还具有自增、自减的功能，即每存取一个数据，它就根据该数据的长度自动增量或自动减量，以便指向下一个数据的主存单元地址，为存取下一个数据做准备。这就形成了自动变址方式，可以进一步简化程序，用于需要连续修改地址的场合。此外，变址寻址还可以与间接寻址相结合，形成先变址寻址后间接寻址或先间接寻址后变址寻址等更为复杂的寻址方式。

【例 3-6】假设各寄存器和主存单元地址及其存储内容对应关系分别如下，指令所给的寄存器号为"001"，形式地址为"1000H"，请指出按变址寻址方式所读取的操作数。

寄存器		主存单元	
寄存器号	存储内容	地址	存储内容
R0	2101H	2000H	3BA0H
R1	1002H	2001H	2002H
R2	3BA0H	2002H	2A01H

解　按照变址寻址的定义，指令指定的寄存器号为"001"，即寄存器 R1，其中的内容"1002H"为变址量，形式地址为"1000H"，所以有效地址 EA=1002H+1000H=2002H，所以操作数为"2A01H"。

7．基址寻址

基址寻址方式中，指令中给出一个形式地址 D 作为位移量，给出一个基址寄存器 Rb，其内容作为基址，将基址与形式地址相加便可得到操作数的有效地址，即 EA=(Rb)+D。其寻址方式示意图如图 3-12 所示。

由上可见，基址寻址与变址寻址在形成有效地址的方法上类似，但是二者的具体应用不同。在使用变址寻址时，由指令提供形式地址作为基准量，其位数足以指向整个主存，变址寄存器提供位移量，其位数可以较少。而在使用基址寻址时，由基址寄存器提供基准量，其位数应足以指向整个主存空间，而指令中所给的形式地址作为位移量，其位数往往较少。从应用的目的来看，变址寻址面向用户，可用于访问字符串、数组等成批数据的处理；而基址寻址面向系统，可用来解决程序在主存中的重定位问题，以及在有限的字长指令中扩大寻址空间等。

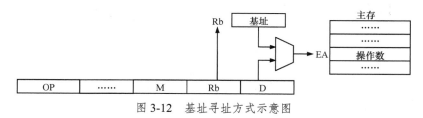

图 3-12　基址寻址方式示意图

基址寻址原是大型计算机中常采用的一种技术，用来将用户编程时所用的逻辑地址转换为程序在主存中的实际物理地址。在多用户计算机系统中，由操作系统为多道程序分配主存空间，当用户程序装入主存时，需要进行逻辑地址向物理地址的转换，即程序重定位。操作系统给每个用户程序提供一个基址，并放入相应的基址寄存器中，在程序执行时以基址为基准自动进行从逻辑地址到物理地址的转换。

由于多数程序在一段时间内往往只是访问有限的一个存储区域，这被称为"程序执行的局部性"，可利用该特点来缩短指令中地址字段的长度。设置一个基址寄存器存放这一区域的首地址，而在指令中给出以首地址为基准的位移量，二者之和为操作数的有效地址。因为基址寄存器的字长可以指向整个主存空间，而位移量只需要能覆盖本区域即可，所以利用这种寻址方式既能缩短指令的地址字段长度，又可以扩大寻址空间。

8．相对寻址

相对寻址可作为基址寻址的一个特例。若由程序计数器（PC）提供基址，指令中给出的形式地址 D 作为位移量（可正可负），则二者相加后的地址为操作数的有效地址 EA。这种方式实际上是以现行指令的位置为基准，相对于它进行位移定位（向前或先后）的，所以被称为相对寻址。其寻址方式示意图如图 3-13 所示。

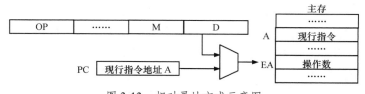

图 3-13　相对寻址方式示意图

在相对寻址中，PC 指示的是当前指令的地址，而指令中的位移量 D 指明的是操作数存放单元或转向地址与现行指令的相对距离。当指令地址由于程序安装于主存的不同位置而发生变化时，操作数存放地址或程序转向地址将随之发生变化，由于两者的位移量不变，使用相对寻址仍然能保证操作数的正确获得或程序的正确转向。这样整个程序模块就可以安排在主存中的任意区间执行，可以实现"与地址无关的程序设计"。

9．页面寻址

页面寻址是将整个主存空间划分为若干相等的区域，每个区域为一页，由页面号寄存器存放页面地址（内存高地址），指令中的形式地址给出的是操作数存放单元在页内的地址（内存低地址），相当于页内位移量，将页面号寄存器内容与形式地址拼接形成操作数的有效地址。其寻址方式示意图如图 3-14 所示。

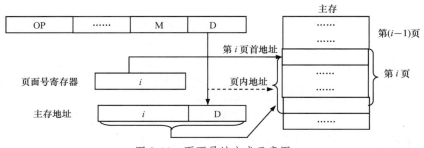

图 3-14　页面寻址方式示意图

由上可看出，页面寻址的有效地址是两部分拼接而成的，高位部分为现行指令的高位段，低位部分为指令中给出的形式地址，所以有效地址 EA=(PC)$_H$ ‖ D。

【例 3-7】假设各寄存器和主存单元地址及其存储内容对应关系分别如下，若从"2000H"单元中取出一条指令，该指令按照页面寻址方式读取操作数，形式地址为"01H"，请指出按页面寻址方式所读取的操作数。

寄存器		主存单元	
寄存器号	存储内容	地址	存储内容
PC	2000H	2000H	3BA0H
R1	1002H	2001H	20A2H
R2	3BA0H	2002H	2A01H

解　按照页面寻址的定义，操作数有效地址的高位部分为(PC)$_H$ =20H，低位部分为D=01H，将两部分拼接即得到操作数的有效地址"2001H"，所以操作数为"20A2H"。

10. 堆栈寻址

使用堆栈指令对堆栈进行操作时，操作数的地址由堆栈指针隐含指定，这种寻址方式称为堆栈寻址。堆栈是内存或者专用寄存器组中一块特定的按"后进先出"（LIFO）原则管理的存储区，该存储区中被读/写单元的地址由专用寄存器 SP 给出，该寄存器称为堆栈指针（SP）。注意，SP 始终指向栈顶，对栈顶单元的操作数处理完后，SP 的值会及时修改以指向新的栈顶元素。通常，指令系统提供了专用的堆栈操作指令，如 PUSH 和 POP，其中 PUSH 指令负责将一个操作数写入堆栈，并使之成为新的栈顶，POP 指令负责从堆栈的栈顶读出操作数，并让 SP 指向下一个操作数。

如图 3-15 所示，堆栈的当前状态是 1、2、3、4 已经入栈，SP =1011H，栈顶元素为 4。PUSH 指令的执行过程是：先执行 SP=SP−1 操作，使 SP 指向新栈顶单元，再把操作数写入该存储单元。例如，执行"PUSH 5"指令的过程：先执行 SP=SP−1，得新栈顶的地址 1010H，再将指令中的立即数 5 写入。与此类似，POP 指令的执行过程是：先读取栈顶元素并存入某个寄存器（如隐含约定暂存器 C），再执行 SP=SP+1，让 SP 指向新栈顶单元。注意，此例的 SP−1 或 SP +1 仅表示上/下移动栈顶指针。

内存当前状态

	地址	数据
	1010H	
栈顶 SP→	1011H	4
	1012H	3
	1013H	2
栈底	1014H	1
	1015H	

执行"PUSH 5"指令之后

	地址	数据
SP→	1010H	5
	1011H	4
	1012H	3
	1013H	2
	1014H	1
	1015H	

执行 POP 指令之后

	地址	数据
	1010H	
SP→	1011H	4
	1012H	3
	1013H	2
	1014H	1
	1015H	

图 3-15　堆栈寻址

11. 其他寻址

除了以上的寻址方式之外，还有位寻址、块寻址等。

位寻址指能寻址到位，要求对存储器不单按字节编址，还要按位进行编址。一般计算机是通过专门的位操作指令实现这一点的，即由操作码隐含指明进行的是位操作。块寻址是对连续的数据块进行寻址，对于连续存放的操作码进行相同的操作。使用块寻址方式可以有效地压缩程序的长度，加快程序的执行速度。

块寻址方式经常用在 I/O 指令中，以实现外存或外设同内存之间的数据块传送。块寻址方式也可以用于内存管理，以块为单位进行内存分配，允许不同内存块之间进行数据块复制、移动等操作。采用块寻址方式时，数据块的长度可以是定长的，比如每个数据块为4KB，也可以是变长的。对此，块寻址方式通常在指令中指明数据块的首地址和数据块长度（字数或字节数），或者指明数据块的首地址或尾地址。如果数据块是变长的，可用以下3种方法指出它的长度。

（1）在指令中划出一个专用的字段，用来记录数据块的长度；

（2）在指令格式中指出数据块的首地址与尾地址；

（3）设置数据块的结束标志，由此计算数据块长度。

对于一台具体的计算机来说，它可能只采用其中的一些寻址方式，也可能将上述基本的寻址方式稍加变化形成某个新的寻址方式，或者将两种或几种基本的寻址方式结合，形成特定的寻址方式。

3.3　指令类型

计算机的指令系统根据指令格式可分为双操作数指令、单操作数指令、无操作数指令等；根据寻址方式可分为 R-R 型（寄存器-寄存器型）、R-X 型（寄存器-变址存储器型）、R-S 型（寄存器-存储器型）、S-I 型（存储器-立即数型）、S-S 型（存储器-存储器型）等；根据功能还可分为数据传送指令、算术逻辑运算指令、程序控制指令、输入输出指令、串操作类指令、处理机控制类指令等。

下面以 Intel 80x86 指令集为例，对常用的指令类型加以介绍。

3.3.1　数据传送指令

数据传送指令是计算机中最基本的指令，实现数据的传送操作，即将数据从一个地方传送到另一个地方，一般以字节、字、数据块为单位进行传送，特殊情况下可以以位为单位进行传送，所以传送指令应该以某种方式指明数据传送的单位。数据传送指令有传送指令（如 MOV）、交换指令（如 XCHG）、入栈指令（如 PUSH）、出栈指令（如 POP）等。

1．传送指令

传送指令用来实现数据的传送，需要指明的是数据从源地址被传送到目的地址时，源地址中的数据保持不变，实际上是"复制"操作。传送指令中需要源地址和目的地址这两个操作数地址。在 Intel 80x86 指令集中，传送数据的指令有 MOV（字或字节传送）、MOVSX（先符号扩展，再传送）、MOVZX（先零扩展，再传送）等，传送地址的指令有 LEA（装入有效地址）、LDS（把指针内容装入 DS）、LES（把指针内容装入 ES）、LFS（把指针内容装入 FS）、LGS（把指针内容装入 GS）、LSS（把指针内容装入 SS），传送标志的指令有 LAHF（把标志寄存器内容装入 AH）和 SAHF（把 AH 内容装入标志寄存器）。其中，DS、ES、FS、GS、SS 分别表示数据段寄存器、扩展段寄存器、标志段寄存器、全局段寄存器、堆栈段寄存器。

以 MOV 指令为例，传送指令的格式如下：

```
MOV dst, src
```

其中，dst 表示目的操作数，src 表示源操作数。该指令的功能是把源操作数的值传送到 dst 所指向的存放位置，即 dst← (src)。例如，MOV AX, 1234H，该指令执行的结果是寄存器 AX=1234H，AH=12H，AL=34H。

使用传送指令时，应注意以下几点。

（1）立即数只能作源操作数，不能作目的操作数，也不能被直接送入段寄存器。

当立即数以字母 A～F 开头时，要求加上一个数字 0，如：MOV AX, 0FF00H。

（2）MOV 指令允许在 CPU 的寄存器之间、存储器和寄存器之间传送，也可以将立即数送到寄存器或存储器中。

（3）指令指针寄存器 IP 不能作源操作数或目的操作数。

（4）两个操作数中必须有一个位于寄存器中，但不能都位于段寄存器中，目的操作数不允许位于 CS 中。

（5）MOV 指令不能在两个存储单元之间直接传送数据。

【例 3-8】变量 X 和 Y 的定义如下，其中，dw 表示定义汉字，即 2 个字节。请写出一段汇编代码交换两个变量的值。

```
X dw 1234H
Y dw 5678H
```

解　可以使用寄存器和 MOV 指令实现 X 与 Y 的值的互换，代码如下：

```
MOV AX, X
MOV BX, Y
MOV X, BX
MOV Y, AX
```

2．交换指令

交换指令可看作双向的数据传送。与传送指令相同，也需要源地址和目的地址这两个操作数地址。在 Intel 80x86 指令集中，数据交换指令包括 XCHG（字或字节交换）、CMPXCHG（比较并交换）、XADD（先交换再累加）和 BSWAP（交换 32 位寄存器里字节的顺序）等。

3．入栈/出栈指令

入栈/出栈指令专门用于堆栈操作，只需要指明一个操作数地址，另一个隐含的是堆栈的栈顶元素。在 Intel 80x86 指令集中，入栈和出栈指令包括：PUSH（入栈）、POP（出栈）、PUSHA（把 AX、BX、CX、DX、SP、BP、DI 和 SI 的内容依次压入堆栈）、POPA（把堆栈中的内容依次送 SI、DI、BP、SP、DX、CX、BX、AX）、PUSHAD（把 EAX、ECX、EDX、EBX、ESP、EBP、ESI、EDI 的内容依次压入堆栈）、POPAD（把堆栈中的内容依次送 EDI、ESI、EBP、ESP、EBX、EDX、ECX、EAX）、PUSHF（标志入栈）、POPF（标志出栈）、PUSHD（32 位标志入栈）、POPD 等（32 位标志出栈）。

【思考】针对【例 3-8】，如何实现 X 与 Y 高字节与低字节的交叉互换，使 X=7856H，Y=3412H?

【提示】实现方法有多种：可以使用 MOV、XCHG 或者 PUSH/POP 指令。请读者自己写出对应的汇编代码。

3.3.2　算术逻辑运算指令

早期计算机采用"硬件软化"和计算机分档的方式来降低成本。"硬件软化"即 CPU 只设置一些如加减定点运算的基本运算指令，复杂的运算则通过程序来实现；将计算机分为几个档次，最基本的计算机，其 CPU 只执行基本的运行指令，档次较高的计算机，其 CPU 配备一些"扩展运算器"，可通过调用扩展运算器来实现复杂运算操作。现代计算机由于超大规模集成技术的成熟，硬件成本已大大下降，为了获得更高的运算效率，指令中包含更多的运算功能，但对于更为复杂的运算仍然沿用扩展运算器的方法，即采用"协处理器"。

基本算术运算通常包括实现定点数的加、减、求补、自增（加 1）、自减（减 1）、比较、求反等，基本逻辑运算通常包括与、或、非、异或、左移、右移、位测试等。对于性能较高的计算机，还具有功能更强的运算指令，例如：定点运算的乘、除、浮点运算指令及十进制数运算指令等。在大、巨型计算机中还设置有向量运算指令，可同时对组成向量或矩阵的若干个标量进行求和、求积等运算。

在 Intel 80x86 指令集中，算术运算指令包括：ADD（加）、ADC（带进位加）、INC（加 1）、AAA（加法的 ASCII 调整）、DAA（加法的十进制调整）、SUB（减）、SBB（带借位减）、DEC（减 1）、NEC（求反）、CMP（比较）、AAS（减法的 ASCII 调整）、DAS（减法的十进制调整）、MUL（无符号乘）、IMUL（整数乘）、AAM（乘法的 ASCII 调整）、DIV（无符号除）、IDIV（整数除）、AAD（除法的 ASCII 调整）、CBW（字节转换为字）、CWD（字转换为双字）等。逻辑运算指令包括：AND（与）、OR（或）、XOR（异或）、NOT（非）、TEST（位测试）、SHL（逻辑左移）、SAL（算术左移）、SHR（逻辑右移）、SAR（算术右移）、ROL（循环左移）、ROR（循环右移）、RCL（带进位的循环左移）、RCR（带进位的循环右移）。

以 ADD 指令为例，双操作数的算术逻辑运算指令的一般格式如下：

```
ADD dst, src
```

其中，dst 表示目的操作数，src 表示源操作数，该指令的功能是把 src 的值与 dst 原有的值相加，再送入 dst 所指向的存放位置，即 dst←(dst) + (src)。

ADD 指令支持寄存器与立即数、寄存器或主存单元，存储单元与立即数、寄存器之间的加法运算；按照定义影响标志寄存器中的状态标志位，包括 OF（溢出）、SF（符号位）、ZF（零标志）、CF（进位标志）、PF（奇偶标志，运算结果最低字节中的"1"的个数是偶数还是奇数）等。

【例 3-9】变量 X 和 Y 的定义如下，请写出一段汇编代码实现 C 语言中的 Y+=X。

```
X dw 12
Y dw 35
```

解 可以使用寄存器和 ADD 指令实现，代码如下：

```
MOV AX, X        ;把变量 X 的值传送到 AX 寄存器
ADD AX, Y        ;AX=AX+Y
MOV Y, AX        ;把 AX 寄存器中的数值传送给内存变量 Y
```

【说明】由于 ADD 指令的源操作数和目的操作数不能同时为两个内存变量，因此本例需要借助寄存器和 MOV 指令来辅助完成计算过程。

3.3.3 程序控制指令

程序控制指令用来控制程序的执行顺序和方向，主要包括转移指令、循环控制指令、子程序调用指令、返回指令及程序自中断指令等。

1．转移指令

多数情况下，一段程序中的指令是顺序执行的，但是有些情况下，需要根据某种状态或条件来决定程序该如何执行。程序执行顺序的改变可以通过转移指令来实现，所以转移指令可以实现程序分支，其中应该包括转移地址。根据转移的性质，转移指令分为无条件转移指令和条件转移指令。

无条件转移指令是指现行指令执行结束后，要无条件地（强制性地）转向指令中给定的转移地址，也就是说，将转移地址送入 PC 中，使 PC 的内容变为转移地址，再往下继续执行。在 Intel 80x86 指令集中，常用的无条件转移指令是 JMP 指令。此外，过程调用指令 CALL 与返回指令 RET 或 RETF 也属于无条件转移指令。

条件转移指令中包含转移条件和转移地址，若满足转移条件，则下一条指令转向条件转移指令中所给出的转移地址；否则，按照原来的顺序继续往下执行。所谓转移条件是指上一条指令执行后结果的某些特征（也称为标志位），如进位标志位 C、正负标志位 N、溢出标志位 V、奇偶标志位 P、结果为零标志位 Z 等（注意，在 Intel 8086 处理器中，各标志位分别是 CF、SF、OF、PF、ZF）。

进位标志位 C——运算后若有进位，则 C=1，否则 C=0。

正负标志位 N——运算后若结果为负数，则 N=1，否则 N=0。

溢出标志位 V——运算后若有溢出发生，则 V=1，否则 V=0。

奇偶标志位 P——代码中有奇数个"1"时，P=1，否则 P=0。

零标志位 Z——运算后结果若为"0"，则 Z=1，否则 Z=0。

在 Intel 80x86 指令集中，条件转移指令包括：JA/JNBE（不小于或不等于时转移）、

JAE/JNB（大于或等于转移）、JB/JNAE（小于转移）、JBE/JNA（小于或等于转移），以上 4 条指令用于测试无符号整数运算的结果（标志 C 和 Z）；JG/JNLE（大于转移）、JGE/JNL（大于或等于转移）、JL/JNGE（小于转移）、JLE/JNG（小于或等于转移），以上 4 条指令用于测试带符号整数运算的结果（标志 S、O 和 Z）；JE/JZ（等于转移）、JNE/JNZ（不等于时转移）、JC（有进位时转移）、JNC（无进位时转移）、JNO（不溢出时转移）、JNP/JPO（奇偶性为奇时转移）、JNS （符号位为 0 时转移）、JO（溢出转移）、JP/JPE（奇偶性为偶时转移）、JS（符号位为 1 时转移）。

【例 3-10】使用加法指令、比较指令和转移指令等，实现求解 $1+2+3+\cdots+100$。

解 可直接指定寄存器作为相关操作数来实现，代码如下：

```
MOV AX,0          ;AX 用于保存累加和
MOV BX,1          ;BX 用作循环控制变量，初始值为 1
again:            ;设置循环起点
ADD AX,BX         ;把 BX 代表的数字累加入 AX
ADD BX,1
CMP BX,101        ;比较 BX 的值是否等于 101
JNE again         ;如果不相等，则跳转到循环起点，否则继续执行后继指令
```

【说明】CMP 指令的作用是比较两个操作数的大小关系，并将比较结果保存在标志寄存器中，一般格式是：CMP dst, src。针对无符号数，其比较规则如下：若 dst < src，则因 (dst)−(src)产生借位，故 CF=1；若 dst=src，则因(dst)−(src)=0，故 ZF=0；若 dst > src，则因 (dst)−(src)既不借位，也不为 0，故 CF=0 且 ZF=0。转移指令在执行时先判断标志寄存器中的标志位的值，决定是否跳转，例如本例中当 BX≠101 时，CMP 指令把 ZF 清零，执行 JNE 指令后跳转到循环起点继续执行。

2．循环控制指令

可将循环控制指令看作特殊的条件转移指令，但为了提高指令系统的效率，有的计算机专门设置了循环控制指令（LOOP）。指令中给出要循环执行的次数，或指定某个计数器作为循环次数控制的依据，可设置计数器的初始值为循环的次数，每执行一次，其内容自动减"1"，直至减为"0"时，循环停止。因此循环控制指令的操作中包括对循环控制变量的操作和脱离循环条件的控制，是一种具有复合功能的指令。

在 Intel 80x86 指令集中，循环控制指令包括 LOOP（CX 不为 0 时循环）、LOOPE/LOOPZ（CX 不为 0 且标志 Z=1 时循环）、LOOPNE/LOOPNZ（CX 不为 0 且标志 Z=0 时循环）、JCXZ（CX 为 0 时转移）、JECXZ（ECX 为 0 时转移）。

【例 3-11】利用循环控制指令等实现将由小写字母组成的字符串改成由相应大写字母组成的字符串。

解 主要代码如下。

```
;数据段
msg byte 'welcomeyou',0      ;定义字符串变量 msg
;代码段
MOV ECX, LENGTHOF msg        ;获得字符串长度
MOV EBX,0                    ;指向首字符
```

```
again: sub msg[EBX], 'a'-'A'        ;变小写字母为大写字母
INC EBX                             ;指向下一个字符
LOOP again                          ;循环
```

【说明】本例中的 LENGTHOF 是 Intel 80x86 汇编语言提供的操作符。本例的减法指令用 msg[EBX]引用字符串中的字母,目的操作数采用寄存器相对寻址,msg 表示字符串起始地址,EBX 相当于字符串元素索引。程序执行过程中先取出小写字母,减去 20H 后成为大写字母,并保存到原来的位置。

3.子程序调用指令与返回指令

在程序编写过程中,某些具有特定功能的程序段会被反复使用,为了避免程序的重复编写、节省存储空间,可将这些被反复调用的程序段设定为独立且可以共用的子程序。程序执行过程中,需要执行子程序时,在主程序中发出子程序调用指令(如 CALL),给出子程序的入口地址,控制程序从主程序转入子程序中执行;子程序执行结束后,利用返回指令(如 RET)使程序重新返回到主程序中继续往下执行。

子程序调用指令是用于调用子程序、控制程序的执行从主程序转向子程序的指令。为了能正确调用子程序,子程序调用指令中必须给出子程序的入口地址,即子程序的第一条指令的地址。子程序执行结束后,为了能够正确地返回到主程序,子程序调用指令应该具有保护断点的功能(断点是主程序中子程序调用指令的下一条指令的地址,也是返回主程序的返回地址)。将子程序返回主程序的指令称为返回指令,返回指令不需要操作数。

执行子程序调用指令时,首先将断点压栈保存,再将程序的执行由主程序转向子程序的入口地址,执行子程序;子程序执行结束后,返回指令从堆栈中取出断点地址并返回断点处继续执行。

4.程序自中断指令

程序自中断指令是有的计算机为了在程序调试中设置断点或实现系统调用功能等而设置的指令,是程序中安排的,所以也称为软中断指令。执行该类指令时,按中断方式将处理机断点和现场保存在堆栈中,然后根据中断类型转向对应的系统功能程序入口开始执行。执行结束后,通过中断返回指令返回到原程序的断点继续执行。

在 Intel 80x86 指令集中,软中断指令包括 INT(中断)、INTO(溢出中断)和 IRET(中断返回)。

3.3.4   输入输出指令

输入输出(I/O)指令完成主机与各外设之间的信息传送,包括输入/输出数据、主机向外设发出的控制命令或是了解外设的工作状态等。所谓输入是指由外部将信息送入主机,输出是指由主机将信息送至外设,输入/输出均以主机为参考点。从功能上讲,I/O 指令属于传送类指令,有的计算机就是由传送类指令来实现 I/O 操作的。通常,I/O 指令有以下 3 种设置方式。

(1)设置专用的 I/O 指令。将主存与 I/O 接口寄存器单独编制,即分为主存空间和 I/O 空间两个独立的地址空间。用 IN 表示输入操作,用 OUT 表示输出操作,以便区分是操作主

存还是操作外设接口中的寄存器。在这种方式下，使用专门的 I/O 指令，指令中必须给出外设的编号（端口地址）。Intel 80x86 指令集就使用专用的 IN 和 OUT 指令实现输入和输出。

（2）用传送类指令实现 I/O 操作。有的计算机采用主存单元与外设接口寄存器统一编址的方法。因为将 I/O 接口中的寄存器与主存中的存储单元同等对待，任何访问主存单元的指令均可访问外设有关的寄存器，所以可以用传送类指令访问 I/O 接口中的寄存器，而不必专门设置 I/O 指令。

（3）通过输入输出处理机执行 I/O 操作。在现代计算机系统中，外设的种类和数量都越来越多，主机与外设的通信也越来越频繁。为了减轻 CPU 在 I/O 方面的工作负担，提高 CPU 的工作效率，常设置一种管理 I/O 操作的协处理器，在较大规模的计算机系统中甚至设置了专门的处理机，即输入输出处理机。在这种方式中，I/O 操作被分为两级，第一级中主 CPU 只有几条简单的 I/O 指令，负责这些 I/O 指令生成 I/O 程序；第二级中输入输出处理机执行 I/O 程序，控制外设的 I/O 操作。

3.3.5 串操作类指令

为了便于直接用硬件支持实现非数值型数据的处理，指令系统中设置了串操作类指令（字符串处理指令）。字符串的处理一般包括字符串的传送、比较、查找、抽取、转换等。在需要对大量的字符串进行各种处理的文字编辑和排版时，字符串处理指令可以发挥很大的作用。

字符串传送指令是用于将数据块从主存的某个区域传送到另一个区域的指令；字符串比较指令用于两个字符串的比较，即把一个字符串和另一个字符串逐个字符进行比较；字符串查找指令是用于在一个字符串中查找指定的某个字符或字符子串；字符串抽取指令是用于从一个字符串中提取某个子串的指令；字符串转换指令是用于将字符串从一种编码转换为另一种编码的指令。

在 Intel 80x86 指令集中，串操作类指令包括 MOVS（串传送）、MOVSB（传送字符）、MOVSW（传送字）、MOVSD（传送双字）、CMPS（串比较）、CMPSB（比较字符）、CMPSW（比较字）、SCAS（串扫描）、LODS（装入串）、LODSB（传送字符）、LODSW（传送字）、LODSD（传送双字）、STOS（保存串）等，此外，还提供一系列重复串操作的指令，包括 REP（当 CX/ECX<>0 时重复）、REPE/REPZ（当 ZF=1 或比较结果相等且 CX/ECX<>0 时重复）、REPNE/REPNZ（当 ZF=0 或比较结果不相等且 CX/ECX<>0 时重复）、REPC（当 CF=1 且 CX/ECX<>0 时重复）、REPNC（当 CF=0 且 CX/ECX<>0 时重复）。

3.3.6 其他指令

1. 处理机控制类指令

处理机控制类指令用于直接控制 CPU 实现特定的功能，如 CPU 程序状态字 PSW 中标志位（如进位标志位、溢出标志位、符号标志位等）的清零、设置、修改等指令，开中断指令，关中断指令，空操作指令 NOP（没有实质性的操作，是为了消耗执行时间），暂停指令 HLT，等待指令 WAIT，总线锁定指令 LOCK 等。

在 Intel 80x86 指令集中，控制类指令包括：WAIT（当芯片引线 TEST 为高电平时使 CPU 进入等待状态）、ESC（转换到外处理器）、LOCK（封锁总线）、NOP（空操作）、STC（置进位标志位）、CLC（清进位标志位）、CMC（进位标志取反）、STD（置方向标志位）、

CLD（清方向标志位）、STI（置中断允许位）、CLI（清中断允许位）。

2．特权指令

所谓特权指令是指具有特殊权限的指令，只能用于操作系统或其他的系统软件，一般不直接提供给用户使用。通常在多用户、多任务计算机系统中必须设置特权指令，而在单用户、单任务的计算机中不需要设置特权指令。特权指令主要用于系统资源的分配和管理，如检测用户的访问权限，修改虚拟存储管理的段表、页表，改变工作模式，创建和切换任务等。为了统一管理各外设，有的多用户计算机系统将 I/O 指令也作为特权指令，所以用户不能直接使用特权指令，需要通过系统来调用。

3.4 CISC 与 RISC

为了使计算机系统具有更强的功能、更高的性能、更好的性能价格比和更贴近用户的需求，在指令系统的设计、发展和改进上有两种不同的方案。一种是从加强指令功能的角度考虑，希望一条指令包含的操作命令信息尽可能多，整个指令系统包括的功能也尽可能多，这样就形成了复杂指令集计算机（Complex Instruction Set Computer，CISC）。另一种是从指令执行效率的角度考虑，希望指令比较简单。因为通过对程序实际运行情况的分析统计，发现计算机所执行的指令中只有小部分是复杂指令，而大部分则是简单指令，所以采取较为简单而有效的指令构成指令系统，这样就形成了精简指令集计算机（Reduced Instruction Set Computer，RISC）。

3.4.1 按 CISC 方向发展与改进指令系统

对已有指令系统进行分析，哪些功能仍用程序实现，哪些功能改用新指令实现，以提高计算机系统的效率，既减少目标程序占用的存储空间，减少程序执行中的访存次数，缩短指令的执行时间，提高程序的运行速度，又使实现更为容易。按 CISC 方向发展和改进指令系统通常采用以下 3 种具体方案。

1．面向目标程序优化实现改进

第一种思路是通过对大量已有机器语言程序及其执行情况统计各种指令和指令串的使用频度来加以分析和改进。对程序中统计出的指令及指令串使用频度称为静态使用频度，按静态使用频度改进指令系统是着眼于减少目标所占用的存储空间。在目标程序执行过程中对指令和指令串统计出的使用频度称为动态使用频度，按动态使用频度改进指令系统是着眼于减少目标程序的执行时间。

对于高频指令可增强其功能，加快其执行速度，缩短其指令字长；而对于低频指令可考虑将其功能合并到某些高频指令中，或在设计新系列机时，将其取消。对于高频指令串可增设新指令取代，这不但减少了目标程序访存取指令的次数，加快目标程序的执行，也有效地缩短了目标程序的长度。

例如，随着计算机应用的发展，信息处理成为计算机的主要应用目标，结合 IBM 公司曾经对 19 个典型程序进行的统计结果——最常用的指令是存、取和条件转移，Intel 80x86

指令集增加了 MOVS、MOVSB、MOVSW、MOVSD、CMPS、CMPSB、CMPSW、SCAS、LODS、LODSB、LODSW、LODSD、STOS、REP、REPE、REPZ、REPNE、REPNZ 等指令，以增强对字符串的操作。

第二种思路是增设复合指令来取代原来由常用宏指令或子程序（如长整型运算、双精度浮点运算、三角函数、开方、指数、二一十进制转换等）实现的功能，由微程序解释实现，这不仅能大大提高运算速度，减少程序调用的额外开销，而且能减少子程序所占用的主存空间。例如，Intel 80x86 指令集于 1997 年增加了多媒体扩展（MultiMedia eXtensions，MMX）指令集，于 1999 年增加了数据流单指令多数据扩展（Streaming SIMD Extensions，SSE）SSE 指令集，以增强其多媒体信息处理和浮点运算能力，从而提升 3D 游戏性能。

指令系统的改革是以不删改原有指令系统为前提的，通过增加少量强功能指令代替常用指令串，既保证了软件向后兼容，又使得那些按新的指令编制的程序有更高的执行效率。这易于被用户接受，也是计算机软、硬件厂商所希望的。

2．面向高级语言优化实现改进

面向高级语言优化实现改进就是尽可能缩小高级语言和机器语言的语义差距，支持高级语言编译，缩短编译程序长度和编译时间。

第一种思路是通过对源程序中各种高级语言语句的使用频度进行统计来分析改进。对高频语句增设新指令，缩小语句和指令之间的语义差距。例如，在 Intel 80x86 指令集中，因为大多数的高级语言都支持数组和堆栈操作，因此特别设置了高级语言类指令，如 BOUND（边界检测）、ENTER（建立堆栈，保护子程序的局部变量）和 LEAVE（释放堆栈）。但不同用途的高级语言，其语句使用频度有较大差异，指令系统很难做到对各种语言都是优化的。所以这种优化最终只能是面向应用的优化。

第二种思路是面向编译，优化代码生成来进行改进。从优化代码生成上考虑，应当增设系统结构的规整性，尽量减少例外或特殊的情况和用法，让所有运算都对称、均匀地在存储单元或寄存器间进行，同等对待所有存储单元或寄存器，不论是操作数还是运算结果都可约束地存放在任意单元中。否则，为优化管理通用寄存器的使用需要增加很多额外开销。但是，优化代码生成是很复杂的，其效率也是很低的，主要原因是高级语言（包括编译过程中产生的中间语言）与机器语言之间存在很大的语义差距，至今又难以统一出一种或少数几种通用的高级语言。如果系统结构过分优化于一种高级语言实现，就会降低与其语义结构有较大差别的其他高级语言的实现效率。所以，往往把指令系统设计成基本的和通用的，对每种语言可能都不是优化的，但只要通过编译能实现高效就可以了。

第三种思路是设法改进指令系统，使它与各种语言间的语义差距都同等缩小。例如，首先把指令系统与各种高级语言的语义差距用系统结构点之间的"路长"表示，如图 3-16 所示，只要把系统结构点向右移，即可缩小指令系统与各种语言间的语义差距。

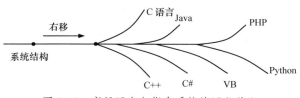

图 3-16　高级语言与指令系统的语义差距

既然各种高级语言所要求的优化指令系统并不相同，于是第四种思路出现了，让计算机具有分别面向各种高级语言的多种指令系统和系统结构。通过微程序来解释面向这些语言的机器指令系统和数据表示格式，让系统结构成为一种动态结构，这样计算机系统就由"以指令系统为主、高级语言为从"演变成"以高级语言为主、指令系统为从"，显然这是一种面向问题自动寻优的计算机系统。

如图 3-17 所示，通常，高级语言程序首先通过编译变成机器语言程序，然后在传统计算机级和微程序级由控制器解释执行指令序列，完成程序的运行。由于指令系统与高级语言的语义差距很大，采用上述各种面向编译缩小语义差距的思想改进指令系统后，使得编译比重显著增大，硬件级的解释比重显著减小。如果进一步增大解释的比重，直至让机器语言和高级语言之间几乎没有语义差距，就不需要编译了。为此，第五种思路就是发展高级语言计算机。

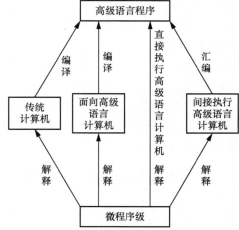

图 3-17 各种机器的语义差距

高级语言计算机有两种形式：一种是让高级语言直接成为机器语言的汇编语言，通过汇编把高级语言程序翻译成机器语言程序，这种高级语言计算机称为间接执行的高级语言计算机。另一种是让高级语言本身作为机器语言，由硬件逐条进行解释执行，既不用编译、也不用汇编，这种高级语言计算机称为直接执行的高级语言计算机。

发展高级语言计算机的思路早在 20 世纪 60 年代就被提出，但由于高级语言种类繁多，开发能解释高级语言程序的 VLSI 器件成本太高，因此至今很少有实际的产品出现。

3．面向操作系统实现改进

操作系统为整个计算机系统提供进程管理、存储管理、存储保护、设备管理、文件管理、系统工作状态的建立和切换、人机交互界面等功能，没有操作系统的优化，计算机系统就很难有发展。

然而操作系统的实现不同于高级语言的实现，它更深地依赖于系统结构所提供的硬件支持，同时也全面依赖于指令系统的支持。面向操作系统的优化实现改进就是缩短操作系统与计算机系统结构之间的语义差距，进一步缩短运行操作系统的时间、节省操作系统软件所占用的存储空间或提高操作系统的安全性。

第一种改进思路同样是通过对操作系统常用的指令或指令串的使用频度进行统计分析来改进，但效果有限。

第二种思路是考虑增设专用于操作系统的新指令。例如，Intel 80x86 指令集提供了近 20 条系统控制指令，并根据 CPU 的 4 个特权级别——RING0（系统级）、RING1、RING2 和 RING3（用户级），将大多数的系统控制指令设为 RING0，只允许 Windows 操作系统使用，如果普通应用程序企图执行 RING0 指令，则 Windows 会显示"非法指令"错误信息。

第三种思路是把操作系统中频繁使用的、对速度影响大的某些软件子程序硬化或固化，改为直接用硬件或微程序解释实现，在尽量缩小语义差距的前提下，充分发挥软、硬件实现的特长。硬件实现用于提高系统的执行速度和效率，减少操作系统的时间开销，软件实现用于提供系统应有的灵活性。联系到操作系统的具体功能，适于固化实现的应该是基本、通用的功能，例如进程切换、进程状态的保存和恢复、信息保护和存储管理等；对于进程优先级确定、作业排队、用户标识、资源管理、上机费用计算等与具体用户有关的功能就不适合固化。

第四种思路是发展分布式处理系统结构，在这种结构中由专门的处理机来执行操作系统的功能。

3.4.2 按 RISC 方向发展与改进指令系统

1．RISC 思想的提出

CISC 通过强化指令系统的功能来发展改进指令系统，其结果必然导致计算机的结构，特别是指令系统越来越复杂。因此，1975 年 IBM 公司就开始研究这么做是否合理。1979年，大卫·帕特森（D. Patterson）等人经研究认为 CISC 存在以下问题。

（1）指令系统庞大，通常在 200 条以上。许多指令功能异常复杂，需要用多种寻址方式、指令格式和指令字长。完成指令的译码、分析和执行的控制器复杂，不利于自动化设计，不利于成本控制。

（2）由于许多指令操作复杂，执行速度很低，甚至不如用几条简单基本的指令组合实现。

（3）指令系统庞大，使高级语言编译程序选择目标指令的范围太大，难以优化生成高效机器语言程序，编译程序也太长、太复杂。

（4）由于指令系统庞大，各种指令的使用频度都不高，且差别很大，其中相当部分指令的利用率很低，有 80% 的指令仅在 20% 的运行时间里用到，这不仅增加了计算机设计人员的负担，还降低了系统的性能价格比。

2．设计 RISC 的原则

针对 CISC 的上述问题，Patterson 等人提出了 RISC 的设想。通过精简指令来使计算机结构变得简单、合理、有效，并弥补 CISC 结构的不足。他们提出了设计 RISC 应当遵循的原则，如下。

（1）确定指令系统时，只选择使用频度很高的那些指令，在此基础上增加少量能有效支持操作系统和高级语言实现及其他功能的最有用的指令，让指令的条数大大减少，一般不超过 100 条。

（2）大大减少指令系统可采用的寻址方式的种类，一般不超过两种。简化指令的格式，使之也限制在两种之内，并让全部指令都具有相同的长度。

（3）让所有指令都在一个机器周期内完成。

（4）增加通用寄存器的个数，一般不少于 32 个通用寄存器，以尽可能减少访存操作，所有指令中只有存、取指令才可访存，其他指令的操作一律在寄存器间进行。

（5）为了提高指令执行速度，大多数指令都采用组合逻辑控制实现，少数指令采用微程序控制实现。

（6）通过精简指令和优化设计编译程序，以简单有效的方式来支持高级语言的实现。

3．RISC 结构采用的基本技术

（1）遵循 RISC 的原则设计技术

在确定指令系统时，通过指令使用频度的统计，选取常用的基本指令，并增设一些对操作系统、高级语言、应用环境等支持最有用的指令，精简指令数。在指令的功能、格式和编码上尽可能简化规整。让所有指令尽可能等长，寻址方式尽量统一成 1~2 种，指令的执行尽量安排在一个机器周期内完成。

（2）逻辑实现用组合逻辑和微程序结合的技术

用微程序解释机器指令有较强的灵活性和适应性，只要改写控制存储器内的微程序就可以增加或修改机器指令。但是，反复从控制存储器取微指令是需要时间的，甚至无法满足 RISC 在一个时钟周期内完成指令执行的要求。因此，让大多数的简单指令用组合逻辑实现，少数功能复杂的指令用微程序解释实现，是比较合适的。

（3）采用重叠寄存器窗口的技术

重叠寄存器窗口的基本思想是：在处理机中设置一个数量比较大的寄存器组，并把它划分成很多个窗口。每个子程序使用其中相邻的 3 个窗口和 1 个公共的窗口，而在这些窗口中有一个窗口与前一个子程序共用，还有一个窗口与下一个子程序共用。与前一个子程序共用的窗口可以用来存放前一个子程序传送给当前子程序的参数，同时也可以存放当前子程序返回给前一个子程序的计算结果。同样，与下一个子程序共用的窗口可以用来存放当前子程序传送给下一个子程序的参数和下一个子程序返回给当前子程序的计算结果。

图 3-18 所示为 RISC Ⅱ 中采用的重叠寄存器窗口。共有 138 个寄存器，分成 17 个窗口，其中，有一个全局窗口，由 10 个寄存器（例如，R0~R9）组成，能被所有子程序访问。另外有 8 个窗口，每个窗口各有 10 个寄存器（例如，R16~R25，R90~R99，R106~R115，R122~R131 等），分别作为 8 个子程序的局部寄存器。还有 8 个窗口，每个窗口各有 6 个寄存器（例如，R10~R15、R26~R31、R116~R121、R132~R137 等），是相邻两个子程序共用的，称为重叠寄存器窗口。由此可见，每个子程序可以访问 32 个寄存器，包括：10 个共用的全局寄存器、10 个只供本子程序使用的局部寄存器、6 个与上一个子程序共用的寄存器、6 个与下一个子程序共用的寄存器。

重叠寄存器窗口技术尽量让指令的操作在寄存器间进行，其好处是减少了访存操作，提高了指令执行速度，缩短了指令周期，简化了寻址方式和指令格式，减少了子程序切换过程中为保存调用方的现场、建立被调方新的现场以及返回时恢复调用方的现场等所需的辅助操作。

（4）指令的执行采用流水线和延迟转移技术

RISC 的每条指令都安排在一个机器周期内完成，一条指令的所有操作都在寄存器间进行，因此可将本条指令的执行和后继指令的预取在时间上重叠，将从源寄存器读数、运算及运算结果存入目的寄存器用流水线实现，这样可大大加快程序的执行速度。

但是，一旦正在执行的指令是无条件转移指令或者是条件转移指令且转移成功，则重叠方式预取的后继指令就应作废。这实际上浪费了存储器的访问时间，相当于转移需要两个机器周期，增大了辅助开销。对此，可采用延迟转移的思想。其方法是：将转移指令与其前面的一条指令对换位置，让成功转移总是在紧跟的指令被执行之后发生，从而使预取

的指令不作废，可以节省一个机器周期。

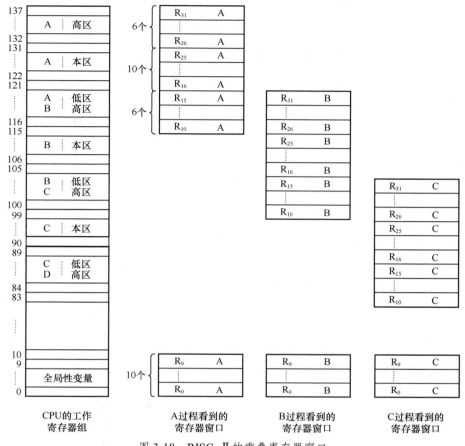

图 3-18　RISC Ⅱ 的重叠寄存器窗口

（5）优化设计编译系统

由于 RISC 大量使用寄存器，因此编译程序必须尽可能地进行优化，以合理地分配寄存器，减少访存次数，提高寄存器使用效率。常规的优化手段包括：消去公用的子表达式、将常数移到循环体外，简化局部变量和工作变量的中间传递过程，调整指令的执行顺序，等等。

例如，假设 A、A+1、B、B+1 为主存单元，以下指令序列：

```
MOV AX, A
MOV B, AX
MOV AX, A+1
MOV B+1, AX
```

实现的是将 A 和 A+1 单元的内存分别转存到 B 和 B+1 单元。设 1 个机器周期只能完成 1 次访存操作，由于上述指令序列取、存交替，无法流水，以及寻址方式不允许在两个主存单元之间直接传送数据，因此只能借助寄存器，用 4 个机器周期来完成上述操作。

如果通过编译调整其指令序列成：

```
MOV AX, A
MOV BX, A+1
```

寻址方式与指令系统　第3章

```
MOV B, AX
MOV B+1, BX
```

则将这 4 条指令流水执行，速度将提高一倍。

4．RISC 结构的优势与不足

采用 RISC 结构的优势如下。

（1）简化指令系统设计，适合 VLSI 实现。由于指令数少，寻址方式简单，指令格式规整，与 CISC 结构相比，控制器的译码和执行硬件相对简单，因此在 VLSI 芯片中用来实现控制器这部分所占有的比例显著减少，从而可以扩大寄存器数或高速缓存，提高芯片性能，增强芯片的规整性。

（2）提高计算机的执行速度和效率。指令系统的精简可加快指令的译码。控制器的简化可以缩短指令的执行延迟。访存次数的减少可以提高程序执行的速度。采用重叠寄存器窗口技术减少和避免子程序调用时参数的保存和传递。指令字长统一，适合流水线处理。这些都可以提高计算机的速度和效率。

（3）降低设计成本，提高系统的可靠性。采用相对精简的控制器，缩短设计周期，减少设计错误和产品设计被作废的可能性。这些都会使设计成本降低，系统的可靠性提高。

（4）可以提供直接支持高级语言的能力，简化编译程序的设计。指令总数的减少，缩小了编译过程中对功能类似的机器指令进行选择的范围，减少了对各种寻址方式的选择、分析和变换的负担，不用进行指令格式的转换，易于更换或取消指令，所有指令等长且在一个机器周期内完成，使得编译程序易于调整指令顺序，有利于代码优化，简化编译，缩短编译程序的长度。

RISC 结构也存在某些不足和问题，主要如下。

（1）由于指令少，原在 CISC 上由单一指令完成的某些复杂功能现在需要用多条 RISC 指令才能完成，这实际上加重了汇编语言程序员的负担，增加了机器语言程序的长度，从而占用了较大的存储空间，加大了指令的信息流量。

（2）对浮点运算和虚拟存储器的支持虽有加强，但仍不够理想。

（3）相对来说，RISC 上的编译程序要比 CISC 上的难写。

3.4.3　Intel 80x86 指令集的发展

Intel 80x86 指令集定义了一系列基本操作指令，包括数据传送类、算术逻辑运算类、程序控制类、输入输出类、串操作类等，满足了基本的应用需求。为了增强 CPU 在多媒体及网络通信等方面的处理能力，过去几十年英特尔公司不断地扩展其指令集，目前已经形成了 MMX、SSE、SSE2、SSE3 及 SSE4 等扩展指令集，常常合称为"Intel 80x86 指令集"。

1．MMX 指令集

MMX（多媒体扩展）指令集是英特尔公司于 1996 年推出的，用于多媒体指令增强，该指令集中包括 57 条多媒体指令，有算术指令、比较指令、转换指令、逻辑指令、移位指令、数据传送指令及清除 MMX 状态指令等。通过这些指令可以一次处理多个数据，在处理结果超过实际处理能力的时候也能进行正常处理，在软件的配合下，可以得到更高的性能。MMX 指令通过共享浮点运算部件完成多媒体信息的处理，通过使用别名的办法借用浮点运算单元的 8 个 64 位宽的浮点寄存器来存放多媒体数据，有效地增强了 CPU 处理音频、图像和通信等多媒体应用的能力。但是 MMX 指令与 x87 浮点运算指令不能够同时执行，必须做密集式的交错切换才可以正常执行，这种情况会造成整个系统运行质量的下降。

2．SSE 指令集

SSE（数据流单指令多数据扩展）指令集是英特尔公司在 Pentium Ⅲ 处理器中率先推出的。SSE 指令集中包括 70 条指令，其中包含提高 3D 图形运算效率的 50 条 SIMD（单指令多数据）技术浮点运算指令、12 条 MMX 整数运算增强指令、8 条优化内存中连续数据块传送的指令。理论上这些指令对图像处理、浮点运算、3D 图形运算、视频处理、音频处理等多媒体应用起到全面强化的作用。SSE 指令集与美国超威半导体公司（AMD）的 3DNow!指令集互不兼容，但 SSE 指令集包含 3DNow!指令集的绝大部分功能，只是实现的方法不同。SSE 指令集兼容 MMX 指令集，它可以通过 SIMD 和单时钟周期并行处理多个浮点数据来有效地提高浮点运算速度。

3．SSE2 指令集

SSE2（Streaming SIMD Extensions 2，数据流单指令多数据扩展 2）指令集是英特尔公司在 SSE 指令集的基础上发展起来的指令集。相比于 SSE 指令集，SSE2 指令集使用了 144 个新增指令，扩展了 MMX 技术和 SSE 技术，这些指令提高了广大应用程序的运行性能。随 MMX 技术引进的 SIMD 整数指令从 64 位扩展到 128 位，SIMD 整数类型操作的有效执行率成倍提高。双倍精度浮点 SIMD 指令允许以 SIMD 格式同时执行两个浮点操作，提供双倍精度操作支持，有助于加速内容创建、财务、工程和科学应用。除 SSE2 指令集之外，最初的 SSE 指令集也得到增强，通过支持多种数据类型（例如，双字和四字）的算术运算，支持灵活且动态范围更广的计算功能。SSE2 指令集可让软件开发员极其灵活地实施算法，并在运行诸如 MPEG-2、MP3、3D 图形等相关软件时增强性能。Intel CPU 从 Pentium 4 开始支持 SSE2 指令集，而 AMD CPU 则是从 K8 架构的 Opteron 才开始支持 SSE2 指令集。

4．SSE3 指令集

SSE3（Streaming SIMD Extensions 3，数据流单指令多数据扩展 3）指令集是英特尔公司在 SSE2 指令集的基础上发展起来的指令集。相比于 SSE2 指令集，SSE3 指令集在 SSE2 指令集的基础上又增加了 13 个额外的 SIMD 指令，主要针对水平式暂存器整数的运算，可对多个数值同时进行加法或减法运算，令处理器能大量执行 DSP（数字信号处理）及 3D 性质的运算。此外，SSE3 更针对多线程应用进行最优化，使处理器原有的超线程（Hyper-Threading）功能获得更佳的发挥。这些新增指令强化了处理器在浮点数转换至整数、复杂算法、视频编码、SIMD 浮点寄存器操作以及线程同步等 5 个方面的表现，最终达到提升多媒体和游戏性能的目的。

5．SSE4 指令集

SSE4 指令集是自最初 SSE 指令集架构（Instruction Set Architecture，ISA）推出以来添

加的最大指令集，扩展了 Intel 64 指令集架构，提升了英特尔处理器架构的性能和能力，被视为自 2001 年以来最重要的媒体指令集架构改进。SSE4 指令集除了将延续多年的 32 位架构升级至 64 位外，还加入了图形、视频编码、处理、3D 成像及游戏应用等众多指令，使得处理器在音频、图像、数据压缩算法等多个方面的性能大幅度提升。与以往不同的是，英特尔公司将 SSE4 指令集分为了 4.1 和 4.2 两个版本。

SSE4.1 指令集新增了 47 条指令，主要针对向量绘图运算、3D 游戏加速、视频编码加速及协同处理加速。在应用 SSE4 指令集后，45nm Penryn 核心额外提供了两个不同的 32 位向量整数乘法运算支持，并且在此基础上引入了 8 位无符号最小值和最大值以及 16 位、32 位有符号数和无符号数的运算，能够有效地改善编译器编译效率，同时提高向量化整数和单精度运算的能力。另外，SSE4.1 还改良了插入、提取、寻找、离散、跨步负载及存储等动作，保证了向量运算的专一化。SSE4.1 还加入了 6 条浮点型运算指令，支持单、双精度的浮点运算及浮点产生操作。其中 IEEE 754 指令可实现立即转换运算路径模式，大大减少延迟，保证数据运算通道的畅通。而这些改变，对于进行 3D 游戏和相关的图形制作具有相当深远的意义。除此之外，SSE4.1 指令集还加入了串流式负载指令，可提高图形帧缓冲区的读取数据频宽，理论上可获取完整的缓存行，即单次读取 64 位而非原来的 8 位，并可保持在临时缓冲区内让指令最多来 8 倍的读取数据频宽效能的提升，对于 GPU 与 CPU 之间的数据共享起到重要作用。

英特尔公司从 LGA 1366 平台的 Core i7-900 系列处理器开始支持 SSE4.2 指令集，主要针对字符串和文本处理指令应用。新增的 7 条指令中有面向 CRC-32 和 POP 计数的指令，也有特别针对可扩展标记语言（XML）的流式指令。SSE4.2 指令集可以将 256 条指令合并在一起执行，让类似 XML 的工作性能得到数倍的性能提升。SSE4.2 指令集可细分为 STTNI 及 ATA 两个组别：STTNI 主要用于加速字符串及文本处理，例如 XML 应用进行高速查找及对比，相较于软件运算，SSE4.2 指令集提供约 3.8 倍的速度，约 37% 的指令周期，对服务器应用效能有显著改善；ATA 则是用作数据库中加速搜索和识别，其中 POPCNT 指令对于提高快速匹配和数据挖掘有很大帮助，能应用于 DNA 基因配对及语音辨识等，此外 ATA 亦提供硬件的 CRC-32 硬件加速，可用于通信应用，支持 32 位数据运算及 64 位数据运算，较软件运算速度高出至少 6 倍。英特尔公司发布的 Lynnfield 核心 i7、i5 处理器依然保留了完整的 SSE4.2 指令集，使 CPU 在多媒体应用、XML 文本的字符串操作、存储校验 CRC-32 等方面有明显性能提升，并没有因为市场定位而对指令集进行缩减。

习题 3

1. 单项选择题

（1）程序员编写程序时使用的地址是（　　　）。

A. 有效地址 　　　　　　　　　　　　B. 逻辑地址

C. 辅存实地址 　　　　　　　　　　　D. 主存地址

（2）指令系统中采用不同寻址方式的目的主要是（　　）。

A. 降低指令译码难度

B. 缩短指令字长、扩大寻址空间，提高编程灵活性

C. 实现程序控制

D. 降低控制器的设计难度

（3）下列数据存储空间为隐含寻址方式的是（　　　）。

A. CPU 中的通用寄存器　　　　　　　　B. 主存储器

C. I/O 接口中的寄存器　　　　　　　　　D. 堆栈

（4）零地址运算指令在指令中不给出操作数地址，它的操作数来自（　　　）。

A. 立即数　　　　　　　B. 暂存器　　　　　　C. 堆栈　　　　　　　D. 输入设备

（5）二地址指令中，操作数的物理位置不可以安排在（　　　）中。

A. 两个主存单元　　　　　　　　　　　　B. 两个寄存器

C. 一个主存单元和一个寄存器　　　　　　D. 一个寄存器和一个 I/O 接口缓冲单元

（6）操作数在寄存器中的寻址方式称为（　　　）寻址。

A. 直接　　　　　　　　　　　　　　　　B. 寄存器直接

C. 寄存器间接　　　　　　　　　　　　　D. 基址

（7）寄存器间接寻址中，操作数在（　　　）中。

A. 通用寄存器　　　　　B. 堆栈　　　　　　C. 主存单元　　　　　D. 指令

（8）变址寻址主要的作用是（　　　）。

A. 支持程序的动态再定位　　　　　　　　B. 支持访存地址的越界检查

C. 支持向量、数组的运算寻址　　　　　　D. 支持操作系统中的程序调试

（9）基址寻址方式中，操作数的有效地址是（　　　）。

A. 基址寄存器的内容+形式地址　　　　　B. 程序计数器的内容+形式地址

C. 变址寄存器的内容+形式地址　　　　　D. 基址寄存器的内容，不加形式地址

（10）在堆栈寻址方式中，设 AX 为累加器，SP 为堆栈指针寄存器，Msp 为 SP 指向的栈顶单元，如果入栈操作的动作顺序是(SP)–1 → SP，(AX) →Msp，那么出栈操作的动作顺序应为（　　　）。

A. (Msp) → AX，(SP)+1→SP　　　　　　　B. (SP)+1 → SP，(AX) →Msp

C. (SP)–1 → SP，(AX) →Msp　　　　　　　D. (Msp) → AX，(SP)–1→SP

（11）程序控制类指令的功能是（　　　）。

A. 进行主存和 CPU 之间的数据传送　　　B. 进行 CPU 与外设之间的数据传送

C. 改变程序执行的顺序　　　　　　　　　D. 控制硬件的启停顺序

（12）指令的寻址方式有顺序和跳跃两种，采用跳跃寻址方式可以实现（　　　）。

A. 程序从外存装入内存　　　　　　　　　B. 程序从物理内存转换到虚拟内存

C. 程序的条件转移和无条件转移　　　　　D. 以上全部不正确

（13）指令执行时所需的操作数不可能来自（　　　）。

A. 控制存储器（CM）　　　　　　　　　　B. 指令本身

C. 寄存器　　　　　　　　　　　　　　　D. 主存储器

（14）如果采用一地址格式来表示双操作数运算指令，那么另一个操作数通常隐含在（　　　）中。

A. 累加器　　　　　　　B. 通用寄存器　　　　C. 暂存器　　　　　　D. 堆栈的栈顶单元

（15）（　　　）方式有利于编制循环程序。

A. 基址寻址　　　　　　B. 相对寻址　　　　　C. 变址寻址　　　　　D. 寄存器间接寻址

（16）堆栈指针 SP 的内容是（　　　）。

A. 栈顶地址　　　　　　B. 栈顶内容　　　　　　C. 栈底地址　　　　　D. 栈底内容

（17）一地址格式的指令（　　　）。

A. 只能对单操作数进行加工处理

B. 只能对双操作数进行加工处理

C. 既能对单操作数进行加工处理，又能对双操作数进行运算

D. 无双操作数的加工功能

（18）零地址格式的指令可选的寻址方式是（　　　）。

A. 立即寻址　　　　　　B. 间接寻址　　　　　　C. 堆栈寻址　　　　　D. 寄存器寻址

（19）在 Intel 80x86 指令集中，以下（　　　）指令不是数据传送指令。

A. MOV　　　　　　　　B. XCHG　　　　　　　C. PUSH　　　　　　　D. ADD

（20）在 Intel 80x86 指令集中，以下（　　　）指令是单操作数运算指令。

A. NOT　　　　　　　　B. AND　　　　　　　　C. OR　　　　　　　　D. XOR

（21）以下有关精简指令集计算机（RISC）的描述，不正确的是（　　　）。

A. RISC 在确定指令系统时，只选择使用频度很高的那些指令

B. RISC 大大减少了指令的寻址方式种类，一般不超过两种

C. RISC 让所有指令都在若干个机器周期内完成

D. RISC 多数指令采用组合逻辑控制实现，少数指令采用微程序控制实现

（22）动态使用频度是指（　　　）。

A. 源程序中指令或指令串使用频度

B. 目标程序执行中指令或指令串的使用频度

C. 程序中指令或指令串使用频度

D. 源/目标程序执行中指令或指令串的使用频度

（23）按使用频度思想改进指令系统，对高频指令串应（　　　）。

A. 取消　　　　　　　　　　　　　　　　B. 用新指令取代

C. 用新指令串取代　　　　　　　　　　　D. 合并到其他指令串

（24）在 CISC 方向上，面向操作系统优化指缩短（　　　）的语义差距。

A. 操作系统与汇编程序　　　　　　　　　B. 操作系统与编译程序

C. 操作系统与硬件系统　　　　　　　　　D. 操作系统与系统结构

（25）在以下选项中，（　　　）不属于 RISC 的技术。

A. 把使用频度较低的指令（约 20%）改用基本指令编程实现

B. 指令的执行采用重叠寄存器窗口技术，减少访存操作

C. 指令的执行采用流水线和延迟转移技术

D. 增设复合指令且由微程序解释实现，以取代原来由子程序实现的功能

2. 应用题

（1）已知某计算机的指令字长为 16 位，其中操作码为 4 位，地址码为 6 位，有二地址和一地址两种格式。试问：①二地址指令最多可以有多少条？②一地址指令最多可以有多少条？

（2）假设某台计算机的指令字长为 20 位，有双操作数、单操作数和无操作数 3 类指令形式，每个操作数地址为 6 位。已知现在有 m 条双操作数指令、n 条无操作数指令，试问

最多可以设计出多少条单操作数指令？（需给出计算公式。）

（3）【考研真题】某计算机采用一地址格式的指令系统，允许直接寻址和间接寻址。计算机配备如下硬件：累加器寄存器 ACC、MAR、MDR、PC、X、MQ、IR，以及变址寄存器 Rx 和基址寄存器 Rb，均为 16 位。

① 若采用单字长指令，共能完成 105 种操作，则指令可直接寻址的范围是多少？一次间接寻址的范围是多少？请画出其指令格式并说明各字段的含义。

② 若采用双字长指令，操作码位数及寻址方式不变，则指令可直接寻址的范围又是多少？请画出其指令格式并说明各字段的含义。

③ 若存储字长不变，可采用什么方法访问容量为 8MB 的主存？需增设哪些硬件？

（4）【考研真题】某计算机主存容量为 4M×16 位，且存储字长等于指令字长，若该计算机的指令系统具备 65 种操作。操作码位数固定，且具有直接、间接、立即、相对、变址 5 种寻址方式。

① 画出一地址指令格式并指出各字段的作用。

② 求该指令直接寻址的最大范围（十进制表示）。

③ 求一次间接寻址的范围（十进制表示）。

④ 求相对寻址的位移量（十进制表示）。

（5）已知寄存器 R0 的内容为 2001H，某主存储器部分单元的地址码与存储单元的内容对应关系如下：

地址	存储内容
2000H	3BA0H
2001H	1200H
2002H	2A01H
2003H	1005H
2004H	A236H

① 若采用寄存器间接寻址方式读取操作数，操作数为多少？

② 若采用自减型寄存器间接寻址方式读取操作数，操作数为多少？指定寄存器中的内容为多少？

③ 若采用自增型寄存器间接寻址方式读取操作数，操作数为多少？指定寄存器中的内容为多少？

④ 指令中给出形式地址 D=3H，若采用变址寻址方式读取操作数，则操作数为多少？

（6）【考研真题】设有一台计算机，其指令字长为 16 位，有一类 RS 型指令的格式如图 3-19 所示

其中，OP 为操作码，占 6 位；R 为寄存器编号，占 2 位，可访问 4 个不同的通用寄存器；MOD 为寻址方式，占 2 位，与形式地址 A 一起决定源操作数，规定如下：

MOD=00，为立即寻址，A 为立即数；

MOD=01，为相对寻址，A 为位移量；

MOD=10，为变址寻址，A 为位移量。

假定要执行的指令为加法指令，存放在 1000H 单元中，形式地址 A 的编码为 02H，其中 H 表示十六进制数。在该指令执行之前，存储器和寄存器的存储情况如图 3-20 所示，设

此加法指令的两个源操作数一个来自形式地址 A 或者主存，另一个来自目的寄存器 R，并且加法运算的结果一定存放在目的寄存器 R 中。

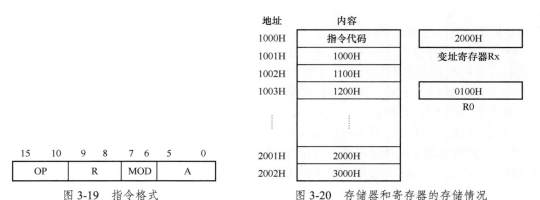

图 3-19　指令格式

图 3-20　存储器和寄存器的存储情况

在以下几种情况下，该指令执行后，R 和 PC 的内容为多少？

① 若 MOD=00，(R)= ＿＿＿＿＿＿；

② 若 MOD=01，(R)= ＿＿＿＿＿＿；

③ 若 MOD=10，(R)= ＿＿＿＿＿＿，(PC)=＿＿＿＿＿＿。

（7）已知堆栈指针寄存器 SP 的内容是 100H，栈顶内容是 1000H，一条采用直接寻址的双字长子程序调用指令位于存储器地址 2000H 和 2001H，2001H 的内容是地址字段，内容为 3000H。求出以下情况下 PC、SP 和栈顶内容。

① 子程序调用指令读取之前。

② 子程序调用指令执行之后。

③ 从子程序返回之后。

（8）假设已定义变量 X 和 Y，分析以下代码段的指令，判断是否正确，并指出错误原因。

```
;数据段
X dw 1
Y dw 2
;代码段
MOV AL , 080FH
MOV ESI, DL
MOV ESI, EDX
MOV AX,[2000H]
MOV [EBX], 255
MOV WORD PTR [EBX],255
MOV EAX, X
MOV X, Y
```

（9）【课程思政】针对现代计算机领域中的挑战，描述当前指令系统的新趋势。请讨论这些趋势如何应对物联网、大数据、人工智能等新兴技术的需求。

（10）【课程思政】查阅相关资料，分析国产龙芯 LoongArch 指令系统的设计思想和方法，分析其指令格式、寻址方式等，同时对比 Intel 80x86 指令集，分析 LoongArch 指令系统的优势与不足。

实验 3 汇编语言编程入门

3.1 实验目的

（1）了解汇编语言的特点，加强对 Intel 80x86 指令集的认识。

（2）熟悉汇编语言工具 MASM32，体验汇编语言编程。

（3）熟悉常用汇编指令以及汇编源程序的编辑、汇编、链接和执行过程。

3.2 实验内容

汇编程序的编辑、汇编、链接和执行。

3.3 实验原理

1. 汇编语言程序结构

在 Intel 80x86 系统中，根据字长指令系统可以分为 3 种——16 位、32 位和 64 位，对应的汇编语言也分为 3 种。16 位的汇编语言因字长为 16 位，能表达的内存地址个数只有 2^{16}，即能直接访问的内存容量只有 64KB，当物理内存容量大于 64KB 时，只能把内存划分为若干段进行管理，每段 64KB，借助段寄存器就可以访问任意内存单元。因此，16 位的汇编语言程序代码也可以被划分成若干段，如数据段、代码段等。32 位的汇编语言因字长为 32 位，能表达的内存地址个数达 2^{32}，即 4GB，因此，32 位的汇编语言程序不需要把代码分段，只需要分节标识，以便于编译代码时能区分哪些代码是数据，哪些代码是可执行的指令等。表 3-1 所示为主要的 4 种分节标识。

表 3-1 32 位的汇编语言程序的主要分节标识

节	可读	可写	可执行	备注
.data	√	√	×	初始化的全局变量
.const	√	×	×	只读数据
.data?	√	√	×	未初始化的全局变量
.code	√	×	√	代码

一个完整的 32 位汇编语言程序代码如下所示。

```
.386
.model flat, stdcall
option casemap :none
include \masm32\include\kernel32.inc
include \masm32\include\masm32.inc
includelib \masm32\lib\kernel32.lib
includelib \masm32\lib\masm32.lib
.data                               ;数据区
hello db "Hello World!", 0          ;定义字符串变量
.code                               ;代码区
start:
invoke StdOut, addr hello           ;显示输出字符串
invoke ExitProcess, 0
end start
```

以上代码，从".386"开始到".data"之前，是代码的声明部分。".386"告诉汇编器应该按 Intel 80386 指令系统进行汇编。".model flat, stdcall"声明使用扁平内存模式并使用

寻址方式与指令系统 第3章

stdcall 调用习惯（stdcall 是所有 Windows API 和 DLL 的调用标准，此标准在调用函数时从右往左把函数各参数压入堆栈，返回时清空堆栈）。"include"用于添加.inc 文件，"includelib"用于添加.lib 文件。.inc 文件相当于 C/C++的.h 文件，保存 API 函数的声明；.lib 文件保存了.dll 文件的路径。

".data"定义汇编源程序的数据区，用于定义和初化全局变量。

".code"定义汇编源程序的代码区，"start""end start"为程序的开始和结束标签，不一定要用 start，可以使用任意单词，但必须保证开始标签与"end"语句后的结束标签相同。

2. 汇编语言程序的输入输出

在 Windows 系统中，汇编语言控制台程序（即在命令提示符窗口中运行的程序）支持多种输入输出方式，包括：使用 in/out 指令、调用 MASM32 提供的 StdIn/StdOut 函数、调用 Windows API 的 I/O 函数，调用微软 C 标准库中的 scanf/printf 函数（msvscrt.inc 声明为 crt_scanf 和 crt_printf）。StdIn/StdOut 或 crt_scanf/crt_printf 比较常用。

例如，

```
.386
.model flat, stdcall
include masm32.inc
include kernel32.inc
includelib masm32.lib
includelib kernel32.lib
.data
len    equ  10
.data?
mytext dw   ?
.code
start:
invoke StdIn, addr mytext,len
invoke StdOut, addr mytext
ret
end start
```

上面的代码使用 invoke 指令调用 StdIn/StdOut 函数实现输入或输出。其中，ret 是用于子程序返回的指令，在没有 Win32 窗口的程序中可以代替 ExitProcess。

例如，

```
386
.model flat, stdcall
include msvcrt.inc
includelib msvcrt.lib
.data
mytext    db    ?
myfmt     db    '%s', 0
.code
start:
invoke    crt_scanf,addr myfmt, addr mytext
invoke    crt_printf, addr mytext
ret
end start
```

上面的代码使用 invoke 指令调用 crt_scanf/crt_printf 函数实现输入/输出。

3.4 实验步骤及要求

（1）从 MASM32 官网下载 MASM32 汇编语言程序开发工具，文件名类似 masm32v11.zip。

（2）解压缩该文件，得到 install.exe 安装包。

（3）以管理员身份打开并运行该安装包，并根据提示进行安装，安装过程中可以直接单击"Next"（即下一步）按钮。注意，安装持续时间较长，需要耐心等待，直到 Windows桌面出现名称为"MASM32 Editor"的图标，才表示安装完成。

（4）双击桌面图标"MASM32 Editor"，打开汇编程序的编辑器，如图 3-21 所示。

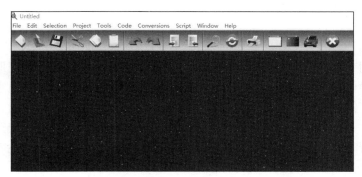

图 3-21　MASM32 汇编语言程序编辑器

（5）测试汇编程序的编辑、汇编、链接与执行过程。

① 在 MASM32 Editor 工作窗口，输入表 3-1 下面的显示"Hello World!"的汇编语言代码。

② 单击"File"菜单中的"Save"命令，保存源程序文件，例如：hello.asm。

③ 单击"Project"菜单中的"Console build all"命令，完成源代码的汇编和链接，生成可执行文件。

④ 单击"File"菜单中的"Cmd Prompt"命令，或者单击工具栏中右边起的第三个图标■，打开 Windows 系统的命令提示符窗口。

⑤ 在该窗口中输入 hello.exe 并按 Enter键，即可运行该程序并显示运行结果，如图 3-22 所示。

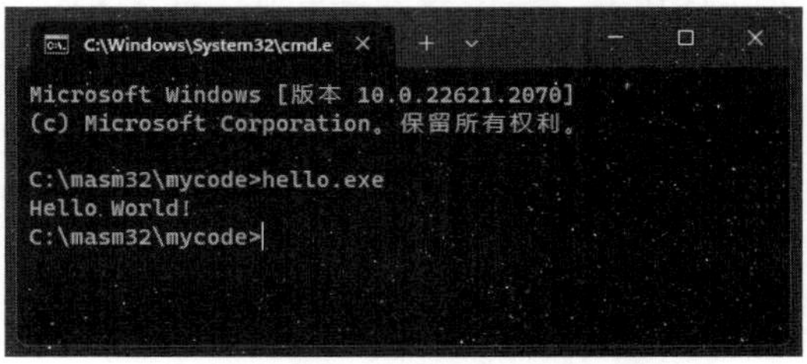

（6）参考【例 3-10】的代码，编写一个汇编语言程序，实现 $1+2+3+\cdots+n$ 的汇总计算。

（7）参考【例 3-11】的代码，编写一个汇编语言程序，实现将任意字符串中的小写字母转换为大写字母，要求：如果在字符串中某个字母已经是大写字母，则忽略。

图 3-22　Windows 系统命令提示符窗口

（8）编写一个具有冒泡排序功能的汇编语言程序，实现以下功能：先输入 n 个整数，从小到大排序后输出。

【实验要求】补充上面（6）~（8）的实现过程，最后提交实验报告。

3.5 实验总结

请按以下格式撰写实验总结。

本实验中我首先构建了一个……，并验证其功能，在此基础上构建了一个……，并验证其功能；接着设计了一个……，实现了……等功能。通过本次实验，我本人更加了解和熟悉……，认识了……，提高了……。

第4章 主存储器

存储器是用来存储程序和数据的部件，按其用途可分为主存储器和辅助存储器。主存储器通常用半导体材料制造，是计算机主机系统的重要部件。主存储器通常安装在系统主板上，由只读存储器和随机存储器组成。辅助存储器又称外存，包括软盘、硬盘、磁带、光盘、U 盘等。通常情况下，计算机软件（如操作系统、应用软件等）先安装在外存（如硬盘）上，运行时才装入内存。内存的容量和工作速度对计算机系统的性能影响很大。本章将重点介绍主存储器的组成和设计方法。

4.1 主存储器概述

主存储器是 CPU 能直接访问的存储器，它存放当前 CPU 正在执行和欲执行的程序和需要处理的数据。主存储器与 CPU 共同组成计算机的主机系统，因为通常安装在主机箱内部，故又称内存储器，简称主存或内存。主存储器是一种半导体存储器，通常采用大规模集成电路或超大规模集成电路（VLSI）技术，把数百万个晶体管集成在一个只有几平方毫米的晶片上，先生产存储芯片，再根据用户对存储容量的市场需求生产可以安装在主板上的内存条。

半导体存储器的速度非常快，不仅可以用作高速缓存和主存，还可以在外设中发挥重要作用。例如，在微机中，为了提高计算机系统的整体速度，就经常把半导体存储器用作磁盘、显卡等外设的缓冲存储器，并置于外设与主存储器之间。采用缓冲存储器结构后，可以大大缩短外设的平均响应时间。

4.1.1 主存储器的分类

通常，主存储器可以根据其制造工艺、电路结构、功能特性等进行分类。

1．按主存储器的制造工艺划分

根据集成电路类型，主存储器可以分为双极型和 MOS 型两大类。

其中，双极型又可以分为 TTL 型和 ECL 型。由于双极型的电路具有速度快、容量小、功耗高等特点，适用于小容量快速存储器，如用作寄存器组或高速缓存。TTL（Transistor-Transistor Logic，晶体管-晶体管逻辑）电路，采用双极型工艺制造，具有高速度、低功耗和品种多等特点。ECL（Emitter Coupled Logic，发射极耦合逻辑）电路，是一种使晶体管工作在非饱和状态的电流开关电路，亦称电流型数字电路。其主要特点是速度极快（延迟时间仅 1ns 左右），工作频率很高（几百兆赫兹至 1.5GHz），输出能力强、噪声小，可广泛用于数字通信、雷达等领域；缺点是功耗高、噪声容限低，价格昂贵。

MOS 是 MOSFET（Metal-Oxide-Semiconductor Field Effect Transistor，金属-氧化物-半导体场效应晶体管）的缩写。MOS 按电路结构又可划分为 PMOS（P 沟道型）、NMOS（N 沟道型）两种。它们具有功耗低、容量大（除静态 MOS 外）等特点，适合作为主存储器。

2．按电路结构划分

根据电路结构，主存储器可以分为静态存储器和动态存储器。

其中，静态存储器利用双稳态触发器的两个稳定状态保存信息。将每一位数存储在一个双稳态的存储器单元里，每个单元用一个六晶体管电路来实现。这种存储单元具有双稳态特性，只要有电，即使有干扰，例如电子噪声，它都会永久地保持它的值，当干扰消除时，电路就会恢复到稳定值。

每个双稳态电路存储一位二进制代码（0 或 1），一块存储芯片包含许多个这样的双稳态电路。双稳态电路是有源器件，需要电源才能工作。只要电源正常，就能长期稳定地保存信息，所以称为静态存储器。如果断电，保存在该存储芯片中的信息就会丢失，这种存储器属于挥发性存储器。因此，它在 20 世纪 70 年代取代了磁芯存储器。

动态存储器依靠电容上所存储的电荷来暂存信息。存储单元的基本工作方式是通过 MOS 向电容充/放电完成信息的读/写。充有电荷的状态为 1，放电后的状态为 0。虽然电容上的电荷泄漏很小，但现有生产工艺无法完全避免泄漏，时间一长电荷泄漏就会很明显，依靠电荷表示的信息就可能发生变化，因而需要定期向电容充电（也称为定时刷新内容），即对存 1 的电容补充电荷。由于需要动态刷新，所以称其为动态存储器。动态存储器结构简单，在各类半导体存储器中它的集成度最高，适合于做大容量的主存储器。

与静态存储器不同，动态存储器对干扰非常敏感，当电容的电压被扰乱之后，电容状态就永远不会恢复了。存储器必须周期性地通过读出和写入来刷新存储器的每个位。有些系统也使用纠错码来校正数据错误。

3．按功能特性划分

根据功能特性，主存储器可以分为随机存储器（Random Access Memory，RAM）、只读存储器（Read-Only Memory，ROM）。实际上，计算机的主存储器是由 RAM 和 ROM 共同构成的。

（1）RAM

内存和高速缓存是 CPU 可以直接编址访问的存储器，通常以随机存取方式工作。随机存取意味着：第一，可按地址随机访问任意存储单元，例如，可直接访问 11223 单元的内容，也可直接访问 FF8890 单元的内容，CPU 可以以字或字节为单位读/写数据；第二，访问各存储单元所需的读/写时间相同，与地址无关，可用读/写周期（存取周期）表示 RAM 的工作速度。根据电路结构，RAM 又分为静态随机存储器（SRAM）、动态随机存储器（DRAM）。

（2）ROM

ROM 是一种半导体内存，其特性是信息一旦被存储就无法再将其改变或删除。ROM 在正常工作时，只能读出而不能写入。ROM 既可用作主存，又可用在 CPU 和其他外设中。

ROM 用作主存时，通常固化在主板上，可以存放操作系统的核心部分，例如，不被普通用户轻易改变的汉字库、DOS 中的 BIOS 程序、UNIX 操作系统的内核程序等。ROM 用在 CPU 中时，可以存放用来解释执行机器指令的微程序。ROM 用在外设中时，通常用来固化控制外设操作的程序。通常，人们把这种固化了某种程序的 ROM 器件（有时还要包括部分外围电路），称为固件。固件的设计与实现是嵌入式硬件开发的主要工作内容。

ROM 可以划分为掩膜型只读存储器、可编程只读存储器、可擦可编程只读存储器、电擦除可编程只读存储器、闪存等。

其中，掩膜型只读存储器（Mask Read-Only Memory，MROM），又称固定 ROM。在制造 MROM 时，生产商利用掩膜（Mask）技术把信息写入存储器中，信息一旦被写入存储器就无法更改，MROM 适宜大批量生产。MROM 又可分为二极管 ROM、三极管 ROM 和 MOS ROM 等。

可编程只读存储器（Programmable Read-Only Memory，PROM）的内部有行列式的熔丝，视需要利用电流将其烧断，写入所需的信息，但仅能写入一次。

可擦可编程只读存储器（Erasable Programmable Read-Only Memory，EPROM）可利用高电压将信息编程写入，擦除时将线路曝光于紫外线下，则信息被清空，并且可重复使用。通常在封装外壳上会预留一个石英透明窗以方便曝光。

电擦除可编程只读存储器（Electrically-Erasable Programmable Read-Only Memory，EEPROM），有时缩写为 E^2PROM。它类似于 EPROM，但是擦除是使用高电场来完成的，因此不需要透明窗。

闪存（Flash Memory），是一种新型半导体存储器，它的每一个记忆单元都具有一个"控制闸"与"浮动闸"，利用高电场改变浮动闸的临限电压即可进行编程动作。其主要特点就是在不加电的情况下可以长期保存信息。目前各种智能硬件设备（如智能手机、数码摄像机、智能手表）的存储卡、U 盘等均采用闪存。

注意，ROM 虽然也采用了随机访问的方式，但只能进行读操作，不进行写操作。

4.1.2　主存储器的性能指标

常用的主存储器（内存）性能指标如下。

1. 总线频率

平常我们所说的 DDR-333、DDR-400，其中的数值就是指内存总线频率是 333MHz、400MHz。内存总线频率是选择内存的重要参数之一，这是因为内存总线频率与主板的前端总线频率直接相关。主板前端总线频率是指主板的总线频率最高能达到多少，而它的大小是由内存的总线频率来决定的。也就是说，主板的前端总线频率应该与内存的总线频率相同。

例如，要用 DDR-333 内存，那么主板的前端总线频率也只能到 333MHz，如果是双通道，那就是两条内存的总线频率之和，主板前端的总线频率应该是 666MHz。

2. 内存速度

内存速度一般取决于存取一次数据所需的时间（单位为纳秒，记为 ns）。作为性能指标，时间越短，速度越快。只有当内存、主板和 CPU 三者速度匹配时，计算机的效率才最高。

目前，DDR 内存的存取时间为 6ns，而用于诸如显卡上的显存更快，有 5ns、4ns、3.3ns、2.8ns 等。

3．内存的数据带宽

内存容量的大小决定了计算机工作时存放信息的多少，而内存的数据带宽决定了进、出内存的数据的快慢。

一般在选购内存时，要根据 CPU 的前端总线频率来选择，内存的数据带宽和 CPU 的总线带宽一致。内存数据带宽取决于内存的总线频率。其计算公式为：内存的数据带宽 =（总线频率×带宽位数）/ 8。以 DDR-400 为例，其数据带宽 =（400MHz × 64bit)/8 = 3.2GB/s。双通道 DDR-400 的数据带宽 = 3.2GB/s × 2 = 6.4GB/s。

内存数据带宽的确定方式为：B 表示带宽，F 表示存储器时钟频率，D 表示存储器数据总线位数。带宽 $B = F × D/8$。例如，常见的 133MHz 的同步动态随机存储器（Synchronous Dynamic Random Access Memory，SDRAM）的带宽为：133MHz × 64 位/8 = 1064MB/s。

4．延迟时间 CAS

CAS（Compare-And-Swap，比较并交换）时间是指从读命令有效开始，到输出端可以提供数据为止的这段时间，一般为 2～3 个时钟周期，它决定了内存的性能。在同等工作频率下，CAS 时间为 2 个时钟周期的芯片比 CAS 时间为 3 个时钟周期的芯片速度要快、性能更好。

5．访问时间

把信息存入存储器的操作称为写，从存储器中取出信息的操作称为读。读/写统称为"访问"或"存取"。从存储器收到读/写申请命令后，再从存储器中读/写信息所需的时间称为存储器访问时间（Memory Access Time），用 TA 表示。TA 反映了存储器的读/写速度指标。TA 的大小取决于存储介质的物理特性和访问机制的类型。TA 决定了 CPU 进行一次读/写操作必须等待的时间。

6．存取周期

与"访问时间"相近的速度指标是"存取周期"（Memory Cycle Time），用 TM 表示。TM 是指存储器连续访问操作过程中一次完整的存取所需的全部时间。这个特性主要是针对 RAM 的。TM 也是存储器进行连续访问所允许的最小时间间隔。TM ＞ TA。

TM 是反映存储器的一个重要参数。这个参数通常被印制在 IC 芯片上。例如"-7""-15""-45"，表示 7ns、15ns、45ns。这个数值越小，表示内存芯片的存取速度越快。

7．内存容量

内存容量用字节来表示。目前，常用到的单个内存条的容量为 128MB、256MB、512MB 和 1GB 等。例如，DDR2 的单条容量最小为 512MB，也有 2GB 的 DDR2 内存条。在选配内存时，可尽量使用单条容量大的内存芯片，这样有利于内存的扩展。

注意，与容量有关的另一个概念就是传输单位，内存的传输单位是指每次读/写存储器的"位数"，就是字长，而外存储器（如磁盘）的传输单位是"块"。

4.1.3　DDR 技术的发展

第一代 DDR 内存最早由三星公司提出，最终得到了 AMD、VIA 和 SiS 等主要芯片组厂商的支持，它是 SDRAM 的升级版本，又称为 SDRAM-Ⅱ。它允许在时钟脉冲的上升沿和下降沿传输数据，这样不需要提高时钟脉冲的频率就可加倍提高 SDRAM 的速度。DDR 内存通常用工作频率来标识。例如，DDR-266 表示基本时钟频率为 133MHz，工作频率为 266MHz，数据速率为 64bit×133MHz×2/8 =2128MB/s，数据速率又称带宽，因此 DDR-266 内存条的带宽是 2.128GB/s。

在第一代 DDR 内存的基础之上，生产厂商又陆续开发 DDR2、DDR3、DDR4 和 DDR5 等 4 代新技术。

其中，DDR2 的速度比第一代 DDR 内存快两倍。从技术上讲，DDR2 仍然是一个 DRAM 核心，可以并行存取，每次处理 4 个数据。DDR2 的引脚为 240，工作电压为 1.8V。解决了能耗和散热等棘手问题。DDR2 采用 FBGA（细间距球栅阵列）封装，提供了更好的电气性能和散热性。DDR2 的主要规格有 DDR2-533、DDR2-667、DDR2-800 这 3 种。高频率向下兼容。

DDR3 保持 DDR2 引脚 240 的特点，但工作电压降为 1.5V，其数据速率进一步提高，散热性能进一步增强。目前，DDR3 的主要规格有 DDR3- 1066、DDR3-1333、DDR3- 1600、DDR3- 2000 这 4 种。

DDR4 是第四代 DDR 内存，与 DDR3 相比，它采用 16 位的预取机制，具有更高的带宽，数据速率是 DDR3 的 2 倍，工作电压降为 1.2V，更加节能。单颗 DDR4 芯片的最大容量是 16GB，可以满足大数据处理技术对内存的需求。DDR4 的主要规格有 DDR4-2133、DDR4-2666、DDR4-3200、DDR4-3600、DDR4-4000 等多种。

DDR5 是 2020 年 7 月正式公布的第五代 DDR，工作电压为 1.1V，能耗进一步降低。采用双 32 位寻址通道的设计方案，其基本原理是，将 DDR5 内存模组内部 64 位数据带宽分为两路带宽分别为 32 位的可寻址通道，从而有效提高了内存控制器进行数据访问的效率，同时减少了延迟。单颗 DDR5 芯片的最大容量上升到 64GB。目前，DDR5 的主要规格有 DDR5-6000、DDR5-6400 等。

4.2　双极型存储单元与芯片

半导体存储器具有非常高的存取速度和较大存储容量的显著特点，因此现代计算机系统中的主存储器都是利用半导体存储芯片组成的。本节重点介绍双极型半导体存储器的存储原理。

4.2.1　双极型存储单元

双极型存储器有 TTL 型、ECL 型两种。这两种存储器具有工作速度快、功耗高、集成度低等特点，适合于组成小容量快速存储器，例如高速缓存或集成化通用寄存器组。TTL 型存储单元可以用两只双射极晶体管交叉反馈，构成双稳态电路；也可以用两只单射极晶体管构成双稳态电路。在电路中，肖特基二极管控制双稳态电路与位线的通/断。由这种电路构成的存储器存储速度较快，存取周期约为 25ns。ECL 型存储器的存储速度更快，存取周期可达 10ns。

1．双极型存储单元电路

图 4-1 给出了二极管集电极耦合式的双极型单元电路。

这种电路的结构和工作原理如下。

晶体管 V1、V2 通过交叉反馈构成一个双稳态电路。发射极接字线 Z，如果字线 Z 为低电平，可进行读/写；如果字线 Z 为高电平，则存储单元处于保持状态，即保持原信息不变。双稳态电路通过一对肖特基抗饱和二极管 D1 和 D2，与一对位线（W 和 $\overline{W}$）相连接；读/写时，D1 或 D2 导通，位线与双稳态电路连通，通过改变位线的状态即可改变双稳态电路的状态（写入），或者检测输出到位线上的信号即可获得双稳态电路的状态（读出）；当处于保持状态时，位线与双稳态电路断开，双稳态电路依靠自身的交叉反馈维持原有状态。

双稳态电路在工作时只有两种状态，即要么 V1 导通、V2 截止；要么 V1 截止、V2 导通。因此，我们规定：当 V1 导通而 V2 截止时，存储信息为 0；当 V1 截止而 V2 导通时，存储信息为 1。

由于这种存储单元的读/写都是通过位线 W 和 $\overline{W}$ 进行的，具有两种读/写方式：一种是单边读/写方式，让一根位线上的电平不变，通过改变另一根位线上的电平，完成写入信息；另一种是双边读/写方式，根据是写"0"还是写"1"，分别改变位线 W 或 $\overline{W}$ 上的电平，以改变双稳电路的状态。因此，位线又被称为写驱动/读出线。

2．双极型存储单元的工作过程

（1）写"1"或"0"

图 4-2 给出了双边读/写方式的有关电平设置。

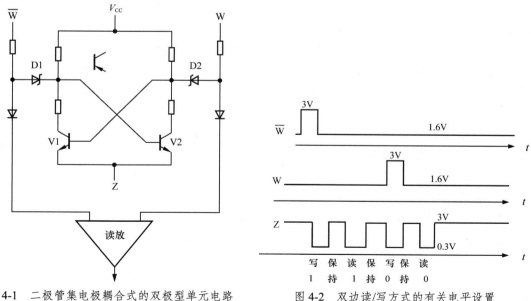

图 4-1　二极管集电极耦合式的双极型单元电路

图 4-2　双边读/写方式的有关电平设置

当需要写入时，字线 Z 加负脉冲，其电平从 3V 下降至 0.3V。若要写"1"，则位线 $\overline{W}$

电平上升至高电平 3V，而位线 W 维持 1.6V 不变。这样二极管 D1 处于正向导通，写入电流从位线 $\overline{W}$ 经 D1 流入 V2 的基极，使 V2 导通。位线 W 与字线 Z 之间的电平差值小于位线 $\overline{W}$ 与字线 Z 之间的电平差值，且 V2 导通，信号经交叉反馈将使 V1 截止。

若要写"0"时，字线 Z 加负脉冲，电平为 0.3V，位线 W 的电平上升为 3V，位线 $\overline{W}$ 维持 1.6V 电平不变。这样二极管 D2 导通，写入电流从位线 W 经 D2 流入 V1 基极，V1 导通，通过交叉反馈使 V2 截止。

（2）读"1"或"0"

当读出时，字线 Z 加负脉冲，电平为 0.3V，而位线 W、$\overline{W}$ 保持 1.6V。如果原来保存的信息为 1，即 V1 截止、V2 导通，则位线 W 经 D2 到 V2 有较大的电流流过；而 V1 不通，位线 $\overline{W}$ 上基本无电流。通过读出放大器将位线 W 上的信号放大，可检测出原来保存的信息，这个过程通常称为读"1"。

若原来保存的信息为 0，则 V1 导通，位线 $\overline{W}$ 经 D1 到 V1 有较大电流流过，而位线 W 上基本无电流。读出放大器将位线 $\overline{W}$ 上的信号放大，这个过程称为读"0"。

（3）保持

在保持状态中，字线 Z 为高电平 3V，W、$\overline{W}$ 两根位线均为 1.6V，则 D1、D2 均处于反偏置状态而截止。两根位线与双稳态电路隔离不通，V1、V2 通过交叉反馈维持原状态不变。

4.2.2 双极型存储芯片

为了便于对双极型存储芯片的理解，现以 SN74189 芯片为例，介绍有关功能和特性。

1．引脚功能

如图 4-3 所示，SN74189 为 16 脚双列直插式封装芯片，其存储容量为 16 单元 ×4 位。各引脚功能如下。

➤ 电源 V_{CC} 接+5V。

➤ 第 8 脚接地（GND）。

➤ 片选信号脚 $\overline{S}$，在低电平时选中芯片，使其能工作。

➤ 地址 4 位 $A_3 \sim A_0$，可以选择片内 16 个单元中的任意一个。

➤ 数据输入 $DI_4 \sim DI_1$，数据输出 $DO_4 \sim DO_1$。

➤ 写命令 $\overline{W}$，低电平写入，高电平读出。

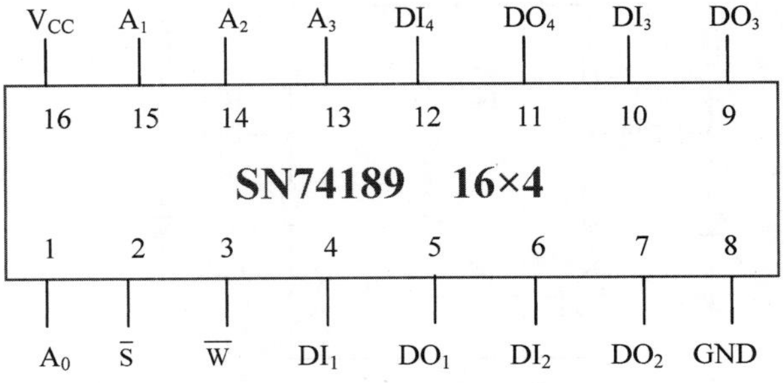

图 4-3　SN74189 芯片的引脚图

2．SN74189 的内部结构

如何将图 4-1 所示的存储单元电路组织成一个存储芯片，使其具有图 4-3 所示的外部特性？显然，SN74189 芯片中含有 16×4 = 64 个物理存储单元。由于每个编址单元有 4 位，所以将 64 个单元组成 4 个位平面。每个位平面包含一个 4×4 的矩阵，对应于 16 个编址单元。图 4-4（a）和图 4-4（b）分别展示了 4 个位平面和 1 个位平面的行列译码逻

辑结构。

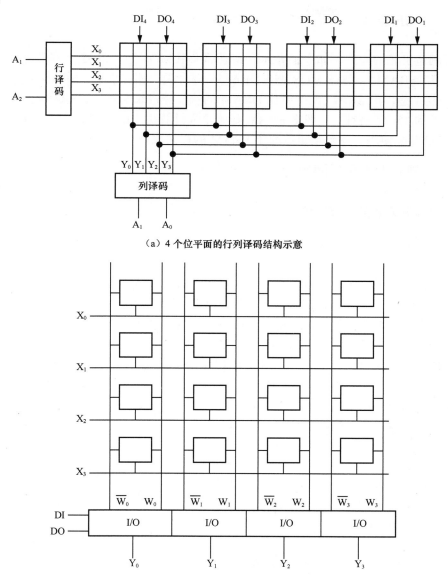

（a）4 个位平面的行列译码结构示意

（b）1 个位平面的行列译码逻辑结构示意

图 4-4　存储芯片内部行列译码逻辑结构示意

在 1 个位平面中，16 个存储单元排列成 4×4 矩阵，即 4 行×4 列。高位地址 A_3、A_2 送入行地址寄存器，经过译码驱动后形成 4 根行线（X_0、X_1、X_2、X_3），分别与 4 行中的各个单元的字线相连接。对于某个地址码，有一行被选中，该行字线电平为 0.3V。低位地址 A_1、A_0 送入列地址寄存器，经过译码驱动后形成 4 根列线（Y_0、Y_1、Y_2、Y_3），用来选择 4 组位线。对于某个地址码，有一组位线被选中。

组位线有 $\overline{W}$、W 两根。写入时根据这一位的输入 DI 的状态，分别决定 $\overline{W}$、W 的电平状态（如图 4-2 所示）。读出时根据在位线 $\overline{W}$ 或 W 上检测到电流形成输出信号 0 或 1。相应在位线与数据 I/O（如图 4-4 中的 I/O）之间有读/写控制电路及读出放大器。

主存储器　第 4 章

4.3 静态 MOS 存储单元与芯片

由于制造工艺的原因，如今半导体存储器都采用 MOS 型。MOS 型存储器通常分为静态 MOS 型（SRAM）、动态 MOS 型（DRAM）等种类。相比之下，SRAM 的制造工艺比 DRAM 要复杂些，但 SRAM 的速度比 DRAM 的快。经过长期发展，SRAM 的访问时间现在已经降低到 15ns。现在，一般把 SRAM 作为个人计算机中的二级高速缓存来使用，可与最快的 CPU 匹配使用。本节将重点介绍 SRAM 的存储原理。

4.3.1 静态 MOS 存储单元

1. NMOS 六管静态存储单元电路

图 4-5 给出了 NMOS 六管静态存储单元电路。

该存储单元电路的结构和工作原理如下。

V1 与 V3、V2 与 V4 分别构成两个 MOS 反相器，其中 V3 与 V4 是反相器中的负载管。这两个反相器通过交叉反馈，构成一个双稳态电路。V5 与 V6 是两个控制门管。它们的栅极与字线 Z 相连。Z 是字线，用来选择存储单元。$\overline{W}$ 和 W 是位线，用来完成读/写操作。

当字线 Z 为低电平时，V5、V6 断开，双稳态电路进入保持状态。当字线 Z 为高电平时，如果位线 $\overline{W}$ 加低电平、W 加高电平，则位线 $\overline{W}$ 通过 V5 使 A 点的结电容放电，A 点变为低电平，使 V2 截止，而位线 W 通过 V6 对 B 点结电容充电到高电平，使 V1 导通。反之，位线 $\overline{W}$ 加高电平、W 加低电平，则通过 V5 和 V6 之后，使得 V2 导通和 V1 截止。

可见，该双稳态电路在工作时只有两种状态，即要么 V1 导通、V2 截止；要么 V1 截止、V2 导通。

2. NMOS 六管静态存储单元的工作过程

（1）写"1"或"0"

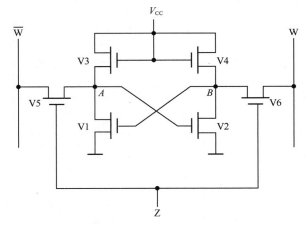

图 4-5　NMOS 六管静态存储单元电路

当需要写入时，字线 Z 加高电平，选中该存储单元。如果要写"1"，则 $\overline{W}$ 加高电平、W 加低电平。$\overline{W}$ 通过 V5 对 A 点结电容充电到高电平，使 V2 导通，W 通过 V6 使用 V1 截止。如果要写"0"，则位线 $\overline{W}$ 加低电平、W 加高电平，最终使得 V1 导通和 V2 截止。

（2）读"1"或"0"

当需要读出时，首先将位线 $\overline{W}$ 与 W 预充电到高电平，充电所形成的电平是可浮动的，可随充放电而变。然后，字线 Z 加高电平，以选中该存储单元，门管 V5、V6 导通。如果原来保存的信息是 0（即 V1 导通、V2 截止），则位线 $\overline{W}$ 将通过 V5、V1 到地形成放电回路，有电流经位线 $\overline{W}$ 流入 V1，经放大为"0"信号，表明原来所存信息为 0。此时，因 V2

截止，所以位线 W 上无电流。

如果原来保存的信息为 1（即 V2 导通、V1 截止），则位线 W 将通过 V6、V2 对地放电，位线 W 上有电流，经放大为 "1" 信号，表明原来所存信息为 1。此时，因 V1 截止，所以位线 $\overline{W}$ 上无电流。

（3）保持

当需要电路保持原来状态不变时，就必须在字线 Z 加低电平，使 V5、V6 截止，表示未选中该存储单元，使位线与双稳态电路断开。只要系统电源 V_{CC} 正常，双稳态电路依靠自身的交叉反馈，保持原状态，即维持一管导通、另一管截止的状态不变，也称为静态。这种存储单元称为静态存储单元。

4.3.2　静态 MOS 存储芯片

下面以 Intel 2114 芯片为例，介绍静态 MOS 存储芯片的内部结构、引脚及其功能和读/写时序。

1．内部结构

Intel 2114 芯片是早期广泛使用的小容量 SRAM 芯片，其容量为 1K×4 位，即共包含 1024×4=4096 个存储单元，排成 64 行×16 列×4 位的矩阵，其内部结构如图 4-6 所示。

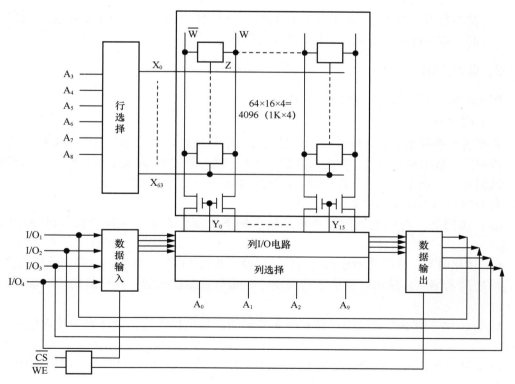

图 4-6　Intel 2114 芯片的内部结构

Intel 2114 芯片的 6 位地址 $A_3 \sim A_8$ 经过行译码（即 2^6=64 行线），选中矩阵 64 行中的 1 行；4 位地址 A_0、A_1、A_2、A_9 经过列译码（即 2^4=16 列线），选中矩阵 16 列中的 1 列，每

根列线同时连接 4 个单元，对应于并行的 4 位，每根列线包含一组 $\overline{W}$ 与 W。因此这种矩阵结构也可理解为 4 个位平面，每个位平面由 64 行×16 列构成，将 16 列×4 看作 64 根列线。

当片选 $\overline{CS}=0$ 且 $\overline{WE}=0$ 时，数据输入，三态门打开，列 I/O 电路对被选中的位平面（即 1 列×4 位）进行写入。当 $\overline{CS}=0$ 而 $\overline{WE}=1$ 时，数据输入，三态门关闭，而数据输出，三态门打开，列 I/O 电路将从被选中的位平面（即 1 列×4 位）读出信号并将其送到数据线。

2．引脚及其功能

Intel 2114 芯片是 18 脚封装，如图 4-7 所示。
各引脚的功能说明如下。

➤ $\overline{CS}$：表示片选逻辑线，为低电位时选中本芯片。

➤ $\overline{WE}$：表示功能控制线，低电平时写入；高电平时读出。

➤ $A_0 \sim A_9$: 10 根地址线，对应的存储容量为 1KB。

➤ $I/O_4 \sim I/O_1$：4 根双向数据线，对应于每个编址单元的 4 位。可直

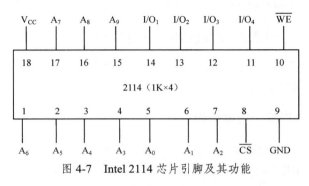

图 4-7　Intel 2114 芯片引脚及其功能

接与数据总线连接，输出数据可维持一定时间，供同步打入有关寄存器。当 $\overline{CS}=1$ 时，数据输出呈高阻抗，与数据总线隔离。

3．读/写时序

图 4-8 展示了 2114 芯片的读/写时序。

（1）读周期

在准备好有效地址后，向存储芯片发出片选信号（$\overline{CS}=0$）和读命令（$\overline{WE}=1$），经过一段时间，数据输出有效。当读出数据到达目的地（如 CPU 或某个寄存器）后，就可撤销片选信号和读命令，然后允许更换新地址以准备下一个周期的读/写。

有关的时间参数及其含义如下。

t_{RC}：读周期。有效地址应该在整个读周期不改变，它也是两次读操作的最小时间间隔。

t_A：读出时间。从有效地址到读出后输出稳定所需的时间。此时可以使用读取的数据，但读周期尚未结束，读出时间小于读周期。在输出数据稳定后，允许撤销片选信号和读命令。

t_{CO}：从片选信号有效到输出稳定所需的时间。输出稳定后，允许撤销片选信号和读命令。

t_{CX}：从片选信号有效到数据有效所需的时间。但此时数据尚未稳定，仅是开始出现有效数据而已。

t_{OTD}：从片选信号无效后到数据输出变为高阻抗状态所需的时间。也就是片选信号无效后输出数据还能维持的时间，在此时间后数据信号的输出将无效。

t_{OHA}：地址更新后数据输出的维持时间。

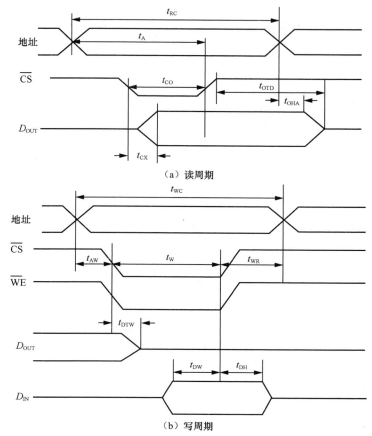

图 4-8　2114 芯片的读/写时序

（2）写周期

在准备好有效地址与输入数据后，向存储芯片发出片选信号（$\overline{CS}=0$）和写命令（$\overline{WE}=0$），经过一段时间有效输入数据就被写入存储芯片。然后撤销片选信号和写命令，再经过一段时间就可更换输入数据和地址，准备下一次新的读/写。写周期的时间参数如下。

t_{WC}：写周期。在写周期中地址应保持不变，该周期就是两次写操作的最小时间间隔。

t_{AW}：在地址有效后，经过一段时间，才能向存储芯片发送写命令。如果存储芯片内地址尚未稳定就发送写命令，可能会产生误写入（也可能会把上次未更新的有用数据覆盖）。

t_W：写时间，即片选信号与写命令同时有效的时间。该时间是写周期的主要时间。该时间小于写周期。

t_{WR}：写恢复时间。在片选信号与写命令都被撤销后，必须等待一段时间，才允许改变地址码，进入下一个读/写周期。

为了保证数据的可靠写入，地址有效时间（写周期时间）应该满足 $t_{WC}=t_{AW}+t_W+t_{WR}$。

t_{DTW}：从写信号有效到数据输出为三态的时间。如图 4-6 所示，当读命令 $\overline{WE}$ 为低电平后，数据输出门被封锁，输出端呈高阻抗，然后才能从双向数据线上输入写数据。这一时间是这一转换过程所需的时间。

t_{DW}：数据有效时间。从输入数据稳定到允许撤销写命令和片选信号的时间。数据至少应该维持这个时间，才能保证写入可靠。

t_{DH}：写信号撤销后数据的保持时间。

4.4 动态 MOS 存储单元与芯片

静态 MOS 存储器依靠双稳态电路的两种不同状态来存储 1 或 0，其电路结构本身就决定了它的不足，如生产成本高、芯片集成度低。为了能有效地降低成本和提高芯片集成度，人们不得不想办法简化其电路结构，寻找新的存储方法。动态 MOS 存储器就是基于这样的目的而设计的。本节将详细介绍动态 MOS 存储器的存储原理。

4.4.1 四管动态 MOS 存储单元电路结构

早期的动态 MOS 存储器是从六管静态 MOS 存储单元电路简化而来的，采用四管动态 MOS 存储单元电路结构，如图 4-9 所示。T1 和 T2 组成了存储单元的记忆管，T3 和 T4 组成控制门管，C1 和 C2 组成栅极电容，Z 为字线，W 和 $\overline{W}$ 是位线。

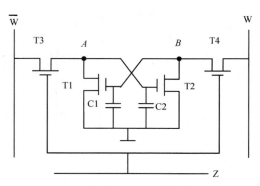

图 4-9　四管动态 MOS 存储单元电路

四管动态 MOS 存储单元依靠 T1、T2 的栅极电容存储电荷来保存信息。若 C1 充电到高电平使 T1 导通，而 C2 放电到低电平使 T2 截止，则存储的信息为 0；若 C1 放电到低电平使 T1 截止，而 C2 充电到高电平使 T2 导通，则存储的信息为 1。

控制门管 T3、T4 由字线 Z 控制其通断。读/写时，字线加高电平，T3、T4 导通，存储单元与位线 $\overline{W}$、W 连接。保存信息时，字线加低电平，T3、T4 断开，位线与存储单元隔离，依靠 C1 或 C2 存储电荷暂存信息。刷新时，T3、T4 导通。

可见，在这种电路结构中，当信号为"0"时，T1 导通，T2 截止（C1 有电荷，C2 无电荷）；当信号为"1"时，T1 截止，T2 导通（C1 无电荷，C2 有电荷）。与六管静态 MOS 存储单元电路比较，四管动态 MOS 存储单元少了两个负载管。当 T3、T4 断开后，T1、T2 之间并无交叉反馈，因此这种电路结构并非双稳态电路结构。

这种电路结构的工作过程如下。

（1）写入

当要写入时，字线 Z 加高电平，选中该单元，使 T3、T4 导通。

如果要写入 0，则在位线 $\overline{W}$ 上加低电平、位线 W 上加高电平。位线 W 通过 T4 对 C1 充电到高电平，使 T1 导通。而 C2 通过两条回路放电：一条是 C2 通过 T1 放电，另一条则是通过 T3 对位线 $\overline{W}$ 放电。C2 放电到低电平，T2 截止。

如果要写入 1，则在位线 $\overline{W}$ 上加高电平、位线 W 上加低电平。位线 $\overline{W}$ 通过 T3 对 C2 充电到高电平，使 T2 导通。而 C1 通过两条回路放电：一条是 C1 通过 T2 放电，另一条则是通过 T4 对 W 放电。C1 放电到低电平，T1 截止。

（2）保持信息

字线 Z 加低电平，表示该单元未选中，使 T3、T4 截止，由于仅存在泄漏电路，基本上无放电回路，电路保持原状态，信息可暂存数毫秒，需定期向电容补充电荷（称为动态刷新），因此称为动态 MOS 存储器。

（3）读出

当要读出时，先对位线 $\overline{W}$ 和 W 预充电，然后断开充电回路，使位线 W 和 $\overline{W}$ 处于可浮动状态。再对字线 Z 加高电平，使 T3、T4 导通，位线 W 和 $\overline{W}$ 此时成为读出线。

如果原先所保存的信息为 0，即 C1 上有电荷，A 点为高电平，T1 导通，则位线 $\overline{W}$ 通过 T3、T1 对地放电，$\overline{W}$ 电平下降，$\overline{W}$ 上有电流流过，经过放大后作为 0 信号，称为读"0"。与此同时，位线 W 通过 T4 对 C1 充电，补充泄漏掉的电荷。

如果原先所保存的信息为 1，即 C2 上有电荷，B 点为高电平，T2 导通，则位线 W 通过 T4、T2 对地放电，W 电平下降，W 上有电流流过，经过放大后作为 1 信号，称为读"1"。与此同时，位线 $\overline{W}$ 通过 T3 对 C2 充电，补充泄漏掉的电荷。

可见，四管动态 MOS 存储单元电路仍然保持互补对称结构，读/写操作可靠，外围电路简单，读出过程为非破坏型读出，读出过程就是刷新过程。但是，从工艺上讲，每个单元电路所使用的元件还是较多，使得芯片的集成度受限，结果是每片的容量较小。当每片容量在 4KB 以下时，可采用这种电路结构。

4.4.2　单管动态 MOS 存储单元电路结构

由于材料、制造工艺等的发展，动态 MOS 存储器从四管动态 MOS 存储单元电路结构进一步简化为单管动态 MOS 存储单元电路结构。图 4-10 给出了单管动态 MOS 存储单元电路。

该电路由记忆电容 C、控制门管 T、字线 Z 和位线 W 构成，是最简单的存储单元电路。

当电路中的信息为"0"时，C 无电荷，其电平低（记为 V_0）；当电路中信息为"1"时，C 有电荷，其电平高（记为 V_1）。

该电路的工作过程如下。

（1）写入

首先字线 Z 加高电平，控制门管 T 导通。如果要写入 0，则位线 W 上加低电平，电容 C 通过 T 对位线 W 放电，电容状态为低电平 V_0。

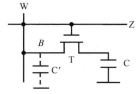

图 4-10　单管动态 MOS 存储
单元电路

如果要写入 1，则位线 W 上加高电平，位线 W 通过 T 对电容 C 充电，电容状态为高电平 V_1。

（2）保持信息

字线 Z 加低电平，控制门管 T 断开，使电容 C 基本上无放电回路，电容 C 上的电荷可暂时存放数毫秒，维持暂时的有或者无电荷的状态。但由于无电源供电，时间一长电容上的电荷会泄漏，需定期向电容补充电荷，以保持信息不变。

（3）读出

先对位线 W 预充电，使分布电容 C′充电到 V_B，其浮动值为：

$$V_B = \frac{V_1 + V_0}{2}$$

然后对字线 Z 加高电平，使控制门管 T 导通。如果原来所保存的信息为 0，则位线 W 将通过 T 向电容 C 充电，位线 W 本身的电平将下降，按记忆电容 C 与分布电容 C′的电容值决定新的电平值。

如果原来所保存的信息为 1，则电容 C 将通过 T 向位线 W 放电，位线 W 本身的电平将升高，按 C 与 C′的电容值决定新的电平值。

根据位线 W 上电平变化的方向和幅值，可确定原来所保存的信息是 0 还是 1。很显然，读操作后 C 上的电荷将发生变化，这属于破坏型读出，需要读后重写。这一过程由芯片内的外围电路自动实现。

可见，单管动态 MOS 存储单元电路结构简单，具有很高的集成度，但需要有片内的外围电路支持。当容量大于 4KB 时，基本上都采用单管动态 MOS 存储单元电路结构。

通过上面的分析可以得出，动态 MOS 存储器的基本存储原理是依靠电容电荷存储信息，当电容充电到高电平即有电荷时信息为 1；放电到低电平即无电荷时，信息为 0。这种电容可以是 MOS 栅极电容或专用的 MOS 电容。

动态 MOS 存储器暂存信息时无电源供电，MOS 断开后电容总存在泄漏电路，时间一长电容上的电荷必然会通过泄漏电路放电，这就会使电容上的电荷减少，信息是靠电荷来存储的，电荷没有了，信息自然也没有了。因此，当信息保存一定时间后，为了保持信息的稳定，就必须对存储信息为 1 的电容重新进行充电（通常把这一过程称为刷新）。

相对静态 MOS 存储器而言，动态 MOS 存储器具有以下两点优势。

① 因为不需要双稳态电路，简化了电路结构，尤其是采用单管结构，能够提高芯片的集成度。在相同水平的半导体芯片工艺条件下，每片动态 MOS 存储芯片的最大容量是静态 MOS 存储芯片的大约 16 倍。

② 在暂存信息时无须电源供电，在 MOS 断开后电容电荷能维持数毫秒，因此又能大大降低芯片的功耗，降低芯片工作时的发热温度。

4.4.3　动态 MOS 存储器的刷新

由于 DRAM 芯片是依靠电容上的存储电荷来暂时保存信息的，电容上所存储的电荷会随时间泄漏。因此就需要对电容进行定期充电，即对原来所保存信息为"1"的电容进行电荷补充，人们把这种定期补充电荷的过程称为"刷新"。电荷泄漏程度取决于 DRAM 的制造工艺。目前多数 DRAM 芯片需要在 2ms 内全部刷新一遍，即全部刷新一遍所允许的最大时间间隔为 2ms。超过 2ms 就会丢失信息。

1．动态刷新的实现方法

一台计算机的内存通常由多个存储芯片组成，各芯片可以同时刷新。对单个芯片来说，则是按行刷新。每次刷新一行，所需要的时间为一个刷新周期。例如，在某个存储器中，容量最大的一种芯片为 128 行，就需要在 2ms 内至少安排 128 个刷新周期。

我们已经知道，四管动态 MOS 存储单元在读出时可以自动补充电荷，而单管动态 MOS 存储单元虽然在读出时为破坏型读出，但依靠外围电路具有读后重写的再生功能。因此，无论是四管动态 MOS 存储单元电路结构还是单管动态 MOS 存储单元电路结构，只要按行读一次，就可实现对该行的刷新。

为了实现动态刷新，可在刷新周期中用一个刷新地址计数器来记录刷新行的行地址，然后发出行选信号和读命令，此时列选信号 $\overline{CAS}$ 为高电平（无效），便可以刷新一行，这时数据输出呈高阻抗。每刷新一行后刷新地址计数器加 1。在 2ms 内，应该保证对所有行至少刷新一次。

因此，在计算机工作时，动态 MOS 存储器呈现为两种基本状态。一种是读/写/保持状态，由 CPU 或其他控制器提供地址进行读/写，或者不进行读/写，对存储器的读/写是随机的，有些行可能长期不被访问。另一种状态是刷新状态，由刷新地址计数器提供行地址，定时刷新，保证在 2ms 周期中不遗漏任何一行。

2．刷新周期的安排方式

实现动态刷新的关键是安排刷新周期，通常有 3 种刷新方式。

（1）集中刷新——2ms 内集中安排所有刷新周期，其余的时间为正常的读/写和保持时间，如图 4-11 所示。刷新周期数为最大容量芯片的行数。在逻辑实现上，可采用一个定时器每 2ms 请求一次，然后由刷新地址计数器控制实现逐行刷新一遍。

图 4-11　动态 MOS 存储器中的集中刷新

集中刷新的优点是主存利用率高，控制简单，缺点是在一次集中、连续的刷新期间，不能访问存储器，因而会形成一段死区。因此，集中刷新适用于实时性要求不高的场合。

（2）分散刷新——将每个存取周期分为两部分，前一部分用于正常的读/写/保持，后一部分则用于刷新。也就是将刷新周期分散地安排在读/写周期之后，如图 4-12 所示。

图 4-12　动态 MOS 存储器的分散刷新

注：R/W 和刷新所用时间为存取周期。

分散刷新增加了主存储器的存取周期（时间），适用于低速系统。

（3）异步刷新——按行数来决定所需的刷新周期数，各刷新周期分散安排在 2ms 内。每隔一段时间刷新一行。

例如：如果最大行为 128，则刷新一行的平均时间间隔为 2ms/128 ≈ 15.6μs。也就是说，每隔 15.6μs 提出一次刷新请求，安排一个刷新周期，刷新一行，这样保证在 2ms 内刷新完所有行，如图 4-13 所示。在提出刷新请求时，CPU 可能正在访问主存，可能会使刷新请求延后得到响应，届时再安排一个刷新周期，故称为异步刷新。

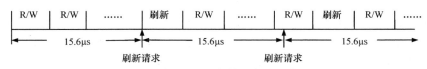

图 4-13　动态 MOS 存储器中的异步刷新

异步刷新方式兼有前面两种方式的优点：对主存速度影响最小，甚至可用不访存的空闲时间进行刷新，而且不存在死区；虽然控制上复杂一些，但可利用直接存储器访问（DMA）

控制器来控制 DRAM 的刷新。因此，大多数的计算机都采用异步刷新方式。

4.4.4 动态 MOS 存储芯片

Intel 2164 芯片是一种 DRAM 芯片，每片容量为 64K×1 位。早期的个人计算机曾用该芯片作主存储器。现在以该芯片为例，介绍 DRAM 芯片的内部结构、引脚功能以及读/写时序。

1．内部结构

Intel 2164 芯片每片的容量是 64K×1 位，本应构成一个 256×256 的矩阵，但为了提高其工作速度（需要减少行列线上的分布电容），在芯片内部分为 4 个 128×128 矩阵，每个译码矩阵配备 128 个读出放大器，各有一套 I/O 控制电路控制读/写操作。Intel 2164 芯片内部结构如图 4-14 所示。

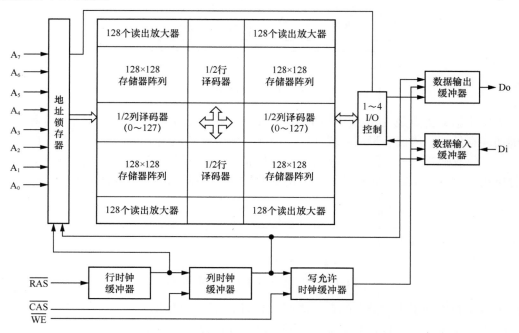

图 4-14　Intel 2164 芯片内部结构

容量为 64K×1 位的存储器需要 16 根地址线来寻址，但芯片引脚只有 8 根地址线 $A_7 \sim A_0$，实际寻址操作中就需要采用分时复用。先送入 8 位行地址，在行选信号 $\overline{RAS}$ 的控制下送入行地址锁存器，锁存器提供 8 位行地址 $RA_7 \sim RA_0$，译码后产生 2 组行信号，每组 128 个地址。然后送入 8 位列地址，在列选信号 $\overline{CAS}$ 控制下送到列地址锁存器，锁存器提供 8 位列地址 $CA_7 \sim CA_0$，译码后产生 2 组列信号，每组 128 个地址。

行地址 RA_7 与列地址 CA_7 选择 4 套 I/O 控制电路中的 1 套和 4 个译码矩阵中的 1 套。这样，16 位地址是分成 2 次送到芯片中的。对于某一地址码，只有 1 个 128×128 矩阵和它的 I/O 控制电路被选中，即可对该地址进行读/写操作。

2．芯片引脚

Intel 2164 芯片采用 16 脚封装，如图 4-15 所示。

各引脚功能如下。

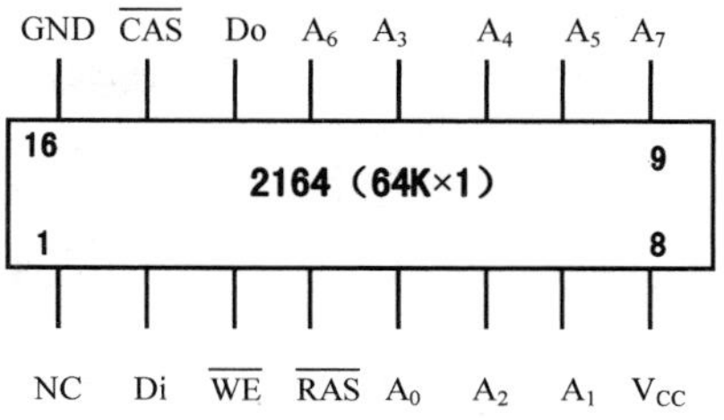

图 4-15　2164 芯片的引脚

- ➤ $A_7 \sim A_0$：8 根地址线，通过分时复用提供 16 位地址。
- ➤ Di：数据输入线。
- ➤ Do：数据输出线。
- ➤ $\overline{WE}$：读/写控制线，$\overline{WE}=0$（即低电平）时，表示写入；$\overline{WE}=1$（即高电平）时，表示读出。
- ➤ $\overline{RAS}$：行地址选通线，$\overline{RAS}=0$（即低电平）时，A7 ～ A0 为行地址（高 8 位地址）。
- ➤ $\overline{CAS}$：列地址选通线，$\overline{CAS}=0$（即低电平）时，A7 ～ A0 为列地址（低 8 位地址）。
- ➤ V_{CC}：电源线。
- ➤ GND：接地线。
- ➤ NC：引脚 1 空闲未用。在新型号中，引脚 1 用作自动刷新。将行选信号送到引脚 1，可在芯片内自动实现动态刷新。

3．读/写时序

（1）读周期

图 4-16（a）给出了读周期的地址信号、行选信号、列选信号、读命令信号以及数据输出信号的波形变化。正如图所示，在地址信号准备好后，发出行选信号（$\overline{RAS}=0$），将行地址打入片内的行锁存器。为了使行地址可靠输入，发出行选信号后，行地址要维持一段时间才能切换到列地址。如果在发列选信号之前先发读命令，即 $\overline{WE}=1$，将有利于提高读的速度。

准备好列地址信号后，发列选信号（$\overline{CAS}=0$），此时行选信号不能撤销。发出列选信号后，列地址应该维持一段时间，以完成把列地址打入列地址锁存器，为下一个读/写周期做准备。

读周期有如下的时间参数。

- ➤ t_{RC}：读周期，即两次发出行选信号的时间间隔。
- ➤ t_{RP}：行选信号恢复时间。
- ➤ t_{RAC}：从发出行选信号到数据输出有效的时间。
- ➤ t_{CAC}：从发出列选信号到数据输出有效的时间。
- ➤ t_{RO}：从发出行选信号到数据输出稳定的时间。

（2）写周期

在准备好行地址后，发行选信号（$\overline{RAS}=0$），此后行地址需要维持一段时间，才能切换为列地址。

如图 4-16（b）所示，虽然发出了写命令（$\overline{WE}=0$），但在发列选信号之前没有列线被选中，因而还未真正写入，只是开始做写操作的准备工作。

在准备好列地址、输入数据后，才能发列选信号（$\overline{CAS}=0$），此后列地址、输入数据均需要维持一段时间，等待列地址打入列地址锁存器后，才能撤销列地址。等待可靠写入后，才能撤销输入数据信号。

主存储器　第 4 章

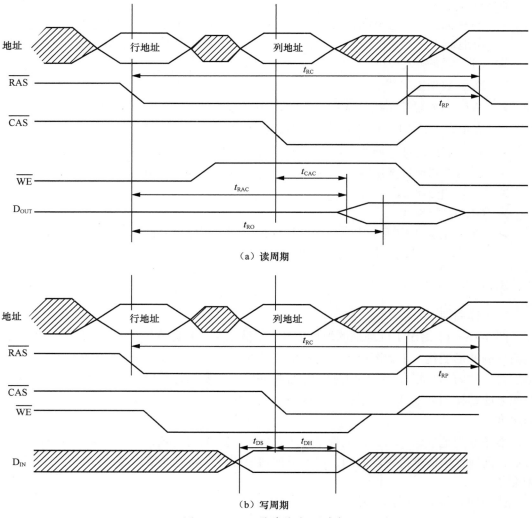

（a）读周期

（b）写周期

图 4-16 2164 芯片的读/写时序

写周期有如下的时间参数。

➢ t_{RC}：写周期，在实际系统中读/写周期一般相同，所以 t_{RC} 又称为存取周期或读/写周期。

➢ t_{RP}：行信号恢复时间，行选信号宽度 $= t_{RC} - t_{RP}$。

➢ t_{DS}：从数据输入有效到列选信号、写命令均有效的时间，即写入数据建立的时间。

➢ t_{DH}：当写命令、列选信号均有效后，数据的保持时间。

4.5 半导体只读存储器与芯片

只读存储器是计算机系统中的重要存储设备，通常用于存储计算机系统的核心程序和参数，可以作为主存储器使用，也可以作为其他硬件设备的局部存储器使用。本节将针对常见的只读存储器进行简明扼要的介绍。

4.5.1 MROM

最早使用的只读存储器就是 MROM（掩膜型只读存储器），这是一种只能由芯片制造商将信息写入存储器中的只读存储器。在制造 MROM 芯片之前，先由用户提供所需存储的信息（以 0 或 1 表示）。芯片制造商据此设计相应的光刻膜，以有无元件来表示 1 或 0。由于这种芯片中的信息是固定而不能改变的，使用时只能读出，故应用的场合不多，通常只应用于打印机、显示器等设备中的字符发生器。

4.5.2 PROM

由于 MROM 对用户开发来说是很不方便的，因此芯片制造商又推出一种用户可以进行一次性写入的只读存储器，即 PROM（可编程只读存储器）。芯片从工厂生产出来时内容为全 0，用户可以利用专门的 PROM 写入器将信息写入。但这种写入是不能修改的，即当某存储位一旦写入 1，就不能再改变。

PROM 的写入原理有两种。一种属于结破坏型，即在行列线交叉处制作一对彼此反向的二极管，由于反向，故不能导通，这时该位就为 0；如果该位要写入 1，则应该在相应行列线上加高电压，将反向二极管永久性击穿，而留下正向可导通的一只二极管，这时该位就为 1。显然这是不可逆转的。

另一种属于熔丝型。制造该元件时，在行列线交叉处连接一段熔丝，称为存入 0。如果该位要写入 1，则让熔丝通过大电流，使熔丝断开。这显然也是不可逆转的。

图 4-17 给出了熔丝型 PROM 的内部逻辑结构，它是一个 4×4 的只读存储器，从 0 单元到 3 单元分别存储的信息为 0110、1011、1010、0101。地址输入 A_0 和 A_1 经行译码形成行线，以选中某个存储单元，因此为字线。列线 $D_0 \sim D_3$ 用来输出信息。

通常，用户可以购买通用的 PROM 芯片，写入前其内容为 0。用户可根据自己的需要写入所需信息，例如可固化的程序、微程序、标准字库等。

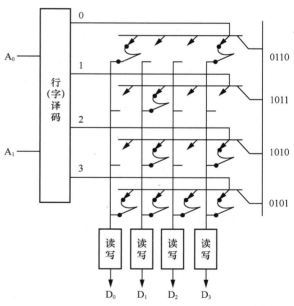

图 4-17　熔丝型 PROM 的内部逻辑结构

4.5.3 EPROM

通常，EPROM（可擦可编程只读存储器）芯片是用专门的写入器在+25V 的工作电压环境下写入信息的，在+5V 的正常电压下只能读出信息而不能写入。将 EPROM 芯片置于紫外线下照射 15～20min，就可以擦除其中的内容，然后用写入器重新写入信息。因此，这种芯片称为可重写编程（即可改写）的只读存储器。目前，市场上的 EPROM 产品可以重写数十次。

例如，2716 芯片是一种 EPROM 芯片，其引脚封装如图 4-18 所示，其容量为 2K×8 位，工作方式如表 4-1 所示。

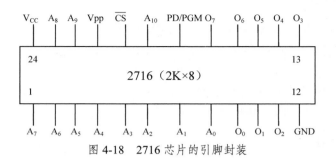

图 4-18　2716 芯片的引脚封装

表 4-1　2716 芯片的工作方式

工作方式	V_{CC}	Vpp	$\overline{CS}$	$O_0 \sim O_7$	PD/PGM
编程写入	+5V	+25V	高电平	输入	50ms 正脉冲
读数据	+5V	+5V	低电平	输出	低电平
未选中	+5V	+5V	高电平	高阻抗	无关
功耗下降	+5V	+5V	无关	高阻抗	高电平
程序验证	+5V	+25V	低电平	输出	低电平
禁止编程	+5V	+25V	高电平	高阻抗	低电平

（1）编程写入

将 EPROM 芯片放置在专门的写入器中，在 Vpp 端加 +25V 高电压，$\overline{CS}$ 为高电平，$A_{10} \sim A_0$ 选择写入单元，通过 $O_0 \sim O_7$ 输入待写数据，编程端 PD/PGM 引入一个正脉冲，该脉冲的宽度为 45ms ~ 55ms，幅值为 TTL 高电平，按字节写入 8 位信息。如果编程端 PGM 正脉冲的宽度过窄就不能可靠写入，但太宽可能会损伤芯片。

（2）读数据

将已写入的芯片插入存储器系统，只引入+5V 电源，PD/PGM 端为低电平。如果片选信号有效，则可按地址读出数据，由 $O_0 \sim O_7$ 将信息输出到数据总线。这就是 EPROM 在正常工作时的方式，只读不写。

（3）未选中

如果片选信号为高电平，表明未选中该芯片，输出呈现高阻抗，但这不影响数据总线的状态。

（4）功耗下降

虽然芯片处于 +5V 的正常电源环境下，但它不工作基本就不耗电，这样芯片处于低功耗的备用状态。如果 Vpp 为 +5V（这时芯片不能写入），则芯片输出呈现高阻抗，其功耗从原来的 525mW 下降到 132mW。

EPROM 芯片中的内容需要照射紫外线才能擦除，仍不够方便。

4.5.4　EEPROM

随着存储芯片制造技术的发展，一种可加高压擦除的只读存储器出现，即 EEPROM（电擦除可编程只读存储器）。它采用金属-氮-氧化硅集成工艺，仍可实现正常工作中的只读不写。需要擦除时，只要加高电压对指定单元产生电流，形成"电子隧道"，将该单元信息擦除，而其他未通电流的单元内容保持不变。因此，EEPROM 使用起来比 EPROM 更为方便，但它仍需要在专用的写入器中擦除改写。

4.5.5　闪存

20 世纪 80 年代中期存储器种类又增添了一种快擦写型存储器。它具备 RAM、ROM 的所有功能，而且功耗低、集成度非常高，发展前景非常好。这种器件沿用 EPROM 的简单结构和浮栅/热电子注入的编程写入方式，既可编程写入又可擦除，故称为快擦写型电可重编程存储器，即闪存。

闪存的存储单元电路由一个 NMOS 管构成，如图 4-19 所示，其栅极分为控制栅极 CG 和浮空栅极 FG，二者之间填充氧化物-氮-氧化物材料。闪存存储单元利用浮空栅极是否保存电荷来表示信息 0 或 1。如果浮空栅极上保存有电荷，则在源、漏极之间形成导电沟道，为一种稳定状态，即"0"状态；如果浮空栅极上没有电荷，则在源、漏极之间无法形成导电沟道，为另一种稳定状态，即"1"状态。

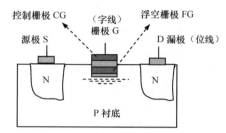

图 4-19　闪存存储单元结构

上述两种稳定状态可以相互转换。状态"1"到状态"0"的转换过程，就是对浮空栅极充电荷的过程；状态"0"到状态"1"的转换过程，就是将浮空栅极上的电荷移走的过程。例如，在栅极与源极之间加一个正向电压 U_{SG}，在漏极与源极之间加一个正向电压 U_{SD}，保证 $U_{SG}>U_{SD}$，来自源极的电荷向浮空栅极扩散，使浮空栅极上带电荷，在源、漏极之间形成导电沟道，完成状态"1"到状态"0"的转换。闪存的转换过程称为对闪存编程。进行正常的读出操作时只要撤销 U_{SG}，加一个适当的 U_{SD} 即可。正常情况下，在浮空栅极上编程的电荷可以保存 100 年不丢失。

由于闪存只需单个 MOS 管就可以保存信息 1 或 0，因此与单管结构的 DRAM 相似，具有很高的集成度；所不同的是，供电撤销后保存在闪存的信息不丢失。同时，由于只需在闪存存储单元的源、栅极或漏、源极之间加一个适当的正向电压，即可通过改变其状态而实现 0 或 1 的在线擦除与编程，因此闪存还具有 EEPROM 的特性。

闪存是一种高集成度、低成本、高速、能够灵活使用的新一代只读存储器。目前，其应用和发展非常迅速，特别是在手机等数码产品中被广泛使用。

4.6　主存储器的设计与应用

从计算机组成原理的角度讲，学习计算机硬件的人们更为关心的是如何利用存储芯片组成一个能存储信息的主存储器。本节将介绍利用 SRAM 或者 DRAM 芯片设计主存储器的基本方法。

4.6.1　设计主存储器时必须解决的问题

涉及主存储器组织的问题，包括以下几个方面。

（1）存储器的基本逻辑结构已经封装在芯片内部，设计主存储器时首先要设计寻址逻辑，即如何按给出的地址去选择存储芯片和该芯片内的存储单元。

（2）如果采用 DRAM 芯片，还需考虑动态刷新问题。

（3）所要设计的主存储器如何与 CPU 连接和匹配？

（4）主存储器的校验——如何保证所读/写的信息的正确性。

因此，设计主存储器时，必须考虑驱动能力、时序配合等问题。

1．驱动能力

在与总线连接时先要考虑 CPU 的驱动能力。这是因为 CPU（或总线控制器）输出线上的直流负载能力是有限的，尽管经过了驱动放大，而且现代存储器都是直流负载很小的 CMOS 或 CHMOS 电路，负载电容分布在总线和存储器上，要保证设计的存储器稳定工作，就必须考虑输出端带负载的最大能力。如果负载太大，就必须放大信号，以增强驱动能力。

2．存储芯片的选型

根据主存储器各区域的应用不同，在设计主存储器时，应该选择适当的存储芯片。

由于 RAM 具有的最大特点是所存储的信息可在程序中用读/写指令以随机方式进行读/写，但掉电时所保存的信息将丢失，故 RAM 一般用于存储用户的程序、程序运行时的中间结果或是在掉电时无须保存的 I/O 数据。

ROM 芯片中的信息在掉电时不丢失，但不能随机写入，故一般用于存储器系统程序、计算机系统的初始化参数、无须在线修改的应用（配置）参数。通常把 MROM 和 PROM 用于大批量生产的计算机产品中；当需要多次修改程序或用户自行编程时，应该选用 EPROM。EEPROM 用于保存在系统工作过程中被写入而掉电后不受影响的信息。

3．存储芯片与 CPU 的时序配合

存储器的读/写时间是衡量其工作速度的重要指标。在选用存储芯片时，必须考虑该芯片的读/写时间与 CPU 的工作速度是否匹配，即时序配合。

当 CPU 进行读操作时，什么时候送地址信息、什么时候从数据线上读数据，其时序是固定的。从存储芯片自外部得到有效地址信息，至内部数据送到数据总线上，时序是固定的。所以，把主存储器与 CPU 连接在一起就必须处理好它们之间的时序配合问题，即当 CPU 发出读数据信息的时候，主存储器应该把数据输出并且稳定在数据总线上，CPU 的读操作才能顺利进行。

如果主存储芯片的读/写周期不能满足 CPU 的要求，则可在主存储器的读/写周期中插入一个或数个 TW 延迟周期，也就是人为地延长 CPU 的读/写周期，使它们匹配。

通常，在设计主存储器时，尽量选择与 CPU 时序相匹配的存储芯片。

4．存储器的地址分配和片选译码

通常，个人计算机中的存储器系统由 SRAM 类型的高速缓存、存储永久信息的 ROM 和保存大量信息的 DRAM 组成。

主存储器按所存放的内容可以划分为：操作系统区、系统数据区、设备配置区、主存储区和存储扩展区。因此，主存储器的地址分配是一个较为复杂而又必须搞清楚的问题。由于工厂生产的单片存储芯片的容量是有限的，其容量小于 CPU（或总线控制器）的寻址范围，所以，在一个计算机系统中，主存储器是由多片存储芯片按一定的方式组成的一个整体的存储器系统。要组成一个存储器系统，就必须弄明白存储芯片之间的连接，这些芯

片如何分配存储地址、如何产生片选信号等问题。

5．行选信号 $\overline{RAS}$ 、列选信号 $\overline{CAS}$ 的产生

为了减少芯片的引脚数量，DRAM 芯片的地址输入常采用分时复用，这样输入的地址就分成两部分：高地址部分为行地址，在 $\overline{RAS}$ 的控制下首先被送到芯片；低地址部分为列地址，在 $\overline{CAS}$ 的控制下通过相同的引脚被送入存储芯片。

CPU 发出的地址码是通过地址总线同时送到存储器的。为了达到芯片地址引脚分时复用的目的，需要专门的存储器控制单元来实现。

存储器控制单元从总线接收完整的地址码、控制信号 R/$\overline{W}$，将行、列地址存储到缓冲器中，并且产生 $\overline{RAS}$ 、$\overline{CAS}$ 信号，由该控制单元提供行选、列选的时序脉冲、地址复用功能；该控制单元还向存储器发出读/写信号 R/$\overline{W}$ 、片选信号 $\overline{CS}$ 。

对于同步动态 MOS 存储器，控制单元还需提供时钟信号 Clock；对于一般的动态 MOS 存储器，由于没有自动刷新的能力，控制单元应该提供诸如地址计数等存储器刷新所需的信号。图 4-20 给出了存储器行选、列选信号产生示意图。

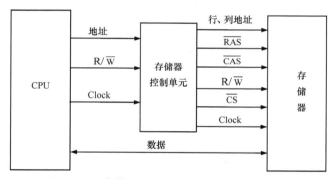

图 4-20　存储器行选、列选信号产生示意图

4.6.2　主存储器的扩展方法

在设计主存储器时，首先要确定主存储器的容量，主存储器的容量＝字数×位数，单位为 MB 或 GB 等。字数是指可编程的地址单元数；位数是指每个编址单元的位数。大多数的计算机系统允许按字节或按字编址。如果按字节编址，那么每个编址单元有 8 位（1 个字节）。如果按字编址，那么每个编址单元为一个字长。然后确定所用的存储芯片的类型、型号和单片存储芯片的容量等。由于单片存储芯片的容量小，就需要将若干存储芯片进行组合，即进行位扩展、字扩展。

1．位扩展

例如，在早期的 PC/XT 中，其存储器容量为 1M×8 位。由于当时的单片存储芯片容量仅为 1M×1 位，要满足 PC/XT 的要求，就要用 8 片存储芯片，即把 8 片存储芯片拼接起来，这就是位扩展。具体连接就是将各片的数据输入线相连接、输出线相连接，再将每片分别与 1 位数据线连接，拼接为 8 位。

编址空间相同的芯片，地址线与片选信号分别相同，可将它们的地址线按位并联，然后与

地址总线连接，共用一个片选信号。向存储器送出某个地址码，则 8 片存储芯片的某个对应单元同时被选中，可向这 8 片存储芯片被选中的单元各写入 1 位，或各读出 1 位，再拼接成 8 位。

2．字扩展

如果每片的字数不够，就需要若干存储芯片组成能满足容量要求的主存储器，这就是字扩展。为此，需要将高位地址译码以产生若干不同的片选信号，按各芯片在存储空间分配中的编址范围，将片选信号分别送往各芯片。

将低位地址线直接送到各芯片，以选择片内的某个单元。而各芯片的数据线则按位并联在数据总线上。向存储器送出某个地址码时，只有一个片选信号有效，选中某个芯片，低位地址在芯片内译码，选中某个单元，便可对该芯片进行读/写数据的操作。

位扩展、字扩展可以这样理解：位扩展就是纵向地增加存储器的厚度，而字扩展就是横向地扩大存储器的面积。计算机系统的主存储器位越长，说明该存储器的厚度越大，它存储数据的精度就越高（例如某大型计算机的主存储器是 64 位的，说明一个数据可以用 64 位二进制代码表示）；其主存储器的容量越大，表明该存储器的平面面积越大。

在实际的主存储器中，可能需要进行位扩展，也可能需要进行字扩展和位扩展。下面通过一个例子说明主存储器的基本逻辑设计方法。

【例 4-1】 设计主存储器，容量为 4K×8 位，分为固化区 2KB 和工作区 2KB。固化区选用 2716 EPROM 芯片（后文简称 2716 芯片），该芯片的容量为 2K×8 位；工作区选用 2114 RAM 芯片（后文简称 2114 芯片），该芯片的容量为 1K×4 位。地址线为 $A_{15}\sim A_0$ 共 16 根，双向数据线为 $D_7\sim D_0$ 共 8 根，读/写控制信号为 R/$\overline{W}$。

解

（1）存储空间分配和芯片数量

先确定需要的存储芯片数量，再进行存储地址空间分配，以作为片选逻辑的依据。根据上面给出的要求和已确定的存储芯片型号，要满足主存储器容量 4K×8 位的要求，就要进行位扩展和字扩展，也就是要纵向增加存储器厚度，也要横向增加存储器面积。共需 2716 芯片 1 片（固化区），把 4 片 2114 芯片中的每 2 片拼接成 1K×8 位的存储体，再把这两个 1K×8 位的存储体进行字扩展，组成 2K×8 位的存储体作为工作区，如图 4-21 所示。

1 块 2716 芯片（2K×8 位）	
1 块 2114 芯片（1K×4 位）	1 块 2114 芯片（1K×4 位）
1 块 2114 芯片（1K×4 位）	1 块 2114 芯片（1K×4 位）

图 4-21 存储芯片容量和数量

（2）地址分配与片选逻辑

总容量为 4KB 的存储单元，地址线就需要 12 根即 $A_{11}\sim A_0$，而我们设定的是 16 位存储器系统，其地址线为 16 根，现在只有 4KB 的存储器，也就是说，只用到 12 根地址线就可以实现 4KB 内存的寻址。地址线高 4 位 $A_{15}\sim A_{12}$ 恒为 0，可以舍去不用。对于 2716 芯片，其容量为 2KB，可以将低 11 位地址线 $A_{10}\sim A_0$ 连接到该芯片上，剩下的高位地址线 A_{11} 作为该芯片的片选线。对于两组 2114 芯片，每组（两片纵向拼接）1KB，可以将低 10 位地址线 $A_9\sim A_0$ 连接到芯片，余下的高两位地址线 A_{11} 和 A_{10} 为片选线。然后根据存储空间的分配方案，确定片选逻辑，如表 4-2 所示。

表 4-2　地址分配和片选逻辑

芯片容量	芯片地址	片选信号	片选逻辑
2KB	$A_{10} \sim A_0$	$\overline{CS_0}$	$\overline{A_{11}}$
1KB	$A_9 \sim A_0$	$\overline{CS_1}$	$A_{11} \overline{A_{10}}$
1KB	$A_9 \sim A_0$	$\overline{CS_2}$	$A_{11} A_{10}$

（3）存储器的逻辑图

根据上述设计方案，可画出该主存储器的逻辑图，如图 4-22 所示。读/写命令 $R/\overline{W}$ 送到每片 2114 芯片上，为高电平时从芯片读出数据，为低电平时把数据写入芯片。2716 芯片输出 8 位，送到数据总线。每组 2114 芯片中的一片输入/输出高 4 位，另一片输入/输出低 4 位，然后拼接成 8 位，再送到数据总线。产生片选信号的译码电路，其逻辑关系应当满足设计时所确定的片选逻辑，片选信号是低电平有效。图 4-22 中斜线表示导线组，概念图导线无具体数目。

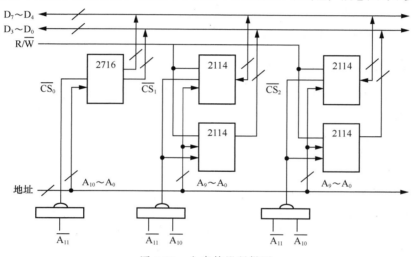

图 4-22　主存储器逻辑图

4.6.3　主存储器与 CPU 的连接

通常，主存储器与 CPU 之间有多种连接方式。从理论上讲，连接应该考虑的因素如下。

1．系统模式

（1）最小系统模式

将微处理器与半导体存储器集成在一块插件上的 CPU 卡，可以作为模块组合式系统中的核心部件，也可以作为多处理机系统中的一个节点。还有一种就是将微处理器和半导体存储器集成在可编程设备控制器（也称为智能型设备控制器）中。这些都可以使 CPU 和存储器直接连接。最小系统模式如图 4-23 所示。

（2）较大系统模式

在较大的计算机系统中，一般都设置了一组或多组系统总线，用来实现与外设的连接。系统总线包含地址总线、数据总线和一组控制信号线。CPU 通过数据收/发缓冲器、地址锁存器、总线控制器等接口芯片形成系统总线，如图 4-24 所示。如果主存储器的容量特别大，就需要有专门的存储器模块，再将此模块直接与系统总线相连接。有关系统总线的详细介绍，请阅读第 7 章。

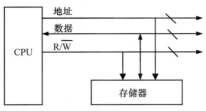

图 4-23　最小系统模式

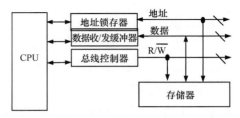

图 4-24　较大系统模式

（3）专用存储器总线模式

如果计算机系统所配置的外设较多，而且要求访问存储器的速度特别高，就可以在 CPU 与主存储器之间配置一组专门用于数据传递的高速存储总线。CPU 通过这组专用总线访问存储器，通过系统总线访问外设。当然，也可以在主存储器与外设（例如硬盘）之间配置一组专门用于主存储器与磁盘之间的数据传递的存储总线，例如 DMA 采用的就是这种方式。

2．速度匹配与时序控制

在早期的计算机系统中，CPU 内部操作与访存操作设置统一的时钟周期，也称为节拍。由于 CPU 速度比主存储器的快，这样对 CPU 的内部操作来讲，其时间利用率是比较低的。对此，现在的计算机系统通常为 CPU 内部和访存操作设置不同的时钟周期。CPU 内部操作的时间划分为时钟周期，每个时钟周期完成一个通路操作，比如一次数据传递或一次加法运算。CPU 通过系统总线访存一次的时间，称为一个总线周期。

在同步控制方式中，一个总线周期可以由多个时钟周期组成。由于多数系统的主存储器的存取周期是固定的，因此一个总线周期包含的时钟周期数可以是事先确定而不再改变的。当然，在一些特殊情况下，如果访存指令来不及完成读/写操作，可以插入一个或多个延长（等待）周期。

在采用异步方式的系统中，可以根据实际需要来确定总线周期的时间长短，当存储器完成操作时就发出一个就绪信号 READY。也就是说，总线周期是可变的，它与 CPU 的时钟周期无直接关系（这种时钟安排方式也应用于主机与外设之间的数据交换）。

在一些非常高速的计算机系统中，采用了覆盖并行地址传送技术，即在现行总线周期结束之前，送出下一个总线周期的地址、操作命令，这点与操作系统中有关磁盘的"提前读、延迟写"相类似。

3．数据通路的匹配

数据总线一次能够并行传送的位数，称为总线的数据通路宽度。通常有 8 位、16 位、32 位和 64 位几种。主存储器基本上按字节编址，每次访问主存读/写 8 位，以适应对字符类信息的处理（因为一个 ASCII 字符用 8 位二进制代码表示）。这就存在主存储器与数据总线之间的宽度相匹配的问题。

例如，Intel 8086 芯片是 16 位的 CPU 芯片，该芯片的内部与外部的数据总线通路宽度均是 16 位。采用一个周期读/写两个字节的方式，即先送出偶单元地址（就是地址编码为偶数），然后同时读/写偶单元、奇单元的内容，用低 8 位数据线传递偶单元的数据，用高 8

位数据线传递奇单元的数据。这样的字被称为规则字。如果传递的是非规则字，即从奇单元开始传递的字，就需要安排两个总线周期。

为了实现 Intel 8086 芯片中的数据传递，需将存储器分为两个存储体：一个是地址码为奇数的存储体（称为奇地址存储体），存放高字节，它与 CPU 数据总线的高 8 位相连；另一个是地址码为偶数的存储体（称为偶地址存储体），存放低字节，它与 CPU 数据总线的低 8 位相连，如图 4-25 所示。

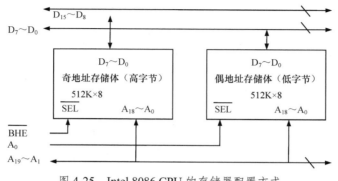

图 4-25　Intel 8086 CPU 的存储器配置方式

由于 Intel 8086 芯片的内存寻址空间为 1MB，因此有 20 根地址线。地址线 $A_{19} \sim A_1$ 同时将地址码送到两个存储体。每个存储体有一个选择信号输入 $\overline{\text{SEL}}$，当此信号为低电平时，则存储体被选中。标志地址码为奇偶的最低位地址 A_0 被送到偶地址存储体，A_0 为 0 时就选中该存储体。CPU 输出一个信号 $\overline{\text{BHE}}$（高电平作用），就选择奇地址存储体。当存取规则字时，地址线送出偶地址，同时让 $\overline{\text{BHE}}$ 信号有效，这样同时选中两个存储体，分别读出高、低字节（共 16 位），在一个总线周期中同时传送。

这种配置方式可以用于数据通路更宽的计算机系统中，如同时读/写 4 个字节，数据总线一次传送 32 位。在 CPU 中可以按字处理或按字节处理。

4．主存储器的控制信号

要实现对存储器的有序读/写操作，就需要有相关的控制信号，例如读/写控制信号 $R/\overline{W}$、片选信号 $\overline{CS}$，又如分时输入的片选信号 $\overline{RAS}$、$\overline{CAS}$。通常，在 16 位的存储器系统中，设置字节控制信号 $\overline{BHE}$，当此控制信号为高电平时，就选中存储器的高字节。

主存储器的读/写周期一般是已知且固定的，因此可以用固定的时序信号完成读/写操作。如果主存储器需要与外设传送数据，其操作的时间通常是不固定的，就设置一个应答信号来解决控制问题，例如，就绪信号 READY。

5．主存储器的校验

为了确保从内存中读取的信息正确，提高计算机系统的性能，通常在计算机系统中要对从内存中读取的信息进行校验。如果发现读取的信息有错，就给出校验出错的指示信息或是从内存中重读一次或数次所需的信息。如果重读后的信息正确，说明刚发生的错误是偶然发生的，例如受干扰所致。如果重读后的信息还是有错，说明此错误是长期的，例如原保存的信息被破坏或内存本身有故障。

现代计算机系统中，内存的校验思想是冗余，所以也称为冗余码校验。由于待读/写的信息是二进制代码，有各种组合，如全 0 或全 1 等。人们通过实践摸索，认为可以在所需的信息中增加部分位，即校验位，将待写的有效代码和增加的校验位一起按约定的校验规律进行编码，编码后的代码称为校验码，全部存入内存。读出时，对所读的校验码进行校验，看所读出的信息是否仍满足约定的规律。

对计算机系统本身所需的有效代码而言，校验位是为校验所存储信息而增加的位，通常称为冗余位。如果校验规律选择得当，不仅能查明信息是否有错，还可以根据出错特征来判断是哪一位出错，从而将此信息变反纠正，这个过程就称为纠错。

为了判断一种校验码制的冗余程度，并估计它的查错能力和纠错能力，"码距"的概念被提出。若干位代码可组成一个字，这个字称为码字。一种码制中可以有多种码字。将两个不同的码字逐位比较，代码不同的位的个数称为这两个码字间的"距离"，即码距。

下面介绍两种常用的校验方法。

（1）奇偶校验

大多数主存储器都采用奇偶校验。奇偶校验是一种最简单的也是应用广泛的校验方法。其思想就是根据代码字的奇偶性质进行编码和校验。通常有两种可以选用的校验规律：

➢ 奇校验——使整个校验码（有效信息位和校验位）中的"1"的个数为奇数；

➢ 偶校验——使整个校验码（有效信息位和校验位）中的"1"的个数为偶数。

根据内存按字节编址或是按字编址的不同，以字节或以字为单位进行编码，每个字节（字）增设 1 位校验位。有效信息本身不一定满足约定的奇偶性质，但增设了校验位后可使整个校验码符合约定的奇偶性质。如果两个有效信息代码之间有一位不同（至少有一位不同），则它们的校验位也应该不同，因此奇偶校验码的码距 $d=2$。从码距来看，能发现一位出错，但不能判断是哪一位出错，因而没有纠错能力。从所采用的奇偶校验规则看，只要是奇数个代码出错，就将破坏约定规律，因而这种校验方法的查错能力为能发现奇数个错；若是偶数个代码出错，因为不影响字的奇偶性质，所以不能被发现。

例子：

待编码有效信息	100110001
奇校验码（配备校验位后的编码）	1001100011
偶校验码（配备校验位后的编码）	1001100010

例子：

待编码有效信息	100110101
奇校验码（配备校验位后的编码）	1001100010
偶校验码（配备校验位后的编码）	1001100011

通过上面的例子可以看出，当用户对所需要校验的编码采用奇/偶校验时，是根据待编码信息中"1"的个数来确定是否出错的。当待编码中"1"的个数为偶数时，如果采用奇校验，结果中"1"的个数必须是奇数，否则会出错；如果采用偶校验，结果中"1"的个数必须是偶数，否则会出错。

（2）海明码校验

海明码校验是由理查德·海明（Richard Hamming）提出的一种校验方法。它是一种多重奇偶校验，即把欲校验的代码按照一定规律组织为若干小组，分组进行奇偶校验，各组的检错信息组成一个指错字，这样不仅能检测是否出错，且在一位出错的情况下，可以指出是哪一位出错，从而把此位自动变反纠正。

海明码校验是为了保证数据传输正确而提出的。假如有一串要传送的数据，如 D_7, D_6, D_5, D_4, D_3, D_2, D_1, D_0，这里传送的是 8 位数据，可以是 n 位数据，接收者不知道接收到的数据是不是正确的。所以，要加入校验位才能检查数据是否出错。这里涉及一个问题，要多少位校验数据才能查出错误？

海明码由信息码和校验码组成。设有 n 个信息位，k 个校验位，则发生错误的情况有 $(n+k)$ 种，校验位有 2^k 种可能性，用校验位的可能性来表示编码的所有可能（正确和错误的），那么要满足 $2^k \geq (n+k+1)$。

例如，当 k=4 时，因 2^4=16，$n+k+1$=8+4+1=13，故海明码由 8 位信息位与 4 位校验位总共 12 位编码组成。如何排列呢？我们先把校验位按 P_4, P_3, P_2, P_1 排列，用通式 P_i 表示校验位序列，i 为校验位在校验位序列中的位置。要传送的数据流用 M_{12}, M_{11}, M_{10}, M_9, M_8, M_7, M_6, M_5, M_4, M_3, M_2, M_1 表示。接下来的问题是如何用 D_7, D_6, D_5, D_4, D_3, D_2, D_1, D_0 与 P_4, P_3, P_2, P_1 来表示 $M_{12} \sim M_1$。校验位在传送的数据流中的位置为 2^{i-1}，则 P_1 在 M_1 位，P_2 在 M_2 位，P_3 在 M_4 位，P_4 在 M_8 位。其余的用数据从高到低插入。传送的数据流为 D_7, D_6, D_5, D_4, P_4, D_3, D_2, D_1, P_3, D_0, P_2, P_1。

接下来，我们要弄明白如何找出错误位。引进 4 位校验位和序列 S_4, S_3, S_2, S_1。$S_4S_3S_2S_1$=0000 表示传送的数据流正确；$S_4S_3S_2S_1$=0010 表示传送的数据流中第 2 位出错；$S_4S_3S_2S_1$=0011 表示传送的数据流中第 3 位出错；以此类推。

习题 4

1. 单项选择题

（1）存取周期是指（　　　）。

A. 存储器的写入时间

B. 存储器进行连续写操作允许的最短间隔时间

C. 存储器进行连续读或写操作所允许的最短间隔时间

D. 存储器完成读或写操作所用的时间

（2）与辅存相比，主存的特点是（　　　）。

A. 容量小、速度快、成本高　　　　　B. 容量小、速度快、成本低

C. 容量大、速度快、成本高　　　　　D. 容量大、速度快、成本低

（3）一个容量为 16K×32 位的存储器，其地址线和数据线的总和是（　　　）。

A. 48　　　　　B. 46　　　　　C. 36　　　　　D. 64

（4）某计算机字长是 16，其存储容量是 64KB，按字编址，它的寻址范围为（　　　）。

A. 64K　　　　B. 32KB　　　　C. 32K　　　　D. 64KB

（5）某计算机字长是 32，其存储容量是 256KB，按字编址，它的寻址范围为（　　　）。

A. 128K　　　　B. 64K　　　　C. 64KB　　　　D. 128KB

（6）某 RAM 芯片，其容量为 32K×8 位，除电源和接地端外，该芯片引出线的最小数目是（　　　）。

A. 25　　　　　B. 40　　　　　C. 23　　　　　D. 32

（7）某存储器容量为 32K×16 位，则（　　　）。

A. 地址线 16 根，数据线 32 根　　　　B. 地址线 32 根，数据线 16 根

C. 地址线 15 根，数据线 16 根　　　　D. 地址线 16 根，数据线 16 根

（8）下列叙述正确的是（　　　）。

A. 主存可由 RAM 和 ROM 组成　　　　B. 主存只能由 ROM 组成

C. 主存只能由 RAM 组成　　　　　　　D. 主存可以由 RAM、ROM 和 CMOS 组成

（9）计算机主存储器中存放信息的部件是（　　　）

A. 地址寄存器　　　　B. 读/写线路　　　　C. 存储体　　　　D. 地址译码线路

（10）若地址总线为 A_{15}（高位）～A_0（低位），若用 2KB 的存储芯片组成 8KB 存储器，则加在各存储芯片上的地址线是（　　　）。

A. A_{11}～A_0　　　　B. A_{10}～A_0　　　　C. A_9～A_0　　　　D. A_8～A_0

（11）DRAM 的特点是（　　　）。

A. 工作中存储内容会产生变化

B. 工作中需要动态地改变访存地址

C. 每次读出后，需根据原存内容重写一次

D. 每隔一定时间，需要根据原存内容重写一遍

（12）下列存储器中可在线改写的只读存储器是（　　　）。

A. EEPROM　　　　B. EPROM　　　　C. ROM　　　　D. RAM

2. 简答题

（1）为什么存储器系统要采用分层存储体系结构？列举存储器的不同分类。

（2）指出以下缩略语的中文含义。

ROM、PROM、EPROM、EEPROM、RAM、SRAM、DRAM

（3）主存储器与 CPU 和系统总线有几种连接方式？

（4）动态刷新周期的安排方式有哪几种？简述其安排方法。

3. 应用题

（1）设主存容量为 64KB，用 2164 DRAM 芯片构成。设地址线为 A_{15}～A_0（低），双向数据传输 D_7～D_0（低），R/$\overline{W}$ 控制读/写操作。请设计并画出该存储器的逻辑图。

（2）请设计一个 14K×16 位的主存储器。现给出条件：地址线 A15～A0，0000H～07FFH 为 ROM 区，选用 EPROM 芯片，现有每片容量为 2K×8 位的 EPROM 芯片；RAM 区的地址为 1000H～3FFFH；现有容量为 4K×8 位的 RAM 芯片。

① 计算 ROM 区和 RAM 区的存储容量，求出 ROM 区和 RAM 区所需存储芯片数。

② 写出地址分配和片选逻辑。

（3）【考研真题】某 8 位机采用单总线结构，地址总线 16 根（A_{15}～A_0，A_0 为低位），双向数据总线 8 根（D_7～D_0），在控制总线中与主存有关的信号有：存储器请求信号 $\overline{MREQ}$（低电平有效），读/写信号 R/$\overline{W}$（高电平为读，低电平为写）。主存地址空间分配如下：0～8191 为系统程序区，由 ROM 芯片组成；8192～24575 为用户程序区；最后（最大地址）4KB 地址空间为系统程序工作区。注意，上述地址为十进制地址，按字节编址。

现有如下存储芯片。

ROM：8K×8 位。SRAM：16K×1 位，2K×8 位，4K×8 位，8K×8 位。

请从上述芯片中选择适当芯片设计该计算机主存储器，要求：

① 画出主存地址空间分配图，写出地址译码方案；

② 画出存储器与 CPU 的连接图。

（4）【考研真题】某半导体存储器容量为 7M×16 位，选用 2M×4 位和 1M×4 位的两种 SRAM 芯片，请计算所需芯片数，写出第一组芯片的地址范围，设计并画出存储器逻辑图（提示：可以只考虑地址线、数据 I/O 线、读/写命令线、片选线的连接）。

（5）【课程思政】存储器在计算机系统中的重要性不言而喻，如何确保存储器设计的安全性，以防止敏感数据的泄露和恶意攻击？

（6）【课程思政】体现版权的各种文化载体，如图书、杂志、音像制品等均在全面数字化并在互联网中大规模传播，而各种属于个人或者组织的电子文档、照片、音频、视频等数字内容的保护问题越来越突出，存储技术的发展如何促进个人或组织的信息保护乃至人类文化遗产的保护与传承？

实验 4　存储器的扩展与应用

4.1　实验目的

（1）了解汉字 GB2312 区位码、机内码、点阵字型码相关概念和规则。

（2）熟悉存储芯片的地址线、数据 I/O 线、读/写命令线、行选线、列选线、片选逻辑等相关概念。

（3）理解存储器容量与芯片字数、位数的关系，理解存储器系统进行位扩展、字扩展的基本原理。

（4）通过汉字字库的存储扩展，加强在主存储器设计方面的经验。

4.2　实验内容

（1）设计一个存储器容量为 128KB 的 ROM 系统，用来保存 16×16 汉字点阵字库。

（2）设计一个逻辑电路，实现以下功能：首先把输入的区位码转换为地址信号，然后送入 ROM 芯片，把区位码对应点阵字型码传送给 LED 点阵器件显示输出。

4.3　实验原理

1．GB2312 与区位码

GB/T 2312—1980（以下简称 GB2312）是我国于 1980 年发布的一套有关汉字编码的字符集，分成 94 区（行），每区有 94 位（列），每个区位上只有一个字符，因此可用所在的区和位来对汉字进行编码。区号和位号分别换算成十六进制并组合起来就得到区位码。

GB2312 汉字的分区总体情况如下。

01~09 区收录除汉字外的 682 个字符，如英文字母、数字、标点符号、数学符号、希腊字母等。

10~15 区为空白区，没有使用。

16~55 区收录 3755 个一级汉字，按拼音排序。

56~87 区收录 3008 个二级汉字，按部首/笔画排序。

88~94 区为空白区，没有使用。

例如，汉字"啊"是 GB2312 编码中的第一个汉字，它位于 16 区的 01 位，所以它的区位码就是 1601，即十六进制的 1001H。

2．区位码与存储器地址的转换

假设每个汉字点阵字型码为 16×16 位=256 位=8×32 位。在 Logisim 中 ROM 最大为 32

位，256位÷32位/片=8片，为此应该采用位扩展方法，把8片芯片拼接起来使用，把逻辑地址传送给这8个ROM器件的地址端，并发地输出对应的编码信息，即可得到256位的点阵字型码。

因为GB2312字符集分为94区、94位，区号和位号都是从1开始编号，所以可以使用以下计算式完成区位码与地址的转换：

$$逻辑地址 = (区号{-}1)\times94{+}(位号{-}1) = (区号{-}01H)\times5EH{+}(位号{-}01H)$$

4.4 实验步骤及要求

1. 准备工作

首先从互联网搜索下载16×16点阵的十六进制的字库文件，然后根据位扩展的规则把字库文件拆分成8个文件，分别用于保存每个汉字点阵的第1个32位，第2个32位……第8个32位编码，以保证能够从8片芯片中并发地、一次性地输出一个汉字的256位点阵编码。

2. 存储器的位扩展与实现

首先，在Logisim窗口中添加一个名为"字库"的电路；然后在该电路画布中添加以下电路元件：8个ROM和8个隧道（Tunnel）。其中，隧道的作用就像导线，它将点连接在一起，但与导线不同的是，当所连接的点在电路中相距很远时，使用导线会使电路变得更难看。因此添加隧道的目的就是使电路看起来更简洁。

因为GB2312字符集共94区和94位，区号和位号可以分别用7位二进制数表示，一个区位码对应的逻辑地址为14位，因此ROM的地址线有14根。

然后，修改各个ROM的属性值：数据位宽为32，地址位宽为14，使每个ROM的字数达到16K。继续修改8个隧道的属性值：数据位宽为32，标签名称分别为D0、D1、D2、D3、D4、D5、D6、D7。

之后，调整各器件的排列布局，例如8个ROM器件按2行×4列进行排列。之后将8个ROM器件的地址端A并联，数据端D分别与8个隧道相连。完成连接之后的电路如图4-26所示。

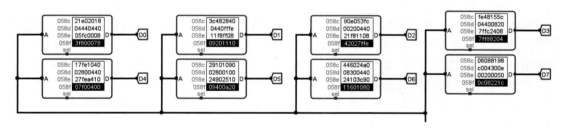

图4-26　8×64K×32位的ROM存储电路

3. 区位码转逻辑地址的转换电路

首先，在"字库"电路图中添加以下元件：2个输入引脚，2个减法器，1个乘法器，1个加法器，3个常量，1个分线器，1个位扩展器。

然后，修改2个输入引脚的数据位宽为7，标签名称分别为区号和位号。修改前2个常量的数据位宽为7，"值"分别为"0x1"和"0x5E"；修改第3个常量的数据位宽为14，"值"为"0x1"。修改乘法器的数据位宽为7。修改第1个减法器的数据位宽为7，第2个减法器的数据位宽为14。修改加法器的数据位宽为14。修改分线器的分线端口数为2，数据位宽为 14。修改位扩展器的输入位宽为 7，输出位宽为 14，扩展方式为"0 扩展"。

最后，根据区位码与地址的转换表达式，完成各元件的电路连接，效果如图 4-27 所示。

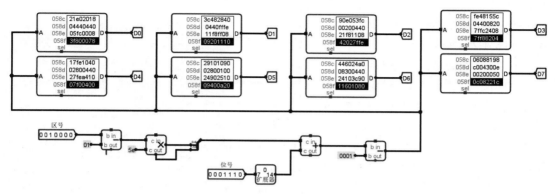

图 4-27　区位码的转换逻辑电路

4. 加载字库

逐个右击 ROM 器件，在弹出的快捷菜单中选择"加载数据信息"命令，打开"加载 ROM 镜像"对话框，找到准备好的字库文件，把所有点阵编码写入 ROM。注意，如果操作失误，可选择"清空所有数据内容"命令，清空之后重新加载。另外，也可以选择"编辑存储内容"命令，打开"Logisim：十六进制编辑器"窗口，在该窗口中单击"打开"按钮，把已准备好的点阵字库文件添加到该窗口，如图 4-28 所示。

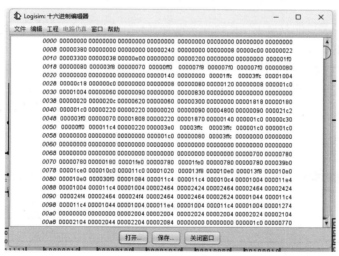

图 4-28　利用"Logisim：十六进制编辑器"加载字库

5. 测试电路

首先，在"字库"电路图中添加以下元件：1 个 LED 点阵（LED Matrix），8 个分线器，8 个隧道。

然后，修改各隧道的以下属性值：数据位宽为 32，标签名称分别是 D0、D1、D2、D3、D4、D5、D6、D7。修改各分线器的属性值，分线端口数为 2，数据位宽为 32，外观为"中心式"。修改 LED 点阵的属性值：输入格式为行，点阵列数为 16，点阵行数为 16。

之后，把隧道连接到分线器的汇聚端，分线器的第 0 ~ 15 位连接 LED 点阵的奇数行，第 16～31 位连接 LED 点阵的偶数行。

最后，在电路图中的两个输入引脚上分别输入区号值和位号值，例如输入区号为 0010000（即 10H，第 16 行），位号为 0001110（即 0EH，第 14 位），100EH 是"爱"字的区位码，LED 点阵将显示"爱"字，效果如图 4-29 所示。

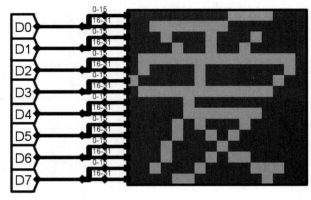

图 4-29　测试效果

6. 存储器的字扩展与实现

上面使用了 8 片 16K×32 位的 ROM 器件来构造 16×16 点阵字库的存储器系统，每个器件的字数达到 16K（即 16×1024=16384），足够容纳 GB2312 字符集的所有汉字字符的点阵编码。在实际应用中，由于器件成本、库存等因素，可能不得不选用其他规格的器件。例如，选用 4K×32 位的 ROM，单个器件的字数只有 4K，显然无法满足 GB2312 字符集的要求。为此，可采用字扩展的方法，使用 4 片 4K×32 位的 ROM 来构造 16K×32 位的存储模块，这样就可以替代图 4-25 所示电路中的 ROM 器件。如果全部替代，则总共需要 32 片 4K×32 位的 ROM。当然，也可以部分替代。请读者试一试，设计一个采用字扩展方法的字库存储模块来替代图 4-25 所示电路中的一个 ROM 器件。

【提示】

（1）访存时每次只能从 4 片 4K×32 位的 ROM 中选择其中 1 片，不能并发访问。为此，需要设计片选逻辑电路。1 个 4K×32 位的 ROM 需要 12 根地址线，为此，可以将区位码转换逻辑电路输出的 14 位地址信号中的低 12 位送入 ROM，剩下的高 2 位信号用作片选信号，通过多路选择器实现片选，相应的逻辑电路如图 4-30 所示（其中，Dx 表示图 4-25 所示电路中的第 x 个隧道）。

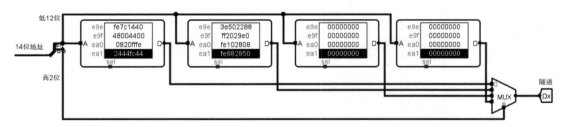

图 4-30　字扩展电路

（2）原来装入 1 个 16K×32 位的 ROM 的字库信息需要拆分成 4 份，分别装入 4 片 4K×32 位的 ROM。拆分时只需要以 4K 为单位进行处理即可。

4.5　实验总结

请按以下格式撰写实验总结。

本实验中我首先构建了一个……，并验证其功能，在此基础上构建了一个……，并验证其功能；接着设计了一个……，实现……等功能。通过本次实验，我本人更加了解和熟悉……，认识了……，提高了……。

第5章 控制器

控制器是计算机硬件系统的"指挥中心",其作用是向整机每个部件(包括控制器本身)提供协同工作所必需的控制信号。其功能和组成主要体现在指令的执行过程之中。因此,要想全面理解控制器的组成和实现原理,就必须首先了解计算机各部件的连接方式,特别是 CPU 内外的数据通路结构,然后从信息传送的角度去理解指令和数据在计算机各功能部件之间流动的时空关系,之后还要深入理解指令的执行步骤。

5.1 控制器的功能、组成及类型

5.1.1 控制器的功能

计算机硬件系统由运算器、控制器、存储器、输入设备和输出设备共 5 个部件组成,核心的功能是连续执行程序指令。其中,控制器是整个计算机硬件系统的指挥中心,其基本功能是向整机系统的每个部件(包括控制器本身)提供它们协同工作所必需的控制信号,它必须依据当前正在执行的指令和该指令所处的执行步骤来形成这些控制信号,并把这些控制信号定时传送给相关部件。

这些控制信号用来控制各种信息(包括指令本身、操作数、状态数据、控制命令等)在 CPU、总线、内存、I/O 接口等设备之间传递,完成指令的读取、分析和执行处理,完成操作数、操作数的地址、运算结果、状态数据等信息的读取、传送、写入、输入和输出等操作。

5.1.2 控制器的组成

控制器由寄存器、指令译码器、地址形成部件、微命令产生部件、时序系统和中断控制逻辑部件等部分组成,如图 5-1 所示,图中虚线箭头表示控制流,实线箭头表示信息流。其中,指令译码器(ID)对来自指令寄存器(IR)中的操作码进行分析、解释,产生相应的译码信号。地址形成部件根据指令的不同寻址方式,形成操作数的有效地址并送入地址寄存器(MAR)。中断控制逻辑部件用来控制中断处理。下面着重介绍寄存器、微命令产生部件和时序系统。

1. 寄存器

控制器使用的寄存器都是专用寄存器,包括指令寄存器(IR)、程序计数器(PC)、地址寄存器（MAR）等。

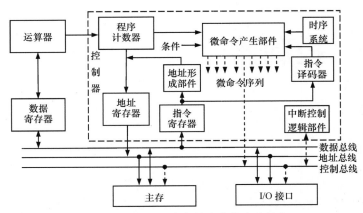

图 5-1　控制器组成与其在整机中的地位

其中，IR 用来存放当前正在执行的指令。它的输出包含操作码信息、操作数的地址信息等，IR 是产生微命令的主要逻辑依据。为了提高读取指令的速度，常在主存的数据寄存器和指令寄存器之间建立直接通路，指令从主存取出后经数据寄存器，沿直接通路快速送往 IR。为了提高读指令的衔接速度，支持流水线操作，现代的计算机都将指令寄存器扩充为指令队列或指令栈，允许预取若干条指令。

PC 用来指示指令在存储器中的存放位置，当程序顺序执行时，每次从主存取出一条指令，PC 内容就增量计数，指向下一条指令的地址。增量值取决于现行指令在主存中所占用的存储单元数，如果现行指令只占一个存储单元，则 PC 内容加 1；若占两个存储单元，则 PC 内容加 2。因此，当现行指令执行完时，PC 中存放的总是后继指令的地址。当程序不是顺序执行时，若现行指令是跳转指令，则该指令一定包含跳转之后将要执行的指令地址，直接将该地址送入 PC，即可指向跳转之后将要执行的目标指令。

MAR 用来存放 CPU 要访问的主存单元的地址。当需要读取指令时，CPU 先将 PC 的内容送入 MAR，再由 MAR 将指令地址送往主存。当需要读取或存放操作数时，CPU 也要先将该数据的有效地址送入 MAR，再送往主存。

2．微命令产生部件

从用户的角度来看，计算机的工作体现为指令序列的连续执行；从内部实现机制来看，指令的读取和执行又体现为信息的传送，相应地在计算机中形成控制流与数据流这两大信息流。实现信息传送要靠微命令的控制。微命令是基本的控制信号，是直接作用于部件或控制门电路的控制信号，例如让 ALU 进行 $A-B$ 运算的功能选择信号。

因此，在 CPU 中设置微命令产生部件，根据控制信息产生微命令序列，对指令功能所要求的数据传送进行控制，在数据传送至 ALU 时控制完成运算处理。

由于一条指令往往需要分步执行，例如一条定点乘法指令就划分为取指令、取源操作数（被乘数）、取目的操作数（乘数）、执行运算操作、存放运算结果等几个操作阶段；每个阶段又可划分成若干步操作，这就要求微命令也能分步产生。

因此微命令产生部件在一段时间内发出一组微命令，控制完成一步操作，在下一段时间内又发出一组微命令，控制完成下一步操作。完成若干步操作便实现了一条指令的功能，而实现若干条指令的功能即完成一段程序的任务。

3．时序系统

因为微命令产生部件是根据指令的操作步骤按时间顺序发送微命令序列的，所以计算机系统必须设置统一的时间信号作为分步执行的标志，如设置周期、节拍、脉冲信号等。

节拍是执行一步操作所需要的时间，一个周期可以包含几个节拍。这样，一条指令在执行过程中，根据不同的周期、节拍信号，就能在不同的时间发出不同的微命令，完成不同的操作。

脉冲是代表二进制的高电平或低电平信号，通常规定高电平表示"1"，低电平表示"0"。由于脉冲可能会因物理线路长度延长而衰减或因周围环境的干扰而失真，因此可以用脉冲的有无来表示"1"和"0"。又因脉冲维持的时间很短，所以经常利用脉冲的上升沿或下降沿来表示某一时刻，可用来实现那些需要严格定时控制的操作。例如，在某个时刻将数据打入某个寄存器；或者在某个时刻结束当前周期的操作，转入下一个周期。

周期、节拍、脉冲等信号称为时序信号，产生这些信号的部件称为时序信号发生器或时序系统。它由一个振荡器和一组计数分频器组成。振荡器是一个脉冲源，输出频率稳定的时钟脉冲，为 CPU 提供时钟基准。时钟脉冲经过一系列计数分频，产生所需要的节拍信号或持续时间更长的工作周期（机器周期）信号。

5.1.3　控制器的类型

控制器的主要任务是根据不同的指令代码（如操作码、寻址方式、寄存器号）、不同的状态条件（如 CPU 内部的程序状态字、外设的状态），在不同的时间（如周期、节拍、脉冲等时序信号），产生不同的控制信号，以便控制计算机的各部件协同工作。控制器的核心是微命令产生部件，按照该部件形成微命令方式的不同，控制器通常分为组合逻辑型、存储逻辑型及组合逻辑与存储逻辑结合型 3 种。

1．组合逻辑型

采用组合逻辑控制方式的控制器称为组合逻辑控制器，组合逻辑控制器采用组合逻辑技术实现。因为每个微命令的产生都需要一定的逻辑条件和时间条件，将条件作为输入，产生的微命令作为输出，则二者之间可用逻辑表达式表示，且可用逻辑电路实现。每种微命令都需要一组逻辑电路，将所有微命令所需的逻辑电路联合在一起就构成了组合逻辑型的微命令产生部件，当执行指令时，该组合逻辑电路在相应时间发出微命令来控制相应的操作。这种方式即组合逻辑控制方式。

组合逻辑控制方式具有速度快的优势，但是微命令发生器的结构不规整，使得设计、调试、维修较困难，难以实现设计自动化。组合逻辑控制器受到微程序控制器的强烈冲击，但是为了追求高速度，目前一些巨型计算机和 RISC 仍采用组合逻辑控制器。

2．存储逻辑型

采用微程序控制方式的控制器称为微程序控制器，微程序控制器采用存储逻辑实现。一条机器指令执行时往往会分成几步，将每一步操作所需的若干微命令以编码形式编入一条微指令中，若干条微指令组成一段微程序，对应一条机器指令。在设计 CPU 时，根据指令系统的需要，事先编制好各段微程序，将它们存放在控制存储器（CM）中，微命令则由微指令译码而成，这种方式即微程序控制方式。

与组合逻辑控制方式不同，微程序控制方式不是由组合逻辑电路实现的，它增加了一级控制存储器，每条指令的执行都意味着若干次存储器的读操作，所以指令的执行速度较组合逻辑控制器慢。对于不同的指令系统，对应的各段微程序不同，但是只需改变CM的内容和容量即可，无须改变结构，所以它具有设计规整，易于调试、维修，以及更改、扩充指令方便的优势，易于实现自动化设计。因而，微程序控制器成为当前控制器的主流。

3．组合逻辑与存储逻辑结合型

采用组合逻辑与存储逻辑结合方式的控制器称为PLA控制器，这种控制器是通过吸收组合逻辑控制方式和微程序控制方式的设计思想实现的。PLA控制器实际上也是一种组合逻辑控制器，但是与常规的组合逻辑控制器不同，它采用可编程逻辑阵列（PLA）实现。一个PLA电路由一个"与"门阵列和一个"或"门阵列构成，可以实现多变量组合逻辑，指令译码、时序信号及各部件的反馈信息作为PLA电路的输入。PLA电路的某一输出函数即对应的微命令。

5.2 时序控制与信息传送

微命令产生部件根据时序系统生成的时序信号，定时地送出微命令序列，以控制计算机的各部件协同工作，实现各种信息流（包括指令、操作数、地址、状态码等）在各部件之间传送。因此，如何使用时序信号对信息传送过程进行控制是实现控制器的关键。本节将重点介绍时序控制方式和信息传送过程。

5.2.1 时序系统的组成

典型的时序系统由晶体振荡器、启停控制逻辑、工作周期信号发生器、时钟周期信号发生器及工作脉冲信号发生器等组成，如图5-2所示。

其中，晶体振荡器是整个时序系统的脉冲源，输出频率稳定的主振脉冲，也称为时钟脉冲，为CPU提供时钟基准信号。时钟脉冲经过一系列计数分频处理，产生所需的工作周期信号或时钟周期信号。时钟脉冲与周期、节拍信号及有关控制条件相结合，可以产生所需的各种工作脉冲。

因为计算机加电后振荡器开始振

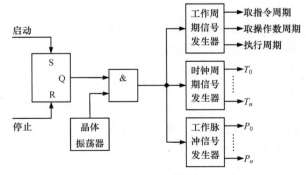

图 5-2 时序系统组成

荡，但当CPU启动或停机时有可能与振荡器不同步，导致产生的脉冲信号不完整，因此有必要设置一套启停控制逻辑，保证可靠地送出完整的脉冲信号。启停控制逻辑在加电时产生一个复位信号（RESET），对计算机中的有关部件进行初始化。

工作周期信号发生器根据指令执行的操作步骤产生工作周期信号。一条指令的执行过程通常划分为取指令、取操作数和执行等步骤，其工作周期就划分为取指令周期、取操作数周期和执行周期等。在一个工作周期内，计算机硬件能完成一个完整的操作任务，因此工作周期也常称为机器周期。

时钟周期信号发生器是根据硬件完成一个基本操作所需的时间来产生时钟周期信号的，该信号也称为节拍周期信号。例如，把 CPU 内部某个寄存器的内容传送给另一个寄存器所需的时间作为时钟周期。为了让计算机硬件有足够的时间来完成一些复杂的操作任务，我们可以定义一个工作周期为若干时钟周期的总数。

工作脉冲信号发生器通常在时钟周期结束时产生工作脉冲信号，该信号也称为节拍脉冲信号，通常作为触发器的输入脉冲与时钟周期相配合完成一次数据传送。

【例 5-1】设某计算机的主频为 8MHz，每个机器周期包含 4 个时钟周期，且该计算机的平均指令执行速度是 0.4MIPS，试求该计算机机器周期为多少微秒，平均指令执行时间为多少微秒，每个指令周期包含几个机器周期？

解 根据计算机的主频为 8MHz，得时钟周期为 1/8MHz=0.125μs。

（1）机器周期=0.125μs×4=0.5μs。

（2）平均指令执行时间是 1/0.4MHz=2.5μs。

（3）每个指令周期含 2.5μs/0.5μs =5 个机器周期。

5.2.2　时序控制方式

在微命令的形成逻辑中引入时序信号之后，当指令的执行需要分步进行时，控制器只需要按时序信号定时地送出微命令序列，就可以使指令的各步操作在不同的时间段中有序地完成。时序控制方式就是指计算机操作与时序信号之间的关系。根据是否有统一的时钟信号，时序控制方式分为以下几种。

1．同步控制方式

所谓同步控制方式就是在指令执行过程中各步微操作的完成都由统一基准时序信号来控制，也就是说，系统中有一个统一的时钟，所有的控制信号来自这个统一的时钟信号。一个时序信号结束就意味着所对应操作完成，当下一个时序信号来临时意味着开始执行下一步的相应操作或自动转向下一条指令的执行。

由于指令的繁简程度不同，完成功能不同，所对应的微操作序列的长短及各微操作执行的时间也会有差异，所以典型的同步控制方式以最复杂的指令和执行时间最长的微操作的时间作为统一的时序标准，将一条指令执行过程划分为若干相对独立的阶段（即工作周期或机器周期），每个阶段再划分成若干个节拍（即时钟周期），采用完全统一的周期或节拍来控制各条指令的执行。

采用同步控制方式，时序关系简单，划分规整，控制不复杂，控制部件在结构上易于集中，设计方便，但是在时间上安排不合理，对时间的利用不经济，这是因为对于较为简单的指令，有很多节拍处于等待状态，并没有被利用。因此，同步控制方式主要应用于 CPU 内部、其他部件或设备内部、各部件或设备之间传送距离不长、工作速度差异不大或传送所需的时间较为固定的场合。

在实际应用中，通常采用某些折中方案来克服同步控制的缺陷，常见的有以下几种。

（1）采用中央控制与局部控制相结合的方法

根据大多数指令的微命令序列的情况，设置一个统一的节拍数，使大多数指令能在统一的节拍内完成，我们将在这个统一的节拍内的控制称为中央控制。对于少数在统一节拍内不能完成的指令，则采用延长节拍或增加节拍数的方式，使操作在延长的节拍内完成，执行完毕后再返回中央控制。我们将在延长节拍内的控制称为局部控制。如图 5-3 所示，假设有 8 个中央节拍，T_7 结束之前若相应的操作还未结束，则在 T_7 和 T_8 之间加入延长节拍 T_7'，直到操作结束。

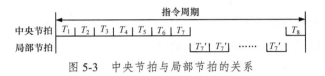

图 5-3　中央节拍与局部节拍的关系

（2）采用不同机器周期和延长节拍的方法

将一条指令的执行过程划分为若干个机器周期，如取指令周期、取操作数周期、执行周期等，根据执行指令的需要，选取不同的机器周期数。在节拍的安排上，每个周期划分为固定的节拍，每个节拍可根据需要延长一个节拍。采用这种方式可以解决执行不同指令所需时间不统一的问题。

（3）采用分散节拍的方法

分散节拍是指运行不同指令的时候，需要多少节拍，时序部件就产生多少节拍。采用这种方法的优点是可以完全避免节拍轮空。这种方法是提高指令执行速度的有效方法，但是该方法会使时序部件复杂化，同时不能解决节拍内简单的微操作因等待而浪费时间的问题。

2．异步控制方式

异步控制方式是指按照指令所对应的操作数目及每个操作的繁简来分配相应的时间，即需要多少时间就分配多少时间，而不采用统一的周期、节拍等时序信号控制。各操作之间采用应答方式进行衔接，通常由前一个操作完成时产生的"结束"信号或者是由下一个操作的执行部件产生的"就绪"信号作为下一个操作的"起始"信号。由于异步控制方式没有集中统一的时序信号形成和控制部件，有关的"结束""就绪"等信号的形成和控制电路是分散在各功能部件中的，所以该方式也被称为分散控制方式、局部控制方式或可变时序控制方式。

异步控制方式没有固定的周期和节拍及严格的时钟同步，完全按照需要进行时间的分配，解决了同步控制方式中时间利用不合理的问题，所以具有时间利用率高、计算机效率高的优点。但是这种方式实现起来非常复杂，很少在 CPU 内部或设备内部完全采用该方式。异步控制方式主要应用于控制某些系统总线操作的场合，如系统总线所连接的各设备工作速度差异较大，各设备之间的传送时间差别较大，所需时间不固定，不便事先安排时间时都可采用该方式。

3．联合控制方式

联合控制方式就是将同步控制方式和异步控制方式相结合的方式。对于不同指令的操作序列以及每个操作，实行部分统一、部分区别对待的方式，将可以统一起来的操作采用同步控制方式进行控制；将难以实现统一甚至执行时间都难以确定的操作采用异步控制方式。

通常的设计思想是在功能部件内部采用同步控制方式，按照大多数指令的需要设置周期、节拍或脉冲信号，对于复杂的指令如果固定的节拍数不够，采用延长节拍等方式来满足；而在功能部件之间采用异步控制的方式，如 CPU 和主存、外设等交换数据的时候，CPU 只需给出起始信号，主存或外设即可按照自己的时序信号去安排操作，一旦操作结束，就向 CPU 发送结束信号，以便 CPU 再安排它的后续工作。

5.2.3 数据通路结构

1．CPU 内部的数据通路结构

CPU 内部各部件之间需要传送信息，这就涉及 CPU 内部的数据通路结构。不同的计算机由于目标和定位不同，其 CPU 所采用的内部数据通路结构的差异很大。图 5-4 展示了一种简单的数据通路结构——单组总线、分立寄存器结构。

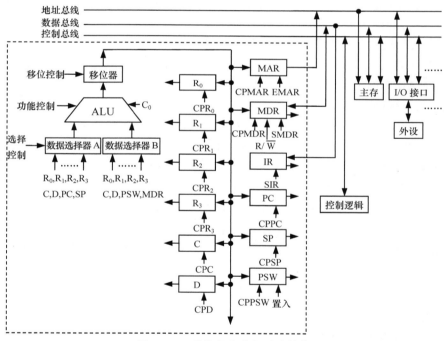

图 5-4　一种简单的数据通路结构

（1）CPU 的内总线

在单组总线、分立寄存器结构中，ALU 通过移位器只能向内总线发送数据，而不能直接从内总线接收数据；各寄存器能从内总线上接收数据，但是不能直接向内总线发送数据，若寄存器间要传送数据，必须通过 ALU 传送。ALU 的输入端设置了两个多路选择器，每次最多可以选择两个寄存器的内容送入 ALU 进行运算，或者只选择一个寄存器的内容，经过 ALU 送至另外一个寄存器。所以 ALU 既是运算处理部件，也是 CPU 内数据传送通路的中心；各寄存器的内容不管是需要进行运算处理还是需要进行简单的传输，都要通过 ALU 后再分配至目的寄存器。

控制器　第 5 章

在单组总线、分立寄存器结构中，如果一个寄存器（源）要向另一个寄存器（目标）传送数据，必须先将源寄存器的输出送至 ALU 的输入选择器，ALU 的输出经移位器后送至内总线，最后数据在 CP 脉冲的控制之下送入目的寄存器。可见，控制器只需要向接收数据的寄存器发送同步打入脉冲即可接收数据。

这种总线结构把 CPU 内部各逻辑部件连接成一个通路，具有简单、规整、控制集中，便于设置微命令的优点。但是由于只有一组基本数据通路，一次只能传送一个信息，因此并行程度较低。

（2）相关寄存器

在单组总线、分立寄存器结构中，每个寄存器都由 CP 端控制同步打入代码。

图 5-4 中，R0、R1、R2、R3、SP、PSW 及 PC 为通用寄存器，用于提供操作数、存放运算结果，或用作地址指针、变址寄存器等。在 PSW 中，可保存以下状态标志位：进位位、溢出位、结果为 0 位、结果为负位、允许中断位等。这些标志位由 R、S 端置入，系统总线对 MDR 和 IR 的输入也可以由 R、S 端置入。

暂存器 C 用来存放从主存中读取的源操作数或源操作数的地址。暂存器 D 用来存放从主存中读取的目的操作数、目的操作数的地址或中间运算结果。

IR 用来保存从主存中读取的经过总线直接置入的指令。

MAR 提供 CPU 访问主存的地址，它通过三态门与地址总线连接，当微命令 EMAR 为高电平时，MAR 中的地址送往地址总线；当微命令 EMAR 为低电平时，MAR 的输出呈高阻态，与地址总线断开。

MDR 既可以与 CPU 内部的部件交换数据——接收来自内总线的代码，或者将代码送入 ALU 的 B 输入门，也可以与系统总线双向传送数据——在某些时钟周期将 CPU 输出的代码送往数据总线，或者接收来自数据总线的代码。MDR 的输出级也采用三态门控制，控制命令与操作的关系如表 5-1 所示。

表 5-1　MDR 的控制命令与操作的关系

CPMDR	写命令（W）	读命令（R）	操作
上升沿	×	×	将内总线数据打入 MDR 中
0	0	0	MDR 输出呈高阻态
0	0	1	将数据总线数据置入 MDR 中
0	1	0	向数据总线输出数据

2．CPU 外部的数据通路结构

设计 CPU 时，除了考虑内部的信息传送外，还要考虑 CPU 与主存以及外设之间的信息传送。这就涉及 CPU 外部的数据通路结构问题。不同的设计方法，CPU 外部的数据通路结构是不同的。

现代计算机一般使用系统总线来连接各硬件部件。最简单的总线结构如图 5-4 所示，该结构将系统总线分为数据总线、地址总线和控制总线，CPU 通过系统总线与主存和 I/O 接口同时连接。

系统总线式的数据通路结构一般采用同步控制方式，CPU 通过 MAR 向地址总线提供地址以选择主存单元或外设，由控制命令 EMAR 控制；外设也可以向地址总线发送地址码。CPU 通过 MDR 向数据总线发送或接收数据，控制命令 R、W 决定传送方向，SMDR 决定

MDR 与数据总线的通断；主存和外设也与数据总线相连，可以向数据总线发送数据或从数据总线接收数据。CPU 及外设向控制总线发出有关的控制信号，或者接收控制信号；主存一般只接收控制命令，但也可以提供回答信号。

在这种系统总线式的数据通路结构中，各个外设通过各自的接口直接与系统总线相连接，主机和外设之间没有单独的连接通道，相互之间只能通过公共的系统总线进行信息的交换。外设之间也可以通过系统总线直接通信。

系统总线式的数据通路结构具有结构规整、简单，便于管理，易于扩展的特点，当需要增加新的外设时，只需在系统总线上挂接相应外设的接口即可。在这种结构中，CPU、主存与外设共享一组公共总线，其信息的吞吐量必然受到限制，系统的规模和效率也会受到影响。因此这种结构广泛应用于微型计算机、小型计算机中。

5.2.4 信息传送及其微命令设置

在计算机内部，信息分为指令信息、数据信息、地址信息以及由控制器所产生的微命令序列。下面以图 5-4 所示的通路结构为例，分析有关信息的传送路径。

1．指令信息的传送

指令从主存（用 M 表示）中读取后，通过数据总线置入 IR 中，可表示为：M→数据总线→IR。

2．数据信息的传送

数据信息可以在寄存器、主存、外设之间相互进行传送。

（1）寄存器 Ri 与寄存器 Rj 之间

Ri→数据选择器 A 或 B→ALU→移位器→内总线→Rj。

（2）主存与寄存器之间

① 主存 M 向寄存器 Ri 传送。

M→数据总线→MDR→数据选择器 B→ALU→移位器→内总线→Ri。

② 寄存器 Ri 向主存 M 传送。

Ri→数据选择器 A 或 B→ALU→移位器→内总线→MDR→数据总线→M。

（3）寄存器与外设之间

① 寄存器 Ri 向外设传送。

Ri→数据选择器 A 或 B→ALU→移位器→内总线→MDR→数据总线→I/O 接口。

② 外设向寄存器 Ri 传送。

I/O 接口→数据总线→MDR→数据选择器 B→ALU→移位器→内总线→Ri。

（4）主存单元之间

在主存单元之间进行数据传送时，会涉及寻找目的地址的问题，所以一般需要分为两个阶段实现数据传送，第一个阶段先将从主存中读出的数据暂存于暂存器 C 中，第二个阶段形成目的地址后再将 C 中的内容写入目的单元中。

第一阶段：M（源单元）→数据总线→MDR→数据选择器 B→ALU→移位器→内总线→C。

第二阶段：C→数据选择器 A 或 B→ALU→移位器→内总线→MDR→数据总线→M（目的单元）。

（5）主存与外设之间

主存与外设之间的数据传送有以下两种实现方式。

① 由 CPU 执行通用传送指令，以 MDR 为中间缓冲。

M←→数据总线←→MDR←→数据总线←→I/O 接口。

② DMA 方式，由 DMA 控制器控制，通过数据总线实现二者之间数据的传送。

M←→数据总线←→I/O 接口。

3．地址信息的传送

地址信息包括指令地址、顺序执行的后继指令地址、转移地址及操作数地址 4 类。

（1）指令地址。从 PC 中取出后，送入 MAR 中。

PC→数据选择器 A→ALU→移位器→内总线→MAR。

（2）顺序执行的后继指令地址。现行指令的地址加"1"后即可得到后继指令地址。

PC→数据选择器 A→ALU→移位器→内总线→PC

$$C_0 \nearrow 。$$

其中的 C_0 为进位初值，可置为"1"。

（3）转移地址。按照寻址方式形成相应的转移地址，并将地址送入 PC 中。对于不同的寻址方式，其传送路径也不同。

如寄存器直接寻址：Ri→数据选择器 A 或 B→ALU→移位器→内总线→PC。

如寄存器间接寻址：

Ri→数据选择器 A 或 B→ALU→移位器→内总线→MAR→地址总线→M；

M→数据总线→MDR→数据选择器 B→ALU→移位器→内总线→PC。

（4）操作数地址。按照寻址方式形成相应的操作数地址，并送入 MAR 中。对于不同的寻址方式，其传送路径也不同。

如寄存器间接寻址：Ri→数据选择器 A 或 B→ALU→移位器→内总线→MAR。

如变址寻址，由于形式地址放在紧跟现行指令的下一个存储单元中，并由 PC 指示，所以先要取出形式地址，将其暂存于暂存器 C 中，然后计算有效地址。传送路径如下。

第一步取形式地址：PC→数据选择器 A→ALU→移位器→内总线→MAR→地址总线→M→数据总线→MDR→数据选择器 B→ALU→移位器→内总线→C。

第二步计算有效地址：变址寄存器→数据选择器 A→ALU→移位器→内总线→MAR

$$C→数据选择器 B \nearrow 。$$

4．微命令的设置

上述信息的传送过程可进一步归结为两大类操作：内部数据通路操作和外部访存操作。假设 ALU 是由多个 Intel SN74181 芯片构成的，则对于图 5-4 所示的通路结构来说，为了确保传送操作顺序进行，控制器必须定时送出以下微命令。

（1）有关数据通路操作的微命令

① ALU 输入选择——如选择寄存器 R_0 经 A 门送入 ALU 的微命令为 R_0→A；选择暂存器 C 经 B 门送入 ALU 的微命令为 C→B；……

② ALU 功能选择——如选择工作方式的微命令为 S_0、S_1、S_2、S_3；控制是算术运算还是逻辑运算的微命令为 M；……

③ 移位器功能选择——选择输出方式微命令，如直传 DM、左移、右移……

④ 结果分配——如选择所需寄存器时的打入脉冲命令 CPR_0、CPMDR、CPPSW……

（2）有关访存操作所需微命令

将 MAR 中的内容送入地址总线的地址使能信号 EMAR、控制数据传送方向的读/写信号 R 和 W、将从主存中取出的数据置入 MDR 中的置入命令 SMDR……

当拟定指令的执行流程后，就可以依据指令功能在以上微命令中选择相应的微命令，从而形成微命令序列，以实现指令功能。

【例 5-2】设 MOV 指令的源操作数为寄存器间接寻址，设寄存器为 Ri，请分析读取源操作数的信息传送过程。

解 因为源操作数为寄存器间接寻址，因此其信息过程首先是将 Ri 的内容送入 MAR，然后从内存读出源操作数经数据总线进入 CPU 内的暂存器 C。详细过程如下。

第一步：Ri→数据选择器 A 或 B→ALU→移位器→内总线→MAR。

第二步：M（主存）→数据总线→MDR→数据选择器 B→ALU→移位器→内总线→C。

5.2.5　信息传送控制方式

1．直接程序传送方式

直接程序传送方式中信息的交换完全由主机执行程序来实现。当外设启动后，其整个工作过程都在 CPU 的监控下，所以此时 CPU 只为外设服务，不再处理其他事务。

若有多台中低速外设同时工作时，CPU 可以采用对多台外设轮流查询的方式。如有 A、B、C 这 3 台外设，若查询某台外设工作已经完成，则转入为该外设服务的子程序，执行服务子程序完成后查询下一台外设；若该外设工作尚未完成，则直接查询下一台外设。查询完最后一台外设再返回至第一台重新开始查询，不断循环，以 CPU 的高速度实现为多台外设同时服务。

2．程序中断方式

在程序查询方式中，当外设速度较低时，CPU 大量的时间都用于无效的查询，不能处理其他事务，也不能对其他突发事件及时做出反应。为了解决这一问题，中断控制方式被提出了。所谓中断是指 CPU 在执行程序的过程中，出现了某些突发事件等待处理，CPU 必须暂停执行的当前程序，转去处理突发事件，处理完毕后再返回原程序被中断的位置并继续执行。由于处理突发事件是以 CPU 执行中断处理程序的方式进行的，所以也称之为"程序中断方式"，简称"中断方式"。

中断方式具有程序切换和随机性这两个特征。从处理的过程看，中断的程序切换类似于子程序的调用，但存在很大的区别：子程序调用与主程序有必然的联系，它是为了完成主程序要求的特定功能而由主程序安排在特定位置上的；而中断处理程序与主程序没有任何直接联系，它是随机发生的，可以在主程序的任意位置进行切换。

采用中断方式，当外设处于数据传送之前的准备阶段时，CPU 仍可以执行原来的程序，所以效率得到提高。但是当进入数据传送阶段时，CPU 必须执行相应的处理程序，对 I/O

操作进行具体管理。中断方式可应用于 I/O 设备的管理控制及随机事件的处理。

中断方式的程序组织如图 5-5 所示。图中左边虚线表示当前程序的执行过程，右边虚线表示中断服务程序的执行过程。中断方式的处理过程如下。

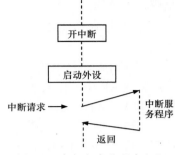

图 5-5 中断方式的程序组织

① 在 CPU 中设置一个允许中断标志，用以决定是否响应外设提出的中断请求，若该标志为"1"，表示 CPU 处于"开中断"状态，可以响应所提出的中断请求；若标志为"0"，则表示 CPU 处于"关中断"状态，不能响应中断请求。在程序中，CPU 为了能够响应中断请求，首先应该执行一条开中断指令，将允许中断标志置为"1"。

② 当需要调用某个外设时，CPU 通过 I/O 指令发出启动外设的命令，然后继续执行程序。

③ 外设被调用启动后，经过一段时间准备好数据或者完成一次操作时可向 CPU 提出中断请求。CPU 响应该中断请求，暂停当前处理的程序，转入中断服务程序。注意，为了能够在执行完中断服务程序后返回原程序，此时应该将返回地址和有关的状态信息压入堆栈保存。

④ CPU 在中断服务程序中与外设进行数据传送。数据传送完毕后，从堆栈中取出保存的返回地址和有关状态信息，并返回原程序被中断的位置继续执行原程序。

由于每一次中断都要去执行保护 CPU 现场、设置有关程序状态字寄存器、恢复现场及返回断点等操作，大大增加了 CPU 额外的时间开销，因此中断方式适用于低速外设。

3. DMA 控制方式

DMA 控制方式是一种在专门的控制器——DMA 控制器的控制之下，不通过 CPU，直接由外设和内存进行数据交换的工作方式，即输入时数据直接由外设写入内存，输出时数据由内存送至外设。

当高速外设需要和内存交换数据时，首先 DMA 控制器通过 DMA 请求获得 CPU 的响应（即 CPU 暂停使用系统总线和访存），掌握总线控制权。然后，在 DMA 周期中发出命令，实现主存与 I/O 设备间的 DMA 传送。在 DMA 控制方式中，CPU 仅仅是暂停当前执行的程序，而不是切换程序，所以不用进行保护 CPU 现场、恢复 CPU 现场等烦琐的操作，响应的速度大大提高；同时，在 DMA 控制器管理 DMA 传送期间，CPU 可以继续执行除了访存之外的任何操作，因而 CPU 的效率被大大提高。

应该注意的是，采用 DMA 控制方式传送数据时，有些相关的控制信息无法用硬件获取，如从哪个主存单元开始传送、传送量有多大、传送的方向（是主存送往外设，还是外设送往主存）等，需要由程序事先准备（这称为 DMA 的初始化操作）。此外，数据传送后要通过中断方式判断传送是否正确，所以 DMA 控制方式只是在传送期间不需要 CPU 的干预，但是在传送前和传送后需要 CPU 干预。

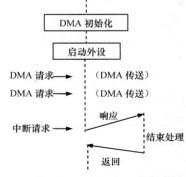

图 5-6 DMA 控制方式的程序组织

DMA 控制方式的程序组织如图 5-6 所示。

在图 5-6 中，响应 DMA 请求后的 DMA 传送操作是在 DMA 控制器的控制下完成的，并不执行程序指令，加以括号来表示这些操作是硬件隐指令操作，程序中并不存在，编制程序时也无须考虑。DMA 控制方式适用于高速外设（如磁盘）。

5.3 指令的执行流程

5.3.1 指令执行的基本步骤

一条指令往往需要划分成若干步骤执行。如何划分指令的执行步骤，与指令的功能、字长、格式以及计算机硬件的组成有直接关系。例如，一条定点加法指令就分为取指令、取源操作数、取目的操作数、ALU 执行运算并存放运算结果等 4 个步骤，如图 5-7 所示。

图 5-7　一条定点加法指令的执行步骤

其中，取指令是每一条指令都必须执行的，所完成的功能对于所有指令都相同。对于取操作数来说，需要执行的具体操作与指令类别、寻址方式、隐含约定机制密切相关。例如，若是单操作数指令，可省略取目的操作数这一步骤；若是零操作数指令，则这两个步骤都可省略。同样，第 4 步对不同指令也会有所区别。

当然，并不是所有指令都必须经过上述 4 个步骤。从如何处理这 4 个步骤的衔接关系，以及控制器如何向整机系统提供全部微命令序列（控制信号）来区别，有 3 种可行方案。

第一种是单周期方案。全部指令都必须经过这 4 个步骤并将其安排在一个长的时钟周期内依次完成。各寄存器的内部只在时钟周期结束的时刻发生变化，控制器在取出指令之后一次提供全部控制信号并在整个时钟周期不改变。其优点是控制简单，但资源利用率和系统运行效率很低，并不实用。

第二种是多周期方案。这种方案根据指令类别为不同类别的指令设置不同的执行步骤，例如功能简单的指令只需要 2 个步骤，而有的指令则需要 3 个步骤，每一个步骤的执行功能在一个较短的时钟周期内完成。为此，控制器需根据指令及其所处的执行步骤向各部件发送不同的控制信号，虽然控制变得比较复杂，但资源利用率和系统运行效率明显提高，具备较好的实用性。

第三种是指令流水线方案。这种方案让全部指令都经历 4 个执行步骤，由于不同执行步骤所占用的硬件资源并不相同，因此让相邻的几条指令同时进入不同的步骤执行，以同时完成不同的操作功能，理想情况是每一个执行步骤都能结束一条指令的执行过程，资源利用率和系统运行效率最高。这种方案在现代计算机中被普遍应用。前两种方案都是串行执行的，指令执行过程中彼此不存在制约关系，而流水线实现指令的并行执行，处在并行执行中的指令之间可能出现制约关系，需要妥善解决。此时控制器直接针对各部件提供控制信号，控制要复杂很多。

5.3.2　指令周期的设置

　　由于引入了中断方式或 DMA 控制方式，因此在指令执行过程中若外设提出了中断请求或 DMA 请求，则必须进行响应或处理。又由于中断请求或 DMA 请求具有随机性，因此在当前指令执行结束后不能安排执行当前程序的下一条指令，而必须安排中断响应或 DMA 响应操作。这样，一条指令的执行过程最多包含 6 个操作步骤，可设置为 6 个工作周期——取指令周期、源周期、目的周期、执行周期、DMA 周期及中断周期。注意，由于 DMA 周期实现的是高速的数据传送，所以应先判断有无 DMA 请求，如果有 DMA 请求，则插入 DMA 周期；否则，再判断有无中断请求，若有则进入中断周期，完成相应操作后，转向新的取指令周期，开始中断服务程序的执行；若无中断请求则返回取指令周期，从主存中读取后继指令。CPU 控制流程图如图 5-8 所示。图中"单"表示单操作数，无源周期；"双"

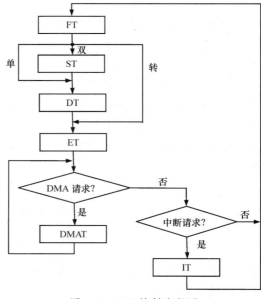

图 5-8　CPU 控制流程图

表示双操作数；"转"表示零操作数，无源周期，无目的周期。

1．取指令周期

　　取指令周期（FT）中包括从主存中取指令并将其送入指令寄存器（IR）以及修改 PC 的操作，由于这些操作与指令的操作码无关，是每条指令都必须经历的，所以称为公共操作。应注意的是，取指令周期结束后将进入哪个工作周期，与指令的类型及所涉及的寻址方式有关。

2．源周期

　　若需要从主存中读取源操作数，则进入源周期（ST）。当源操作数是寄存器寻址时，不需要进入该周期。在源周期中，将依据源地址字段的信息进行操作，形成源地址，再根据得到的地址取出操作数，将操作数暂存于暂存器 C 中。

3．目的周期

　　当需要从主存中读取目的操作数或目的地址时（即寻址方式为非寄存器寻址），则进入目的周期（DT）。在该周期中，将依据目的地址字段的信息进行操作，形成目的地址并存放在 MAR 中，如传送类指令中只需要形成目的地址即可，或者根据得到的地址取出目的操作数并存放于暂存器 D 中，如双操作数指令中需要取出目的操作数。

4．执行周期

　　执行周期（ET）是所有指令都需要进入的最后一个工作阶段，在该阶段依据指令的操作码进行相应的操作。此外，为了给下一个指令周期读取新指令做准备，在执行周期中还要将后继指令地址送入 MAR 中。

5．DMA 周期

CPU 在响应 DMA 请求之后进入 DMA 周期（DMAT）。在该周期中，CPU 将交出系统总线的控制权，由 DMA 控制器控制系统总线，以此实现主存与外设之间的数据传送。因此，对于 CPU 来说，DMA 周期是一个空操作周期。

6．中断周期

当外部有请求时，在响应中断请求之后，到执行中断服务程序之前，需要一个过渡阶段，该阶段即中断周期（IT）。在该周期中，将直接依靠硬件进行关中断、保存断点、转服务子程序入口等操作。

5.3.3 取指令周期的操作流程

由于每一种指令都有取指令周期，因此我们先来分析取指令周期的操作流程；同时，结合时序系统和信息传送过程，深入分析控制器是如何发送微命令序列的。

图 5-9 给出了以寄存器传送语句形式描述的取指令的流程，在一个时钟周期中，CPU完成了两步操作——从主存（M）中取出指令放入 IR 中，以及修改程序计数器（PC）的内容使其指向现行指令的下一个单元。因为读取指令经由数据总线，而修改 PC（即 PC+1）经由 ALU 与内总线，所以这两步操作在数据通路上没有冲突、在时间上不矛盾，因而可以在一个时钟周期内并行执行。

表 5-2 所示是取指令周期的操作时间表。该表给出实现取指令流程所需要的微命令序列，包括电位型微命令和脉冲型微命令。注意，操作时间表中只列出在本节拍内有效的微命令，无效的微命令或者"0"信号不必列出。

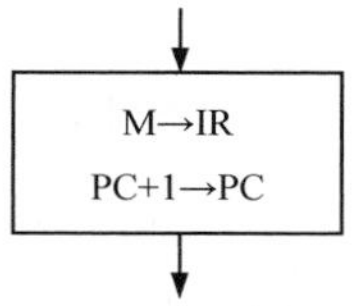

图 5-9 取指令流程

表 5-2 取指令周期操作时间表

左栏（节拍序号）	中栏（电位型命令）		右栏（脉冲型微命令）
	EMAR		
	R		右栏（脉冲型微命令）
	SIR		
	PC→A		
	S3S2$\overline{S1}$S0$\overline{M}$C0	P	
FT$_0$	DM		
	1→ST（逻辑表达式 1）		CPPC
	1→DT（逻辑表达式 2）		CPT（$\overline{P}$）
	1→ET（逻辑表达式 3）		CPFT（$\overline{P}$）
			CPST（$\overline{P}$）
			CPDT（$\overline{P}$）
			CPET（$\overline{P}$）

在表 5-2 中，左栏可将工作周期与节拍序号综合标注，可标为 T_0、T_1……形式，或者 FT_0 形式；中栏列出的是需要同时发出的电位型微命令，必须维持一个时钟周期。右栏列出的是脉冲型微命令，这些脉冲型微命令在时钟周期的末尾发出，由工作脉冲 P（或 $\bar{P}$）进行定时。注意有些微命令只在满足某些逻辑条件下才能送出，所以要进一步标注其补充逻辑条件。可以先注明逻辑表达式的序号，当能够完全确定全部的逻辑条件时再补充相应的逻辑表达式。可见，在指令的执行过程中，有 3 种操作——访存操作、CPU 内部数据通路操作及时序切换操作——受微命令的控制。

1．控制访存操作的微命令

EMAR——地址使能命令，使 MAR 输出有效，经地址总线送往主存。

R——读命令，送至存储器，读取指令。

SIR——置入命令，IR 置入的开门命令，若读出的信息为 1，则 IR 中对应的位被置为"1"。注意只有在取指令周期中才会发出 SIR 命令，将读出的指令代码直接送往 IR。

2．控制 CPU 内部数据通路操作的微命令

PC→A——选择命令，使多路选择器 A 选择 PC 送至 ALU，封锁数据选择器 B。

C0——以初始进位形式提供数值"1"。

$\overline{S3}\,\overline{S2}\,\overline{S1}\overline{S0M}$——控制 ALU 实现带进位加法功能，由于 B=0，所以实际操作为 A+1。

DM——对移位器所发的直传命令。

CPPC——打入 PC 的同步定时命令，只有当该脉冲前沿到来时，PC 内容才会被修改。

3．控制时序切换的微命令

由于取指令周期（FT）只占用一个时钟周期，所以完成 FT 中的操作之后，依据 FT 中读取的指令，决定应该进入哪个新的工作周期状态，节拍状态又从"0"开始。因此，在操作时间表中列出了 1→ST（逻辑表达式 1）、1→DT（逻辑表达式 2）、1→ET（逻辑表达式 3）这 3 种可能建立的状态。结合图 5-8，它们表达的逻辑意义如下：当 FT 结束后，对于双操作数指令，若数均在主存单元中，则依次进入 ST、DT 及 ET；若操作数均在寄存器中，则进入 ET。对于单操作数指令，若数在主存中，则进入 DT 及 ET；若数在寄存器中，则进入 ET。对于转移指令，则在 FT 之后直接进入 ET。

在 FT 的末尾同时发出了 4 个打入脉冲即 CPFT、CPST、CPDT、CPET，以 $\bar{P}$ 脉冲同步定时。由于 1→ST、1→DT、1→ET 中只有一个为"1"，所以在 FT 结束后，只有一个工作周期状态触发器会为"1"，而 FT=0，从而实现了周期切换。在操作时间表中未发出 T 计数器的计数命令，即 T+1=0，所以维持 T_0 状态。

5.3.4　指令执行流程设计举例

下面以 MOV、ADD、JMP/RST、JSP 等指令展示指令的详细执行流程。

1．MOV 指令的执行流程

MOV 指令的执行流程如图 5-10 所示，该指令流程中包含各种寻址方式的组合，流程

分支的逻辑依据就是寻址方式字段编码。其中，X 表示变址寻址，寻址方式字段编码为 101；SR 表示源操作数采用寄存器方式寻址；DR 表示目的地址采用寄存器方式寻址；$\overline{SR}$ 表示源操作数采用非寄存器寻址方式；$\overline{DR}$ 表示目的地址采用非寄存器方式寻址。下面通过对 MOV 指令流程进行分析，了解各种寻址方式的具体实现过程，以此作为剖析整个指令系统执行流程的突破口。

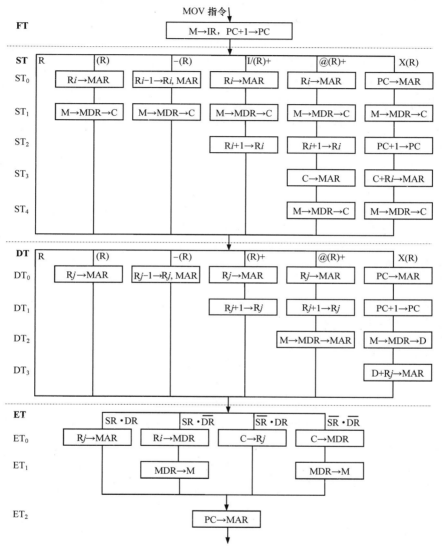

图 5-10　MOV 指令的执行流程

（1）FT

FT 中的操作为公共操作。在 FT 结束时根据源寻址方式做出判别与分支，决定是否进入 ST。如果源寻址方式为非寄存器寻址，则进入 ST。

（2）ST

在 ST 中，根据源寻址方式来决定在该周期中的分支情况。注意，在 ST 中需要暂存的信息，一般都暂存于暂存器 C 中。

① R 型——寄存器寻址

源操作数采用寄存器寻址，即源操作数存放在指定寄存器中，在 ET 中直接送往 ALU 即可，所以不需要经过 ST 取源操作数。

② (R)型——寄存器间接寻址

源操作数采用寄存器间接寻址，即操作数地址存放在指定的寄存器中，操作数存放在该地址所指示的存储单元中，所以要先按照寄存器的内容进行访存，再从主存单元读取操作数。

该分支中包括两个节拍：第一节拍 ST_0 从指定的寄存器 Ri 中取得地址；第二节拍 ST_1 访存读取操作数，经过 MDR 送入暂存器 C 中暂存。

③ –(R)型——自减型寄存器间接寻址

源操作数采用自减型寄存器间接寻址，该寻址方式中将指定寄存器的内容减"1"后作为操作数地址，再按照地址进行访存，从主存中读取操作数。

该分支中包括两个节拍：第一节拍 ST_0 先修改地址指针内容，即指定寄存器 Ri 的内容减"1"，所得结果同时打入该寄存器 Ri 中与 MAR 中，形成源地址；第二节拍 ST_1 访存读取操作数并暂存于暂存器 C 中。

④ I/(R)+型——立即/自增型寄存器间接寻址

操作数采用自增型寄存器间接寻址时，操作数地址在指定寄存器中，访存取得操作数，然后将寄存器的内容加"1"作为新的地址指针。若指定的寄存器是 PC，则为立即寻址，立即数存放在紧跟指令的单元中，取指令后修改 PC 的内容即可得到立即数的地址，根据该地址访存读取操作数。

该分支中包括 3 个节拍：第一节拍 ST_0 取得地址；第二节拍 ST_1 读取操作数；第三节拍 ST_2 修改地址指针（即 Ri 的内容加"1"）。其中第二节拍与第三节拍的操作可交换，但是为了使各种寻址方式在第二节拍中的操作相同，便于简化微命令的逻辑条件，采用图 5-10 所示流程中的安排。

⑤ @(R)+型——自增型双间接寻址

自增型双间接寻址是将指定寄存器的内容作为操作数的间接地址，根据该地址访存后寄存器的内容加 1，指向下一个间址单元。双间接寻址需两次访存操作，第一次访存是从间址单元中读取操作数地址；第二次访存再从操作数地址单元中取得操作数。

该分支中包括 5 个节拍：在 ST_0 取得间址单元地址；在 ST_1 从间址单元中读取操作数地址；在 ST_2 修改指针；在 ST_3 将操作数地址送往 MAR，在 ST_4 读取操作数。注意，从时间优化的角度考虑，可将 ST_1 和 ST_3 操作合并在一拍中完成；从保持 ST_1 操作统一的角度考虑，也可以分成两个节拍。

⑥ X(R)型——变址寻址

源操作数采用变址寻址，形式地址存放在紧跟指令的存储单元中，所指定的变址寄存器内容作为变址量，将形式地址与变址量相加，其结果即操作数地址，然后根据该地址访存读取操作数。该寻址方式中需要两次访存，第一次在 PC 指示下读取形式地址，第二次访存读取操作数。

该分支中包括 5 个节拍：在 ST_0 将 PC 中的内容送入 MAR（因为取指后 PC 已经修改，所以此时的 PC 指向紧跟现行指令的下一个单元，即形式地址的存放单元）；在 ST_1 进行访存读取形式地址并将其暂存于 C 中；在 ST_2 修改 PC 指针；在 ST_3 将变址寄存器中的变址量与暂存器 C 中的形式地址相加完成变址计算，获得操作数地址；在 ST_4 读取操作数。

（3）DT

各分支与 ST 的操作相似，但是对于 MOV 指令，在 DT 只需要找到目的地址即可，所以不需要取目的操作数这个步骤。

（4）ET

在 ET 中实现操作码所要求的传送操作。进入 ET 时，根据 SR 和 DR 的状态可形成 4 个分支：

➢ $SR \cdot DR$——源操作数存放在寄存器中、结果送往寄存器中；

➢ $SR \cdot \overline{DR}$——源操作数存放在寄存器中、结果送往主存单元中；

➢ $\overline{SR} \cdot DR$——源操作数存放在暂存器中、结果送往寄存器中；

➢ $\overline{SR} \cdot \overline{DR}$——源操作数存放在暂存器中、结果送往主存单元中。

当现行指令结束后，在 ET_2 中执行 PC→MAR，即将后继指令地址送入 MAR 中，以便下一个指令周期的 FT 中可以直接读取指令。

指令流程图中所反映的是正常执行程序的情况，实际在最后一拍还需要判别是否响应 DMA 请求与中断请求，即是否发送 1→DMAT 或 1→IT 命令。若不发送上述命令，则建立 1→FT，从而转入后继指令的执行过程。

【例 5-3】写出指令 MOV (R0),@(R1)+ 的各工作周期的完整执行流程。

解 @(R1)+ 表示源操作数的寻址方式为自增型双间接寻址，(R0) 表示目的地址的寻址方式为寄存器间接寻址。因此，根据图 5-10 可知该指令的完整执行流程如下。

```
FT      M → IR
        PC+1 → PC
ST₀     R1 → MAR
ST₁     M → MDR → C
ST₂     R1+1→R1
ST₃     C→ MAR
ST₄     M→MDR→C
DT₀     R0 → MAR
ET₀     C → MDR
ET₁     MDR → M
ET₂     PC → MAR
```

2．ADD 指令的执行流程

ADD 指令的执行流程如图 5-11 所示，其 FT 和 ST 与 MOV 指令的相同，但其 DT 比 MOV 指令的多一步操作：访存读取目的操作数并将操作数送入暂存器 D 中。

注意，ADD 是双操作数指令，其他的双操作数指令，包括 SUB（减）、AND（与）、OR（或）及异或（EOR）等，与 ADD 指令的执行流程几乎相同，只需视情况改变 ET_0 送出的微命令序列即可。

而对于单操作数指令，包括 COM（求反）、NEG（求补）、INC（加"1"）、DEC（减"1"）、SL（左移）、SR（右移）等，因为只有一个操作数，所以不需要进入 ST，FT 之后直接进入 DT 中，其 DT 情况与双操作数中的相同，ET 只有两类情况——若操作数采用寄存器寻址，则将结果送回寄存器；若操作数采用非寄存器寻址，则将暂存于 D 中的结果先送到 MDR，再传送到主存的原存储单元中即可。

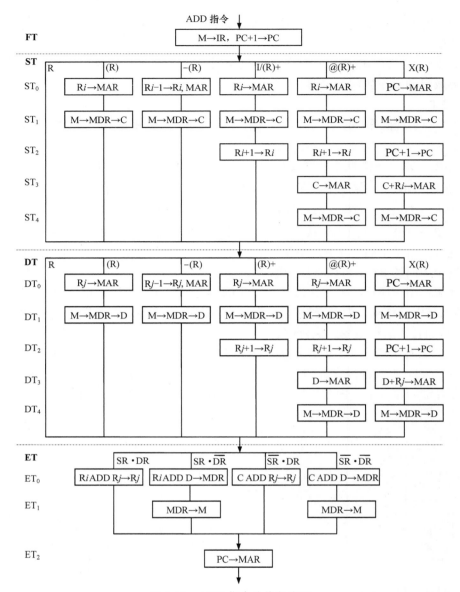

图 5-11　ADD 指令的执行流程

【例 5-4】写出指令 ADD (R0), (R1)的各工作周期的完整执行流程。

　　解　(R1)表示源操作数是寄存器间接寻址，(R0)表示目的地址也是寄存器间接寻址。因此，根据图 5-11 可知该指令的完整执行流程如下。

```
FT      M → IR
        PC+1 → PC
ST₀     R1 → MAR
ST₁     M → MDR → C
DT₀     R0 → MAR
DT₁     M → MDR → D
ET₀     C ADD D → MDR
ET₁     MDR → M
ET₂     PC → MAR
```

3.转移指令 JMP 及返回指令 RST 的执行流程

转移指令 JMP 和返回指令 RST 的主要任务是获得转移地址和返回地址，安排在 ET 中完成，返回指令 RST 是转移指令 JMP 的一种特例。指令流程如图 5-12 所示，在 FT 结束后直接进入 ET 中，不需要进入 ST 和 DT。是否发生转移依据指令规定的转移条件与 PSW 相应位的状态，相应地有转移不成功（NJP）和转移成功（JP）两种可能。

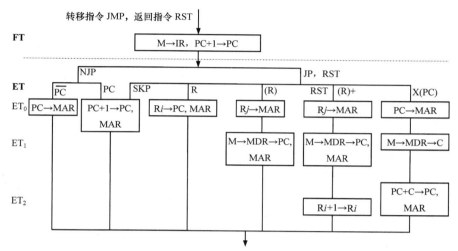

图 5-12　转移指令 JMP 和返回指令 RST 的执行流程

（1）转移不成功

若不满足转移条件，则程序顺序执行，不发生转移。程序顺序执行时，后继指令地址有以下两种情况：

- $\overline{PC}$ 型，转移地址中没有指明 PC，则现行转移指令后紧跟着后继地址，FT 中修改后的 PC 内容即后继指令地址，所以在 ET 中执行 PC→MAR 即可；
- PC 型，转移地址中指明了 PC，则现行指令后紧跟的单元中存放着转移地址，下一个存储单元的内容才是后继指令地址，因此在 ET 中要再次修改 PC。

（2）转移成功

若满足转移条件，则按照寻址方式获得转移地址，常用的寻址方式如下：

- SKP（跳步执行），在 ET 中要再次修改 PC；
- R（寄存器寻址），从指定寄存器中读取转移地址；
- (R)（寄存器间接寻址），从指定的寄存器中读取间址单元地址，然后从间址单元中读取转移地址；
- (R)+（自增型寄存器间接寻址），从指定的寄存器中读取间址单元地址，再从间址单元中读取转移地址，最后修改指针 R；
- X(PC)（相对寻址），以 PC 的内容为基准计算转移地址。

4.转子指令 JSP 的执行流程

转子指令可使用 3 种寻址方式——R、(R) 和 (R)+，允许将子程序的入口地址存放在寄存器、主存以及堆栈中，所指定的寄存器可以是通用寄存器、堆栈指针寄存器或是程序计数器，其中前两种归为 $\overline{PC}$ 型，后一种称为 PC 型。返回地址需要压栈保存，转子指令执行流程如图 5-13 所示。

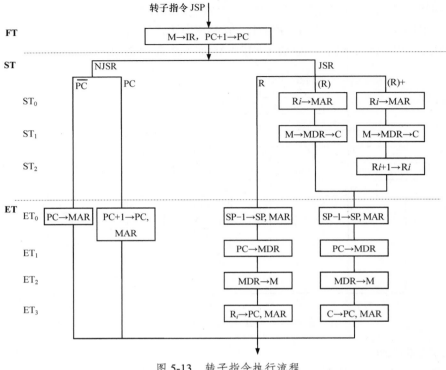

图 5-13　转子指令执行流程

（1）转子不成功 NJSR

若转子条件不满足，则不转入子程序，程序顺序执行。在 ET 中获得后继指令地址的情况与转移指令 JMP 中 NJP 的相同。对于 $\overline{PC}$ 型，程序顺序执行；对于 PC 型，由于现行指令后紧跟的单元中存放的是子程序的入口地址，在下一个单元中存放的才是后继指令，所以要跳步执行。

（2）转子成功 JSR

若转子指令采用 R 型，则直接进入 ET；若是(R)和(R)+型，则要进入 ST，从主存中读取转移地址（即子程序入口地址），将获得的子程序入口地址暂存于暂存器 C 中。在 ET 中，要先保存返回地址，即修改堆栈指针，将 PC 的内容（即返回地址）经过 MDR 压栈保存。然后将子程序入口地址送入 PC 和 MAR 中。

5.4　组合逻辑控制器

5.4.1　组合逻辑控制器的组成与运行原理

组合逻辑控制器又称硬联控制器或硬连线控制器，是早期计算机唯一可行的方案。当前在 RISC 或追求高性能的计算机中普遍选用。其基本原理是使用大量的组合逻辑门电路，直接提供控制计算机各功能部件协同运行所需要的控制信号。这些门电路的输入是指令操作码、指令执行步骤编码和控制条件，输出就是微命令序列。

组合逻辑控制器的优点是形成微命令序列所必需的信号传输延迟时间短，对提高系统运行速度非常有利。缺点是形成控制信号的电路设计比较复杂，使用与、或、非等逻辑门电路实现时工作量较大，尤其是要修改一些设计时非常困难。随着 VLSI 的发展，特别是各种不同类型的现场片的出现以及性能杰出的辅助设计工具软件的应用，这一矛盾在很大程度上得到缓解。

组合逻辑控制器主要包括微命令发生器、译码器、指令寄存器（IR）、程序计数器（PC）、程序状态字寄存器（PSW）、时序系统、地址形成部件等，如图 5-14 所示。

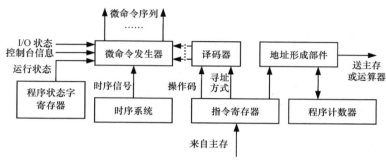

图 5-14　组合逻辑控制器的组成

其中，微命令发生器是由若干门电路组成的逻辑电路，是组合逻辑控制器的核心部件。从主存读取的现行指令存放在指令寄存器中，指令的操作码和寻址方式代码分别经过译码电路形成相关逻辑信号，送入微命令发生器，作为产生微命令的基本逻辑依据。此外，微命令的产生还需要考虑 PSW 所反映的 CPU 内部运行状态、由控制台产生的操作员控制命令、外设与接口的有关状态及外部请求等各种状态信息。时序系统为微命令的产生提供周期、节拍、脉冲等时序信号。指令寄存器中的地址段信息送往地址形成部件，按照寻址方式形成实际地址，送往主存以便访问主存单元或者送往运算器，按照指定的寄存器号选取相应的寄存器。当程序顺序执行时，程序计数器增量计数，形成后继指令的地址；当程序需要转移时，指令寄存器中的地址段信息经地址形成部件产生转移地址，送入程序计数器中，使程序发生转移。

5.4.2　组合逻辑控制器的设计

在组合逻辑控制器中，微命令是由组合逻辑电路产生的，所以要将全机在各种工作状态下所需要的所有微命令列出、归并、优化，并用相应的逻辑器件实现。将有关的逻辑条件（如操作码、寻址方式、寄存器号等）与时间条件（如工作周期名称、节拍序号、定时脉冲等）作为组合逻辑电路的输入，便可通过逻辑电路产生相应的电位型微命令和脉冲型微命令。

因此，组合逻辑控制器在设计实现时必须按照以下步骤进行。

（1）根据 CPU 的结构图写出每条指令的操作流程图并分解成微操作序列。

（2）选择合适的控制方式和控制时序。

（3）为微操作流程图安排时序，列出微操作时间表。

（4）根据操作时间表写出微操作的表达式，并对表达式进行化简。

（5）根据微操作的表达式画出逻辑电路并实现。

其中，为了简化电路，常将各种输入条件综合为一些中间逻辑变量来使用。因为很多微命令会在操作中多次出现，所以要将这些出现的相同信号按照其产生条件写出综合逻辑表达式，即微命令的产生条件会以"与或"表达式的形式出现。可用下式表示：

微命令=周期1·节拍1·脉冲1·指令码1·其他条件1+…+

周期n·节拍n·脉冲n·指令码n·其他条件n

以上的微命令逻辑表达式作为初始形态，可对其进一步化简。化简时，可以提取公共逻辑变量，减少引线，减少元器件数以便降低成本，或者使逻辑门级数尽可能少，减少命令形成的时间延迟以便提高速度。

5.4.3 组合逻辑控制器的时序系统

在组合逻辑控制器中，时序信号划分为指令周期、工作周期、时钟周期和工作脉冲等几种。指令周期是执行一条指令所需要的时间，从取指令开始到指令执行结束。由于指令的功能不同、格式不同，所需的执行时间也不尽相同，所以指令周期不是固定的，是随着指令的不同而变化的。因而一般不将指令周期作为时序系统的一级。

组合逻辑控制器依据不同的时间标志，控制 CPU 进行分步工作。一条指令从取指令到执行结束，可以划分为若干工作周期；在每个工作周期中按照不同的分步操作划分出若干个时钟周期；在每个时钟周期中再按照所需的定时操作设置相应的工作脉冲，所以对于组合逻辑控制器来说，采用的是工作周期、时钟周期、工作脉冲三级时序。

对工作周期来说，有些计算机将 CPU 周期的长短定义为一次内存的存取周期，如取指令周期、取操作数周期都是一次主存的读操作，而执行周期可能是一次主存的写操作，这都是一次系统总线的传送操作，称之为总线周期，所以在这种情况下有工作周期=主存存取周期=总线周期。但是有些计算机系统的 CPU 周期是根据需要而设定的，取操作数周期会因寻址方式的不同而不同，执行周期也会因为指令功能的不同而不同，这种情况下，CPU周期不是一个常量，与主存存取周期和总线周期就不存在等量关系。

对于时钟周期来说，为了简化时序控制，可将主存访问周期所需的时间作为时钟周期的宽度。由于访问主存的时间较长，所以对于 CPU 内部操作来说，在时间上比较浪费。在任何一个计算机系统中，时钟周期都是一个常量。对于工作周期固定的计算机系统，每个工作周期包含的时钟周期数是固定的，在工作周期不固定的计算机系统中，每个工作周期包含的时钟周期数不固定，但是时钟周期数是可变的。

当一个工作周期包含若干个时钟周期时，可设置一个时钟周期计数器 T，若本工作周期应当结束，则发命令 T→0，计数器 T 复位，从 T→0 开始新的计数循环，进入新的工作周期；若本工作周期还需要延长，则发命令 T+1，计数器 T 将继续计数，出现新的时钟周期。

对于工作脉冲来说，有些计算机系统中的工作脉冲与时钟周期是一一对应的，当时钟周期确定后，工作脉冲的频率便唯一地确定了。这些计算机系统中工作脉冲的频率就是脉冲源的频率。但有的计算机系统时钟周期包含若干的工作脉冲，在一个时钟周期中实现的操作也相应要多一些。

图 5-15 展示了一个简化了的采用同步控制方式的组合逻辑控制器的时序关系。在该图中，一个指令周期包含 3 个 CPU 周期，每个 CPU 周期又包含 4 个时钟周期，每个时钟周期末尾有一个工作脉冲。各时序都是由系统时钟分频变化得到的，之间没有重叠交叉也没

有间隙。

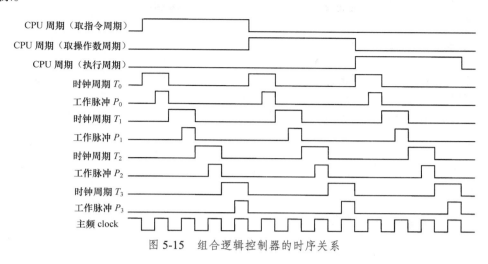

图 5-15　组合逻辑控制器的时序关系

5.5　微程序控制器

微程序控制的概念最早是由英国剑桥大学的莫里斯·V. 威尔克斯（Maurice V. Wilkes）教授于 1951 年提出的，微程序控制是将程序设计的思想引入硬件逻辑控制，把控制信号进行编码并有序地存储起来，将一条指令的执行过程替换为多条微指令的执行过程，从而使控制器的结构变得十分规整，当要扩充指令功能或增添新的指令时，只需要修改被扩充的指令的微程序或重新设计一段微程序即可。本节将介绍有关微程序控制的基本思想、微程序控制器的逻辑组成、微程序的执行过程，以及有关模型机中微程序的设计问题。

5.5.1　微程序控制的基本原理

1．基本思想

由于指令的执行具有很强的阶段性，即一条指令的执行要多个工作周期，每个工作周期中又要经过几个时钟周期，因此可根据这种阶段性，将所有微命令以二进制编码的形式存储在存储器中，然后按顺序一个个读出，进而控制指令各步骤的操作，最终完成一条指令的执行。也就是说，可将一步操作所需的微命令以编码的形式编在一条微指令中，且将微指令事先存放在由 ROM 构成的控制存储器中，在 CPU 执行程序时，从控制存储器中取出微指令，译码后产生所需的微命令来控制相应的操作。一条机器指令需要执行若干步操作，每步操作用一条微指令进行控制，相应地对于一条机器指令就需要编制若干条微指令。这些微指令组成一段微程序，当执行完一段微程序也就意味着完成了一条机器指令的执行。这就是微程序控制思想。

请读者注意以下几个与微程序控制有关的术语。

（1）微操作——由微命令控制实现的最基本的操作。

（2）微指令——体现微操作控制信号及执行顺序的一串二进制编码。其中，将体现微操作控制信号的部分称为微命令字段，体现微指令执行顺序的部分称为微地址字段。

（3）微程序——由若干条微指令组成，用来控制机器指令执行，又称微指令序列。显然，一条机器指令对应一段特定的微程序。

2．微程序控制器的逻辑组成

微程序控制器与组合逻辑控制器相比，不同之处就在于其微命令的产生方式不同。微程序控制器的核心部件是微地址形成电路，包括用来存放微程序的存储器及其配套逻辑，其他逻辑（如 IR、PC、PSW 等）与组合逻辑控制器并无区别。微程序控制器的组成如图 5-16 所示。

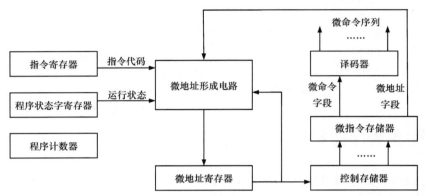

图 5-16　微程序控制器的组成

其中，部分部件功能说明如下。

（1）控制存储器

控制存储器（CM）是微程序控制器的核心，用以存放与所有指令对应的微程序。由于微程序执行时不能写入，只需要读出，所以采用 ROM。为了弥补微程序控制器速度慢的不足，CM 通常选用高速器件。

（2）微地址寄存器

读取微指令时，微地址寄存器（μAR）用来存放其地址（相当于 MAR）。从 CM 中读取微指令时，μAR 中保存微地址，指向相应的 CM 单元。当读出微指令后或者完成一个微指令周期操作后，微地址形成电路将后继微地址打入 μAR 中，以便做好读取下一条微指令的准备。

（3）微指令寄存器

微指令寄存器（μIR）用来存放由 CM 中读出的微指令（相当于控制器中的指令寄存器）。微指令可分为两部分：一部分是提供微命令的微命令字段（也称为微操作控制字段），这部分可以不经过译码直接作为微命令，或者分成若干小字段经过译码后产生微命令；另一部分给出后继微地址的有关信息，用以指明后继微地址的形成方式，控制微程序的连续执行，这部分被称为微地址字段（也称为顺序控制字段）。μIR 将微命令字段送往译码器，产生相应的微命令；将微地址字段送往微地址形成电路，以便产生后继微地址。

（4）微地址形成电路

依据指令寄存器中的操作码和寻址方式、μIR 的微地址字段、程序状态字 PSW 等有关信息产生微指令的地址。在逻辑实现时采用 PLA 电路较为理想。

3．微程序的执行过程

微程序的执行过程实际上是读取微指令并由微指令控制计算机工作的过程。

（1）取指令阶段——取指令是公共操作，任何指令的执行都是从取指令开始的。因此与所有指令对应的微程序的首地址都相同，都是从 CM 的固定单元读取"取指微指令"（即第一条用于取指令的微指令）。

（2）取操作数阶段——大多数指令会涉及操作数，而操作数的寻址方式不同，相应地获取操作数所需要的微操作不同，所需的微指令也不同。因此在微程序的取操作数阶段要依据寻址方式来确定微程序的流向。

（3）执行阶段——因为指令的操作码不同，所以执行阶段所需要的微操作不同，微指令也随之不同。因此在微程序的执行阶段，应该根据操作码通过微地址形成电路，确定与该指令所对应的微程序的入口地址，逐条取出并执行对应的微指令。当执行完一条微指令时，根据微地址形成方法产生后继微地址，以读取下一条微指令。

经过上述几个阶段的操作，对应于一条机器指令的一段微程序执行结束后，返回至"取指微指令"，开始新的机器指令的执行。也就是说，微程序的最后一条微指令的微地址字段指向 CM 固定的取指令单元。

5.5.2　微指令的编码方式

微指令的编码方式是指如何对微指令的操作控制字段进行编码以表示各个微命令，以及如何把编码译成相应的微命令。微指令编码设计是在总体性能和价格的要求下，在机器指令系统和 CPU 数据通路的基础上进行的，要求微指令的宽度和微程序的长度都要尽量短。微指令的宽度短可以减少 CM 的容量；微程序的长度短可以提高指令的执行速度，而且可以减少 CM 的容量。微指令编码可以采用以下几种方式。

1．直接控制方式

直接控制方式指微指令中控制字段的每一个二进制位就是一个微命令，直接对应于一种微操作。如读/写微命令，可用一位二进制表示，若命令为"1"则表示读，为"0"则表示写。这种方式具有简单、直观的优点，只要读出微指令，即可得到微命令，不需要译码（也称为不译法）；此外由于多个微命令位可以同时有效，所以并行性好。但是这种方式最致命的一个缺点就是信息效率太低，若不采取补充措施，将会使微指令变得过宽，造成资源浪费。因而这种方式只能在微指令编码中被部分采用。直接控制方式示意图如图 5-17 所示。

2．分段直接编码方式

分段直接编码方式也称为显式编码、单重定义方式，将整个操作控制字段分成若干个小字段（组），每个字段定义一组微命令，每个字段经过译码给出该组的一个微命令，如图 5-18 所示。

采用分段直接编码方式，应遵循以下分段原则：

（1）在组合微命令时，须将相斥性微命令组合在同一个字段内；

（2）将相容性微命令组合在不同字段内。

所谓相斥性微命令是指在同一个微周期中不能同时出现的微命令；相容性微命令是指

在同一个微周期中可以同时出现的微命令。所谓微周期是指从 CM 中读取一条微指令并执行相应的微操作所需的时间。应注意，将多个相斥性微命令集中起来进行同时译码，只有一个微命令入选，才符合互斥的要求，即在某一时刻只有一个微命令有效，而相容性微命令要分别进行译码。

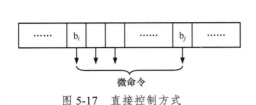

图 5-17　直接控制方式

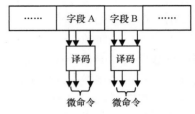

图 5-18　分段直接编码方式

例如，用一个 3 位的小字段 A 表示运算器 A 输入端的选择，编码 000 表示发送微命令 R0→A，编码 001 表示发送微命令 R1→A，等等；用一个两位的小字段 B 表示移位功能的选择，编码 00 表示直传，编码 01 表示左移，等等。可以看出在这两个字段中各自所包含的微命令均为互斥的，不会在微指令中同时出现；而它们表示的是同一类型的操作，操作可以并行执行，互不干扰。

采用分段直接编码方式可以有效地缩短微指令的字长，而且可以根据需要保证微命令相互配合和一定的并行控制能力，是一种最基本、应用最广泛的微命令编码方式。

3．分段间接编码方式

分段间接编码方式是在分段直接编码的基础上，进一步压缩微指令宽度的一种编码方式。这种编码方式中，一个字段的含义不仅取决于本字段的编码，还需由其他字段来加以解释才能形成最终的微命令（这就是间接的含义），即一种字段编码具有多重定义，也被称为隐式编码或多重定义方式。分段间接编码方式示意如图 5-19 所示。

如图 5-19 所示，字段 A 中发出微命令 a1，其确切含义经字段 B 的 bx 解释为 a1x，经 by 解释为 a1y，分别代表两个不同的微命令；同理，字段 A 中发出微命令 a2，其确切含义经字段 B 的 bx 解释为 a2x，经 by 解释为 a2y，又分别代表两个不同的微命令，这些微命令都是互斥的。

分段间接编码方式常用来将属于不同部件或不同类型但是互斥的微命令编入同一个字段中，这样可以有效减小微指令字长的宽度，使得微指令中的字段进一步减少，编码的效率进一步

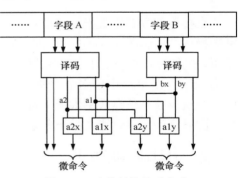

图 5-19　分段间接编码方式

提高。但是采用这种方式可能会使微指令的并行能力下降，并增加译码线路的复杂性，这将会导致执行速度的降低。因此，分段间接编码方式通常用作分段直接编码的一种辅助手段，适用于那些使用频度不高的微指令。

4．其他编码方式

除了以上的几种基本编码方式外，还有一些编码方式，如在微指令中设置常数字段，

为某个寄存器或某个操作提供常数；由机器指令的操作码对微命令做出解释或由寻址方式编码对微命令进行解释；由微地址参与微命令的解释；等等。

无论采用何种编码方式，微指令在设计时追求的目标应涉及以下几个方面：提高编码效率，有利于缩短微指令的宽度；有利于减少 CM 的容量；保持微命令的并行性，有利于提高微程序的执行速度；有利于对微指令进行修改；有利于保证微程序设计的灵活性；硬件线路应尽可能简单。

5.5.3　微地址的形成方式

在微程序控制的计算机中，机器指令通过一段微程序解释执行，每一条指令都对应一段微程序，不同指令的微程序存放在 CM 的不同存储区域中。通常把一段微程序的首条微指令在 CM 中的单元地址称为微程序的初始微地址，也称微程序的入口地址。微程序在执行过程中，当前正在执行的微指令被称为现行微指令，现行微指令在 CM 中的单元地址为现行微地址。现行微指令执行完毕后，下一条要执行的微指令被称为后继微指令，后继微指令在 CM 中的单元地址被称为后继微地址。

1．初始微地址的形成

由于每条机器指令的执行都必须首先从取指令操作开始，所以要有"取指令"微操作控制，从主存中取出一条指令。这段由一条或几条微指令组成的微程序是公用的，一般可以从 0 号或其他特定的单元开始。取出机器指令后，根据指令代码转换为该指令所对应的微程序段的入口地址（即形成初始微地址），这个过程被称为功能转移。由于机器指令的结构以及采取的实现方法不同，功能转移有以下 3 种方式。

（1）一级功能转移

所谓一级功能转移是指根据指令操作码，直接转移到相应微程序的入口。当指令操作码的位置与位数均固定时，则可以直接使用操作码作为微地址的低位段，这样的功能转移很容易实现。例如，设指令字长为 16 位，规定操作码对应指令的第 12～15 位（最高 4 位，有 16 条指令），当取出指令后，直接将这 4 位作为微地址的低 4 位即可。

（2）二级功能转移

由于指令功能不仅与操作码有关，而且可能与寻址方式有关，这时可能需要进行分级转移，如先根据操作码进行第一级功能转移，再根据寻址方式进行第二级功能转移。若采用扩展操作码方式时，操作码的位置与位数不固定，也可能要进行分级转移，即先按照指令类型标志进行第一级转移，区分出是哪一类指令。由于每一类指令中操作码的位置与位数一般是固定的，所以第二级转移即可按照操作码区分出具体是哪条指令，以便转移到相应的微程序入口。

（3）用 PLA 电路实现功能转移

可编程逻辑阵列（PLA）实质上是一种译码—编码阵列，具有多个输入和输出，可将各种转移依据（如操作码、寻址方式等）作为其输入代码，对应的输出即相应的微程序入口地址。采用 PLA 电路实现功能转移时，虽然在原理上常需要多级转移才能找到相应的微程序段，但是在 PLA 技术成熟后，就可实现快速的一级转移。因此，对于变长度、变位置的操作码来说，采用这种方式尤为有效，且转移速度较快。

2．后继微地址的形成

在找到微程序入口之后，开始执行相应的微程序。每条微指令执行完毕后，都要依据其顺序控制字段的规定形成后继微地址。后继微地址的形成方式对于微程序编制的灵活性影响极大，主要有增量方式和断定方式两种。

（1）增量方式

所谓增量方式是指当微程序按地址递增顺序一条条地执行微指令时，后继微地址是现行微地址加上一个增量得到的；当微程序转移或调用微子程序时，由微指令地址控制字段产生转移微地址。常见增量方式如下。

① 顺序执行：微地址增量为 1。

② 跳步执行：微地址增量为 2。

③ 无条件转移：由现行微指令给出转移微地址。或者给出全字长的微地址，或者给出微地址的低位部分，而高位部分与现行微地址相同。

④ 条件转移：现行微指令的顺序控制字段以编码方式表明转移条件，以及现行微指令的哪些位是转移微地址。

⑤ 转微子程序与返回：常将微程序中能够公用的部分（如读取源操作数、目的地址等）编制成微子程序，相应地在微程序中就存在有转子和返回等形态。当执行转微子程序的转子微指令时，把现行微指令的下一个微地址送入返回地址寄存器中，然后将转移地址字段送入微程序计数器中；当执行返回微指令时，将返回地址寄存器中的返回地址送入微程序计数器中，返回微主程序。

采用增量方式具有直观、与常规工作程序形态相似、容易编制调试的优点，但是不易直接实现多路转移。当需要进行多路转移时，通常采用断定方式。

（2）断定方式

断定方式是一种直接给定微地址与测试判定微地址相结合的方式，后继微地址可由设计者指定或由设计者指定的测试判定字段控制产生。在微指令中给出的信息包括：直接给定的微地址高位部分 D 和断定条件 A。其中，断定条件 A 只是指明低位微地址的形成条件，而不是低位微地址本身。所形成的后继微地址就由设计者直接指定高位部分 D 和由断定条件 A 产生的低位部分组成，如图 5-20 所示。

图 5-20　微指令与微地址的组成示意图

例如，设微地址共 10 位，微指令的 A 字段有 2 位；D 字段的位数由断定条件 A 确定，其位数可变，则在不同断定条件下可实现不同分支，比如约定如下。

➢ A=01 时，若微地址的低位部分 L 为 4 位操作码，则 D 给定的高位部分 H 有 6 位，可实现 16（2^4）路分支。

➢ A=10 时，若微地址低位部分 L 为 3 位源寻址方式编码，则 D 给定高位部分 H 有 7 位，可实现 8（2^3）路分支。

➢ A=11 时，若微地址低位部分 L 为 3 位目的寻址方式编码，则 D 给定的高位部分 H 有 7 位，可实现 8（2^3）路分支。

采用断定方式可以实现快速多路分支，适用于功能转移，但是在编制微程序时，地址安排比较复杂，微程序执行顺序不直观。因此在实际的计算机中，常将增量方式和断定方式结合使用，以便使微程序的顺序控制更加灵活。

5.5.4 微指令格式设计

微指令格式的设计直接影响微程序控制器的结构和微程序的编址，也影响着计算机的处理速度及 CM 的容量，所以是微程序设计的主要部分。微指令格式设计除了要实现计算机的整个指令系统外，还要考虑具体的数据通路、CM 的速度以及微程序编制等因素。在进行微程序设计的时候，为提高微程序的执行速度，应尽量缩短微指令字长，减小微程序的长度。

1．微指令格式

微指令的编址方式是决定微指令格式的主要因素，微指令格式分为以下两种。

（1）水平型微指令

水平型微指令是指一次能定义多个微命令的微指令，一般由控制字段、判别测试字段及下地址字段构成，格式如下：

控制字段	判别测试字段	下地址字段

一般来说水平型微指令具有以下特点：微指令字长较长；微操作并行能力强；微指令编码简单；一般采用直接控制方式和分段直接编码方式，微命令与数据通路各控制点间有较直接的对应关系。由于这种微指令格式的字长较长，所以明显增加了 CM 的横向容量，又由于微指令中定义的微命令较多，所以微程序的编制较困难、复杂，不易实现设计自动化。

采用水平型微指令来编制微程序称为水平型微程序设计。这种设计方法由于微指令的并行能力强，效率高，编制的微程序短，所以微程序的执行速度快，CM 的纵向容量小。

（2）垂直型微指令

在微指令中设置微操作码字段，采用微操作码编译法，由微操作码规定微指令的功能，这类微指令被称为垂直型微指令。垂直型微指令与机器指令格式类似，即每条机器指令有操作码 OP，而每条微指令有微操作码 μOP，通过微操作码字段译码，一次只能控制从源部件到目的部件的一两种信息的传送过程。也就是说垂直型微指令不强调实现微指令的并行处理能力，通常一条微指令只要求实现一两种控制即可。

垂直型运算操作的微指令格式为：

微操作码	源寄存器 I	源寄存器 II	目的寄存器	其他

垂直型微指令具有如下特点：微指令字长较短；并行处理能力弱；采用微操作码规定微指令的基本功能和信息传送路径；微指令编码复杂，微操作码字段需要经过完全译码产生微命令，微命令的各个二进制位与数据通路的各个控制点之间不存在直接对应关系。因为微指令字长短，含有的微命令少，所以微指令并行操作能力弱，编制的微程序较长，要求 CM 的纵向容量较大。另外，采用垂直型微指令的执行效率较低，执行速度慢。

采用垂直型微指令来编制微程序称为垂直型微程序设计，具有直观、规整、易于编制微程序和实现设计自动化的优点，又由于微指令字长短，所以 CM 的横向容量小。垂直型微程序设计主要是面向算法的描述，所以也被称为软方法。

2．毫微程序设计

所谓毫微程序设计就是用水平型的毫微指令来解释垂直型微指令的微程序设计，采用两级微程序设计方法：第一级采用垂直型微程序设计，第二级采用水平型微程序设计。当执行一条指令的时候，首先进入第一级微程序，由于第一级是垂直型微指令，并行能力较弱，当需要时可由它调用第二级微程序（即毫微程序），执行完毕后再返回至第一级微程序。毫微程序控制器中有两个 CM，一个用来存放垂直型微程序，被称为微程序控制存储器（μCM），另一个用来存放毫微程序，被称为毫微程序控制存储器（nCM）。

在毫微程序控制的计算机中，垂直型微程序是根据指令系统和其他处理过程的需要而编制的，具有严格的顺序结构。水平型微程序由垂直型微指令调用，具有较强的并行操作能力，若干条垂直微指令可以调用同一条毫微指令，因此在 nCM 中的每条毫微指令都不相同，也无顺序关系。当从 μCM 中读出一条微指令，除了可以完成微指令自己的操作外，还可以给出一个 nCM 地址，以便调用一条毫微指令来解释该微指令的操作，实现数据通路和对其他处理过程的控制。

毫微程序设计具有以下优点：利用较少的 CM 空间可达到高度的操作并行性；用垂直型微指令编制微程序易于实现微程序设计自动化；并行能力强，效率高，可充分利用数据通路；独立性强，毫微程序间没有顺序关系，修改毫微指令不会影响毫微程序的控制结构；若改变机器指令的功能，只需修改垂直型微程序，无须改变毫微程序，所以具有很好的灵活性，便于指令系统的修改和扩充。采用毫微程序设计时，由于在一个微周期中要访问 μCM 和 nCM，即需要两次访问 CM，所以速度将受到影响。此外，硬件成本增加了，所以一般不在微、小型计算机中使用毫微程序设计。

【例 5-5】设微指令字长为 27 位，为了满足图 5-4 所示数据通路结构的需要，请完成水平型微指令格式的定义。

解 为了满足图 5-4 所示数据通路结构的需要，可采用直接控制和分段编码相结合的方式，将微指令划分为基本数据通路控制字段、访存控制字段、辅助操作控制字段及顺序控制字段几个部分，共 11 个微命令字段，如图 5-21 所示。各字段详细定义如下。

图 5-21　微指令格式及字段定义

（1）基本数据通路控制字段

① AI 表示 ALU 的 A 输入端选择字段（3 位）。

000 表示无输入；001 表示 Ri→A；010 表示 C→A；011 表示 D→A；100 表示 PC→A。

其中 AI=001 时，表示把在指令中指定的寄存器 Ri 的内容送入 ALU 的输入端 A（Ri 可以是 R0～R3、SP、PC）；AI=100 时，表示将程序计数器（PC）的值送入 ALU 的输入端 A。

② BI 表示 ALU 的 B 输入端选择字段（3 位）。

000 表示无输入；001 表示 Ri→B；010 表示 C→B；011 表示 D→B；100 表示 MDR→B。

注意，AI 和 BI 中有一些编码组合未被定义，可用来扩充微命令。

③ SM 表示 ALU 功能选择信号字段（S3S2S1S0M），共 5 位，采用直接控制法。

④ C0 表示初始进位设置字段（2 位）。

00 表示 0→C0；01 表示 1→C0；10 表示 PSW0（进位位）→C0。

⑤ S 表示移位器控制字段（2 位）。

00 表示 DM（直传）；01 表示 SL（左移）；10 表示 SR（右移）；11 表示 EX（高低字节交换）。

⑥ ZO 表示内总线输出分配字段（3 位）。

000 表示无输出，不发送打入脉冲；001 表示 CPRi；010 表示 CPC；011 表示 CPD；100 表示 CPIR；101 表示 CPMAR；110 表示 CPMDR；111 表示 CPPC。

（2）访存控制字段

该控制字段包括 3 个 1 位的小字段，均采用直接控制方式。

EMAR 表示地址使能信号字段，为 "0" 时 MAR 与地址总线断开；为 "1" 时由 MAR 向地址总线提供有效的地址；若 EMAR 为 "0"，CPU 不访存，但是可以由 DMA 控制器提供地址。

R 表示读控制信号字段，为 "1" 时读主存，同时作为 SMDR。

W 表示写控制信号字段，为 "1" 时写主存，为 "0" 时 MDR 与数据总线断开。

注意，当 R 和 W 均为 "0" 时，主存不工作。

（3）辅助操作控制字段 ST（2 位）

将前面基本操作中未能包含的其他操作归为一类，称为辅助操作，如开中断、关中断等。

00 表示无操作；01 表示开中断；10 表示关中断；11 表示 SIR。

（4）顺序控制字段 SC（4 位）

在顺序控制字段 SC 中只是指出了形成后继微地址的方法，其本身并不是微地址。例如，可规定以下编码。

0000：微程序顺序执行。

0001：无条件转移，由微指令的高 8 位提供转移微地址。

0010：按指令操作码 OP 断定，进行分支转移。

0011：按 OP 与 DR（目的寻址方式是寄存器型或非寄存器型）断定，分支转移。

0100：按 J（是否转移成功）与 PC（指令中指定的寄存器是否为 PC）断定，分支转移。

0101：按源寻址方式断定，分支转移。

0110：按目的寻址方式断定，分支转移。

0111：转微子程序，将返回微地址存入一个专设的返回微地址寄存器中，由微指令的高 8 位提供微子程序入口。

1000：从微子程序返回，由返回微地址寄存器提供返回地址。

其余编码可用来扩充断定条件。

5.5.5 微程序设计

编制微程序时，要注意编写顺序、实现微程序分支转移等问题。依照前面所指定的指令流程可以进行微程序的编制。编制微程序时，可采取以下编制顺序：先编写取指段；然后按机器指令系统中各类指令的需要，分别编写其相对应的微程序；之后编写压栈、取源操作数、取目的地址等可公用的微子程序。

表 5-3 中列举了部分微程序示范。其中，第一栏提供有关微程序段含义的标注；第二栏是微地址；第三栏列出该微指令所实现的微操作；第四栏中标明该微指令所包含的微命令，包括电平型微命令和脉冲型微命令、顺序控制字段代码等。为了便于阅读和理解，采用文字方式对微程序转移和分支情况进行说明。

表 5-3　部分微程序示范

含义	微地址	微操作	微命令序列
取指	00H	M→IR	EMAR, R, SIR, SC=0000
	01H	PC+1→PC	PC→A, S3S2S1S0$\overline{\text{M}}$, C0=1, DM, CPPC, SC=0000
	02H		按 OP 分支，SC=0010
MOV	03H		转 "取源操作数" 微程序入口 4CH，SC=0111
	04H		转 "取目的地址" 微程序入口 60H，SC=0111
	05H		按 OP 与 DR 分支，SC=0011
MOV·$\overline{\text{DR}}$	06H	C→MDR	C→A, S3S2S1S0M, DM, CPMDR, SC=0000
	07H	MDR→M	EMAR, W, SC=0000
	08H	PC→MAR	PC→A, S3S2S1S0M, DM, CPMAR, SC=0000
	09H		转 "取指" 入口 00H，SC=0001
MOV·DR	0AH	C→Rj	C→A, S3S2S1S0M, DM, CPRj, SC=0000
	0BH		转 08H，SC=0001
双操作数	0CH		转 "取源操作数" 微程序入口 4CH，SC=0111
	0DH		转 "取目的地址" 微程序入口 60H，SC=0111
	0EH	M→MDR→D	EMAR, R, MDR→B, S3$\overline{\text{S2}}$S1$\overline{\text{S0}}$M, DM, CPD, SC=0000
	0FH		按 OP·DR 分支，SC=0011
ADD·$\overline{\text{DR}}$	10H	C+D→MDR	C→A, D→B, S3$\overline{\text{S2}}$S1$\overline{\text{S0}}$$\overline{\text{M}}$, PSW0→C0, DM, CPMDR, SC=0000
	11H		转 07H，SC=0001
ADD·DR	12H	C+Rj→Rj	C→A, Rj→B, S3$\overline{\text{S2}}$S1$\overline{\text{S0}}$$\overline{\text{M}}$, PSW0→C0, DM, CPR$j$, SC=0000
	13H		转 08H，SC=0001
SUB·$\overline{\text{DR}}$	14H	C−D→MDR	C→A, D→B, $\overline{\text{S3}}$S2S1$\overline{\text{S0}}$$\overline{\text{M}}$, 1→C0, DM, CPMDR, SC=0000
	15H		转 07H，SC=0001
SUB·DR	16H	C−Rj→Rj	C→A, Rj→B, $\overline{\text{S3}}$S2S1$\overline{\text{S0}}$$\overline{\text{M}}$, 1→C0, DM, CPR$j$, SC=0000
	17H		转 08H，SC=0001
AND·$\overline{\text{DR}}$	18H	C∧D→MDR	C→A, D→B, S3S2S1$\overline{\text{S0}}$M, DM, CPMDR, SC=0000
	19H		转 07H，SC=0001
AND·DR	1AH	C∧Rj→Rj	C→A, Rj→B, S3S2S1$\overline{\text{S0}}$M, DM, CPRj, SC=0000
	1BH		转 08H，SC=0001
OR·$\overline{\text{DR}}$	1CH	C∨D→MDR	C→A, D→B, S3$\overline{\text{S2}}$S1S0M, DM, CPMDR, SC=0000
	1DH		转 07H，SC=0001
OR·DR	1EH	C∨Rj→Rj	C→A, Rj→B, S3$\overline{\text{S2}}$S1S0M, DM, CPRj, SC=0000
	1FH		转 08H，SC=0001

含义	微地址	微操作	微命令序列
EOR · $\overline{DR}$	20H	C+D→MDR	C→A, D→B, S3$\overline{S2}$S1S0M, DM, CPMDR, SC=0000
	21H		转 07H, SC=0001
EOR · DR	22H	C+Rj→Rj	C→A, Rj→B, S3$\overline{S2}$S1S0M, DM, CPRj, SC=0000
	23H		转 08H, SC=0001
单操作数	24H		转 "取目的地址" 微程序入口 60 H, SC=0111
	25H	M→MDR→D	EMAR, R, MDR→B, S3$\overline{S2}$S1S0M, DM, CPD, SC=0000
	26H		按 OP 分支, SC=0010
COM · $\overline{DR}$	27H	$\overline{D}$→MDR	D→A, $\overline{S3S2S1S0M}$, DM, CPMDR, SC=0000
	28H		转 07H, SC=0001
COM · DR	29H	$\overline{Rj}$→Rj	Rj→A, $\overline{S3S2S1S0M}$, DM, CPRj, SC=0000
	2AH		转 08H, SC=0001
NEG · $\overline{DR}$	2BH	$\overline{D}$+1→MDR	D→B, $\overline{S3S2S1S0M}$ C0, DM, CPMDR, SC=0000
	2CH		转 07H, SC=0001
NEG · DR	2DH	$\overline{Rj}$+1→Rj	Rj→B, $\overline{S3S2S1S0M}$ C0, DM, CPRj, SC=0000
	2EH		转 08H, SC=0001
INC · $\overline{DR}$	2FH	D+1→MDR	D→A, S3S2S1S0$\overline{M}$ C0, DM, CPMDR, SC=0000
	30H		转 07H, SC=0001
INC · DR	31H	Rj+1→Rj	Rj→A, S3S2S1S0$\overline{M}$ C0, DM, CPRj, SC=0000
	32H		转 08H, SC=0001
DEC · $\overline{DR}$	33H	D−1→MDR	D→A, $\overline{S3S2S1S0M}$, DM, CPMDR, SC=0000
	34H		转 07H, SC=0001
DEC · DR	35H	Rj−1→Rj	Rj→A, $\overline{S3S2S1S0M}$, DM, CPRj, SC=0000
	36H		转 08H, SC=0001
SL · $\overline{DR}$	37H	D 左移后→MDR	D→A, S3S2S1S0M, SL, CPMDR, SC=0000
	38H		转 07H, SC=0001
SL · DR	39H	Rj 左移后→Rj	Rj→A, S3S2S1S0M, SL, CPRj, SC=0000
	3AH		转 08H, SC=0001
SR · $\overline{DR}$	3BH	D 右移后→MDR	D→A, S3S2S1S0M, SR, CPMDR, SC=0000
	3CH		转 07H, SC=0001
SR · DR	3DH	Rj 右移后→Rj	Rj→A, S3S2S1S0M, SR, CPRj, SC=0000
	3EH		转 08H, SC=0001
JMP 或 JSR	3FH		按 J 与 PC 分支, SC=0100
NJ · $\overline{DR}$	40H		转 08H, SC=0001
	41H	PC+1→PC	PC→A, S3S2S1S0$\overline{M}$ C0, DM, CPPC, SC=0000
NJ · PC	42H		转 08H, SC=0001
JP	43H		转 "取源操作数" 微程序入口 4CH, SC=0111
	44H	C→PC	C→A, S3S2S1S0M, DM, CPPC, SC=0000
	45H		转 08H, SC=0001
JSR	46H		转 "压栈" 微子程序入口 48H, SC=0111
	47H		转 43H, SC=0001

含义	微地址	微操作	微命令序列
压栈	48H	SP−1→SP	SP→A, $\overline{S3S2S1S0}$M, DM, CPSP, SC=0000
	49H	SP→MAR	SP→A, S3S2S1S0M, DM, CPMAR, SC=0000
	4AH	PC→MDR	PC→A, S3S2S1S0M, DM, CPMDR, SC=0000
	4BH	MDR→M	EMAR, W, 返回, SC=1000
取源操作数	4CH		按源寻址方式分支, SC=0101
R	4DH	Ri→C	Ri→A, S3S2S1S0M, DM, CPC, 返回, SC=1000
(R)	4EH	Ri→MAR	Ri→A, S3S2S1S0M, DM, CPMAR, SC=0000
	4FH	M→MDR→C	EMAR, R, MDR→B, $S3\overline{S2S1S0}$M, DM, CPC, 返回, SC=1000
−(R)	50H	Ri−1→Ri	Ri→A, $\overline{S3S2S1S0}$M, DM, CPRi, SC=0000
	51H		转 4EH, SC=0001
(R)+	52H	Ri→MAR	Ri→A, S3S2S1S0M, DM, CPMAR, 返回, SC=0000
	53H	Ri+1→Ri	Ri→A, S3S2S1S0$\overline{M}$ C0, DM, CPRi, SC=0000
	54H		转 4FH, SC=0001
@(R)+	55H	Ri→MAR	Ri→A, S3S2S1S0M, DM, CPMAR, SC=0000
	56H	Ri+1→Ri	Ri→A, S3S2S1S0$\overline{M}$ C0, DM, CPRi, SC=0000
	57H	M→MDR→MAR	EMAR, R, MDR→B, $S3\overline{S2S1S0}$M, DM, CPMAR, SC=0000
	58H		转 4FH, SC=0001
X(R)	59H	PC→MAR	PC→A, S3S2S1S0M, DM, CPMAR, SC=0000
	……	……	……
取目的地址	60H	……	……

【例 5-6】 按照【例 5-5】的微指令格式, 用二进制代码写出"取指令"操作的微程序段。

解 根据表 5-3, 可知取指令操作使用 3 条微指令来实现, 这 3 条微指令分别存放在 CM 的 00、01 和 02 号单元中。按照【例 5-5】的微指令格式, 该微程序段对应的代码如图 5-22 所示。

微指令

分步操作	微地址	AI	BI	SM	C0	S	ZO	EMAR	R	W	ST	SC
M→IR	00H	000	000	00000	00	00	000	1	1	0	11	0000
PC+1→PC	01H	100	000	10010	01	00	111	0	0	0	00	0000
按 OP 分支	02H	000	000	00000	00	00	000	1	1	0	11	0010

图 5-22 "取指令"操作的微程序代码

其中, 第一条微指令存放在 00 号单元中, 用来控制完成 M→IR 操作, 因为是访存操作, 所以数据通路操作字段编码均为"0"; ST 字段为"11", 表示将读出的指令置入 IR 中; SC 字段为"0000"表示顺序执行微程序, 即顺序执行 01 号单元的微指令。

第二条微指令在 01 号单元中, AI 字段编码为"100", 表示选择 PC, BI 字段为"000", C0 为"01", SM 字段为"10010", 实现 PC+1 操作; ZO 字段编码为"111", 表示将结果送至 PC 中; 因为完成的是一次内部数据通路操作, 所以访存操作字段均为"0"。

第三条微指令在 02 号单元中, 该微指令控制要按照操作码 OP 进行分支, 所以 SC 字

段为 "0010"。

5.6 Intel CPU 内部组成的发展

设计控制器的目的是控制指令的执行流程，让计算机系统自动工作。但要注意，控制器的组成与工作机制并不是一成不变的，往往因系统结构而异并且还在不断发展之中。为了便于理解，本章前文选取的是一种简单的 CPU 内总线结构和简单的系统总线结构。实际的 CPU 数据通路结构要复杂很多。本节将介绍英特尔公司几款典型 CPU 内部组成的发展情况，希望能加深读者对控制器的工作原理或 CPU 组成原理的理解。

5.6.1 Intel 80386 的内部组成

80386 是英特尔公司在 1985 年推出的第一个 32 位微处理器，它的寄存器、数据总线和地址总线都是 32 位的，内存空间最大寻址可达 4GB。80386 增强内存管理功能，不但支持分段管理，还增加了分页存储功能。

80386 内部增加分页部件，为了进一步增强并行操作功能，将 80286 的总线部件分成总线接口部件和预取部件，同时改进了执行部件和地址部件。因此，80386 包括 6 个关键部件，如图 5-23 所示。

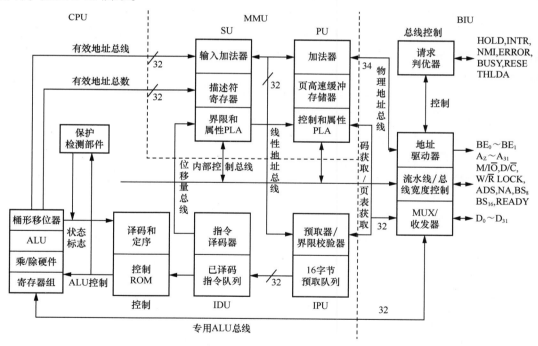

图 5-23 80386 的内部组成

其中，总线接口部件（BIU）提供与外部存储器或 I/O 的接口环境（地址线、数据线和控制线的驱动等）。其他部件要使用总线，必须先发出总线周期请求。BIU 根据优先级进行仲裁，从而有序地产生相应的总线操作所需要的信号，包括地址信号和读/写控制信号等。

指令预取部件（IPU）通过 BIU 按顺序向存储器取指令并放到 16 字节的预取指令队列中，为指令译码部件（IDU）提供有效的指令。IDU 从预取指令队列中取出原代码后进行译码，并送到已译码的指令队列中，再传送给执行部件（EU）。

EU 从 IDU 中取出已译码的指令后，立即通过控制电路产生各种控制信号并送给相关部件，从而执行该指令。在执行指令的过程中，向分段部件（SU）发出逻辑地址信息并通过 BIU 与外部交换数据。SU 将 EU 送来的逻辑地址通过描述符的数据结构形成 32 位的线性地址。分页部件（PU）接收到线性地址后，通过分页转换将其变换为实际的 32 位物理地址。

5.6.2　Intel Pentium 的内部组成

Pentium（奔腾）是英特尔公司在 1993 年推出的全新超标量指令流水线结构，它将 CISC 和 RISC 结合。Intel Pentium 系列的处理器包括 Pentium、Pentium Pro、Pentium Ⅱ、Pentium Ⅲ 和 Pentium Ⅳ 等。下面重点介绍 Pentium 处理器的内部组成。

Pentium 处理器采用双重分离式高速缓存，将指令高速缓存与数据高速缓存分离，各自拥有独立的 8KB 高速缓存，而数据高速缓存采用回写方式，以适应共享主存的需要，抑制存取总线次数，使其能全速执行、减少等待及传送数据时间。它使用 64 位的数据总线大幅度地提高数据传输速度。它的内部采用分支预测技术，引入分支目标缓冲器（Branch Target Buffer，BTB）预测分支指令，这样可在分支指令进入指令流水线之前预先安排指令的顺序，而不致使用指令流水线的执行产生停滞或混乱。同时，它将常用的指令（如 MOV、INC、DEC、PUSH 等）改用组合逻辑方式实现，不再使用微程序方式，使指令执行速度进一步提高。

Pentium 的内部组成主要包括总线接口部件、指令高速缓存、数据高速缓存、指令预取部件（指令预取高速缓冲器）、分支目标缓冲器、寄存器组、指令译码部件、具有两条流水线的超标量整数处理部件（U 流水线和 V 流水线）、拥有加乘除运算的浮点部件（FPU）等，如图 5-24 所示。

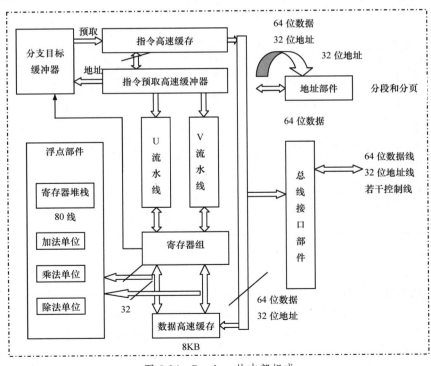

图 5-24　Pentium 的内部组成

所谓超标量是指有两条及以上的指令流水线，每条流水线有多级。Pentium 采用两条指令流水线（U 和 V）。其中，U 可执行 x86 指令集中的所有指令，采用与 80486 相同的 5 级整数流水线，指令在其分级执行。这条流水线分别为指令预取（IP）、指令译码（ID）、地址生成（AG）、指令执行（IE）和回写（WB）。V 只能执行简单指令。Pentium 的整数处理部件一次取两条整数指令并译码，然后检测它能否并行执行这两条指令，如果能，这两条指令分别进入流水线 U 和流水线 V 之中同时执行。

Pentium 的浮点部件拥有专门的加法单元、乘法单元和除法单元，加法和乘法运算都能在 3 个时钟周期完成，除法单元可在每个时钟周期内产生 2 位的商数。浮点部件借助两条整数流水线 U 和 V，在一个时钟周期内取得 64 位的浮点操作数，浮点运算在流水线 U 可执行。浮点部件采用 8 级超级流水线技术，前 4 级与整数流水线合用。所谓超级流水线技术是指将微处理器内部流水线进一步分割成若干个小而快的级段，使指令流在其中以更快的速度通过。每一个超级流水线级段都以数倍于时钟周期的速度运行。

5.6.3 Intel 多核处理器的基本组成

在 Pentium 4 之后，英特尔公司的 CPU 技术重点向多核化方向发展，推出了一系列全新架构的处理器，典型代表是 Intel Core（酷睿）系列，例如 Core i3、Core i5、Core i7、Core i9 等。这些处理器主要采用 2007 年英特尔公司推出的代号为 Nehalem 的微架构。该架构是一个乱序执行（Out of Order）的超标量（Superscaler）的 x86 微处理架构。超标量意味着 CPU 中有多个执行单元，可以在同一时刻执行多条无相关依赖性的指令，从而达到提升指令级的并行处理的目的。乱序执行是指在多个执行单元的超标量设计中，一系列的执行单元可以同时执行一些没有数据以及逻辑关联的若干指令，只有需要等待其他指令运算结果的数据会依照顺序执行，从而提升执行效率。

Intel Nehalem 微架构执行指令的基本流程包括以下几个步骤。

（1）取指与解码——指令从主存中取出并解码，为后续执行做好准备。

（2）分配指令——解码后的指令被分配到各个执行单元，如整数、浮点数、多媒体等执行单元。

（3）指令并行执行——多个执行单元可以同时执行多条无相关依赖性的指令，以达到并行执行的目的。

（4）存储器访问——如果指令涉及存储器访问，如读/写数据，那么需要通过内存控制器进行内存访问。

（5）指令完成——当指令执行完成后，结果将被写入重排序缓存（Reorder Buffer，ROB）和指令保留站（Reservation Stations，RS）中，同时通知相关单元该指令已经执行完成。

（6）写回主存——如果指令涉及数据写回主存，则将数据写入主存。

通过上述流程，处理器能够高效地执行指令，并优化执行效率。Nehalem 微架构如图 5-25 所示，可分为以下几部分。

1．取指单元

取指单元获取每个线程的下一个预测地址之后将预测地址纳入指令页表缓存（Ⅰ-TLB）和一级指令缓存（L1-Ⅰ Cache）。Nehalem 的指令页表缓冲拥有 128 项，以 4 路联合的形式缓存 4KB 普通页表文件（TLB-4K）。每个线程有 7 个全联合形式的缓存项，用于缓存 2MB 或 4MB 的大型页表。一级指令缓存容量为 32KB，采用 4 路联合，各线程共享缓存空间。指令在进入一级缓存后，每个周期会传送 16 字节（128 位）的指令进入预取缓存（Prefetch Buffer）和预译码模块（Predecode & Instruction Length Decoder，PILD）。取指单元使用 I -TLB 来定位一级缓存和指令预取缓存中的 16 字节块。当缓存命中时，16 字节的指令将会被传输给预译码模块，经过预译码得到宏操作（MacroOp）指令，并送入指令队列（Instruction Queue）缓存起来。宏操作指令再传送给指令译码器（Instruction Decoder），之后将由各种译码器进行译码。

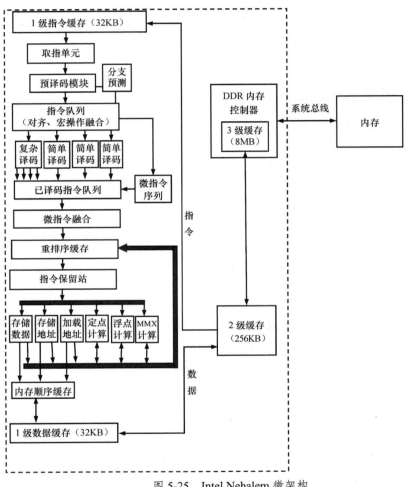

图 5-25　Intel Nehalem 微架构

2．译码单元

Nehalem 的译码单元由预译码模块、译码器和已译码指令队列（Decoded Instruction Queue）组成。预译码模块的作用是在译码之前对指令进行预先分析。因为 x86 指令集是 CISC 指令集，CISC 的指令是变长指令，因此在解码之前，需要对指令进行解析，确定指令的前缀、长度和分支预测等。分支预测就是确定分支指令的跳转，使用分支目标缓冲器保存分支预测指令的地址，避免处理器在执行预测路径的时候"熄火"。Nehalem 提供了 4

个译码器，包括 3 个简单译码器（Simple Decoder）和 1 个复杂译码器（Complex Decoder），可以同时处理 4 条指令。简单译码器把单条简单的 x86 指令翻译成 1 条类似 RISC 指令的微操作（Intel 大多数的指令都属于简单指令）。复杂译码器把单条复杂指令翻译成微指令序列。

译码后的微操作（MicroOp），即微指令，首先被送入已译码指令队列，该队列能缓存 28 条微指令，相当于 20 条左右 x86 指令（根据在一些游戏中的测试情况得出的估计）。Nehalem 提供循环流检测器（Loop Stream Detector，LSD）对循环进行检测。当一个循环段（如 for，while，do...while）少于 28 个微指令时，它会被送入 LSD 缓存起来，同时取指单元和译码器关闭，不再重新取指，不再进行分支预测以及译码等操作。Nehalem 可以直接从 LSD 缓存中读取已经译码完毕的微指令直接执行，以节省分支预测、取指和译码的时间，并且会将指令序列化。

在译码过程中，Nehalem 提供宏操作融合（MacroOp Fusion）机制。宏操作融合就是把那些能融合的指令送到译码器单元，生成新的指令，得到一个统一的宏操作指令。例如，把比较指令（包括 TEST/CMP、JL/JNGE、JGE/JNL、JLE/JNG、JG/JNLE 等）与其后的条件分支指令（如 JCC）融合成单条宏操作指令，从而提升译码器的带宽，减小指令数量，提高运行效率。

3．乱序引擎单元

译码之后的指令就进入乱序引擎（Out-of-Order Engine）单元。该单元由寄存器重命名表（Register Allocation Table，RAT）、重排序缓存（ROB）、回退寄存器文件（Retirement Register File，RRF）和指令保留站（Reservation Station）等组成。

不同的指令可能会用到相同的通用寄存器，为了防止出现这种冲突，不同的处理器具有不同的解决方法。例如，RISC 提供多达 32 个通用寄存器，而 Nehalem 引入寄存器重命名表，让不同的指令可以通过具有相同名字但实际功能不同的寄存器来解决冲突问题。

Nehalem 提供微操作融合（MicroOp Fusion）机制。微操作融合将多条微指令进行融合，用于减少微指令的数量，提高指令执行的吞吐量以及重排序缓存的使用效率。

指令在寄存器重命名后存入重排序缓存，该缓存只能存放 128 条指令，将按照编程的原始顺序重新排序成一个队列，把打乱了次序的指令依次插入队列中。从重排序缓存中移出一条指令就意味着该指令执行完毕了，这个阶段叫作回退或撤销。回退寄存器文件存储了被回退的寄存器的状态，查询回退寄存器文件便可以知道哪些寄存器是空闲的。

指令进入保留站之后等待数据到来，以进行乱序执行。没有数据的指令在保留站中等待，直到等待到了数据后，通过各个端口将数据发送到 ALU 中进行运算和执行。除了存放指令之外，保留站的另一个作用是监听内部结果总线上是否有保留站内指令所需要的参数。需要读取缓存乃至内存的指令或者需要等待其他指令结果的指令必须在保留站中等待。

重排序缓存和保留站都由两个线程所共享，但是使用不同的策略。重排序缓存采用静态分配策略，使得两个线程在指令流里可以预测得一样远。而保留站采用竞争共享策略，让更活跃的线程尽可能多地使用保留站。

4．执行单元

执行单元是 Nehalem 负责执行指令的组件，主要包括以下几个部分。

（1）整数执行单元——负责执行整数运算指令，如加法、减法、乘法、除法等运算的指令。

（2）浮点执行单元——负责执行浮点运算指令，如乘法、除法、加法等运算的指令。

（3）分支执行单元——负责执行条件分支指令，如跳转、循环等条件分支的指令。

（4）内存管理执行单元——负责执行内存访问和内存管理指令，如加载、存储、地址计算等的指令。

执行单元把运算数据通过内存顺序缓存（Memory Order Buffer，MOB）存入处理器的一级数据缓存中，并且将结果通过结果总线（Result Bus）分发到重排序缓存中。如果运算已经完成，则会更新重排序缓存中的指令结果，并且从重排序缓存中移除已经完成的指令，将该指令放到回退寄存器文件中。

5．内存控制器

Nehalem 在 CPU 内部集成了内存控制器（Memory Controller），这是英特尔公司引入的一种快速通道互联技术，支持三通道的 DDR3 内存，内存位宽为 192 位，总峰值带宽达到 32GB/s（3×64bit×1.33GT/s÷8）。集成的内存控制器的优点是：由于 CPU 和内存之间的数据传输不再需要经过北桥芯片，CPU 到内存的路径更短，可以缩短 CPU 与内存之间的数据交换周期，大幅度降低内存的延迟。它的不足之处在于：由于内存控制器是集成在 CPU 内部的，因此内存的工作频率与 CPU 相同，当 CPU 超频时内存的频率会同 CPU 的外频一起升高，一旦超过内存的承受能力，就会导致内存无法工作，这将大大限制处理器的超频能力。

习题 5

1．单项选择题

（1）微指令由（　　　）直接执行。

A．运算器　　　　　　B．控制器　　　　　　C．主存储器　　　　　　D．总线控制器

（2）控制器不包括（　　　）。

A．地址寄存器　　　　B．指令寄存器　　　　C．指令译码器　　　　　D．地址译码器

（3）以下选项中，对程序员"透明"的是（　　　）。

A．中断字　　　　　　　　　　　　　　　　B．地址寄存器

C．通用寄存器　　　　　　　　　　　　　　D．程序状态字（条件码）

（4）在 CPU 中跟踪指令后继地址的寄存器是（　　　）。

A．MAR　　　　　　　B．IR　　　　　　　　C．PC　　　　　　　　D．MDR

（5）从取指令开始到指令执行完成所需的时间，称为（　　　）。

A．时钟周期　　　　　B．机器周期　　　　　C．总线周期　　　　　D．指令周期

（6）下列说法（　　　）是正确的。

A．指令周期=机器周期　　　　　　　　　　B．机器周期=工作周期

C．机器周期=时钟周期　　　　　　　　　　D．机器周期=节拍周期

（7）程序计数器的位宽取决于（　　　）。

A．存储器的容量　　　　　　　　　　　　　B．指令字长

C．机器字长　　　　　　　　　　　　　　　D．地址总线的线数

（8）程序计数器属于（　　）。

A. 运算器　　　　　　B. 控制器　　　　　　C. 存储器　　　　　　D. 时序系统

（9）在 CPU 内部的寄存器中，（　　）对用户是完全"透明"的。

A. 指令寄存器　　　　　　　　　　　B. 程序计数器

C. 程序状态字寄存器　　　　　　　　D. 通用寄存器

（10）同步控制是（　　）。

A. 只适用于 CPU 控制的方式　　　　B. 由统一时序信号控制的方式

C. 所有指令执行时间都相同的方式　　D. 适用于 I/O 设备控制的方式

（11）异步控制常用于（　　）。

A. CPU 访问外设时　　　　　　　　B. 微程序控制器中

C. 微机的 CPU 控制中　　　　　　　D. 组合逻辑控制的主机中

（12）计算机操作的最小单位时间是（　　）。

A. 时钟周期　　　　　　B. 机器周期　　　　　　C. 存储周期　　　　　　D. 指令周期

（13）由于 CPU 内部操作的速度较快，而 CPU 访问一次存储器的时间较长，因此机器周期通常由（　　）来确定。

A. 时钟周期　　　　　　B. 指令周期　　　　　　C. 存取周期　　　　　　D. 间址周期

（14）在取指令操作之后，程序计数器中存放的是（　　）。

A. 当前指令的地址　　　　　　　　　B. 操作数的地址

C. 下一条指令的地址　　　　　　　　D. 程序中指令的数量

（15）转移指令的主要操作是（　　）。

A. 改变程序计数器的内容　　　　　　B. 改变地址寄存器的内容

C. 改变堆栈指针寄存器的内容　　　　D. 改变数据寄存器的内容

（16）子程序调用指令完整的功能是（　　）。

A. 改变程序计数器的内容

B. 改变地址寄存器的内容

C. 改变程序计数器和堆栈指针寄存器的内容

D. 改变指令寄存器的内容

（17）以下叙述错误的是（　　）。

A. 指令周期的第一个操作是取指令

B. 为了执行指令，控制器需要首先得到相应的指令

C. 取指令操作是控制器自动进行的

D. 取指令操作是控制器固有的功能，需要在操作码的控制下完成

（18）在微程序控制器中，机器指令与微指令的关系是（　　）。

A. 每一条机器指令由一条微指令来执行

B. 若干条机器指令组成一个微程序来执行

C. 一段微程序由一条机器指令来执行

D. 每一条机器指令由若干条微指令组成的微程序来解释执行

（19）微指令执行的顺序控制问题，实际上是如何确定下一条微指令地址的问题，通常采用断定方式，其基本思想是（　　）。

A. 由设计者在微指令代码中指定，或者由指定的判别测试字段控制产生后继微指令

地址

  B. 在指令中指定一个专门字段来产生后继微指令地址

  C. 由微程序计数器来产生后继微指令地址

  D. 用程序计数器来产生后继微指令地址

（20）在微程序控制器中，一段微程序的首条微指令地址是如何得到的？（ ）

  A. 程序计数器   B. 前条微指令

  C. μPC+1   D. 指令操作码映射

（21）在微程序控制器中，控制部件向执行部件发出的某个控制信号称为（ ）。

  A. 微指令   B. 微操作   C. 微命令   D. 微程序

（22）下列叙述中，（ ）是正确的。

  A. 控制器产生的所有控制信号称为微指令

  B. 微程序控制器比组合逻辑控制器更加灵活

  C. 微处理器正在运行的程序称为微程序

  D. 在一个 CPU 周期中，可以并行执行的微操作称为互斥性微操作

（23）在微指令中，操作控制字段的每一位代表一个控制信号，这种微程序的控制编码方式称为（ ）。

  A. 分段直接编码   B. 直接编码

  C. 最短字长编码   D. 分段间接编码

（24）微程序存放在（ ）中。

  A. 内存储器   B. 控制存储器   C. 通用寄存器   D. 指令寄存器

（25）直接寻址的无条件转移指令功能是将指令中的地址码送入（ ）。

  A. 地址寄存器   B. 累加器   C. 状态字寄存器   D. 程序计数器

2. 简答题

（1）试比较组合逻辑控制器和微程序控制器的优缺点及应用场合。

（2）试比较同步控制方式和异步控制方式的特点及应用场合。

（3）试述指令周期、工作周期、时钟周期及工作脉冲之间的关系。

（4）微命令主要有哪几种编码方式？各有什么特点？

（5）试述微命令、微操作、微指令和微程序之间的关系。

3. 应用题

（1）【考研真题】设某计算机主频为 8MHz，每个机器周期含 2 个时钟周期，每条指令有 2.5 个机器周期，试问该计算机的平均指令执行速度为多少 MIPS？若计算机主频不变，但每个机器周期含 4 个时钟周期，每条指令有 5 个机器周期，则该计算机的平均指令执行速度是多少 MIPS？

（2）假设数据通路结构为单总线分立寄存器结构，请分析指令 MOV (R0), (R1) 在整个指令周期中的各种信息传送过程。

（3）假设数据通路结构为单总线分立寄存器结构，针对采用组合逻辑控制器，拟出下列指令在指令周期中的全部微命令及节拍安排。

  ① MOV (R0)+,X(R1)

  ② ADD R0, X(R1)

  ③ JSR (R1)

（4）【考研真题】参见图 5-26 所示的数据通路，画出加法指令"ADD R,(mem)"的指令周期流程图，其含义是将 R 中的数据与以 mem 为地址的主存单元的内容相加，结果传送至目的寄存器 R（例如，R0，…，Rn–1）。

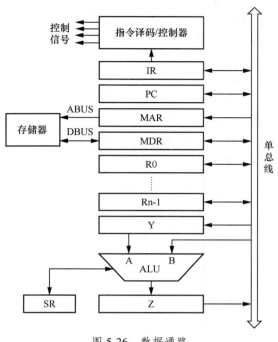

图 5-26　数据通路

（5）【考研真题】设 CPU 中各部件及其相互连接关系如图 5-27 所示。图中 W 是写控制标志，R 是读控制标志，R1 和 R2 是暂存器。

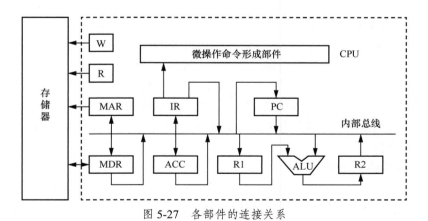

图 5-27　各部件的连接关系

① 假设要求在取指周期由 ALU 完成(PC)+ 1→PC 的操作（ALU 可以对它的一个源操作数完成加 1 的运算）。要求以最少的节拍写出取指周期全部微命令及节拍安排。

② 写出指令 ADD # α（#为立即寻址特征，隐含的操作数在 ACC 中）在执行阶段所需的微命令及节拍安排。

（6）【考研真题】已知带返转指令的含义如图 5-28 所示，写出计算机在完成带返转指令时,取指阶段和执行阶段所需的全部微命令及节拍安排。如果采用微程序控制,需增加哪些微命令?

（7）某计算机用微程序控制方式,水平型编码控制的微指令格式,断定方式。共有微命令 30 个,构成 4 个互斥类,各包括 5 个、8 个、14 个和 3 个微命令,外部条件共 3 个。

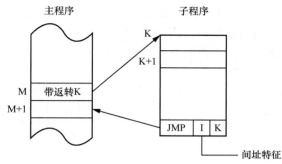

图 5-28　带返转指令的含义

① 若分别采用分段直接编码方式和直接控制方式,微指令的操作控制字段各取几位?

② 假设微指令字长为 24 位,设计出微指令的具体格式。

（8）【课程思政】CPU 的指令集体系结构是计算机技术的核心,请自选一种指令集体系结构（例如,Intel x86、ARM、RISC-V 等）并分析其演进历程,思考该指令集如何适应不断变化的计算需求和技术趋势。

（9）【课程思政】在现代计算机系统中,CPU 的性能和功耗平衡至关重要。请思考一种情况,其中你需要设计一款 CPU,以在高性能和低功耗之间找到最佳平衡。在设计中,你将面临哪些抉择和权衡? 请详细讨论。

实验 5-1　控制器原型设计与实现

5.1　实验目的
（1）理解程序计数器的原理并学会设计与制作寄存器的电路。
（2）理解指令寄存器和程序状态字寄存器的作用,学会设计与制作相关电路。
（3）理解控制字及指令译码的关系,学会设计与制作指令译码器。
（4）理解控制器的逻辑组成,初步学会控制器原型的设计与制作。

5.2　实验内容
（1）设计一个程序计数器的电路并测试其正确性。
（2）设计一个简单的指令译码器电路并测试其正确性。
（3）设计若干条简单的机器指令,测试这些指令的译码过程与结果。
（4）设计一个简易控制器的电路并测试其正确性。

5.3　实验原理
1. 控制器的基本组成

控制器是整个 CPU 的控制中心,其基本功能就是指令译码,把程序指令变成控制信号,控制计算机各硬件之间的信息传送,从而实现程序的顺序执行或跳转。控制器主要由程序计数器、指令寄存器、指令译码器等组成。其中,程序计数器用来保存当前正在执行的指令地址,指令寄存器保存当前正在执行的指令,指令译码器负责指令译码。

2. 程序计数器

通常,程序包括 3 种结构:顺序、分支和循环。其中分支和循环实际上可以由跳转实现,因此程序的执行方式可以归纳为顺序和跳转。对于顺序执行,当正在执行第 i 条指令时,只需要执行 PC+1 的操作,即可以获得第(i+1)条指令的地址。对于跳转,有两种实现方式：一是绝对跳转，二是相对跳转。其中，绝对跳转就是在当前跳转指令中直接给出跳转目的地的地址，此时对 PC 直接置数。对于相对跳转，则通过 PC 加上或者减去某个值实现，大多数情况下使用相对跳转。本次实验也采用相对跳转。

在 Logisim 中，程序计数器可以用寄存器、加法器和多路选择器等器件来实现。

Logisim 提供的寄存器模块主要端口有：数据端（代表输入的值）、时钟端、清空端、输出端等。其中，时钟端接收一个工作脉冲信号 CP，对写操作有效，当脉冲信号的上升沿到来时输入端的值就会被写入寄存器。输出端负责输出寄存器的值，送入加法器。

如果要顺序执行，则多路选择器选择常量 01 送入加法器，实现 PC+1。如果要跳转执行，则多路选择器选择由译码器得到的跳转偏移量送入加法器，下一条指令地址为当前地址加上偏移量。

3. 指令译码器

为了让运算器完成某种运算，除了送入操作数之外，还要输入一系列的控制选择信号，如实验 2-2 中的 S3、S2、S1S0、C0、SH 等，这些信号作用于各个多路选择器，控制不同功能的通路选择。这些信号从哪儿来呢？显然，它们来自译码器对指令的译码。

例如，对于指令 ADD R0,R1，即 R0=R0+R1，在该指令执行过程中指令译码器必须按先后顺序产生以下控制信号：

① R0 通过数据选择器 A 输入 ALU，R1 通过数据选择器 B 输入 ALU；
② 使 ALU 进行加法运算（比如，S3S2S1S0C0=10000）；
③ 选择运算器输出计算结果（比如 S3SH=000）；
④ 选择 R0 作为目的寄存器；
⑤ R0 的时钟端置 1，在脉冲信号 CP 上升沿时激活 R0 的写入功能；
⑥ R0 的值更新成功。

控制器产生的主要控制信号如表 5-4 所示，这些信号将作用于运算功能通路和跳转通路之上。其中，各种运算功能通路基本一致，都是通过运算器和寄存器来完成运算，只是选择的运算功能不同，而跳转通路是根据不同的标志位跳转的。

表 5-4　主要控制信号及其作用

控制对象	控制信号	作用
运算器	S3	选择算术逻辑运算或移位运算
	S2	选择算术运算或逻辑运算
	S1S0	选择具体运算功能，如加法运算、与运算
	C0	是否有初始进位
	SH	选择移位方式：直传、左移、右移
寄存器组	W	是否写入寄存器
数据通路	CI	把常量通过数据选择器 B 输入
	RM	从内存读数，送入暂存器 D
	WM	写入内存
	SF	是否设置标志位
	JP	是否跳转
	JM	跳转方式

如果进一步分析各种运算通路和跳转通路的信息传送与控制过程，则可以重点关注 5 种基本通路操作，详细情况如表 5-5 所示。

表 5-5　5 种基本通路操作及其控制信号

通路操作	S3~C0（5 位）	W	C0	RM	WM	SF	JP	JM（3 位）	IM
两个寄存器运算	✓	1	0	0	0	1	0	×	×
寄存器+常量运算	✓	1	1	0	0	1	0	×	✓
写主存	×	0	0	×	1	0	0	×	×
读主存	×	1	×	1	0	0	0	×	×
跳转	×	0	×	×	0	0	1	✓	✓

说明：不考虑移位操作，✓表示有效，×表示无效或无关，IM 指的是立即数。

由于只有 5 种基本通路操作，因此可以对 W/C0/RM/WM/SF/JP 进行组合编码，只需要 3 位二进制数就能表达这 5 种基本通路操作，就可以替代相应 6 个控制信号，编码如表 5-6 所示。

表 5-6　5 种基本通路操作及其编码

基本通路操作	编码
两个寄存器运算	000
寄存器+常量运算	001
写主存	010
读主存	011
跳转	100

这样，加上其他的信号（比如运算选择信号、寄存器选择信号、立即数），当一条指令固定长度为 16 位时，其指令格式及其译码如表 5-7 所示。

表 5-7　指令格式及其译码

通路操作	操作码（3 位）	运算功能选择 FS（5 位）				地址码 Addr（6 位）		IM（2 位）
		S3	S2	S1S0	C0	DstReg-A	SrcReg-B	
两个寄存器运算	000	3	S2	S1S0	C0	DstReg-A	SrcReg-B	×
寄存器+常量运算	001	3	S2	S1S0	C0	DstReg-A	IM（5 位）	
写主存	010	×	×	×	×	×	SrcReg-B	×
读主存	011	×	×	×	×	DstReg-A	×	×
跳转	100	×	JM2	JM1JM0	×	IM		

说明：通路操作功能选择需要 3 位，运算器的功能选择需要 5 位（未考虑运算器的移位操作），选择目的寄存器 DstReg-A 需要 3 位，选择源寄存器 SrcReg-B 需要 3 位，共 14 位。对于 16 位长度的指令，已经无法表示立即数和跳转方式。为此，可以采用复用技术，让某些位在不同的情况下行使不同的功能。例如，当寄存器与立即数运算时，B 寄存器占用的位数复用作为立即数；指令跳转时，运算功能选择中的 S2S1S0 复用作为跳转方式，可表示 8 种不同的跳转；A、B 寄存器号全部复用为立即数，表示跳转目标指令的地址偏移量。

5.4　实验步骤及要求

1．程序计数器电路设计

首先在 Logisim 窗口中添加一个名为"程序计数器"的电路；然后在该电路画布中添加以下电路元件：4 个输入引脚（CPPC、RST、Offset 和 JP），1 个常量，1 个寄存器、1

个多路选择器，1 个加法器，1 个输出引脚（Addr）。其中，CPPC 是工作脉冲信号，在脉冲跳变的上升沿激发寄存器的写入功能；RST 用于重置寄存器的值；Offset 表示程序跳转时的地址偏移量，相对当前指令往后或往前跳转多少条指令；JP 表示是否跳转，JP=1 时选择 Offset 的传送通路，把偏移量送入加法器，得到跳转之后的目标指令地址。

设置各元件的属性。其中，Offset、常量、多路选择器、加法器、寄存器和 Addr 的数据位宽全部为 8，表示从输入、计算到输出的整个通路上的数据信息都是 8 位二进制。CPPC、RST 和 JP 的数据位宽为 1，分别表示是否脉冲跳变、是否重置寄存器、是否跳转。常量的值为 0x1。

最后，根据程序计数器的原理连接各元件，效果如图 5-29 所示。

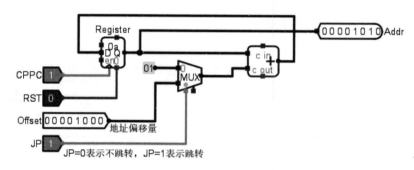

图 5-29　程序计数器的电路效果图

2. 测试程序计数器

首先，保持 RST、JP 为 0，然后多次改变 CPPC 的值，观察输出引脚 Addr 的值的变化情况。然后，设置 JP=1，在 Offset 中设置偏移量，如 6，然后再次改变 CPPC 的值，观察输出引脚 Addr 的值的变化情况。反复操作，把观察的结果记录到表 5-8 之中。

表 5-8　程序计数器的测试结果

CPPC	JP	RST	Offset	Register	Addr	功能
0→1 第 1 次跳变	0	0	0			
0→1 第 2 次跳变	0	0	0			
0→1 第 n 次跳变	0	0	0			
0→1 第(n+1)次跳变	1	0	6			
0→1 第(n+2)次跳变	1	0	6			
x	x	1	x			

注意，图 5-29 所示的程序计数器电路在跳转时只能从当前指令向前跳转，不能向后跳转，请读者思考如何实现向后跳转。

3. 指令译码器的设计

首先在 Logisim 窗口中添加一个名为“指令译码器”的电路；然后在该电路画布中添加以下电路元件：3 个输入引脚（CPIR、RST 和 Instruction），1 个指令寄存器（IR）、1 个分线器，2 个或非门，1 个与门，1 个或门，8 个输出引脚。

其中，CPIR 是 IR 的工作脉冲信号；RST 用于重置 IR 的值，Instruction 用于输入 16 位长的指令。分线器用来把 IR 输出的指令按指令的格式，提取指令各字段的值，如操作码

OPCode（3 位）、运算功能选择 FS（5 位）、地址码 Offset（如果是立即数，则表示程序跳转时的 8 位地址偏移量，否则表示源和目的操作数的 6 位寄存器号）。4 个逻辑门用于解析操作码，得到表 5-5 中的 W、C0、RM、WM、SF、JP 共 6 个控制信号。8 个输出引脚分别输出 W、C0、RM、WM、SF、JP、FS 和 Offset。

　　设置各元件的属性。其中，Instruction、IR 和分线器的数据位宽均为 16；FS 的数据位宽为 5；Offset 的数据位宽为 8；多路选择器、加法器、寄存器和 Addr 的数据位宽全部为 8；其余元件的数据位宽均为 1。设置分线器的第 0~7 位对应分线属性值为 "4（底部）"，代表 8 位地址码字段；第 8~12 位对应分线属性值为 3，代表运算器的 5 位功能选择字段；第 13~15 位对应分线属性值，分别为 2、1、0，代表 3 位操作码字段且分线传输，其中第 15 位数=1 时表示跳转。

　　最后，根据表 5-6 的编码规则连接各元件，效果如图 5-30 所示。

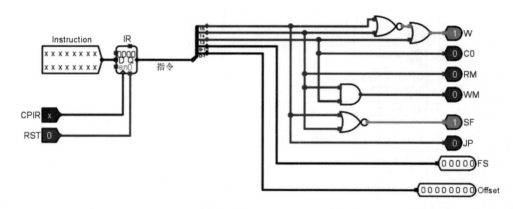

图 5-30　指令译码器的电路效果图

　　4. 测试指令译码过程及其结果

　　根据上面的指令译码规则，设计若干条指令的二进制代码，通过输入引脚 Instruction 输入指令寄存器，观察译码过程及结果，把译码的结果填写到表 5-9 之中。

表 5-9　指令译码的测试结果

CPIR	指令功能	指令代码	W/C0/RM/WM/SF/JP	FS	Offset
	ADD R2,R3				
	ADD R0,9				
	AND R0,R1				
	JMP 7				

　　5. 简易控制器的设计

　　控制器由指令译码器、程序计数器、指令寄存器、程序状态字寄存器等组成。其中，程序状态字寄存器的输入来自运算器的状态输出，包括溢出标志 OV、符号位标志 SI、进位标志 CA 和零标志 ZO 等信号。制作一个简单的控制器的具体步骤如下。

　　首先，在"指令译码器"电路中添加以下元件：7 个输出引脚（CPPC、RST0、OV、SI、CA、ZO、CPPSW），3 个分线器，1 个寄存器（PSW），1 个多路选择器、1 个与门、

1个常量。之后，把前文设计的程序计数器封装并添加到当前电路图中。

注意，第1个分线器用来汇聚来自运算器的状态信息（OV、SI、CA、ZO），汇聚之后作为输入连接到PSW的数据端。第2个分线器用来连接PSW和多路选择器。多路选择器的选择端位宽为4，其第1个输入端连接常量（值为1），第2~4个输入端分别连接分线器的第0~3位对应分线，表示引用运算器的4个状态。第3个分线器的汇聚端连接指令译码器的FS输出线，但是只把运算功能选择信号S2S1S0连接到多路选择器的选择端，为此需要屏蔽分线器的第0位和第4位对应分线（设置为"无"）。多路选择器的输出端信号和指令译码器的操作码的最高位信号一起连接到与门，以共同决定是否跳转。与门的输出与程序计数器的JP端相连接。指令译码器的Offset线连接程序计数器的Offset端。连接之后的电路效果如图5-31所示。

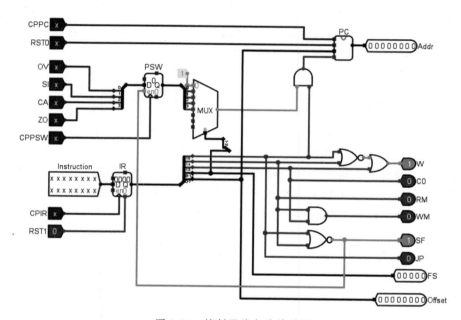

图 5-31　控制器的电路效果图

最后，测试控制器的功能是否正常。先假定运算器的当前状态，如无溢出、无进位、符号标志和零标志均为0，然后重新输出实验步骤4的指令代码，观察其执行过程及结果是否正确；再试着修改PSW的值，继续测试并观察输出的变化，并解释其原因。

5.5　实验总结

请按以下格式撰写实验总结。

本实验中我首先构建了一个……，并验证其功能，在此基础上构建了一个……，并验证其功能；接着设计了一个……，实现……等功能。通过本次实验，我本人更加了解和熟悉……，认识了……，提高了……。

实验 5-2　CPU 原型设计与实现

5.1　实验目的

（1）加强对CPU内部组成及通路结构的理解。

（2）体验 CPU 的设计与电路制作过程。

（3）提高分析与解决复杂问题的能力。

5.2 实验内容

（1）设计一个通用寄存器组的电路并测试其正确性。

（2）把运算器、控制器、寄存器组等的模块组合成一个简易的 CPU。

（3）输入简单机器指令（如加法指令）测试该 CPU 并观察其执行结果。

5.3 实验原理

CPU 内部的寄存器通常由多个寄存器组成，例如 4 个寄存器构成一个通用寄存器组。如果采用单总线的通路结构，则在一个时钟周期之内只能选择其中一个寄存器进行写入或读取操作。

针对寄存器的写入，首先要解决对哪个寄存器进行写操作的问题。这就需要把多个寄存器编址或编号，用地址或编号来表示一个具体的寄存器。例如，4 个寄存器用 2 位地址，8 个寄存器用 3 位地址，以此类推。地址最终转换成寄存器的片选信号。其次还要解决什么时候写的问题。这不仅要提供数据输入，还要提供使能端和时钟端信号。一旦时钟上升沿到来并且使能端为高电平，数据从输入端口写入被选中的寄存器。

针对寄存器的读取，无论时钟信号怎样，也不管使能端是高电平 1 还是低电平 0，输出端时时刻刻都能输出寄存器的值，也就是说，寄存器的输出端可以持续不断地输出。根据第 2 章介绍的运算器，双操作数的运算需要从寄存器取 2 个操作数输入运算器。为此，寄存器组需要有 2 个输出，这 2 个输出要么共用 1 个通道分次输出，要么通过 2 个通道同时输入。前者通路简单，但控制比较复杂；后者通过 2 个通道分别设置 2 个数据选择器，每个选择器能够选择任意的寄存器，实现被选中的 2 个寄存器分别输出到运算器的 A、B 端。

5.4 实验步骤及要求

1. 设计通用寄存器组

首先在 Logisim 窗口中添加一个名为"寄存器组"的电路；然后在该电路画布中添加以下电路元件：6 个输入引脚（Din、Addr、RW、CLK、SA 和 SB），1 个译码器，4 个与门、4 个寄存器、2 个多路选择器，2 个输出引脚（A 和 B）。其中，Din 用于输入待写入寄存器的数据，Addr 用于输入被选中的寄存器的地址（编号），RW 指示是否写入，CLK 是时钟信号，SA 和 SB 分别输出数据 A 和 B。译码器的作用是将 RX 的值转换为对寄存器组的"多选一"信号，该信号和 RW 相与之后形成被选中的寄存器使能端的控制信号。2 个多路选择器的输入端连接寄存器的输出端，在 SA 和 SB 的作用之下任选 2 个寄存器的输出，得到数据 A 和 B。

设置各元件的属性。其中，引脚 Din 的数据位宽为 8，Addr 的数据位宽为 2（注意，如果寄存器组由 8 个寄存器组成，则该引脚的数据位宽应设置为 3），CLK 的数据位宽为 1，SA 和 SB 的数据位宽均为 2。译码器的选择端位宽为 2（将 2 位数的 Addr 转换为 4 种选择，控制其中一个输出端为 1，其他输出端为 0）。4 个与门的数据位宽均为 1。4 个寄存器的数据位宽均为 8，保持触发方式属性值为"上升沿"。2 个多路选择器的数据位宽均为 8，选择端位宽均为 2。2 个输出引脚的数据位宽均为 8。

最后，根据通用寄存器的原理连接各元件，效果如图 5-32 所示。

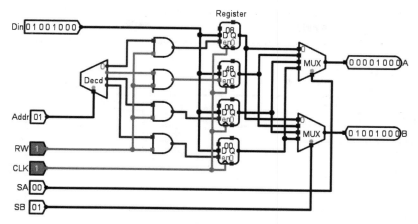

图 5-32　通用寄存器组的电路效果图

2. 通用寄存器组的功能测试

首先在输入引脚 Din 中设置待写入的数据,然后在 Addr 引脚中指定要写入的寄存器的地址,RW 引脚设置为 1,表示写入,最后将 CLK 的值由 0 跳变为 1,观察数据是否被写入指定寄存器。重复类似操作,为每个寄存器写入不同的值。之后,改变 SA 和 SB 引脚的值,观察引脚 A 和 B 分别输出了哪一个寄存器的值。最后,把实验结果填入表 5-10 中。

表 5-10　寄存器组的测试结果

操作	Din	Addr	RW	CLK	哪个寄存器? 值=?	SA	SB	A	B
写入						—	—	—	—
						—	—	—	—
						—	—	—	—
						—	—	—	—
读取	—								
	—								
	—								
	—								

3. 初步组装 CPU

首先在 Logisim 窗口中添加一个名为"CPU"的电路。之后,使用在实验 2-2 中设计的运算器和在实验 5-1 中设计的控制器来组装 CPU。如果每次实验都创建了独立的 Logisim 项目,可在当前项目中右击项目名称,选择"加载库"→"Logisim 库"命令,在打开的"加载 Logisim 文件"对话框中选择包含运算器和控制器的项目文件并单击"Open"按钮,即可将已有项目合并到本项目中来。

然后,把运算器、控制器和寄存器组封装并添加到 CPU 电路之中,再根据 3 个模块之间的结构关系,完成 3 个模块之间的电路通路,效果如图 5-33 所示。注意添加适量的分线器,以减少电路图中的连接线的条数。

4. 完善 CPU 的电路

对于单总线的 CPU 而言,CPU 执行指令的具体过程如下。

首先需要取得指令,也就是当时钟信号上升沿到来时指令被送入指令寄存器。指令可以来自 ROM，也可以通过输入引脚直接输入。本次实验直接输入指令。

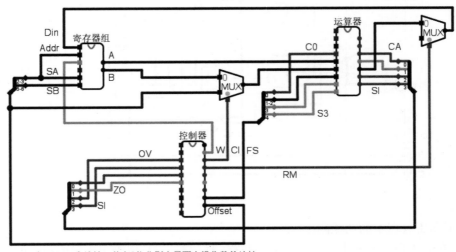

CI=0时，Offset为地址，其高6位分别表示两个操作数的地址
CI=1时，Offset为立即数

图 5-33　运算器、控制器和寄存器组的通路连接

之后需要修改程序计数器，需要把第二个时钟信号上升沿给程序计数器。

然后指令经过译码，或者经过运算器或者 RAM，访问 RAM 需要第三个时钟信号上升沿。

最后需要把运算器的结果或者从 RAM 读出的数据送入寄存器组，此时需要第四个时钟信号上升沿。

可见，一条指令周期需要 4 个机器周期。

为此，还需要在电路中添加 1 个时钟、1 个计数器和 1 个译码器等组件。其中，时钟负责产生脉冲信号。计数器的数据位宽为 2，它根据时钟信号周而复始进行 0～3 的计数。译码器分别输出 4 个时钟信号上升沿，最终传送给控制器、RAM 或寄存器组。

注意，本次实验不涉及主存 RAM，可以忽略第三个时钟信号上升沿。完成连接之后的完整电路如图 5-34 所示。

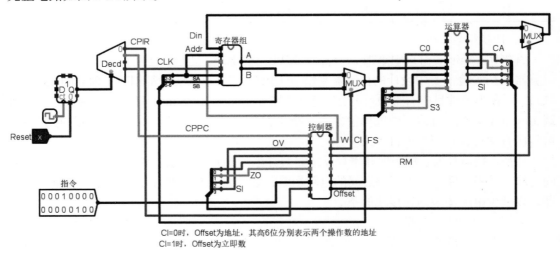

CI=0时，Offset为地址，其高6位分别表示两个操作数的地址
CI=1时，Offset为立即数

图 5-34　带时钟信号的完整电路

5. CPU 电路测试

本次实验没有使用 ROM 或 RAM，因此无法存储程序。对此，可借助输入引脚先直接输入一条指令（例如 ADD R0,R1，该指令的机器代码可参考实验 5-1），之后选择 Logisim 电路仿真菜单中的"时钟连续"命令，测试指令的执行过程。在指令的执行过程中单击各器件的输出端的连接线，可监测指令周期之内的信息传送效果。当然，也可以在电路中添加输出引脚或探针来观察指令的执行过程。

5.5 实验总结

请按以下格式撰写实验总结。

本实验中我首先构建了一个……，并验证其功能，在此基础上构建了一个……，并验证其功能；接着设计了一个……，实现……等功能。通过本次实验，我本人更加了解和熟悉……，认识了……，提高了……。

第6章 存储器系统

在一台计算机之中，完整的存储器通常由主存储器、辅助存储器和高速缓存等组成。本章将在第 4 章的基础之上进一步介绍并行主存储器系统、高速缓存、虚拟存储器、辅助存储器等的相关概念及工作原理。

6.1 存储器系统概述

存储器系统（特别是主存储器）与 CPU 之间有大量的信息输入/输出操作。这就要求存储器的存储容量大、存取速度快、成本低。这是因为存储器的容量越大，可存储的信息就越多，计算机的处理能力就越强。由于计算机系统的大量处理功能都是通过 CPU 执行指令完成的，CPU 需要频繁地从主存储器中读取指令和数据，并存放所处理的结果，因此，如果存储器不具备快速存取的特性，势必会影响计算机系统的整体性能。所以，一般都要求计算机系统的主存储器容量要大。

通常，在同样的技术条件下，存储器在价格、容量、存取速度上存在如下关系。

➢ 存取速度越快，每位的价格越高。

➢ 存储容量越大，每位的价格就越低。

➢ 存储容量越大，存取速度越慢。

6.1.1 存储器分类

通常，计算机存储设备可以根据其功能、存储介质和系统组织等进行分类。

1．按功能划分

根据功能，存储器可分为主存储器、辅助存储器和高速缓存。

（1）主存储器

主存储器是 CPU 能编程访问的存储器，它存放当前 CPU 正在执行和欲执行的程序以及需要处理的数据。主存储器因为通常安装在主机箱之中，故又称内存储器，简称主存或内存。

主存储器由随机存储器（RAM）、只读存储器（ROM）构成。由于 RAM 的容量远远比 ROM 的容量大，CPU 需要执行的程序和数据主要存放在 RAM 之中，因此人们习惯用由 RAM 构成的"内存条"来代表主存储器。

（2）辅助存储器

由于主存储器容量有限（主要受地址线位数、成本和存取速度等因素制约），在计算机系统中配置更大容量的磁盘、光盘和 U 盘等存储器，作为对主存储器容量不足的补充和后援。这些存储器就统称为辅助存储器。因为其位于主机的逻辑范畴之外，故又称为外存储器，简称辅存或外存。

个人计算机的外存包括软盘、硬盘、磁带、光盘、U 盘等，而移动设备的外存主要是采用闪存技术的存储卡。目前市面上主流的存储卡主要有 SD 卡和 TF 卡。其中，SD 卡是 Secure Digital Card（即安全数字卡）的简称，是由日本松下公司、东芝公司和美国 SanDisk（闪迪）公司共同开发研制的存储卡产品，多用于 MP3、数码摄像机、数码相机、电子图书、AV 器材等。TF（Trans-flash）卡，又称 MicroSD 卡，是由 SanDisk 公司发明的，主要用于移动电话。

（3）高速缓存

CPU 与主存储器之间存在巨大的速度差异，使得 CPU 发出访问主存储器的请求后，可能需要等待多个时钟周期才能读取存储器的内容。为了解决速度匹配问题，可以在 CPU 中设置高速缓存。高速缓存的速度基本上接近 CPU 的工作速度，专门存放 CPU 即将使用的部分程序和数据，这些程序和数据是主存中正在运行或处理的程序和数据的副本。

当 CPU 访问主存时，同时访问高速缓存和主存。通过对地址码的分析，可以判断所访问物理地址区间的内容是否已复制在高速缓存中。如果所要访问的内容已经复制在高速缓存中（称为 Cache 命中），则直接从高速缓存中快速地读取，如果没有在高速缓存中找到所需的程序和数据（称为 Cache 未命中）则从主存中读取。

高速缓存通常由存取速度较高的同步突发静态随机存储器（BSRAM）或者由 DRAM 组成。出于兼顾成本和性能的考虑，现代计算机中的高速缓存通常采用分级设计。例如，主频为 2.93GHz、采用 45nm 制造工艺和 4 核技术的 Intel Core i7 940 CPU 的高速缓存就分为以下 3 级：L1 高速缓存（4×64KB）、L2 高速缓存（4×256KB）、L3 高速缓存（4×2MB）。当 L1 高速缓存没有命中时，立即访问 L2 高速缓存，当 L2 高速缓存没有命中时，立即访问 L3 高速缓存。当 L3 高速缓存没有命中时，再访问主存单元。

2．按系统组织划分

根据计算机操作系统组织管理方式，存储器可以分为物理存储器和虚拟存储器。

其中，虚拟存储器是依靠操作系统提供的存储器管理功能的支持而实现的。使用虚拟存储器技术的计算机系统的内存让用户感觉比实际要大很多。虚拟存储的主要思想是把地址空间和物理内存区域分开，即可寻址的字的数量只依赖于地址位的数量，而实际可用的内存字的数量可能远远小于实际可寻址的空间。例如，个人计算机的地址线多为 32 位，其实际寻址空间可高达 4GB，而多数个人计算机的主存储器容量为 512MB 或 1GB，基本上低于计算机系统的最大寻址空间。这就给用户提供了扩展内存的空间（还有很大的寻址空间可以利用）。这样，在操作系统的支持下，通过某种技术，可使用户访问存储器的编址范围远比实际的主存物理地址大很多。用户感到自己可编程访问一个很大的存储器，但实际的内存容量并没有这么大。通常，把这个提供给用户编程的存储器（即在软件编程上使用的存储器）称为虚拟存储器。它的存储空间（即虚拟存储空间）简称虚拟空间，而面向虚拟存储器的编程地址称为虚地址，也称为逻辑地址。在物理上存在的主存储器被称为物理存储器，其地址称为物理地址。

除了可寻址空间远大于实际内存容量外，在物理实现上，还需要磁盘存储器提供硬件支持，这样就可将暂时不用的信息存放在磁盘上。在软件方面，依靠操作系统提供的功能来实现内存与磁盘之间的信息更换，只让当前要运行的信息调入内存。这一更换过程对用户是透明的，所以，用户感觉所使用的编程空间很大。为了实现虚拟存储器，需要将虚拟存储空间与物理实际存储空间按一定格式分区组织，例如页式管理、段式管理、段页式管理等。计算机系统提供虚地址与物理地址的自动转换，即将用户编程中提供的虚地址（逻辑地址）自动快速地转换为物理地址，根据此物理地址去访问主存，完成对内存的读/写操作。

现代操作系统（例如 UNIX、Windows）中，都具有管理存储器、支持虚拟存储器的功能，都支持大程序在小内存中运行（例如，用户所要运行的程序大于计算机系统的实际内存容量）。所完成的就是把内存中暂不运行的信息（程序和数据）以"页"为单位换出到硬盘上，再把要运行（指还没有装入内存或曾被装入内存而因某种原因又被换到磁盘的"页"）的信息调入内存，实现信息的换进换出（UNIX 系统中设置一种服务于对换操作的对换进程）。由于计算机系统的运行速度非常快，用户程序换进换出操作非常快，用户运行的程序又远远大于内存实际容量，也就说，大程序装在小内存中。所以用户感觉计算机系统执行程序的存储器容量远比实际配置的存储器容量大很多。

虚拟存储器是从用户界面上可见的和可用的编程空间，并不是真实物理结构中的一体，也不是磁盘与内存的简单拼合。从编程的角度看，用户使用虚拟存储空间来编程就如同使用内存一样，而计算机系统中的信息调度和管理则是由操作系统来实现的。

6.1.2 存储器系统的分层结构

典型的存储器系统采用三级存储体系结构，如图 6-1 所示，分为高速缓存、主存、外存 3 个层次。在这种分层存储体系结构中，对于 CPU 直接访问的存储器，其存取速度快，而容量相对有限；外存储器作为后援的一级则容量要大，而其存取速度就可能慢些。这样的合理搭配，对用户来讲，整个存储器系统既可提供大容量的存储空间，又可有较快的存取速度。

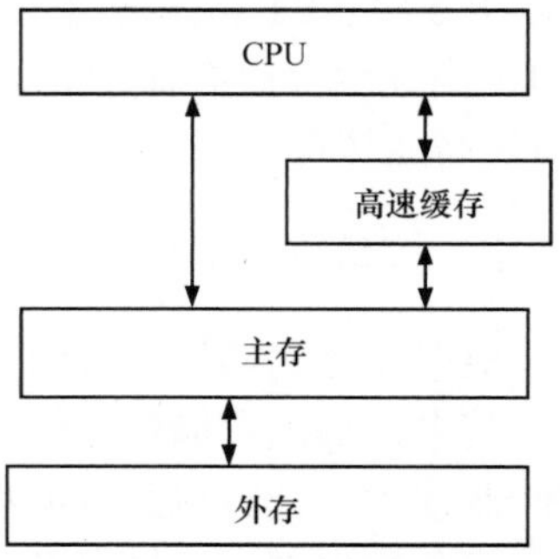

注意，并不是所有的计算机系统都分为三级存储结构。例如，在单片机系统中，通常仅有一级半导体存储器与 CPU 相配；而在早期的个人计算机（如 Intel 8086、80286、80386 等）中，也只有主存储器与外存储器两个层次。

图 6-1　三级存储体系结构示意图

目前，计算机的存储技术还在不断发展之中，存储结构也在不断改进，发展出更多层级的存储结构。如图 6-2 所示，从高层往低层走，存储设备变得越来越大，存取速度越来越慢，越来越便宜，最高层是少量的最快速的 CPU 寄存器，CPU 可以在一个时钟周期内访问它们，接下来是一个或多个小型/中型的基于 SRAM 的高速缓存，CPU 可以在几个时钟周期内访问它们。然后是一个大的基于 DRAM 的主存，CPU 可以在几十或者几百个周期内访问它们，接下来是慢速但是容量很大的本地磁盘。最后，有些系统甚至包括一层附加的远程服务器上的磁盘，要通过网络来访问它们。

这样，存储器就具有如下的工作特点。

（1）设置多个存储器并且使它们并行工作。其本质是增添瓶颈部件数目，使它们并行工作，从而减缓固定瓶颈。

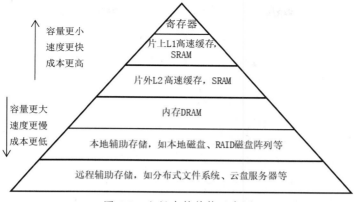

图 6-2   六级存储结构示意图

（2）采用多级存储器系统，特别是高速缓存技术，这是一种减轻存储器带宽对系统性能影响的最佳结构方案。其本质是把瓶颈部件分为多个流水线部件，加大操作时间的重叠、提高速度，从而减缓固定瓶颈。

（3）在 CPU 内部设置各种高速缓存，可减轻存储器存取的压力。增加 CPU 中寄存器的数量，也可大大缓解存储器的压力。其本质是缓冲技术，用于减缓暂时性瓶颈。

6.2 并行主存储器系统

从前面的内容可以得知，存储器系统的存取速度是提高 CPU 运行速度的关键。普通存储器一次只能从存储体读/写一个字长的数据，若有多个字长的数据，则需分多次读/写，如图 6-3 所示。

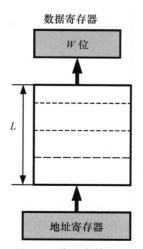

图 6-3   普通存储器

为了提高计算机系统的整体性能，现代的大型计算机系统中采用了并行存储技术，可在一个存取周期中并行存取多个字，以提高整体信息的吞吐量，解决 CPU 与内存之间的速度匹配问题。并行存储技术可分为单体多字方式、多体交叉存取方式两种。

6.2.1 单体多字方式的并行主存系统

如图 6-4 所示，4 个并行的单体容量为 L 的存储器共用一套地址寄存器，按同一地址码并行访问各自的对应单元。这样就可以从 4 个存储器按照排列顺序依次读出 4 个字，每个字有 W 位。假设送入的地址码为 A，则 4 个存储器同时访问各自的 A 号地址单元。也可以把这 4 个存储器看作一个整体，每个编址对应于 4 字×W 位，因而称为单体多字方式。

这种单体多字结构，通过增加每个主存单元所包括的数据位，实现同时存储几个主存字，因此每一次读操作就可以同时读出几个主存字。单体多字方式的并行主存系统适用于向量运算类的特定环境。在执行向量运算指令时，一个向量型操作数包含 n 个标量操作数，可按同一地址分别存放在 n 个并行内存中。例如，矩阵运算中的 $a_ib_j=a_0b_0$, $a_0b_1,\cdots$，就适合采用单体多字方式的并行主存系统。

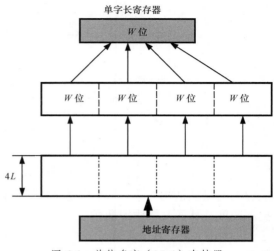

图 6-4　单体多字（M=4）存储器

6.2.2 多体交叉存取方式的并行主存系统

采用多体交叉编址技术的存储器在存储器系统中采用多个 DRAM，把主存储器分成几个能独立读/写的、字长为一个主存字的主体，分别对每一个存储体进行读/写，从而使几个存储体能并行工作。多体交叉编址技术因为充分利用了多个存储体潜在的并行性，因此具有比单个存储体更快的读/写速度。

在大型计算机系统中通常采用的是多体交叉存取方式的并行主存系统，如图 6-5 所示。一般使用 n 个容量相同的存储器（或称为存储体），各自具有地址寄存器、数据线、时序信号和读/写部件，可以独立编址而同时工作。

各存储体的编址基本上采用交叉编址方式，即采用一套统一的编址，按序号交叉分配给各个存储体。以图 6-5 中的 4 个存储体为例，M_0 的地址编址序列为 0, 4, 8, 12, …，M_1 的地址编址序列是 1, 5, 9, 13, …，M_2 的地址编址序列是 2, 6, 10, 14, …，M_3 的地址编址序列是 3, 7, 11, 15, …。也就是说，一段连续的程序或数据，将交叉地存放在各个存储体中，因此整个并行内存是以 4 为模进行交叉存取工作的。

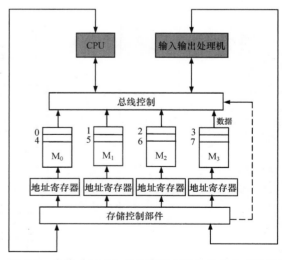

图 6-5　多体（M=4）交叉存取方式的并行主存系统

相应地，对 4 个存储体采用分时访问的时序，如图 6-6 所示。各存储体分时启动读/写操作，时间相差 1/4 个存取周期。启动 M_0 后，经过 $T_M/4$ 启动 M_1，在 $T_M/2$ 时启动 M_2，在

$3T_M/4$ 时启动 M_3。各存储体读出的内容也将分时地送到 CPU 中的指令栈或数据栈，每个存取周期将可访问 4 次。

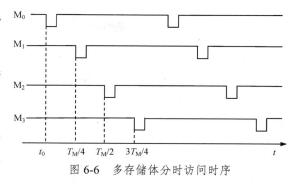

图 6-6　多存储体分时访问时序

采用多体交叉存取方式，需要一套存储器控制逻辑部件，称为存储控制部件。它由操作系统设置或控制台开关设置，以确定内存的模式组合，包括：所选取的模多大；接收系统中各部件或设备的访问请求，按预定的优先顺序进行排队，响应其访问存储器的请求；分时接收各请求源发来的访问存储器地址，并转送到相应的存储体；分时收发读/写数据；产生各存储体所需的读/写时序；对读/写数据进行检验处理；等等。可见，多体交叉存取方式的并行主存系统的控制逻辑是很复杂的。

当 CPU 或其他设备发出访问存储器的请求时，存储控制部件按优先排队来确定是否响应其请求。响应后按交叉编址关系决定该地址是访问哪个存储体，然后查询该存储体的程序状态字寄存器"忙"标志位是否为 1，如果为 1，表明该存储体正在进行读/写操作，欲访问该存储体的读/写操作就需要等待；如果该存储体已经完成一次读/写操作，则将"忙"标志位置为 0，然后响应新的访存请求。当存储体完成读/写操作时，将发出一个回答信号表示读/写操作已经完成，可以响应新的读/写请求。

这种多体交叉存取方式的并行主存系统很适合支持流水线作业的处理方式。因此多体交叉存取方式的并行主存系统结构是高速大型计算机系统中的典型主存储器结构。

6.3　高速缓存

在计算机技术发展过程中，主存储器的存取速度一直比 CPU 的操作速度慢得多，使 CPU 的高速处理能力不能充分发挥，整个计算机系统的工作效率受到影响。为了缓和 CPU 和主存储器之间速度不匹配的矛盾，需要在 CPU 内部设置通用寄存器组，在主存储器中引入多体交叉存取技术，在 CPU 和主存储器之间增加高速缓存。很多大、中型计算机，以及一些小型计算机、微机也都采用高速缓存。

6.3.1　高速缓存的分级结构

缓存的结构和大小对 CPU 速度的影响非常大，CPU 内缓存的运行频率极高，一般是和处理器同频运作，工作效率远远大于系统内存和硬盘的。实际工作时，CPU 往往需要重复读取同样的数据块，而缓存容量的增大，可以大幅度提升 CPU 内部读取数据块的命中率，而不用再到内存或者硬盘上寻找，以此提高系统性能。但是由于 CPU 芯片面积和成本等因素，缓存容量都很小。高速缓存可分为片内高速缓存（即集成在 CPU 芯片中）和独立于 CPU 的高速缓存。例如，Intel 80486 CPU 芯片中有一个 8KB 的片内高速缓存，Intel 奔腾 4 芯片内的高速缓存大部分都是 512KB 的。

目前，CPU 内部缓存普遍采用三级结构。

L1 高速缓存是 CPU 的第一层高速缓存，分为数据高速缓存和指令高速缓存。内置的 L1 高速缓存的容量和结构对 CPU 的性能影响较大，不过 L1 高速缓存均由 SRAM 组成，

存储器系统　第6章

结构较复杂，在 CPU 芯片面积不能太大的情况下，L1 高速缓存的容量一般较小，通常为 32KB～256KB。

L2 高速缓存是 CPU 的第二层高速缓存，分为内部和外部两种。内部 L2 高速缓存的运行速度与主频的相同，而外部 L2 高速缓存的运行速度则只有主频的一半。L2 高速缓存的容量也会影响 CPU 的性能，原则是越大越好，以前家庭用 CPU 容量最大的是 512KB，现在笔记本计算机中也可以达到 2MB，而服务器和工作站用 CPU 的 L2 高速缓存的容量更大，可以达到 8MB 以上。

L3 高速缓存是 CPU 的第三层高速缓存，分为外置和内置两种。L3 高速缓存最早应用于美国超威半导体公司发布的 K6-Ⅲ 处理器，当时的 L3 高速缓存受限于制造工艺，并没有被集成到芯片内部，而是集成在主板上，称为外置缓存。之后英特尔公司把 L3 高速缓存集成到了服务器级的 Itanium 处理器之中。L3 高速缓存可以进一步降低内存延迟，同时提升大数据量计算时处理器的性能。而在服务器领域增加 L3 高速缓存在性能方面仍然有显著的提升。具有较大 L3 高速缓存的配置利用物理内存会更有效，故它比较慢的磁盘 I/O 子系统可以处理更多的数据请求。具有较大 L3 高速缓存的处理器提供更有效的文件系统缓存行为及较短消息和处理器队列长度。

6.3.2　高速缓存的工作原理

高速缓存的作用是对 CPU 要使用的那些保存在内存中的代码和数据进行缓冲，高速缓存的读/写速度通常高于内存的。在存储器系统中引入高速缓存能有效地提升计算机系统的整体性能，其理论依据就是计算机系统的局部性原理。

局部性原理最早是由香农（Shannon）在 1968 年提出的，虽然时间较早，但仍然对现代计算机系统设计和性能有很大的影响。该原理主要描述了计算机程序在访问存储器时所表现出的规律性。香农通过研究发现，计算机程序在执行时，对存储器的访问具有明显的局部性特征，即程序在短时间内会重复访问存储器中的某些区域。局部性原理主要包含两个方面：时间局部性和空间局部性。

其中，时间局部性是指：当一个数据被访问时，在近期内它很可能再次被访问。这是因为程序在执行过程中会有一定的重复操作，而这些操作往往会围绕某些特定的数据或指令进行。例如，在循环或递归等结构中，一些数据会被反复使用，这就体现了时间局部性。

空间局部性是指：当一个存储单元被访问时，其附近的存储单元也很快会被访问。这主要是因为程序在执行过程中往往会同时访问一些相邻或相关的数据。例如，在一个数组或结构体中，访问其中一个元素时，往往会同时访问其周围的元素，这就体现了空间局部性。

局部性原理揭示了程序在访问存储器时的规律性，使得计算机系统可以更好地预测和优化程序的执行，为计算机系统的优化提供了重要的理论依据。

高速缓存是一种利用空间局部性原理的硬件结构，通常由高速存储器、联想存储器、替换逻辑电路和相应的控制线路组成，如图 6-7 所示。由于主存的读/写速度比 CPU 的慢，如果执行指令时每次都直接访问主存会消耗大量 CPU 时间，CPU 要花更多时间等待主存传送指令或数据，所以在二者之间添加一个高速缓存，主存将 CPU 可能用到的指令和数据提前存放（即预取）到高速缓存之中，就可以提高 CPU 访问主存的速度。预取技术是利用时间局部性原理的一种优化技术，它通过提前读取可能需要的指令或数据到缓存中，以减少处理器等待时间。当然，有可能 CPU 需要的东西在高速缓存之中没有，这就涉及高速缓存命中和未命中的问题。

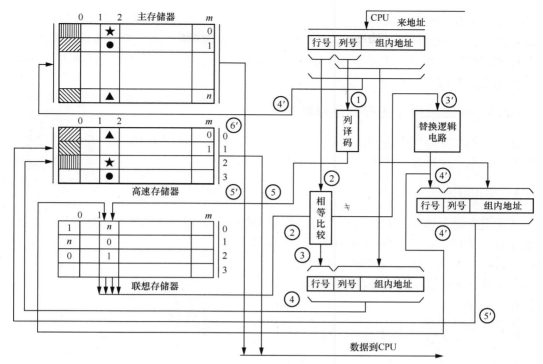

操作顺序：命中为①，②，③，④，⑤；未命中为①，②，③，④，⑤，⑥

图 6-7　高速缓存的工作原理

　　主存储器在逻辑上划分为若干行，每行划分为若干的存储单元组，每组包含几个或几十个字，高速缓存也相应地划分为行和列的存储单元组。二者的列数相同，组的大小也相同，但高速缓存的行数比主存储器的行数少得多。CPU 存取主存储器的地址划分为行号、列号和组内地址 3 个字段。联想存储器用于地址联想，有与高速缓存相同行数和列数的存储单元。当主存储器某一列某一行存储单元组调入高速缓存同一列某一空闲的存储单元组时，与联想存储器对应位置的存储单元就记录调入的存储单元组在主存储器中的行号。

　　当 CPU 对主存储器进行存取时，硬件首先自动对存取地址的列号字段进行译码，以便将联想存储器该列的全部行号与存取主存储器地址的行号字段进行比较：若有相同的，表明要存取的主存储器单元已在高速缓存中，称为命中，硬件就将存取主存储器的地址映射为高速缓存的地址并执行存取操作；若都不相同，表明该单元不在高速缓存中，称为未命中或脱靶，硬件将执行存取主存储器操作并自动将该单元所在的主存储器单元组调入高速缓存相同列中空闲的存储单元组中，同时将该组在主存储器中的行号存入联想存储器对应位置的单元内。

　　当出现未命中而高速缓存对应列中没有空的位置时，便淘汰该列中的某一组以腾出位置存放新调入的组，这称为替换。确定替换的规则叫作替换策略，硬件上用替换逻辑电路来执行该功能。另外，当执行写主存储器操作时，为保持主存储器和高速缓存内容的一致性，对命中和未命中需分别处理：①写操作命中时，可采用全写法，同时写入主存储器和高速缓存，或者采用写回法，只写入高速缓存并标记该组是否修改过，如果修改过，则淘汰时需将内容写回主存；②写操作未命中时，可采用写分配法（即写入主存并将该组调入高速缓存）或写不分配法（即只写入主存但不将该组调入高速缓存）。

　　高速缓存的性能常用命中率来衡量。影响命中率的因素有高速缓存的容量、存储单元组的大小、组数多少、地址联想比较方法、替换算法、写操作处理方法和程序特性等。采用高速缓存技术的计算机已相当普遍。有的计算机还采用多个高速缓存，如系统高速缓存、指令高速缓存和数据高速缓存等，以提高系统性能。随着主存储器容量不断增大，高速缓存的容量也越来越大。

6.3.3 高速缓存与主存的地址映射

把主存地址空间映射到高速缓存地址空间，即按照某种规则把主存的块内容复制到高速缓存的块中。通常，有如下 3 种映射。

1. 全相联映射

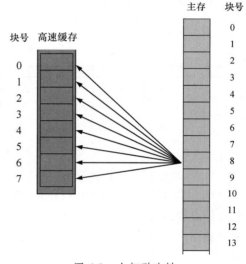

图 6-8　全相联映射

高速缓存的全相联映射允许将主存的数据或指令存储到高速缓存的任意单元中。这意味着主存中的任何一块数据或指令都可以被映射到高速缓存的任何一块中。如图 6-8 所示，主存的第 8 块可以映射装入高速缓存中的第 0～7 块中的任意一块中。

因此，在高速缓存中可以根据需要将数据或指令存储在不同的块中，从而实现更加灵活的存储管理。全相联映射的优点是：灵活、块冲突率低，只有高速缓存中的全部块装满后才会出现块冲突；高速缓存利用率高。其缺点是：地址变换机构复杂，地址变换速度慢，成本高。

在全相联映射之中，主存地址分为块号 B_m 和块内地址 D_m。同样，高速缓存地址也分为块号 B_C 和块内地址 D_C。高速缓存的块内地址部分直接取自主存地址的块内地址段。主存块号和高速缓存块号不同时，可以根据主存块号从块号表中查找高速缓存块号。高速缓存保存的各数据块互不相关，高速缓存必须保存每个块和块自身的地址。当请求数据时，高速缓存控制器要把请求地址同所有的地址进行比较以确认。因容量的差异，主存与高速缓存的地址位数是不相同的，具体计算式如下。

$$主存地址位数 = 主存块号位数 + 块内地址位数 \tag{6-1}$$
$$高速缓存地址位数 = 高速缓存块号位数 + 块内地址位数 \tag{6-2}$$

【例 6-1】已知主存容量为 64KB，高速缓存容量为 4KB，假设一个存储块的大小是 1KB，若主存第 9 块的内容已通过预取装入高速缓存中的第 2 块，请问主存与高速缓存分别划分多少块？欲访问偏移量为 800 的地址单元，该单元在主存和高速缓存中的地址分别是什么（用十六进制）？

解　根据已知，主存单元地址需要 16 位二进制数表示，高速缓存单元地址需要 12 位二进制数表示。由于每个存储块为 1KB，块内地址需要 10 位二进制数表示，所以，主存地址中表示块号的位数为 6 位，即主存被划分为 64 块；高速缓存地址中表示块号的位数为 2 位，即高速缓存被划分为 4 块。

偏移量 800 的二进制值为 11 0010 0000。内存第 9 块的编号为 8=1000B，与偏移量拼接之后得到主存单元地址=10 0011 0010 0000B=2320H。高速缓存第 2 块的编号为 1=0001B，与偏移量拼接之后得到高速缓存地址=00 0111 0010 0000=0720H。

注意：无论是主存，还是高速缓存，其块号均从 0 开始编号。

2．直接映射

高速缓存的直接映射是内存与高速缓存之间多对一的映射方式。在直接映射中，主存块的大小与高速缓存块的大小相等，主存块号与高速缓存块号之间的映射规则如下。

$$y = x \bmod n \qquad (6\text{-}3)$$

其中，x 为主存块号，n 为高速缓存块的个数，y 是高速缓存块号。

例如，在图 6-9 中，主存划分为 8 块，各主存块编址范围是 000～111，高速缓存划分为 4 块，根据该映射规则，因为 0 mod 4 = 4 mod 4 = 0，故主存块号 000 和 100 对应高速缓存的 00 块号。同样，因为 1 mod 4 = 5 mod 4 = 1，故主存块号 001 和 101 对应高速缓存的 01 块号。以此类推，主存块号 010 和 110 对应高速缓存的 10 块号，主存块号 011 和 111 对应高速缓存的 11 块号。

在直接映射中，当发生未命中时，计算机将主存块从主存加载到高速缓存之中。如果高速缓存中的存储块已经被占用，那么需要使用替换算法（如先进先出算法）选择一个存储块进行替换，以便为新的主存块腾出空间。通过直接映射，高速缓存可以通过简单的地址映射关系实现快速的访问和替换。

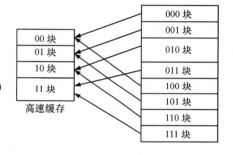

图 6-9　直接映射示意图

可见，在直接映射中，任意一个主存块只能映射到高速缓存唯一指定的块中，即相同块的位置。正因为如此，直接映射不同于全相联映射，其地址仅需比较一次。

直接映射的优点是地址换算快、运行效率高，适用于主存块大小与高速缓存块大小相等的情况；缺点是它可能会导致冲突（Conflict）和容量（Capacity）问题。冲突问题是指多个主存块映射到同一个高速缓存块的情况，容量问题是指高速缓存块的数量不足以覆盖整个主存地址空间。当冲突率比较高时，即使高速缓存未满，主存中的某个块被访问也会导致该块所在的高速缓存块被替换出去。因此，直接映射方式适用于冲突率较低的程序。

【例 6-2】采用直接映射方式，一个具有 4KB 的高速缓存的 32 位微处理器，主存的容量为 16MB，假定高速缓存块的大小为 4 个 32 位的字（设地址单元以字节为单位编址）。

（1）分别指出块内地址、高速缓存块号以及主存块号的位数。

（2）求主存地址为 ABCDEFH 的单元在高速缓存中的位置。

解　（1）主存块的大小=高速缓存块的大小= 4 个 32 位的字=16 字节；

因地址单元以字节为单位编址，故块内地址的位数=4；

高速缓存块的个数=4KB ÷ 16B = 256；

因 $256 = 2^8$，故高速缓存块号的位数=8；

主存块的个数 = 16MB ÷ 16B = 1M；

因 $1M = 2^{20}$，故主存块号的位数 = 20。

（2）主存地址位数 = 主存块号位数+块内地址位数 = 24；

高速缓存地址位数＝高速缓存块号位数+块内地址位数＝12。

主存地址＝ABCDEFH＝1010 1011 1100 1101 1110 1111。

块内地址＝1111，主存块号＝1010 1011 1100 1101 1110。

高速缓存块号＝主存块号 mod 高速缓存块的个数

$\qquad$ ＝1010 1011 1100 1101 1110 mod 256

$\qquad$ ＝1101 1110

因此，主存地址 ABCDEFH 在高速缓存中的位置是：块号 1101 1110，块内地址 1111。

3. 组相联映射

组相联映射是前两种方式的折中。主存按高速缓存容量分区，每个区分为若干组，每组包含若干块。高速缓存也进行同样的分组和分块。主存中一个组内的块数与高速缓存中一个组内的块数相等。组相联映射的映射规则是：组间采用直接方式，组内采用全相联方式。

如图 6-10 所示，主存的 8 个存储块划分为 2 个区，每区 2 组，在主存的 3 位地址编码 A 中，最高位 A_2 代表区号，中间位 A_1 代表组数，最低位 A_0 代表组内块号。根据映射规则，主存 000 块可以映射到高速缓存 0 组的 00 块或 01 块，但不能映射到高速缓存 1 组的任何一块，而主存的 010 块只能映射到高速缓存的 1 组，不能映射到高速缓存的 0 组，以此类推。

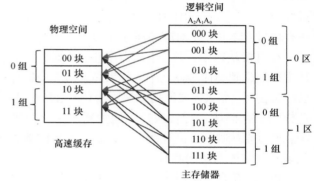

图 6-10　组相联映射示意图

组的容量等于 1 时，即直接映射，组的容量等于整个高速缓存的容量时，即全相联映射。高速缓存对于程序员是透明的，高速缓存的地址变换和数据块的替换算法都采用硬件实现。

$\qquad$ 主存地址位数 ＝ 区号位数+组号位数+主存块号位数+块内地址位数　　　　（6-4）

$\qquad$ 高速缓存地址位数 ＝ 组号位数+组内块号位数+块内地址位数　　　　　　　（6-5）

【例 6-3】容量为 64 块的高速缓存采用组相联方式映射，字块大小为 128 字节，每 4 块为一组，若主存容量为 4096 块，且以字编址，那么主存地址为多少位？主存区号为多少位？

解　（方法一）

分区数＝主存容量/高速缓存容量＝4096 块÷64 块＝64；

区内分组数＝64÷4＝16；

组内分块数＝4；

字块大小＝128 字节；

所以根据公式，主存地址位数＝6+4+2+7＝19；

主存区号为 6 位。

（方法二）

主存地址的位数 A 由主存容量 N 决定。

$A = \log_2 N = $ 区号位数+组号位数 + 主存块号位数 + 块内地址位数，

所以，$A = \log_2 N = \log_2(4096 \times 128) = \log_2(2^{12} \times 2^7) = \log_2(2^{19}) = 19$。

高速缓存地址的位数 B 由高速缓存容量 H 决定。

$B = \log_2 H =$ 组号位数+组内块号位数 + 块内地址位数,

所以, $B = \log_2(64 \times 128) = 13$。

区号的计算方法同上。

（方法三）

主存地址位数 = 主存块地址位数+块内地址位数 = 12+7 = 19;

主存区号地址位数 = 主存块地址位数–高速缓存块地址位数 = 12–6 = 6。

6.3.4　高速缓存的替换策略

根据局部性原理可知，程序在运行中总是频繁地使用那些最近被使用过的指令和数据。这就提供了替换策略的理论依据。综合命中率、实现的难易及速度的快慢各种因素，替换策略有随机策略、先进先出策略、最近最少使用策略等。

1．随机策略

随机策略（RAND 策略）是随机地确定替换的数据块。设置一个随机数产生器，依据所产生的随机数，确定待替换的数据块。这种策略简单、易于实现，但命中率比较低。

2．先进先出策略

先进先出（FIFO）策略是一种常见的高速缓存替换策略，它的思想是将最早进入高速缓存的数据块替换出去。

FIFO 策略的原理很简单，当高速缓存满时，待替换的数据块是最早进入高速缓存的那个。缓存维护一个队列，每次有数据块进入高速缓存时，将其加入队列的末尾；每次需要替换数据块时，将队列头部的数据块替换出去。

FIFO 策略的优点是简单且易于实现。它不需要对数据块的使用情况进行评估，只需要按照进入缓存的顺序进行替换，实现起来相对简单。但是，FIFO 策略也存在一些缺点：首先，它没有考虑到数据块的使用频度和重要性，只能根据进入高速缓存的时间先后顺序进行替换，无法根据数据块的实际使用情况进行优化；其次，FIFO 策略容易受到"闪存效应"的影响。如果一个数据块被频繁地访问，但是缓存空间有限，导致它一直不能进入缓存，这就是"闪存效应"，会导致缓存命中率下降。

【例 6-4】假设高速缓存分为 3 块，初始状态为空，某程序访问 6 块信息，所访问的块地址流依次为：1、2、3、2、3、4、1、2、4、5、3、6、5、4、2。如果采用全相联映射，请分析采用 FIFO 策略的访问过程并计算命中率。

解　根据 FIFO 策略的思想，该程序的访问过程如表 6-1 所示。

表 6-1　采用 FIFO 策略的数据块访问过程

地址流	1	2	3	2	3	4	1	2	4	5	3	6	5	4	2
高速缓存块 0	1	1	1	1	1	4	4	4	4	5	5	5	5	4	4
高速缓存块 1		2	2	2	2	2	1	1	1	1	3	3	3	3	2
高速缓存块 2			3	3	3	3	3	2	2	2	2	6	6	6	6
是否命中				✓	✓				✓				✓		

命中率=4÷15≈26.7%。

3. 最近最少使用策略

最近最少使用（Least Recently Used，LRU）策略的思想是根据数据的访问时间来判断哪些数据是最近最少被使用的，进而选择将其从高速缓存替换出去。LRU策略的原理是基于时间局限性原理，即在一段时间内，如果数据没有被访问到，那么在未来一段时间内它也很可能不会被访问到。因此，LRU策略选择替换最长时间未被访问的数据。

LRU策略的主要优点是：实现简单，容易理解；LRU策略在某些场景下能够有效地减少高速缓存的替换次数，降低了系统的访问延迟。但是，LRU策略的缺陷有：需要维护一个访问时间的记录，这需要较大的开销来实现；对于具有较差的局部性的工作负载，可能导致较低的高速缓存命中率，从而降低系统性能。

实现LRU策略的方法有多种。下面简单介绍计数器法、寄存器栈法及硬件逻辑比较对法的设计思路。

（1）计数器法

为高速缓存的每一块都设置一个计数器，计数器的操作规则如下。

① 被调入或者被替换的块，其计数器清零，而其他的计数器则加1。

② 当访问命中时，所有块的计数值与命中块的计数值要进行比较，如果计数值小于命中块的计数值，则该块的计数值加1；如果块的计数值大于命中块的计数值，则数值不变。最后将命中块的计数器清零。

③ 需要替换时，则选择计数值最大的块被替换。

例如，IBM 370/65机的高速缓存用组相联方式，每组4块，每一块设置一个2位的计数器，其工作状态如表6-2所示。其中，"空"表示该高速缓存块为空，"X"表示该高速缓存块尚未参与计数。

表6-2　计数器法实现LRU策略

主存块	块4		块2		块3		块5	
	块号	计数器	块号	计数器	块号	计数器	块号	计数器
高速缓存块0	1	10	1	11	1	11	5	00
高速缓存块1	3	01	3	10	3	00	3	01
高速缓存块2	4	00	4	01	4	10	4	11
高速缓存块3	空	X	2	00	2	01	2	10
操作	起始状态		调入		命中		替换	

（2）寄存器栈法

设置一个寄存器栈，其容量为高速缓存中替换时参与选择的块数，比如采用组相联方式时设置寄存器栈的容量为同组内的块数。从栈底到栈顶，堆栈依次记录主存数据存入缓存的块号。现以一组内4块为例说明其工作情况，如表6-3所示，栈底为寄存器3，表中1~4为缓存中的一组的4个块号。

当缓存中尚有空闲时，如果未命中，则可直接调入数据块，并将新访问的缓存块号压入堆栈，置于栈顶。当缓存已满时，如果数据块被命中，则将其他各块内容由顶向底逐次下压直到被命中块号的所在位置为止，再将被命中的块号压入栈顶。如果未命中，说明需要替换，此时位于栈底的块号就是最久没有被使用的，故先把栈内各单元内容依次下压直到栈底，再把新访问块号压入栈顶，从而实现替换操作。

表 6-3　寄存器栈法实现 LRU 策略

缓存操作	初始状态	调入 2	命中块 4	命中块 1
寄存器 0	空	2	4	1
寄存器 1	3	3	2	4
寄存器 2	4	4	3	2
寄存器 3	1	1	1	3

（3）硬件逻辑比较对法

用一组硬件的逻辑电路来记录各块使用的时间与次数，假设高速缓存的每组中有 4 块，替换时，比较 4 块中哪一块是最久没使用的，4 块之间两两相比可以有 6 种比较关系。如果每两块之间的对比关系用一个 RS 触发器，则需要 6 个触发器（T_{12}、T_{13}、T_{14}、T_{23}、T_{24}、T_{34}），设 $T_{12} = 0$ 表示块 1 比块 2 更久没有被使用，$T_{12} = 1$ 表示块 2 比块 1 更久没有被使用。在每次访问命中或者新调入块时，与该块有关的触发器的状态都要进行修改。按此原理，由 6 个触发器组成的一组编码状态可以指出应被替换的块。例如，块 1 被替换的条件是 $T_{12} = 0$，$T_{13} = 0$，$T_{14} = 0$；块 2 被替换的条件是 $T_{12} = 1$，$T_{23} = 0$，$T_{24} = 0$。

【例 6-5】如果采用组相联映射，假设寄存器栈的容量为 4，高速缓存分为 2 组，每组 2 块，共 4 块，初始状态为空，某程序访问 6 块数据信息，访问顺序是：0、1、2、1、2、3、0、1、3、4、2、5、4、3、1。请分析使用 LRU 策略的寄存器栈法的访问过程并计算命中率。

解　根据组相联映射规则，该程序各块划分如下，0、1、2、3 号在 0 区，其中 0、1 号在 0 组，2、3 号在 1 组，4、5 号在 1 区 0 组。根据 LRU 策略的思想，访问过程如表 6-4 所示，表中的星号（*）标记哪个数据块被选中，即将被替换。

表 6-4　采用 LRU 策略的数据块访问过程

地址流	0	1	2	1	2	3	0	1	3	4	2	5	4	3	1
寄存器 0						3	0	1	3	4	2	5	4	3	1
寄存器 1			2	1	2	3	0	1	3	4	2	5	4	3	
寄存器 2		1	1	2	1	1	2	3	0*	1	3	4	2	5*	4
寄存器 3	0	0	0	0	0	0	1	2	2	2	1*	3	3	2	2
缓存操作	调入	调入	调入	命中	命中	调入	命中	命中	命中	替换	替换	替换	命中	命中	替换

命中率 $= 7 \div 15 \approx 46.7\%$。

【说明】寄存器栈只是用来保存已经缓存的块号，寄存器栈每新增或者替换一个元素，就应该在高速缓存相应分组中调入或替换一个数据块。受组相联映射规则的限制，LRU 策略的缓存操作只能选择同一组的最近最久未被访问的块进行替换。例如，在本例中，第一次访问 4 号数据块时，由于 4 号划分在 1 区 0 组，此时高速缓存已满，只能选择 0 组的 0 号或 1 号块进行替换，显然只能替换 0 号。同理，第一次访问 5 号块时，由于 5 号也划分在 1 区 0 组，此时只能在已缓存的 1 号和 4 号中选择 1 号块进行替换。

6.3.5　高速缓存的写入策略

高速缓存的写入策略主要有以下 3 种。

1．写回策略

写回（Write Back）策略是指将写操作先更新到缓存中，而不立即写回主存。只有当缓存被替换或某个缓存块被修改时，才将该块数据写回主存。其基本思想是通过延迟写回的方式来提高性能，减少主存访问次数。写回策略的优点有：减少主存访问次数，即只有在缓存块被替换或修改时才进行主存写回；较低的写操作延迟，即写操作只需要进行一次写入缓存操作，延迟较低。但其主要缺陷有：数据不一致，即由于写回延迟，存在高速缓存与主存不一致的隐患，甚至可能导致数据丢失；写回操作可能导致额外延迟，当发生写回操作时，可能会导致额外的延迟，从而降低性能。对此，在实现该策略时，必须为高速缓存块配置一个修改位，以记录该块是否被 CPU 修改过。

写回策略的具体实现流程如下。

（1）当 CPU 写操作命中高速缓存时，将修改位设为 1。

（2）如果此块在后续操作中被换出，则将修改位设为 0，并将高速缓存中的数据写入主存。

（3）如果 CPU 写操作未命中高速缓存，则需先检查欲写入的数据是否会覆盖高速缓存中修改位为 1 的块，如果是，则将该块数据复制到主存，同时更新高速缓存中的数据和相应修改位；如果不是，则直接将数据写入高速缓存，并设置修改位为 1。

2．全写策略

全写（Write Through）策略，又称直写策略，是指每次写操作都会立即将数据写回主存或下一级缓存，其基本思想是保持高速缓存和主存的一致性，即对于任何数据的写操作，都会同时更新高速缓存和主存中的数据，因此较好地维护了高速缓存与主存的内容一致性，解决了写回策略存在的隐患问题。全写策略有两个优点：一是数据一致性，高速缓存和主存中的数据始终保持一致；二是可靠性，在写操作后，即使发生系统崩溃或掉电等情况，数据仍然可靠地存储在主存中。其主要缺点是：因为每次同时写入主存和高速缓存，因此写操作延迟高。

全写策略的具体实现流程如下。

（1）当 CPU 进行写操作时，直接将数据写入高速缓存和主存。

（2）在任何情况下，CPU 进行读操作时都从高速缓存中读取数据。

（3）当高速缓存失效（如 CPU 读操作未命中高速缓存）时，根据某种算法决定是否将高速缓存中的数据写入主存。

3．写一次策略

写一次（Write Once）策略将写回策略和全写策略相结合，写命中与写未命中的处理方法与写回策略的基本相同，只是第一次写命中时要同时写入主存。写一次策略的优点是减少了访问主存的次数，同时维护了高速缓存与主存的内容一致性；其不足是由于第一次写命中时要同时写入主存，因此写入速度可能会降低。

写一次策略的具体实现流程如下。

（1）当 CPU 进行写操作时，首先检查高速缓存中是否有相应的数据块。

（2）如果高速缓存中没有相应数据块，则直接将数据块调入高速缓存，并将修改位设为 1。

（3）如果高速缓存中有相应数据块，则将修改位设为 1，并检查该块是否被换出。

（4）如果该块未被换出，则不进行任何操作。

（5）如果该块被换出，则将修改位设为 0，并将高速缓存中的数据块写回主存。

（6）在任何情况下，CPU 进行读操作时都从高速缓存中读取数据。

6.3.6　高速缓存的性能指标

在计算机系统中设计高速缓存的目的就是通过减少 CPU 访存的等待时间来提高计算机的性能。尽管引入高速缓存后，使用 SRAM 技术的高速缓存访问速度与 CPU 的速度相当，可以使计算机系统的整体速度提高，但由于 SRAM 采用的制作工艺比较复杂，成本比较高，从计算机系统的性能价格比来考虑，也不可能将整个主存储器都更换为 SRAM，从 CPU 的性能方面来讲，增加高速缓存的目的就是使对主存的访问时间接近对 CPU 的访问时间。

1．高速缓存的命中率

在多级存储器系统中，高速缓存平均访存时间定义为：

$$T = H \times T_h + (1 - H) \times T_m$$

其中：H 为命中率，$H=$命中次数/访问总次数；T_h 为高速缓存命中时的访问时间；T_m 为高速缓存未命中时访问主存的时间。

由上式得知，在访问时间与硬件速度有关的情况下。命中率越高，成功获取数据的机会就越大，因此高速缓存的命中率是衡量高速缓存效率的重要指标。

2．高速缓存的容量

一般来说，访问高速缓存的命中率取决于高速缓存的容量、高速缓存的结构和访问高速缓存的替换策略。通常，高速缓存容量为主存的 1/1000；CPU 访问主存的周期为 CPU 指令周期的 10 倍，高速缓存命中率基本在 90%以上。

例如，假设 CPU 访问高速缓存的指令周期为 T，则 CPU 访问主存的指令周期为 $10T$；若主存的容量为 1GB，则高速缓存的容量为 1MB。若某一程序具有 1MB 的指令在内存中，高速缓存完全可以满足该程序的需要（即全部命中）。如果在高速缓存容量不变的情况下，程序有 100MB 的指令在内存中，在程序执行过程中至少需要 100 次才能把程序调入高速缓存中。

可见，高速缓存的容量足够大时，计算机系统的整体性能就有很大提高。可以通过如下的方法来提高高速缓存的性能。

（1）增大高速缓存的容量，提高命中率。高速缓存的容量越大，命中率就越高。

（2）选择较优的高速缓存设计结构，减少因未命中而进行替换操作的开销。

（3）采用预取技术，减少高速缓存的命中时间。

（4）采用适当的映射方式来提高命中率。

6.4　虚拟存储器

虚拟存储器源于英国 Atlas 计算机的一级存储器概念,是由硬件和操作系统自动实现存储信息调度和管理的。这种系统的主存为 16000 字的磁芯存储器，但 CPU 可用 20 位逻辑地址对主存寻址。到 1970 年，美国 RCA（无线电）公司成功研制虚拟存储器系统。IBM 公司于 1972 年在 IBM 370 系统上全面采用了虚拟存储器技术。虚拟存储器已成为计算机系统中非常重要的部分。虚拟存储器只是一个容量非常大的存储器的逻辑模型，不是任何实际的物理存储器。它借助磁盘等辅助存储器来扩大主存容量，使之为更大或更多的程序所使用。它的主存-外存层次以透明的方式给用户提供了一个比实际主存空间大得多的程序地址空间。

虚拟内存是用硬盘空间做内存来弥补计算机 RAM 空间的缺乏。当实际 RAM 满时（实际上，在 RAM 满之前），虚拟内存就在硬盘上创建了。当物理内存用完后，虚拟内存管理器选择最近没有用过的、低优先级的内存部分写到交换文件上。这个过程对应用是隐藏的，应用把虚拟内存和实际内存看作是一样的。

在 Windows 系统中有一个分页文件（pagefile.sys），它的大小经常发生变动，小的时候可能只有几十兆，大的时候则有数百兆，这种毫无规律的变化实在让很多人摸不着头脑。其实，pagefile.sys 就是 Windows 系统下的一个虚拟内存，它的作用与物理内存基本相似，但它是作为物理内存的"后备力量"存在的，也就是说，只有在物理内存不够使用的时候，它才会发挥作用。

根据程序运行的局部性原理，一个程序运行时，在一小段时间内，只会用到程序和数据的很小一部分，仅把这部分程序和数据装入主存储器即可。更多的部分可以在用到时随时从磁盘调入主存。在操作系统和相应硬件的支持下，数据在磁盘和主存之间按程序运行的需要自动成批量地完成交换。如何更加有效地提高计算机系统的整体性能？这是计算机技术发展中面临的主要问题。事实上，计算机的整体性能在很大程度上受制于存储器系统。根据各种存储器的特性，采取适当的管理措施和技术措施，可以提高计算机系统的整体性能。目前，能够提高存储器系统性能的技术有很多，主要包括高速缓存、虚拟存储器、并行存储等技术。本节将重点介绍虚拟存储器技术的基本原理。

6.4.1 虚拟存储器概述

在采用了主存储器和辅助存储器的存储器系统结构中，计算机系统的存储容量扩大了很多，用户可以利用这些硬件功能并在操作系统的存储器管理软件支持下完成自己的所有操作。这里最为重要的一种变化是系统为用户提供了"虚拟存储器"（Virtual Memory, VM），通常称为虚拟存储器技术。这种虚拟存储器的容量远远超过了 CPU 能直接访问的主存储器容量，用户可以在这个虚拟空间（也称为编址空间）自由编程，而不受主存储器容量的限制，也不需要考虑所编程序将来装入内存的什么位置。图 6-11 所示为虚拟存储器结构示意图。

根据页表中所指出的是物理页还是磁盘地址确定是访问主存还是访问磁盘。

在计算机系统中采用虚拟存储器技术后，可以对内存和外存的地址空间统一进行编址，用户按其程序的需要来对逻辑地址（也就是虚地址）进行编程。所编程序和数据在操作系统的管理下先输入外存（一般是在硬盘中），然后由操

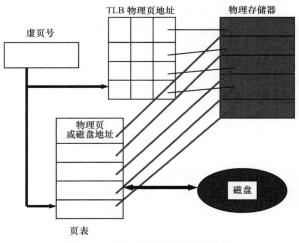

图 6-11　虚拟存储器结构示意图

作系统自动地将当前欲运行的部分程序和数据调入内存，其余暂不运行的部分留在磁盘上。随着程序执行的需要，操作系统自动地按一定替换算法在内存与外存中进行对换，即将内

存中暂不运行的部分程序和数据换出到外存，把急需运行而现在又仍在外存的部分程序和数据调入内存。这个过程是在操作系统的控制和管理下自动完成的，由于计算机系统的运行速度非常快，所以换进换出的过程用户是感觉不到的。

CPU 执行程序时，按照程序提供的虚地址访问主存。因此，先由存储器管理硬件判断该地址内容是否在内存中（也可以由操作系统的存储器管理软件来完成此任务）。如果已经调入内存，则通过地址变换机制将程序中的虚地址转换为内存中的实地址（称为物理地址或绝对地址），再去访问主存中的物理单元。如果所需程序和数据部分尚未调入内存，则通过中断方式，将所需程序和数据块调入内存或把原内存中暂不运行的部分程序和数据块换出到外存以挪出内存空间，再把所需的部分程序和数据块调入内存。

上述过程对用户程序是透明的，用户看到的只是用数位较长的虚地址编程，CPU 可按虚地址访问存储器，其访问的存储空间则是内存与外存之和。

可见，虚拟存储器技术是硬件和软件相结合的技术，是通过操作系统提供的请求调入功能和置换功能，从逻辑上对内存容量加以扩充的一种存储技术。

在虚拟存储器中有 3 个地址空间：一是虚地址空间，也称为虚存空间或虚拟存储器空间，是供程序员用来编写程序的地址空间，这个地址空间非常大；二是主存储器的地址空间，也称为主存地址空间（或主存物理空间、实存地址空间）；三是辅存地址空间，也就是磁盘存储器的地址空间。与这 3 个地址空间相对应的有 3 种地址：虚地址、主存地址（主存实地址、主存物理地址）和磁盘存储器地址。

6.4.2　页式虚拟存储器

由于内存的分配管理方式有分页式、分段式和段页式等。因此，虚拟存储器的实现方法就包括页式虚拟存储、段式虚拟存储和段页式虚拟存储等。其中，页式虚拟存储器首先将虚拟存储器空间与内存空间划分为若干大小相同的页，虚拟存储空间的页称为虚页，内存的页称为实页。通常页的大小有 512B、1KB、2KB、4KB 等。注意，页不能分得太大，否则会影响换进换出的速度，从而导致 CPU 的运行速度下降。因此，一般操作系统中，取最大页为 4KB，UNIX 操作系统的页为 512B。

这种划分是面向存储器物理结构的，有利于内存与外存的调度。用户编程时也可以将程序的逻辑地址划分为若干页。虚地址可以分为两部分：高位段是虚页号，低位段为页内地址。

然后，在主存中建立页表，提供虚实地址的转换，记录有关页的控制信息。如果计算机是多任务的，就可以为每个任务建立一个页表，硬件中设置一个页表基址寄存器，用于存放当前执行程序的页表起始地址。

页表的每一行记录了每一个分页的相关信息，包括虚页号、实页号、状态位 P、访问字段 A、修改位 M 等，如表 6-5 所示。

表 6-5　页表

虚页号	实页号	状态位 P	访问字段 A	修改位 M

其中，虚页号是该页在外存中的起始地址，表明该虚页在磁盘中的位置。实页号记录该虚页对应的主存页号，表明该虚页已调入主存。状态位 P，也叫装入位，P=1 表示该虚

页已调入主存，P=0 表示该虚页不在主存中。访问字段 A 记录页被访问的次数或最近访问的时间，供选择换出页时参考。修改位 M 指示对应的主存页是否被修改过，M=1 时表明所对应的页在内存中已经被修改，如果要换出，就必须将其写回外存。

图 6-12 展示了在访问页式虚拟存储器时虚实地址的转换过程。当 CPU 根据虚地址访存时，先将虚页号与页表起始地址合并，形成访问页表对应行的地址。根据页表内容判断该虚页是否在主存中。如果已调入主存，从页表中读取相应的实页号，再将实页号与页内地址拼接，得到对应的主存实地址。据此，可以访问实际的主存编址单元，并从中读取指令或操作数。

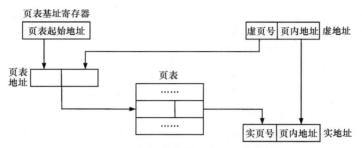

图 6-12 页式虚拟存储器地址转换示意图

在图 6-12 中，虚页号和页内地址所给出的是虚地址（也称为逻辑地址）。如果虚页号为 3，页内地址 W 为 100B，页表的起始地址为 3KB，假如根据页表查得实页号为 8（即内存的 8KB 单元），这样就得到实地址（即有效地址）：

$$8KB+100B=8192 + 100 =8292$$

如果该虚页尚未调入主存，则产生缺页中断，以中断方式将所需的页内容调入主存。如果主存页已全部分配，则需在中断处理程序中执行替换算法（例如，FIFO 算法、LRU 策略等），将可替换的主存页内容写入辅存，再将所需的页内容调入主存。

6.4.3 段式虚拟存储器

在段式虚拟存储器中，将用户程序按其逻辑结构划分为若干段（例如程序段、数据段、主程序段、子程序段等），各段大小不同。相应地，段式虚拟存储器也随程序的需要动态地分段，且将段的起始地址与段的长度填到段表之中。编程时使用的虚地址分为两部分：高位是段号，低位是段内地址。例如，Intel 80386 的段号为 16 位，段内地址为 32 位，可将整个虚拟空间分为 2^{16} 段，每段的容量最大可达 4GB，使用户有足够大的选择余地。

典型的段表结构如表 6-6 所示。其中，装入位为 1，表示已经调入主存。段起点记录该段在主存中的起始地址。与页不同，段长可变，因此需要记录该段的长度。其他控制位包括读、写、执行的权限等。

表 6-6 典型的段表结构

段号	装入位	段起点	段长	其他控制位

段式虚拟存储器的虚实地址转换与页式虚拟存储器的相似，如图 6-13 所示。当 CPU 根据虚地址访存时，先将段号与段表本身的起始地址合并，形成访问段表对应行的地址，根据该行的装入位判断该段是否调入主存。若已调入主存，从段表读出该段在主存中的起

始地址，与段内地址相加，得到对应的主存实地址。

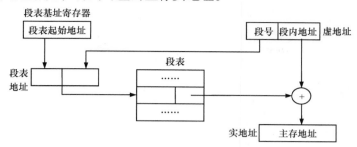

图 6-13　段式虚拟存储器地址转换示意图

6.4.4　段页式虚拟存储器

由于分页是固定的，它是面向存储器本身的，计算机系统中只有一种大小的页。将程序装入内存的块（页），可能因为某一页装不满而剩余一部分不能利用（称为"页内零头"）。如果页内零头太多就会影响内存的利用率。此外，由于页的划分不能反映程序的逻辑结构，如果离散地给程序分配内存空间，那么一个程序（包括数据）必然存放在不相连的内存中，这样可能会给程序的执行、保护和共享带来不便。

段式虚拟存储器是面向程序的逻辑结构分段的，一个在逻辑上独立的程序模块可以为一个段，这个段可大可小，因此有利于对存储空间的编译处理、执行、共享与保护。但由于段的长度比页要大很多，不利于存储器的管理和调度。一方面，段内地址必须连续，因各段的首、尾地址没有规律，地址计算比页式存储器管理要复杂。另一方面，当一个段执行完毕后，新调入的程序可能小于现在内存段的大小，这样也会造成页内零头。

为此，把页式虚拟存储管理和段式虚拟存储管理结合起来，就形成了段页式虚拟存储管理方式。在这种方式中，先将程序按逻辑分成若干段，每个段再分成相同大小的页，内存也划分为与页大小相同的块。在系统中建立页表和段表，分两级查表实现虚地址与物理地址的转换。在多用户系统中，虚地址包括基号、段号、段内页号、页内地址等信息。其中，基号为用户标志号，用于区分每一个用户。

图 6-14 给出了段页式虚拟存储器地址转换示意图。每段程序有自己的段表，这些段表的起始地址保存在段表基址寄存器组中。相应地，虚地址中每段程序有自己的基号。根据该基号选择相应的段表基址寄存器，从中获得自己的段表起始地址。将段表起始地址与虚地址中的段号合并，得到访问段表对应行的地址。从段表中取出该段的页表起始地址，与段内页号合并，形成访问页表对应行的地址。从页表中取出实页号，与页内地址拼接，形成访问主存单元的实地址。

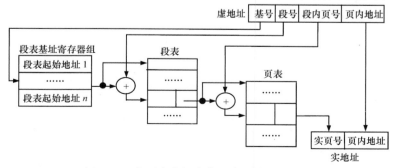

图 6-14　段页式虚拟存储器地址转换示意图

段页式虚拟存储器兼具页式和段式虚拟存储管理的优点，但在形成物理地址的过程中，需要查询两级表（页表、段表）才能完成地址的转换，花费的时间要多些。当然，在现代计算机系统中由于页表是非常大的，可能要占用若干内存空间，所以可以分多级页表（例如块表）。

6.4.5　虚拟存储器的工作过程

前面的内容已经涉及虚拟存储器的工作过程。由于使用了虚拟存储器系统，在程序执行的任何时刻，执行程序的某一部分被存放在物理存储器中，其余部分则被交换到磁盘（一般是硬盘）上。

程序执行时，还要连续不断地访问这个程序其他部分的代码和数据。若所访问的代码和数据在物理存储器中，这个程序就会连续不断地执行。若所访问的代码和数据不在物理存储器中，此时操作系统的存储器管理程序就必须给予干预，进行适当的控制，把访问的代码和数据引导到物理存储器中（如果需要，这时还要把程序的某一部分交换到磁盘上，即前面提到的"换进换出"）。这样，这个程序就可以连续不断地执行。

在使用虚拟存储器时，必须把程序分成若干小块（也称为程序段或页），各个程序小块不在物理存储器内就一定被交换到了磁盘上。这样，操作系统的存储器管理子系统对每一个程序小块进行跟踪。

通常，程序可以分段，也可以分页，而分页的性能比分段的好。大多数商用虚拟存储器系统提供的是请求分页虚拟存储器。"请求分页"就是：当需要访问这些页时，就把这些页引导到物理存储器中，这些页与预先定好的页大小不同，在这种情况下，虚拟存储器系统预期需要的页总是程序将要使用的页。

目前，能实现虚拟存储的有 UNIX、高版本的 Windows 等操作系统。早期的如 UNIX、OS/2 等操作系统也支持请求分页虚拟存储管理。虚拟存储器地址转换的详细过程如图 6-15 所示。

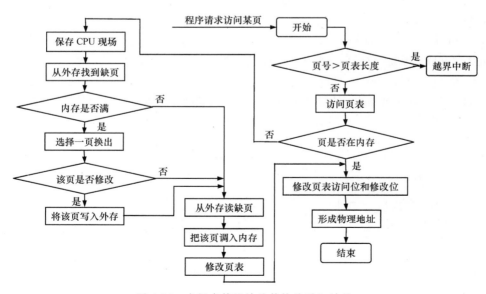

图 6-15　虚拟存储器地址转换的详细过程

6.5 辅助存储器

在计算机系统中，通常把主存储器以外的存储器称为辅助存储器（外存）。外存包括硬盘、软盘、光盘、U 盘和早期的磁鼓、磁带、磁卡等，主要用于保存大量的后备信息。本节重点介绍磁盘存储器的原理，有关光盘与 U 盘的存储原理请读者扫描二维码进行拓展阅读。

光盘与 U 盘

6.5.1 磁盘存储器分类

根据盘片与磁盘驱动器是否分离，磁盘可分为软盘和硬盘两大类。其中，软盘采用分离原则，把盘片与驱动器独立设计。硬盘则把盘片密封、组装于驱动器之中，不进行分离。组装计算机时，无论是软盘驱动器还是硬盘驱动器，通常都需要安装在主机箱之中。使用时，软盘插入软盘驱动器，使用之后再取出，可带走。因此，软盘又称为可移动的磁盘；相对应地，硬盘又称为固定的磁盘。注意，由于存储容量比较小，因此软盘基本上已经被淘汰了。

根据盘片直径的尺寸，磁盘可分为 5.25in（英寸，1in=2.54cm）磁盘、3.5in 磁盘、2.5in磁盘等。其中，软盘通常包括 5.25in 和 3.5in 两种。硬盘包括 3.5in 和 2.5in 两种。3.5in 的硬盘一般用于台式计算机，2.5in 的硬盘一般用于笔记本计算机。

根据所连接的接口，磁盘可分为 IDE 磁盘、SCSI 磁盘、SATA 磁盘以及 USB 磁盘等。其中，IDE（Integrated Drive Electronics）接口，又称 ATA（Advanced Technology Attachment）接口，是由西部数据（Western Digital）与康柏（COMPAQ）两家公司共同开发的。IDE 的目标是希望通过将硬盘控制器与盘片集成于一体，减少硬盘接口的电缆数目并缩短电缆长度，增强数据传输的可靠性。

SCSI（Small Computer System Interface，小型计算机系统接口）是一种广泛应用于小型计算机上的高速数据传输技术，它并不是专门为硬盘设计的接口。SCSI 具有应用范围广、多任务、带宽大、CPU 占用率低以及热插拔等优点，但价格较高。SCSI 硬盘也主要应用于中、高端服务器和高档工作站之中。

SATA（Serial ATA）硬盘，又叫串口硬盘，是目前个人计算机硬盘的主流。SATA 是由英特尔、戴尔、IBM、希捷、迈拓等厂商于 2001 年联合制定的数据传输新技术，采用串行连接方式，具备比 IDE 更强的纠错能力。SATA 的数据传输率更快，结构更简单，且支持热插拔。

6.5.2 磁盘的结构与原理

磁盘是保存大量数据的存储设备，存储数据的数量级有几百至上千兆字节，而基于 RAM 的存储器只能有几百或者几千兆字节，不过，从磁盘上读取信息需要几百毫秒，是从 DRAM 读取信息的 10 万倍，从 SRAM 读取信息的 100 万倍。

1．磁盘的构造

磁盘是一种磁表面存储器。用来记录信息的介质是一层非常薄的磁性材料，它需要依附在具有一定机械强度的基体上。根据不同的需要，基体可分为软、硬基体两类。

（1）软基体与磁层

软盘只由一张盘片组成。在工作时，由于盘片与磁头会接触，为了减少磁头磨损，软盘以软质聚酯塑料薄片为基体。软盘的磁层只有 $1\mu m$ 厚，是将一种混合材料均匀地涂在基体上加工而成的。这种混合材料由具有矩磁特性的氧化铁微粒加入少量钴，再用树脂黏合剂混合而成。

（2）硬基体与磁层

硬盘可以包含多张盘片，其运行方式对基体与磁层要求很高，一般采用铝合金硬质盘片作为基体。为了进一步提高盘片的光洁度和硬度，通常硬盘的基体采用工程塑料、陶瓷、玻璃等材料，如图 6-16 所示。

硬盘采用电镀工艺在盘上形成一个很薄的磁层，所采用的材料是具有矩磁特性的铁镍钴合金。电镀形成的磁层属于连续非颗粒材料，称为薄膜介质。磁层厚度范围为 $0.1\mu m \sim 0.2\mu m$，为了增加抗磨性和抗腐蚀性，在盘体上面再镀一层保护层。

图 6-16　硬盘的盘片与磁头

在最新的硬盘中，采用溅射工艺形成薄膜磁层，即用离子撞击阴极，使阴极处的磁性材料原子淀积为磁性薄膜。采用此工艺生产的硬盘优于采用镀膜工艺生产的硬盘。

为了增加读出信号的幅值，在选用磁性材料时，最好选剩磁感应强度 B_T 比较大的磁性材料。但 B_T 过大，磁化状态翻转时间增长，这会影响记录信息的密度。为了提高记录信息的密度，磁层要尽量薄，以减少磁化所需的时间。当然，磁层薄又使磁通变化量 $\Delta\Phi$ 减少，使读出的信号幅值小。因此这就有了高性能的读出放大器。

此外，要求磁层内部应该无缺陷，表面组织致密、光滑、平整，磁层厚薄均匀，无污染，同时对环境温度不敏感，工作性能稳定。

2．磁头的读/写

磁头是实现读/写操作的关键元件，通常由高导磁材料构成，上面绕有线圈。由线圈兼做写入/读出，或分别设置读/写磁头。写入时，将脉冲代码以磁化电流形式加入磁头线圈，使介质产生相应的磁化状态，即电磁转换。读出时，磁层中的磁化翻转使磁头的读出线圈产生感应信号，即磁电转换。读/写过程示意如图 6-17 所示。

（1）写入

在 $t=t_0$ 时，若磁头线圈中流过正向电流$+I_m$，则磁头下方将出现一个与之对应的磁化区。磁通进入磁层的一侧为 S 极，离开磁层的一侧为 N 极。如果磁化电流足够大，S 极与 N 极之间被磁化到正向磁饱和，以后将留下剩磁$+B_r$。由于磁层是矩磁材料，剩磁 B_r 的大小与饱和磁感应强度 B_m 相差不大。

从 t_0 到 t_1，由于记录磁层向左运动，而磁化电流维持$+I_m$不变，相应地出现图 6-17（b）所示的磁化状态。即 S 极左移一段距离 ΔL，而 N 极仍位于磁头作用区右侧。

当 $t=t_1$ 时，磁化电流改变为$-I_m$，相应地磁层中的磁化状态也出现翻转，如图 6-17（c）所示。移离磁头作用区的 S 极以及一段$+B_r$区，维持原来磁化状态不变。而磁头作用区下出现新的磁化区，左侧为 N 极，右侧为 S 极，N 极与 S 极之间是负向磁饱和区$-B_r$。

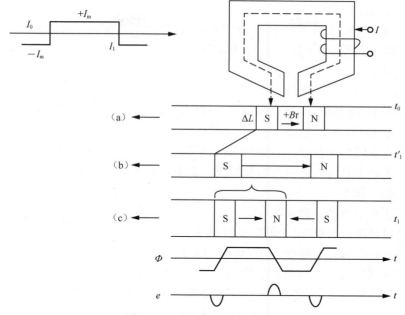

图 6-17　磁头读/写过程示意图

这样，在记录磁层中留下一个对应于 $t_0 \to t_1$ 的位单元，它的起始处与结束处两侧各有一个磁化状态的转变区。

（2）读出

读出时，磁头线圈不加磁化电流。当磁头经过已经磁化的记录磁层时，如果对着磁头的区域中存在磁化状态的转变区（例如由正向饱和变为负向饱和，或由负向饱和变为正向饱和），则磁头铁芯中的磁通必定发生变化，于是产生感应电势，为读出信号。感应电势的方向取决于记录磁层转变区的方向（$-B_r$ 变为 $+B_r$，或者 $+B_r$ 变为 $-B_r$），幅值大小与 B_r 值有关。如果记录磁层中没有变化，维护一种剩磁状态，则磁头经过时，磁通不会变化，也就没有读出信号。

3．磁记录方式

磁记录方式就是采用哪种磁状态变换规律，来完成 0 和 1 的编码。目前，磁记录方式有多种，包括归零制（RZ）、不归零制（NRZ）、调相制、调频制、群码制等。其中，前两种及其改进方式主要用于磁带存储，后 3 种及其改进方式主要用于磁盘存储。下面重点介绍调相制和调频制的写入规则。

（1）调相制

如图 6-18 所示，调相制的写入规则是：写入 0 时，在位单元中间位置让写入电流负跳变，由 $+I \to -I$；写入 1 时，则相反，由 $-I \to +I$。可见，当相邻两位相同时（同为 1，或同为 0），两位交界处写入电流需要改变方向，才能使相同两位的磁化翻转相位一致；如相邻两位不相

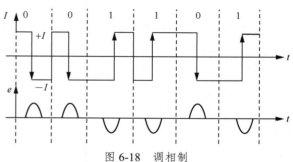

图 6-18　调相制

存储器系统　第 6 章

同，则交界处没有翻转。

在这样的写入电流作用下，记录磁层中每个位单元中都有一个磁化翻转，只是 0 和 1 的翻转方向不同，即相位不同，所以称为相位编码。

（2）调频制

调频制（FM）的写入规则是：每个位单元起始处，写入电流都改变一次方向，留下一个转变区，作为本位的同步信号；在位单元中间记录数据信息，如果写入 0，则位单元中间不变，如果是 1，则写入电流改变一次方向。

可见，写入 0 时每个位单元只变化一次，写入 1 时，每个位单元变化两次，即用变化频率的不同来区分 0 和 1，所以称为调频制。因为写入 1 的频率是写入 0 的两倍，故又称倍频制或双频制（DM）。

调频制广泛用于早期的磁盘机中，是磁盘记录方式的基础。

（3）改进型调频制（MFM，可简写为 M^2F）

为了能够有效提高记录密度，采取位间相关型编码方法，对调频制进行改进。如图 6-19 所示，首先对调频制的写入电流波形进行分析，以确定哪些转变区需要保留，哪些可以省略。写入 1 时，位单元中间的转变区用来表示数据 1 的存在，应当保留，但位单元交界处的转变区就可以省去。连续两个 0 都没有位单元中间的转变区，因此它们的交界处应当有一个转变区，以产生同步信号。图中√表示连续写入两个 0 或写入一个 1 时必须改变电流方向，×表示保留位单元之间的电流方向。

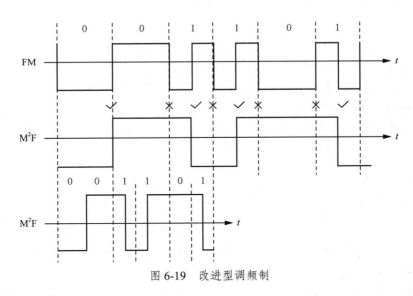

图 6-19　改进型调频制

按照上述改进思路，改进型调频制的写入规则是：写入 1 时，在位单元中间改变写入电流方向；写入两个以上 0 时，在它们的交界处改变写入电流方向。

可见，记录相同的代码，改进型调频制的转变区数约为调频制的一半。在相同技术条件下，改进型调频制的位单元长度可以缩短为调频制的一半，因此，改进型调频制的记录密度提高近一倍。所以，常称调频制为单密度方式，称改进型调频制为双密度方式。

改进型调频制广泛应用于软盘和小容量硬盘之中。

4．磁道记录格式

磁盘是一种磁表面存储器，记录信息分布在盘片的两个记录面上，每面分为若干磁道，每道又划分为若干扇区。

（1）磁道

读/写时，盘片旋转而磁头固定不动。盘片旋转一周，磁头的磁化区域形成一个磁道。在磁道内，逐位串行地顺序记录。每当磁头沿径向移动一定距离，可形成又一个磁道。因此盘面上将形成一组同心圆磁道。最外面的磁道是 0 道，作为磁头定位的基准，往内磁道号增加。

沿径向，单位距离的磁道数称为道密度。不同的磁盘，其道密度不同。例如，每片容量 1.44MB 的 3.5in 双面软盘，每面有 80 道，道密度为 270TPI（每英寸磁道数）。

（2）扇区

一个磁道沿圆周又划分为若干扇区，每个扇区内可存放一个固定长度的数据块。例如，在个人计算机中，每个扇区存放的有效数据规定为 512B。

不同磁盘的每道扇区数是不相同的。例如，对于 3.5in 软盘，每片容量为 1.44MB 时，每道分为 18 个扇区；每片容量为 2.88MB 时，每道分为 36 个扇区。

（3）软盘的磁盘格式

以软盘为例，个人计算机广泛使用 IBM34 系列磁道格式。一个磁道被软划分为若干扇区，每个扇区又分为标志区与数据区，各自包含若干项，如图 6-20 所示。记录的有效数据或程序，位于数据区的 DATA 项中。其他信息则是为了识别有效数据而设置的格式信息。

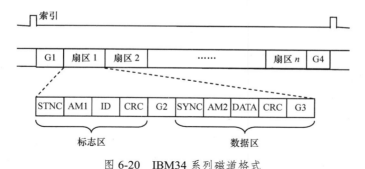

图 6-20　IBM34 系列磁道格式

① 索引标志。软盘的盘片旋转一周，索引孔通过光电检测产生一个索引脉冲，经整形后，脉冲前沿标志着一个磁道的开始。如果没有索引脉冲，则一个闭合圆环的磁道将无法区分其头尾。

② 间隔。每个磁道包含以下 4 种间隔项（FF、4E 等表示该数据为十六进制）。

➤ G1：磁道的起始标记，为 16 字节 FF（FM）或 16 字节 4E（M²F）。在 G1 之后，将开始第一个扇区。

➤ G2：作为标志区与数据区之间的间隔，为 11 字节 FF（FM）或 11 字节 4E（M²F）。

➤ G3：一个扇区的结束标记，为 27～117 字节 FF（FM）或 11 字节 4E（M²F）。

➤ G4：一个磁道的结束标记。

③ 标志区。每个扇区的开头是一个标志区，用来设置一系列格式信息项，包括以下项。（00、FE 等表示该数据为十六进制。）

- STNC：同步信号，6 字节 00。
- AM1：标志区地址标记，1 字节 FE，表示后面是扇区标志信息。
- ID：扇区的标志信息 ID，4 字节，由道号 C、磁头号 H、扇区号 R、扇区长度 N 组成（IBM34 系列磁道格式允许每个扇区有效数据长度为 128B、256B、512B 和 1KB 等规格）。
- CRC：标志区循环校验码，2 字节。

④ 数据区。每个扇区的真正有效部分是数据区，包括以下项。（00、F8 等表示该数据为十六进制。）

- SYNC：同步信号，6 字节 00。
- AM2：数据区地址标记，1 字节 F8，表示后面是有效数据。
- DATA：存放有效记录数据，在 DOS 中长度固定为 512B。
- CRC：数据区循环校验码，2 字节。

（4）格式化操作

磁盘在出厂时是不存在磁道和扇区这些格式信息的。因此，空白磁盘在使用前必须进行格式化操作。格式化操作命令由操作系统提供。通过磁盘格式化操作，一方面划分磁道和扇区格式，另一方面建立文件目录表、磁盘扇区分配表和磁盘参数表。前者又称为物理格式化，后者又称为逻辑格式化。

硬盘在使用时，允许先划分为若干逻辑驱动器，再进行格式化。

磁盘在使用过程中，如果发现有故障或感染了无法杀灭的计算机病毒，也可以通过磁盘格式化操作来清除原有信息，重新建立磁道记录格式或文件目录表。

6.5.3　磁盘性能指标

无论是软盘，还是硬盘，其性能指标都包括以下项。

（1）存储容量

存储容量是磁盘的一项重要技术指标，一般分为非格式化容量和格式化容量。

① 非格式化容量。

$$非格式化容量=面数\times(道数/面)\times内圈周长\times最大位密度 \qquad (6\text{-}6)$$

其中，位密度是指沿磁道圆周，单位距离可记录的位数。磁盘外圈的位密度小于内圈的密度。最大位密度就是最内圈磁道的位密度。非格式化容量表明一个磁盘所能存储的总位数，包括有效数据和格式信息。

② 格式化容量。

$$格式化容量=面数\times(道数/面)\times(扇区数/道)\times(字节数/扇区) \qquad (6\text{-}7)$$

格式化容量是除去各种格式信息之后的可用有效容量，大约是非格式化容量的 2/3。

例如，3.5in 的双面高密度软盘的格式化容量为：

2(面)×80(道/面)×18(扇区/道)×512(B/扇区)=1.44MB。

提高磁盘容量最有效的手段是减小磁盘宽度，提高道密度来增加记录密度。例如，希捷公司通过提高道密度，使磁盘的记录密度达到了 421Gbit/in^2，使 3.5in 的硬盘容量达到了 2.5TB。

（2）工作速度

与内存不同，磁盘的存取时间与信息所在磁道、扇区的位置有关。因此，其工作速度可使用以下几个参数来表示。

① 平均寻道时间或平均定位时间。

启动磁盘后，首先寻道，即将磁头直接定位于目的磁道上。每次启动后，磁头首先定位于 0 磁道，并以此为基准开始寻道。如果目的磁道就是 0 道，磁头不需要移动，如果目的磁道是最内圈磁道，则所需时间最长。因此，寻道时间是一个不确定的值，只能用平均寻道时间来衡量。

② 平均旋转延迟时间（平均等待时间）。

成功寻道之后，还需要寻找扇区。此时磁头不动，盘片在旋转电机的驱动下旋转。如果所要寻找的扇区就在寻道完成时磁头下方，则不需要等待；如果所要寻找的扇区是最后一个扇区，则需要等待盘片旋转一周才能进行读/写操作。因此，只能使用平均旋转延迟时间来衡量在寻道成功之后还需要等待多久才能进行读/写操作。

要缩短平均旋转延迟时间，最有效的手段就是提高驱动器旋转电机的转速（单位为转/分，即 r/min）。例如，IDE 硬盘的转速分为 5400r/min 和 7200r/min 两种，SATA 硬盘的转速分为 7200r/min 和 10000r/min 两种，而 SCSI 硬盘的转速最高可达 15000r/min。

③ 数据传输率。

寻找到扇区后，磁头开始连续地读/写：以 DMA 方式，从主存获得数据，写入磁盘；或者从磁盘中读出数据，送往主存。因此，数据传输率是衡量磁盘驱动器读/写速度的可靠指标。

提升数据传输率是硬盘技术的主要发展目标之一。例如，IDE 接口从最初的 ATA-1 的 3.3Mbit/s，历经 7 代发展，包括 ATA-1、ATA-2、ATA-3、Ultra ATA/33、Ultra ATA/66、Ultra ATA/100、Ultra ATA/133。如今，Ultra ATA/133 的数据传输率已达 133Mbit/s。SATA 是专门为弥补 IDE 的不足而诞生的新技术，目前已经制定了 3 个相关标准，其中 SATA 1.0 的数据传输率为 150Mbit/s，SATA 2.0 的数据传输率为 300Mbit/s，SATA 3.0 的数据传输率为 600Mbit/s。

上述 3 个指标分别反映了磁盘 3 个工作阶段的速度。用户启动磁盘后，等待多久才能开始真正进行读/写操作，取决于前两项指标。此时，允许 CPU 继续访问主存，执行自己的程序。开始连续读/写后，因为磁盘通常以 DMA 方式与主机交换数据，因此 CPU 在此时不能访问主存，但可以继续执行已经通过预取而存储在高速缓存中的指令。

习题 6

1．单项选择题

（1）一个四体并行低位交叉存储器，每个存储体的容量是 64K×32bit，存取周期是 200ns，在下述说法中，（ ）是正确的。

A．在 200ns 内，存储器能向 CPU 提供 256bit 二进制信息

B．在 200ns 内，存储器能向 CPU 提供 128bit 二进制信息

C．在 200ns 内，存储器能向 CPU 提供 32bit 二进制信息

D．在 200ns 内，存储器能向 CPU 提供 2^{16}bit 二进制信息

（2）在主存和 CPU 之间增加高速缓存的目的是（ ）。

A．解决 CPU 与主存之间的速度匹配问题

B．扩大主存容量

C. 提高主存的读/写速度

D. 既扩大主存容量，又提高存取速度

（3）在程序的执行过程中，高速缓存与主存的地址映射是由（　　　）。

A. 操作系统来管理的   B. 程序员自己编程管理的

C. 硬件自动完成的   D. 机房管理员来管理的

（4）采用虚拟存储器的目的是（　　　）。

A. 提高主存的速度   B. 扩大辅存的存取空间

C. 扩大存储器的寻址空间   D. 扩大物理内存的容量

（5）在虚拟存储器中，当程序正在执行时，由（　　　）完成地址映射。

A. 程序员   B. 编译器   C. 操作系统   D. 硬件自动

（6）程序员编程所用的地址叫作（　　　）。

A. 逻辑地址   B. 物理地址   C. 真实地址   D. 指针地址

（7）磁盘存储器的平均寻址时间是（　　　）。

A. 平均寻道时间   B. 平均等待时间

C. 文件目录平均检索时间   D. 平均寻道时间+平均等待时间

（8）以下各种存储器读/写速度排序正确的是（　　　）。

A. 高速缓存>RAM>磁盘>光盘   B. 高速缓存<RAM<磁盘<光盘

C. 高速缓存=RAM=磁盘=光盘   D. 高速缓存=RAM>磁盘=光盘

2．简答题

（1）解释下列名词。

高速缓存命中、全相联映射、直接映射、组相联映射、替换策略 LRU

（2）高速缓存替换算法有哪几种？它们各有什么优缺点？

（3）在磁盘表面中，怎样划分存储空间？

（4）在高速缓存中，通常有几种地址映射方式？这些方式中各有什么特点？

3．应用题

（1）设有一个高速缓存-主存系统，高速缓存为 4 块，主存为 8 块；试分别针对全相联、组相联（每组两块）、直接映射，画出其映射关系示意图，并计算访存块地址为 5 时的索引。

（2）某 32 位计算机的高速缓存容量为 16KB，高速缓存块的大小为 16B，若主存与高速缓存的地址映射采用直接映射方式，则主存地址为 0034E8F8H 的单元装入的高速缓存地址是多少？

（3）容量为 64 块的高速缓存采用组相联映射，字块大小为 128 个字，每 4 块为一组。若主存容量为 4096 块，且以字为单位编址，那么主存地址应该为多少位？

（4）【考研真题】采用组相联映射，高速缓存分 8 组，每组 4 页，每页 128B，主存 1MB。计算主存分为多少页，主存的第$(1200)_{10}$单元可映射到高速缓存的哪一页，页标记是多少（提示：组和页的编号都从 0 开始）。

（5）【考研真题】假定某计算机按字编址，高速缓存有 4 块（行），初始为空，与主存之间交换的块大小为 1 个字。采用 2 路组相联映射方式和 LRU 替换策略，当访问的主存地址依次为 0、4、8、2、0、6、8、6、4、8 时，高速缓存命中的次数为多少？分别发生在何时？

（6）【考研真题】某计算机硬盘转速为 6000 转/分，信息区内直径 5 厘米，外直径 10 厘米，道密度 400 道/厘米，平均寻道时间 5 毫秒，内磁道位密度 1000 位/毫米，记录面有 10 个。①计算平均寻址时间；②计算总容量；③计算数据传输率。

（7）【课程思政】以存储器系统设计为切入点，对比分析普通计算机与智能手机的区别，探讨以华为、OPPO、vivo、小米等为代表的国产手机发展与崛起之路并思考发展国产计算机的借鉴作用。

实验 6　课程综合设计实验

6.1　实验目的

本次综合设计旨在让学生通过 Logisim 软件，自主选择并完成一个课程设计项目。通过实验，进一步加强学生对本课程基本概念和原理的理解，掌握计算机中各个模块的工作原理和相互关系，培养个人独立思考和解决问题的能力，提高逻辑设计能力和综合应用能力。

6.2　实验内容

学生可以自行选择一个类似下面的课程设计项目进行设计。

（1）指令集设计：设计一套指令集，包括指令集架构、指令格式、寻址方式等，并用 Logisim 实现指令集中的一条或几条指令的译码与执行。

（2）存储器系统设计：请以第 4 章的实验为基础，设计一个简单的存储器系统，如只读存储器（ROM）、随机存储器（RAM）等，实现汉字的连续、滚动显示，显示内容自定，例如显示一句格言，或者一首唐诗。

（3）补码一位乘法器设计：参考第 2 章介绍的补码一位乘法的运算方法，设计一个乘法器，实现输入两个 8 位或 16 位的补码，计算并显示其乘积。

（4）CPU 综合设计：以实验 5.2 为基础，首先进一步完善电路的功能，例如，添加存储器（如 ROM）和显示器件，然后编写一段简单的机器指令程序并存入存储器，最后测试其执行结果。其中，程序功能自定，例如：求 1+2+3+…+100，输出斐波那契数列等。

（5）复杂汇编语言程序设计：参考本书 3.4 节中的 Intel 80x86 指令集的功能和实验 3，自拟一个项目，编写一个由多子程序组成的汇编语言程序，实现数据输入、存储、排序、统计与汇总分析，具体功能自定。

6.3　实验原理

对于电路设计型的选题，建议首先深入理解选题的任务要求、实现该模块的工作原理和设计思路，可以通过参考教材、文献杂志、百度文库、CSDN 博客等网上资料来学习和了解相关知识。设计原理部分要包括以下内容：

（1）模块的功能和工作原理；

（2）模块的输入和输出信号；

（3）模块的逻辑设计和电路实现；

（4）模块的测试方法和预期测试结果。

6.4　实验步骤及要求

在确定设计题目、完成相关知识和设计原理的学习之后，使用 Logisim 软件进行逻辑设计和电路实现；进行仿真和测试，验证设计的正确性；撰写设计报告。

（1）使用 Logisim 软件创建新的电路文件；

（2）根据设计内容，在电路图中从 Logisim 组件库中添加相应的元件，并设置其属性；

（3）使用 Logisim 的线工具将各个元件连接起来；

（4）如果必要，编写机器指令程序并加载到存储器中；

（5）模拟执行程序，检查设计的正确性；

（6）调试并优化设计。

要求：在设计报告中详细描述逻辑设计和电路的实现，包括电路中各元器件的功能、属性参数定义、连接关系等，同时详细描述电路的仿真和测试过程。

6.5 实验总结

学生需要在设计报告中对整个课程设计过程进行总结，包括以下内容：设计过程中遇到的问题和解决方法、设计结果的优缺点、对本课程的理解与收获、对自身逻辑设计能力和综合应用能力的提升以及对本课程的教学改革建议等。

第7章 系统总线

系统总线是计算机硬件之间的公共连线，它从电路上将 CPU、存储器、输入设备和输出设备等硬件设备连接成一个整体，以便这些硬件之间进行信息交换。本章将围绕计算机各硬件的连接方式和信息交换方式，展开讨论，重点介绍系统总线的结构、分类、设计方法等内容。

7.1 总线概述

7.1.1 总线的功能

计算机系统的硬件部件包括 CPU、主存储器、辅助存储器、输入输出设备，这些部件必须在电路上相互连接，才能组成一个完整的计算机系统，才能相互交换信息，协调一致地工作，实现计算机的基本功能。硬件部件之间采用不同的连接结构，其连接方式和信息交换方式也不同。无论采用何种连接结构，都必须实现以下 5 种传送（其中 CPU 与主存之间的传送被视为主机内部的传送，其他则被视为输入/输出）：

（1）主存向 CPU 的传送，即 CPU 需要从主存读取指令和数据；

（2）CPU 向主存的传送，即 CPU 需要将程序的运行结果写入主存；

（3）I/O 设备向 CPU 的传送，即 CPU 从外设读取数据；

（4）CPU 向 I/O 设备的传送，即 CPU 向外设发送数据或命令；

（5）I/O 设备与主存间的传送，即外设通过硬件方式直接与主存交换数据。

为了使连接结构更规整、明了，便于管理和控制，目前的计算机系统大多以总线技术来连接各硬件部件。在计算机系统中各功能部件传递信息的公用通道被称为总线，主机的各个部件通过总线相连接，外设通过相应的接口电路与总线相连接，从而形成计算机硬件系统。

总线实际上由多条传输线或通路构成，每条传输线可以传输一位二进制代码，一串二进制代码可以在一段时间内逐个传输完成。若干条传输线可以同时传输若干位二进制代码。在某一时刻，只允许有一个器件向总线发送信息，而多个器件可以同时从总线接收信息。当总线空闲（其他器件都以高阻态形式连接在总线上）且一个器件要与目的器件通信时，发起通信的器件驱动总线，发出地址和数据。其他以高阻态形式连接在总线上的器件如果收到（或能够收到）与自己相符的地址信息，则接收总线上的数据。发送器件完成通信，将总线让出（输出变为高阻态）。

7.1.2 总线的分类

在计算机系统中存在着多种总线，可以从以下不同的角度进行分类。

1. 按总线所处的位置分类

按在系统中的位置，总线可以分为内总线与外总线，也可以分为局部总线和系统总线。

内总线通常泛指计算机系统内部的总线，它实现系统内的 CPU、主存储器、接口与常规的外设的连接。注意，内总线概念经常与硬件设备内的总线混淆。例如，CPU 在采用总线结构时，总线结构实现 CPU 内部各逻辑部件之间的连接，称为 CPU 内部的通路结构，因此通常不使用内总线来描述。外总线是计算机系统之间，或计算机系统与其他系统（如通信设备、传感器等）之间的连接总线。内总线与外总线在信号线组成上有很大的差异。

局部总线一般是指直接与 CPU 连接的一段总线，包括连接 CPU 与主存储器的专用存储总线以及连接 CPU 与高速缓存的总线。系统总线通常位于主板上，又称为板级总线，是经过总线控制器扩充之后的总线，用于实现主机和外设的连接，属于内总线。

2. 按功能分类

系统总线是用来连接微机各功能部件从而构成一个完整微机系统的，是微机系统中最重要的总线。系统总线上传送的信息包括数据信息、地址信息、控制信息，因此，按功能分类系统总线可分为数据总线（Data Bus，DB）、地址总线（Address Bus，AB）和控制总线（Control Bus，CB）。

（1）数据总线——用于传送数据信息。它是双向三态形式的总线，既可以把 CPU 的数据传送到存储器或 I/O 接口等其他部件，也可以将其他部件的数据传送到 CPU。数据总线的位数是微机的一个重要指标，通常与微处理的字长相一致。例如 Intel 8086 微处理器字长为 16 位，其数据总线宽度也是 16 位。需要指出的是，数据的含义是广义的，它可以是真正的数据，也可以指令代码或状态信息，有时甚至是一个控制信息，因此，在实际工作中，数据总线上传送的并不一定仅仅是真正意义上的数据。

（2）地址总线——专门用来传送地址。由于地址只能从 CPU 传向外部存储器或 I/O 接口，所以地址总线总是单向三态的，这与数据总线不同。地址总线的位数决定了 CPU 可直接寻址的内存空间大小。例如，8 位微机的地址总线为 16 位，则其可直接寻址的内存空间为 $2^{16} = 64KB$；16 位微机的地址总线为 20 位，其可直接寻址的内存空间为 $2^{20} = 1MB$；32 位微机的地址总线为 32 位，其可直接寻址的内存空间为 $2^{32} = 4294967296 = 4GB$。

（3）控制总线——用来传送控制信号和时序信号。控制信号中，有的是 CPU 送往主存储器和 I/O 接口电路的，如读/写信号、片选信号、中断响应信号等；也有的是其他部件反馈给 CPU 的，例如中断请求信号、复位信号、总线请求信号、设备就绪信号等。因此，控制总线的传送方向由具体控制信号而定，一般是双向的，控制总线的位数要根据系统的实际控制需要而定。实际上控制总线的具体情况主要取决于 CPU。

3. 按时序控制方式分类

时序控制方式决定总线上进行信息交换的方法。经总线连接的 CPU、主存储器和各种外设，都有其各自独立的工作时序，要让它们协调一致地工作，在时间上必须安排得非常精准。由于时序控制方式有同步和异步之分，因此总线也存在同步和异步之分。

（1）同步总线——由控制模块提供统一的同步时序信号，控制数据信息的传送操作。

（2）异步总线——不采用统一时钟周期划分，根据传送的实际需要决定总线周期长短，以异步应答方式控制总线传送操作。

（3）扩展同步总线——以时钟周期为时序基础，允许总线周期中的时钟数可变。

同步总线的优点是控制比较简单；缺点是时间利用和安排上不够灵活和合理。异步总线的优点是时间选择比较灵活，利用率高；缺点是控制比较复杂。扩展同步总线既保持同步总线的优点，在一定程度上又具有异步总线的优点。

4．按数据传送格式分类

按数据传送格式分类，总线可分为并行总线和串行总线。

（1）并行总线——使用多位数据线同时传送一个字节、一节字或多个字的所有位。可以同时传送的数据位数称为总线的数据通路宽度。计算机的 CPU 内部以及 CPU 与主存储器之间的总线大多是并行总线，其数据通路宽度有 8 位、16 位、32 位和 64 位之分。

（2）串行总线——一次只传送数据的一位，即按二进制代码位的顺序逐位传送。串行总线通常用于主机与外设之间或者计算机网络通信之中，一方面可以节约硬件的成本，另一方面可以实现远距离的数据传送。

7.1.3　总线的性能指标

总线的性能指标有多个，下面给出几个容易理解且比较重要的指标。

（1）总线宽度——总线中数据总线的数量，用位表示，总线宽度有 8 位、16 位、32 位和 64 位之分。总线的位宽越宽，每秒数据传输率越高，总线的带宽越宽。显然，总线的数据传输量与总线宽度成正比。

（2）总线时钟——总线中各种信号的定时标准。一般来说，总线时钟频率越高，其单位时间内数据传输量越大，但不完全呈正比例关系。

（3）最大数据传输率——总线中每秒传输的最大字节量，用 MB/s 表示，即兆字节每秒。

总线是用来传输数据的，所采取的各项提高性能的措施，最终都要反映在传输率上，所以在诸多指标中最大数据传输率是最重要的。最大数据传输率也被称为带宽。

（4）信号线数——总线中的信号线包括数据总线、地址总线和控制总线。信号线数与性能不成正比，但反映了总线的复杂程度。

（5）负载能力——总线带负载的能力。负载能力强，表明可多接一些总线板卡。当然，不同的板卡对总线的负载能力要求是不一样的，所接板卡负载的总和不应超过总线的最大负载能力。

7.2　系统总线的设计

系统总线用于连接计算机系统内部的各硬件设备，实现设备之间的数据传输与通信，其性能的优劣将决定整个计算机系统性能的好坏。纵观计算机技术近几十年的发展，系统总线的优化是其中非常重要的一环。不同的设计方案，形成不同的系统总线类型和标准。

系统总线　第7章

不过，无论哪种总线，其设计时都会涉及总线宽度、结构、时序控制和仲裁等几个方面。本节将重点就这几个方面展开讨论。

7.2.1 系统总线的带宽

1．总线带宽的决定因素

衡量总线性能的重要指标是总线带宽，它定义为总线本身所能达到的最大传输率，单位是 MB/s（兆字节每秒）。实际的总线带宽会受到总线布线长度、总线通路宽度、总线时钟频率、总线控制器的性能以及连接在总线上的硬件数等因素的影响。但数据传输最大带宽主要取决于所有同时传输的数据的宽度和传输频率，即总线带宽 = (总线频率×数据位宽)/8。

【例 7-1】某总线在一个总线周期中支持 4 个字节数据并行传送，假设一个总线周期等于一个总线时钟周期，总线时钟频率为 33MHz，则总线带宽是多少？

解　设总线带宽用 D_r 表示，总线时钟频率用 F 表示，总线时钟周期用 $T=1/F$ 表示，一个总线周期传送的数据量用 D 表示，根据定义可得 $D_r=D/T=D/(1/F)=D×F=4B×33×10^6Hz=132MB/s$。

> 练一练：如果在一个总线周期之中支持 64 位数据并行传送，总线时钟频率为 66MHz，则总线带宽是多少？

2．分时复用设计方案

总线宽度是系统总线同时传送的数据位数，它关系到计算机系统数据传输的速率、可管理内存空间的大小、集成度和硬件成本等。为了平衡性能与成本的关系，现代计算机系统通常采用分时复用总线设计技术来代替分立专用总线设计。在分立专用总线设计中，地址总线和数据总线是独立的。由于在数据传送开始时，总是先把地址放到总线上，等地址有效后，才能开始读、写数据，因此，地址和数据信息都可以使用同一组信号线传送。在总线操作开始时，总线先传送地址信号，随后传送数据信号。

分时复用的优点是减少了总线的连接数，从而降低了成本，节约了主板的布线空间；缺点是降低了系统的速度，增加了系统连接的复杂度，不过，可通过提高总线的时钟频率来弥补。

7.2.2 系统总线的结构

在系统总线中，数据总线和地址总线的数目与排列方法，以及控制总线的多少及其控制功能，称为总线结构，总线结构对计算机的性能起着十分重要的作用。设计系统总线时，必须首先确定总线结构。一个单机系统的总线结构通常有以下几种类型。

1．单总线结构

在许多单处理器的计算机中，使用一条单一的总线来连接 CPU、主存储器和 I/O 设备，这种结构叫作单总线结构，如图 7-1 所示。单总线结构要求连接到总线的逻辑部件必须高速运行，以便在某些设备需要使用总线时，能迅速获得控制权；当不再使用总线时，能迅速放弃总线的控制权。一条总线支撑多种功能共用，可能导致很高的时间延迟。单总线结构容易扩展成多 CPU 系统，这只需在系统总线上挂接多个CPU 即可实现。

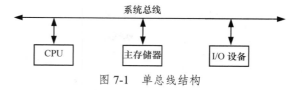

图 7-1　单总线结构

2．双总线结构

单总线结构中，由于所有逻辑部件都挂在同一条总线上，因此总线只能分时工作，即某一时间只允许一对部件之间传送数据，这就使信息传送的吞吐量受到限制，为解决此问题出现了双总线结构，如图 7-2 所示。这种结构保持了单总线结构简单、易于扩充的优点，但又在 CPU 和主存储器之间专门设置了一组高速的存储总线，使 CPU 可通过专用总线与存储器交换信息，并减轻了系统总线的负担，同时主存储器仍可通过系统总线与外设实现 DMA 操作，而不必经过CPU。当然这种双总线结构以增加硬件为代价。

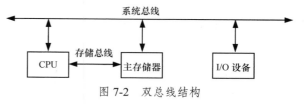

图 7-2　双总线结构

3．三总线结构

当引入高速缓存同时又希望连接更多的不同种类的外设时，就只能采用三总线结构。局部总线连接 CPU 和高速缓存。系统总线连接高速缓存和主存储器。为了连接更多的外设，引入扩充总线。外设可以直接连接到系统总线，也可通过扩充总线连接到扩充总线接口上，再与系统总线相连。三总线结构如图 7-3 所示。

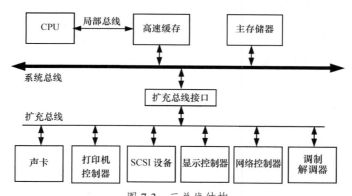

图 7-3　三总线结构

4．高性能的多总线结构

传统的三总线结构能比较有效地实现数据的传输，但随着外设种类的不断增多和性能差异越来越大，有些外设（如图形和视频设备、网络接口设备等）的数据传输率增长越来越快，如果把数据传输率不一样的外设全部连接到一条总线上，势必影响整个系统的性能。因此出现了高性能的多总线结构，如图 7-4 所示，这是 Intel Pentium 系统的典型结构。

在这种结构中，主机内部（包括 CPU、主存储器和 PCI 桥）通过前端总线连接，且使用北桥芯片组来控制它们的通信。PCI 总线实现主机与外设之间的连接，使用南桥芯片组来控制它们的通信。为了兼容那些采用 ISA 技术生产的老式设备（如声卡、打印机控制器、调制解调器等），允许这些设备通过 ISA 桥连接到 PCI 总线。对于全新的采用通用串行总线（Universal Serial Bus，USB）技术设计的那些设备（如键盘、鼠标等）则通过 USB 桥与 PCI 总线连接。

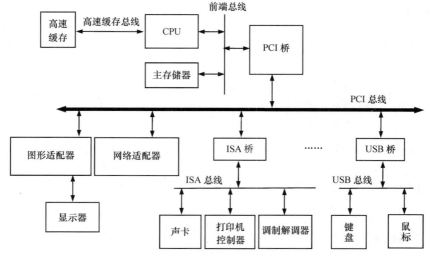

图 7-4　高性能的多总线结构

5．I/O 通道和 I/O 处理机

对于大、中型计算机系统来说，不但系统规模非常大，而且所连接设备的种类和数量都非常多。因此，在这种系统中，CPU 采用多运算处理部件，主存采用多个存储体交叉访问体制，I/O 操作采用通道进行管理，其中通道也称通道控制器。CPU 启动通道后可继续执行程序，进行本身的处理工作。通道则独立执行由专用的通道指令编写的通道程序，控制 I/O 设备与主存进行数据交换。这样，CPU 中的数据处理与 I/O 操作可以并行执行。

典型的大型系统结构在系统连接上形成主机、通道、I/O 控制器、I/O 设备等 4 级结构，如图 7-5 所示。CPU 与主存储器使用专门的高速存储总线连接。CPU 与通道之间、主存与通道之间都有各自独立的数据通路。每个通道可以连接若干 I/O 控制器，每个 I/O 控制器又可连接若干相同类别的 I/O 设备，这样整个系统就能够连接许多不同种类的外设。

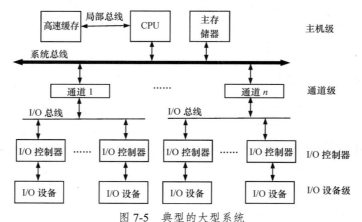

图 7-5　典型的大型系统

对于规模较小的系统，可将通道部件设置在 CPU 内部，组成一种结合型通道；对于规模较大的系统，则可以将通道设置在 CPU 之外，成为独立的一级；对于规模更大的系统，可将通道发展成为功能更强的输入输出处理机。现在，微机系统就大量借鉴这种设计思想，不但发展出了多核处理器系统，还发展出了 GPU 之类的技术。GPU，即图形处理单元（Graphics Processing Unit），能辅助 CPU 处理图形运算。

7.2.3　系统总线的时序控制

总线操作的控制方式在时序上可以划分为同步控制和异步控制两种。

1．同步控制

同步控制的主要特征是以时钟周期为划分时间段的基准。CPU 内部操作速度较快，通常选择较短的时钟周期。总线传送时间较长，可让一个总线周期占用多个 CPU 时钟周期。实用的同步总线是引入异步思想之后的扩展同步总线，允许占用的时钟周期数可变，但仍然以 CPU 时钟周期为基准。

图 7-6 是一个同步读操作时序控制图。在 T_0 时，CPU 在地址总线上给出要读的内存单元地址，在地址信号稳定后，CPU 发出内存请求信号 $\overline{\text{MREQ}}$ 和读信号 $\overline{\text{RD}}$，表示 CPU 要访问主存进行读操作。由于内存芯片的读/写速度低于 CPU 的，在地址建立后不能立即给出数据，因此内存在 T_1 的起始处发出等待信号 $\overline{\text{WAIT}}$，通知 CPU 插入一个等待周期，直到内存完成数据输出且将 $\overline{\text{WAIT}}$ 信号置反。所插入的等待周期可以有多个。在 T_2 的前半部分，内存将读出的数据放到数据总线，在 T_2 的下降沿，CPU 选通数据信号线，将读出的数据存放到内部寄存器（如 MDR）中。读完数据后，CPU 再将信号 $\overline{\text{MREQ}}$ 和 $\overline{\text{RD}}$ 置反。如果需要，CPU 可以在时钟的下一个上升沿启动另外一个访问主存的周期。

2．异步控制

异步控制方式的主要特征是没有统一的时钟周期划分，而是采用应答方式实现总线的传送操作，所需时间视需求而定。图 7-7 展示了异步读操作时序控制图。

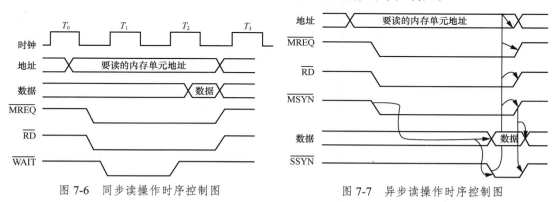

图 7-6　同步读操作时序控制图　　　　图 7-7　异步读操作时序控制图

在异步操作中，负责申请并掌管总线控制权的主设备在给出地址信号、主存请求信号 $\overline{\text{MREQ}}$ 和读信号 $\overline{\text{RD}}$ 后，再发出主同步信号 $\overline{\text{MSYN}}$，表示有效地址和控制信号已经送上系统总线。对应的从设备得到该信号后，以其最快的速度响应和运行，完成所要求的操作后，

发出同步信号 $\overline{\text{SSYN}}$ 。主设备收到同步信号，就知道数据已准备好，并出现在数据总线上，从而接收数据，并且撤销地址信号，将 $\overline{\text{MREQ}}$ 、 $\overline{\text{RD}}$ 和 $\overline{\text{MSYN}}$ 信号置反。从设备检测到 $\overline{\text{MSYN}}$ 信号置反后，得知主设备接收到数据，一个访问周期已经完成，因此将 $\overline{\text{SSYN}}$ 信号置反。这样就回到原始状态开始下一个总线周期。

异步读操作时序控制图中的箭头代表异步应答信号的关系。如 $\overline{\text{MSYN}}$ 信号的给出，使数据信号建立，并使从设备发出 $\overline{\text{SSYN}}$ 信号。反过来， $\overline{\text{SSYN}}$ 信号的发出将导致地址信号的撤销以及 $\overline{\text{MREQ}}$ 、 $\overline{\text{RD}}$ 和 $\overline{\text{MSYN}}$ 信号的置反。最后， $\overline{\text{MSYN}}$ 信号的置反导致 $\overline{\text{SSYN}}$ 信号的置反，结束整个操作过程。

7.2.4 总线的仲裁

系统总线同时连接了多个部件，在某一时刻有可能出现不止一个部件提出使用总线请求。这样，就会出现总线冲突。因此，必须采取措施对总线的使用权进行仲裁。

1．集中式总线仲裁

在集中式总线仲裁方式中，由总线控制器或仲裁器管理总线的使用。总线控制器可以集成在 CPU 内部，但更多的由专门的部件来担当。连接在总线上的设备都可发出总线请求信号，当总线控制器检测到总线请求后，发出一个总线授权信号。

总线授权信号的传送有多种方式。其中一种为链式传送，如图 7-8 所示，即总线授权信号被依次串行地传送到所连接的 I/O 设备上。当逻辑上距离总线控制器最近的设备接收到总线授权信号时，由该设备检测它是否发出了总线请求信号，如果是，则由它接管总线，并停止总线授权信号继续往下传送；如果该设备没有发出总线请求，则将总线授权信号继续传送给下一个设备，这个设备再重复上述过程，直到有一个设备接管总线为止。显然，在这种方式中，设备使用总线的优先级由它与总线控制器的逻辑距离决定，距离越近的优先级越高。

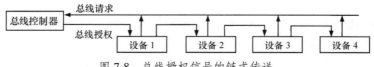

图 7-8　总线授权信号的链式传送

除此之外，集中式总线仲裁还可以根据设备的种类设置多级总线仲裁，每级都有自己的总线请求信号和总线授权信号，如图 7-9 所示。每个设备都接在总线的某级仲裁线上，时间急迫的设备连接在优先级较高的仲裁线上。当多个总线仲裁级别上同时发出总线请求时，总线控制器只对优先级最高的请求发出总线授权信号。在同一优先级内使用串行仲裁方式，决定由哪个设备使用总线。

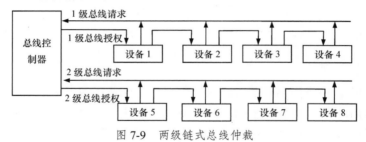

图 7-9　两级链式总线仲裁

2．竞争式总线仲裁

在竞争式总线仲裁中，当某个设备需要使用总线时，发出对应的总线请求信号。所有设备监听所有的总线请求信号，一个总线周期结束时，各设备都能知道自己是否为优先级最高的设备，以及能否在下一个总线周期使用总线。与集中式总线仲裁相比，竞争式总线仲裁要求的总线信号更多，但避免了时间的浪费。

图 7-10 所示为竞争式总线仲裁示意，其所用的信号线包括总线请求信号线、总线忙信号线、总线仲裁信号线。总线"忙"信号由当前使用总线的主设备发出。总线仲裁信号线将总线上的所有设备按优先级的高低依次串行连接在一起，优先级最高的一头接+5V的电源。

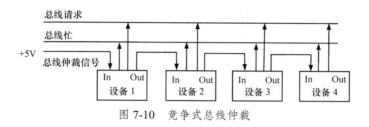

图 7-10　竞争式总线仲裁

当没有设备提出总线请求时，电平高的总线仲裁信号可以传送到所有的设备。如果某设备需要使用总线，它首先检测总线是否空闲，并且检测它接收到的总线仲裁信号（输入端 In）是否为高电平，如果是低电平，则不能得到总线使用权，把输出端 Out 置为低电平。这样将确保某一时刻就只有一个设备的输入端为高电平。当这个设备得到总线使用权后，发出总线忙信号，然后开始传送数据。

7.3　微型计算机的系统总线

从 Intel Pentium 起，微型计算机就开始采用高性能总线结构。在这种结构中，系统总线分为前端总线和 PCI 总线。

7.3.1　微型计算机的前端总线

前端总线（FSB）是 CPU 和外界交换数据的最主要通道，因此前端总线的数据传输能力对计算机整体性能的影响很大，如果没有数据传输足够快的前端总线，即使使用速度最快的 CPU 也不能明显提高计算机整体速度。目前个人计算机上所能达到的前端总线频率有266MHz、333MHz、400MHz、533MHz、800MHz 几种。前端总线频率越高，意味着有足够的数据供给 CPU，将更加充分发挥出 CPU 的功能。反之，则无法提供足够的数据给 CPU，这样就限制了 CPU 性能的发挥。

微机主板上通常安装了北桥芯片组和南桥芯片组。其中，北桥芯片组是主板上距离 CPU 最近的一块芯片，负责联系诸如内存、显卡等数据吞吐量最大的部件，并和南桥芯片连接，它在处理器与 PCI 总线、主存储器、显示适配器和 L2 高速缓存之间建立通信接口，是前端总线的控制中心。南桥芯片组则提供对键盘控制器、USB 控制器、实时时钟控制器、数据传送方式和高级电源管理等的支持。

北桥芯片组提供对 CPU 类型和主频、内存的类型及最大容量、PCI/AGP 插槽等设备的支持。正因为它在微机系统中起着主导作用，所以人们习惯称其为主桥（Host Bridge）。

注意，外频与前端总线频率是有区别的。前端总线的速度指的是 CPU 和北桥芯片间的总线的速度，是 CPU 和外界数据传输的实际速度。而外频的概念是建立在数字脉冲信号振荡速度基础之上的，也就是说，100MHz 外频特指数字脉冲信号每秒振荡 $100×10^6$ 次，它代表 PCI 总线及其他总线的频率。之所以将前端总线频率与外频这两个概念混淆，主要的原因是，在 Intel Pentium 4 出现之前，前端总线频率与外频是相同的，往往直接称前端总线频率为外频，最终造成误解。随着计算机技术的发展，人们发现前端总线频率需要高于外频，因此采用了四倍数据倍率（Quad Date Rate，QDR）技术，或者其他类似的技术实现这个需求。这些技术的原理类似于加速图形端口（Accelerated Graphics Port，AGP）的 2X 或者 4X，它们使得前端总线的频率成为外频的 2 倍、4 倍甚至更高，从此前端总线频率和外频的区别才开始被人们重视起来。

微型计算机的系统总线技术发展与变革都非常迅速，标准总线从早期 ISA 总线（16 位，带宽 8MB/s）发展到 EISA 总线（32 位，带宽 33.3MB/s），又发展到 PCI 总线（可进一步过渡到 64 位，带宽 132MB/s），再发展到 PCI-E 总线。PCI-E 3.0 总线将带宽提高到 32GB/s。

7.3.2 微型计算机的 PCI 总线

PCI 总线是由英特尔公司于 1990 年推出的高带宽、独立于 CPU 的总线，通常用作中间层或直接连接外设。PCI 总线的频率最早为 33MHz，后来发展为 66MHz、100MHz，目前最高频率可达 133MHz。PCI 总线宽度已经从早期的 32 位，扩展到目前的 64 位。

PCI 总线可以直接连接外设（例如显卡、网卡、声卡、SCSI 卡等），但通常的连接结构为：一边通过 PCI 桥与前端总线相连接，另一边通过 ISA 桥接器与 ISA 总线相连接。这种结构的最大优点是首先确保CPU与内存之间的高速通信，其次原来的ISA设备照常使用，可降低计算机硬件总体成本。

PCI 总线是一种同步时序总线，通过分时复用技术实现对地址信号和数据信号的传送，支持 64 位地址和 64 位数据信息，采用集中式总线仲裁方式，支持 5V 和 3V 两种电源电压，支持 32 位和 64 位扩展卡且向后兼容，支持多种处理器，支持单个或多个处理器系统。此外，PCI 总线还定义了一组 50 根必备信号线和一组 50 根可选信号线。

1．必备信号线

（1）系统信号线——包括时钟和复位线。

（2）地址和数据信号线——32 根分时复用的地址/数据信号线。

（3）接口控制信号线——控制数据交换的时序并且提供发送端和接收端的协调功能。

（4）仲裁信号线——非共享的信号线，每一个与 PCI 总线相连的部件都有它自己的一对仲裁线，直接连接到 PCI 仲裁器上。

（5）错误报告信号线——用于报告奇偶校验错信号及其他信号。

表 7-1 给出了必备信号线的说明，其中 IN 表示单向输入信号；T/S 表示双向三态信号；S/T/S 表示一次只有一个拥有者驱动的持续三态信号；O/D 表示开放漏极信号，允许多个设备共享的一个"或"信号；#表示信号低电平有效。

表 7-1　必备信号线的说明

信号	信号名称	信号线数	类型	说明
系统信号	CLK	1	IN	系统时钟信号，支持 33/66/100/133MHz，在上升沿被所有的输入所采样
	RST#	1	IN	复位信号，强制所有 PCI 专用的寄存器、定序器和信号复位为初始状态
地址/数据信号	AD[31~0]	32	T/S	复用的地址/数据信号线
	C/BE[3~0] #	4	T/S	复用的总线命令和字节选定信号。送地址期间，定义总线命令；传数据期间，表示 32 位的 4 个字节通路中的哪一个是有意义的数据，可以表示读/写 1、2、3 字节或整字
	PAR	1	T/S	地址或数据的校验位
接口控制信号	FRAME#	1	S/T/S	帧信号。由当前主设备驱动，表示交换的开始和持续的时间
	IRDY#	1	S/T/S	当前主设备就绪信号。读操作时，表示已准备好接收；写操作时，表示数据已发出
	TRDY#	1	S/T/S	从设备就绪信号
	STOP#	1	S/T/S	停止信号。从设备需要停止当前的信号
	LOCK#	1	S/T/S	锁定信号。表示一个操作可能需要多个传输周期，不能中途中断
	IDSEL	1	IN	初始化设备选择。通过参数配置读/写操作期间的芯片选择
	DELSEL#	1	IN	设备选择。由当前选中的从设备驱动，信号有效时，说明总线上有某个设备被选中
总线仲裁信号	REQ#	1	T/S	总线仲裁信号。向总线仲裁器申请总线使用权
	GNT#	1	T/S	总线仲裁响应信号
错误报行信号	PERR#	1	S/T/S	奇偶校验错信号。在数据传送时，表示检测到数据校验有错
	SERR#	1	O/D	系统错误信号。用以报告地址奇偶校验错误和其他系统错误

2．可选信号线

可选信号线包括中断信号线、高速缓存支持信号线和 64 位总线扩展信号线等。

（1）中断信号线

INTX#：共 4 位，O/D，用于中断请求，X=A、B、C、D，其中 B、C、D 只对多功能设备有意义。

（2）高速缓存支持信号线

➢ SBO#：1 位信号线，IN/OUT，测试返回，信号有效时，针对多处理器监听命中高速缓存的修改行。

➢ SDONE#：1 位信号线，IN/OUT，测试完成，针对多处理器指示当前监听状态。

（3）64 位总线扩展信号线

➢ AD[63~32]：32 位信号线，T/S，用于总线扩展为 64 位地址/数据复用线。

➢ C/BE[7~4] #：4 位信号线，T/S，字节选定的另外 4 位。

➢ REQ64#：1 位信号线，S/T/S，用于请求进行 64 位传输。

➢ ACK64#：1 位信号线，S/T/S，授权使用 64 位传输。

➢ PAR64：1 位信号线，T/S，附加的 32 位地址/数据的校验位。

习题 7

1. 单项选择题

（1）计算机使用总线结构的主要优点是便于实现积木化，同时（　　）。

A. 减少了信息传输量　　　　　　　　　B. 提高了信息传输的速度

C. 减少了信息传输线的条数　　　　　　D. 加重了 CPU 的工作量

（2）根据传送信息的种类不同，系统总线分为（　　）。

A. 地址总线和数据总线　　　　　　　　B. 地址总线、数据总线和控制总线

C. 数据总线和控制总线　　　　　　　　D. 地址总线、数据总线和响应总线

（3）CPU 芯片中的总线属于（　　）总线。

A. 内部　　　　　　B. 局部　　　　　　C. 系统　　　　　　D. 板级

（4）在链式查询方式上，越靠近控制器的设备（　　）。

A. 得到总线使用权的机会越大，优先级越高

B. 得到总线使用权的机会越小，优先级越低

C. 得到总线使用权的机会越大，优先级越低

D. 得到总线使用权的机会越小，优先级越高

（5）现代计算机的运算器一般通过总线结构来组织，下述总线结构的运算器中，（　　）的操作速度最快，（　　）的操作速度最慢。

A. 单总线结构　　　　B. 双总线结构　　　　C. 三总线结构　　　　D. 多总线结构

（6）同步通信之所以比异步通信具有较高的传输率是因为（　　）。

A. 同步通信不需要应答信号

B. 同步通信的总线长度较短

C. 同步通信用一个公共时钟信号进行同步

D. 同步通信中各部件存取时间比较接近

（7）为协调计算机系统各部件工作，需要有一种器件提供统一的时钟标准，这个器件是（　　）。

A. 总线缓冲器　　　　　　　　　　　　B. 时钟发生器

C. 总线控制器　　　　　　　　　　　　D. 操作命令产生器

（8）总线中数据总线的作用是（　　）。

A. 用于选择存储单元

B. 用于选择进行信息传输的设备

C. 用于指定存储单元和 I/O 设备接口电路的选择地址

D. 决定数据总线上的数据流方向

（9）系统总线中的地址总线的功能是用于选择（　　）。

A. 主存单元地址　　　　　　　　　　　B. I/O 接口地址

C. 外存地址　　　　　　　　　　　　　D. 主存单元地址或 I/O 接口地址

（10）在（　　）的计算机系统中，外设可以和主存单元统一编址，而不使用 I/O 指令。

A. 单总线结构　　　　　　　　　　　　B. 双总线结构

C. 三总线结构　　　　　　　　　　　　D. 以上 3 种结构

2．简答题

（1）系统总线分为哪几种？分别有什么作用？

（2）怎样计算系统总线的带宽？

（3）【课程思政】总线在计算机中的应用不仅是技术问题，也涉及信息安全和隐私保护。请探讨自动驾驶汽车的总线系统及其在信息安全领域中可能面临的挑战，并提出相应的解决方案。

（4）【课程思政】请查阅有关当前我国总线系统技术应用的案例和发展趋势，了解我国在总线系统领域的创新与发展，分析我国总线系统技术的现状，以及如何在未来应对挑战和促进创新。

第8章 I/O 接口

从硬件逻辑来看，I/O 系统由接口和外设两大部分构成。外设包括输入设备、输出设备和外存储器，它们都是相对独立和完整的精密电子或机械装置，具备输入和输出功能。它们种类繁多、功能多样、组成结构各不相同，必须通过接口与主机进行连接。接口一端连接主机的系统总线，另一端连接外设。正因为主机提供连接接口，整个计算机系统的所有硬件设备才能相互连接成一个有机的整体。本章将重点介绍接口的逻辑组成和工作机制。

8.1 I/O 接口概述

计算机硬件系统分为主机和外设。外设种类繁多，性能各异，与主机硬件差异较大，因此不能直接与主机的系统总线相连接，而必须通过一个转接电路来连接。这个转换电路就是接口。在系统总线和外设之间设置接口部件，可解决数据缓冲、数据格式转换、通信控制、电平匹配等问题。

8.1.1 I/O 接口的基本功能

I/O 接口（Input/Output Interface，输入输出接口）位于系统总线与外设之间，负责控制和管理一个或多个外设，并负责这些设备与主机间的数据交换。一般来说，I/O 接口的内部由数据寄存器、命令寄存器、设备状态寄存器、控制逻辑电路、命令译码器电路、设备选择电路等模块组成，如图 8-1 所示，其基本功能可以概括为以下几个方面。

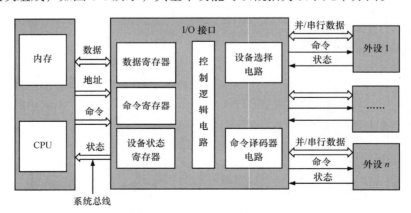

图 8-1　I/O 接口的内部模块结构

1．寻址

信息的传送控制机制不同，在接口的具体构成上可能有所不同。但不管采用何种技术，I/O接口内部通常都包括若干个寄存器，如数据寄存器、命令寄存器、设备状态寄存器等，这些寄存器专门用来保存在主机和外设之间交换的数据信息。I/O接口的寻址功能保证在接口接收到系统总线送来的地址信息后选择本接口的某个特定寄存器。至于接口内部寄存器的编址问题，指令系统在设计时有两种方案可供选择：一是统一编址，访存操作和I/O操作共用传送指令MOV，通过地址码来区分是访存还是I/O操作，例如规定FFF0H～FFFFH的地址码为I/O接口内部寄存器的地址单元；二是独立编址，访存操作使用传送指令MOV，I/O操作使用输入指令IN和输出指令OUT，例如Intel指令集就是采用该方案。

2．数据传送与缓冲

设置接口的主要目的是为主机和外设之间提供数据传送通路。各种设备的工作速度不同，特别是CPU、内存与外设之间，速度差异较大。对此，在I/O接口中设置一个或多个数据寄存器，甚至局部缓冲存储器（简称缓存），提供数据缓冲，实现速度匹配。注意，有时候将缓存容量（单位为字节）称为缓冲深度。

3．数据格式变换、电平转换等预处理

接口与系统总线之间，通常采用并行传送，而接口与外设之间有可能采用并行传送，也有可能采用串行传送，视具体的设备类型而定。因此，接口往往需要实现串、并格式之间的转换功能。

即使外设是并行传送设备，其并行传送的数据宽度可能与主机的并行数据宽度不一致。例如，在当今的64位微机中，主机的系统总线为64位，而打印机仍然保持以字节为单位的并行数据传送。因此，输入时，接口需要将若干个字节拼装成位数与系统总线宽度一致的字长；输出时，接口需要将位数较长的字分解成若干个字节。

在大多数情况下，主机和外设使用独立的电源，它们之间的信号电平是不相同的，例如主机使用+5V电源，而某个外设采用−12V电源。此时，接口必须实现信号电平的转换，使采用不同电源的设备之间能够进行信息传送。

注意，有些更为复杂的信号转换，如声、光、电、磁之间的转换，通常由外设本身实现，不属于接口范畴。

4．控制逻辑

主机通过系统总线向接口传送的命令，经过接口内部译码电路的解释或翻译，转换为具体的控制命令并发出给外设。同时，接口收集外设和接口自身的有关状态信息，通过系统总线回传给CPU处理。不同接口的控制逻辑是不相同的。

8.1.2　I/O接口的分类

1．按数据传送格式分类

I/O接口按数据传送格式可划分为并行接口和串行接口。

其中，并行接口无论是在连接系统总线的一端还是在连接外设的一端，都以并行方式传送数据信息。

串行接口只在连接外设的一端，以串行方式传送数据，而在连接系统总线的一端仍然采用并行方式传送数据。因此，串行接口中一般需要设置移位寄存器以及相应的产生移位脉冲的控制时序，实现串、并转换。

选用哪一种接口，既要考虑设备本身的工作方式是串行传送还是并行传送，也要考虑传送距离的远近问题。当设备本身是并行传送且传送距离较短时，可采用并行接口。如果设备本身是串行传送，或者传送距离较远，为了降低信息传送设备的成本，可采用串行接口。例如，通过调制解调器的远距离通信，就需要串行接口。

2．按时序控制方式分类

I/O 接口按时序控制方式可划分为同步接口和异步接口。

其中，同步接口是一种与同步总线连接的接口，接口与系统总线间的信息传送由统一的时序信号控制，例如由 CPU 提供的时序信号，或者专门的系统总线时序信号。接口与外设之间，允许独立的时序控制操作。

异步接口是一种与异步总线连接的接口，接口与系统总线间的信息传送采用异步应答的控制方式。

3．按信息传送的控制方式分类

信息传送的控制方式可划分为程序查询方式、中断方式、DMA 方式、通道方式等，对应的 I/O 接口有程序查询接口、中断接口、DMA 接口和通道接口。其中，程序查询方式是一种程序直接控制方式，这是主机与外设之间进行信息交换的最简单的方式，输入和输出完全是通过 CPU 执行程序来完成的，这样的接口称为程序查询接口。如果主机与外设之间采用中断方式传送信息，则接口必须提供相应中断系统所需的控制逻辑，这样的接口称为中断接口。如果主机与外设之间采用 DMA 方式（即直接访问方式）传送信息，则接口必须提供相应的 DMA 控制逻辑，这样的接口就称为 DMA 接口。如果主机使用通道和 I/O 控制器来连接外设，并采用共享直接访问方式传送信息，则这样的接口称为通道接口。

8.1.3 I/O 接口技术的发展

计算机从产生以来，无论是 CPU、存储器还是接口，其发展变化都非常迅速，特别在微机领域，新设备、新技术层出不穷。纵观几十年的发展变化，I/O 接口技术主要体现在以下两个方面。

1．硬件方面

I/O 接口的主要功能是实现信号转换和控制外设工作，因此物理上一个接口由许多逻辑电路组成，包括公共逻辑和专用逻辑。

其中，公共逻辑在早期通常根据其功能设计成逻辑芯片，配置于主板上，例如 Intel 8259 中断控制器芯片、8237 DMA 控制器芯片、8253 定时电路芯片、8050 串行通信接口芯片等。随着集成电路技术的发展，芯片集成度的快速提升，这些由小规模集成电路组成的接口芯片被集成在一起，形成了现在微机中常说的芯片组，不过其控制原理是类似的。所以本书在介绍中断技术和 DMA 技术时，涉及控制芯片时，仍基于单个的芯片功能加以介绍，而有关芯片组的相关信息，请读者参考相关书籍。

专用逻辑在过去通常设计成专用接口卡，以板卡的形式直接插入主机箱的总线插槽，例如显卡、声卡、网卡等。随着集成电路技术的发展，越来越多的专用接口采用专用芯片设计技术，以替代板卡设计并集成在主板中。例如，现在的微机主板通常集成了显卡、网卡以及声卡等接口。与此同时，越来越多的接口采用微处理器、单片机（又称微控制器）、局部存储器（又称缓存）等芯片，可以编程控制有关操作，其处理功能大大超出纯硬件的接口。这样的接口通常称为智能接口。

2．软件方面

在现代计算机系统中，为了实现设备间的通信，不仅需要由硬件逻辑构成的接口部件，还需要相应的软件，从而形成一个含义更广泛的概念（即接口技术）。

出于方便管理和控制外设的需要，如今 I/O 接口的软件部分已经演变为多层架构设计，包括设备控制程序、设备驱动程序和用户 I/O 操作程序。

其中，设备控制程序面向最底层，是固化在 I/O 设备控制器中的控制程序，用于控制外设的具体读、写操作，处理总线的访问信号，如控制磁盘、控制打印机等。

设备驱动程序面向操作系统，为用户屏蔽设备的物理细节，用户只需通过设备的逻辑名称即可使用设备。例如，在 DOS 中，通过引用逻辑设备名 PRN 即可访问打印机。不同的设备具有不同的驱动程序，无论是 Linux 系统，还是 Windows 系统，当添加一个设备时必须为之安装相应的驱动程序，否则该设备不能正常工作。

用户 I/O 操作程序包含在特定的应用程序中，以特定信息传送控制方式实现主机与外设的信息传送操作，并根据应用程序需要实现相关的 I/O 操作。例如，采用中断方式，首先编写相应 I/O 接口的中断服务程序，然后在应用程序中调用中断服务程序实现用户输入/输出处理。

8.2 I/O 接口与程序查询方式

在 I/O 接口中，程序查询方式是一种常见的输入/输出控制方式，其主要优点有：灵活性高，允许开发者根据实际需求编写自定义的输入/输出逻辑；可扩展性好，可以通过添加更多的接口和程序逻辑来支持更多的设备和功能。其不足之处在于：效率低，需要不断地检查设备的状态，这会浪费大量的 CPU 时间；实时性不足，如果程序查询的间隔时间过长，可能会导致数据丢失或延迟处理；可靠性不高，如果程序查询的逻辑不正确，或者出现其他问题，可能会导致 I/O 操作失败；开发难度大，需要开发人员手动编写逻辑来控制 I/O 操作。下面重点讨论程序查询方式的实现机制。

8.2.1　程序查询的基本思想

采用程序查询方式时，计算机系统的 I/O 操作过程如图 8-2 所示，CPU 一旦启动 I/O，必须停止现行程序的执行，并在现行程序中插入一段 I/O 处理程序。在外设工作期间，CPU 将"原地踏步"，等待外设完成 I/O 操作，因此 CPU 与 I/O 系统无法并行工作，在 I/O 设备准备阶段，CPU 查询等待会花费较多时间。通常，CPU 查询 I/O 设备状态的方法有两种：

一种是独占查询，即 CPU 只查询 I/O 设备状态，与 I/O 系统完成串行工作，而且 CPU 在一段时间内只能和一台外设交换信息，效率大大降低；另一种是定时查询，即在保证数据不丢失的情况下，每隔一段时间 CPU 就查询一次 I/O 设备状态，在两次查询的间隔时间内 CPU 可以执行其他程序。

图 8-2　程序查询方式下计算机系统的 I/O 操作过程

8.2.2　程序查询的工作流程

程序查询方式的核心在于 CPU 每时每刻都需要不断地查询 I/O 设备是否准备就绪，同时，CPU 还要逐字地从 I/O 设备取得数据送入主存，所以，无论 I/O 设备是否准备好进行信息交换，只要 CPU 启动 I/O 设备，CPU 就自动服务于该 I/O 设备直到完成 I/O 设备操作任务。这一工作流程可以抽象简化为图 8-3 所示的模型。在该模型中使用 3 条指令：测试指令（检查接口本身和外设的状态标记）、跳转指令（检查设备是否准备就绪）和传送指令（输入或输出数据），即可完成程序要求的 I/O 操作。

简化模型通常对应单个 I/O 设备，如果一个接口连接着多个 I/O 设备，又该如何处理呢？多个设备与单个设备的程序查询流程相同，按照优先级依次向后进行处理即可。如图 8-4 所示，按照优先级进行排序。优先级最高的最先接受检查，如果它已经准备好了，则进行处理，否则继续往下检查。

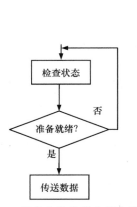

图 8-3　程序查询的抽象简化模型

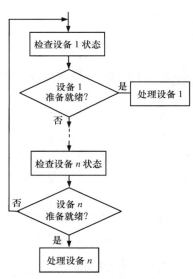

图 8-4　多个设备的程序查询流程

采用程序查询方式，接口完成 I/O 操作的流程如图 8-5 所示，详细如下。

（1）要完成内存与外设之间的输入/输出，需要借助 CPU 中的寄存器，所以先将寄存器原内容保护起来。

（2）由于传送的往往是一批数据，因此需要先设置 I/O 设备与主机交换数据的计数值。

（3）设置待传送数据在主存缓冲区的首地址。

（4）CPU 执行到一个 I/O 指令，由这个 I/O 指令发出启动设备的命令，启动 I/O 设备。

（5）单个设备的查询流程，对于输入而言，准备就绪意味着接口电路中的数据寄存器已经装满待传送的数据，这个状态称为缓冲满，CPU 即可取走数据；对于输出而言，准备就绪意味着在接口中存放的上一次的输出数据已经被设备取走，这个状态称为缓冲空，CPU 可再次将数据送到接口，设备可再次从接口接收数据。

（6）CPU 执行 I/O 指令，或从 I/O 接口的数据寄存器中读出一个数据，或把一个数据写入 I/O 接口中的数据寄存器内，同时将接口中的状态标志复位。

（7）修改主存地址。

（8）修改计数值，进行减 1 操作，表示待传送的数据少了一个。

（9）判定计数值是否为 0，如果为 0，则说明这一批数据已经传送完了，如果不为 0，说明数据尚未传送完，重新启动 I/O 设备继续传送。

（10）结束 I/O 传送，继续执行现行程序。

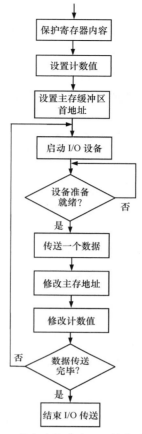

图 8-5　程序查询方式 I/O 操作的流程

8.3　I/O 接口与中断方式

为了解决 CPU 不能与外设并行工作和不能响应外设随机请求的问题，采用程序中断传送方式来控制信息的传送。程序中断传送方式简称中断方式，是一种目前被广泛应用的技术。本节将着重从 CPU 和接口信息传送的角度深入探讨中断的组成及工作机制。

8.3.1　中断方式概述

1．中断方式的定义及特点

中断方式是指在计算机运行过程中，如果发生某种随机事件，CPU 将暂停执行当前程序，转去执行中断处理程序；当中断处理程序处理完毕后自动恢复原程序的执行。因此，中断方式又称程序中断方式。

其中，随机事件既可能是外设提出的与主机交换数据的请求，也可能是系统出现的故障或者某个到时的信号等。

在主机和外设进行信息传送时，如果采用中断方式，那么完整的控制过程如下：首先 CPU 在执行某个程序时根据需要启动外设，然后 CPU 继续执行该程序的其他操作，当外设就绪后向 CPU 提出中断请求，CPU 在收到请求后，暂停现行程序的执行，转去执行该外设的中断服务程序，完毕后自动恢复原程序的执行。由于在 CPU 执行原程序期间，外设何时提出请求完全是随机的，因而数据传送操作只能由中断服务程序来处理，而不能预先交由原程序处理。

中断方式的中断过程实质上是一种程序切换过程，由原来执行的程序切换到中断服务程序，处理完毕后再由中断服务程序切换到原来暂停的程序，这就决定了中断方式的优势与不足。

中断方式的优势在于，因为中断方式通过中断服务程序来处理中断事件，而中断服务程序可以根据需要进行扩展，因此采用中断方式的系统扩展性较好，能处理较复杂的随机中断事件。

中断方式的不足之处在于，在原程序与中断服务程序之间切换时要花费额外的时间，从而影响中断处理的速度，中断方式通常适合中、低速的 I/O 操作。

2．中断方式的应用

中断方式的特点决定它具有极为广泛的用途，可应用于中、低速 I/O 设备管理，实现 CPU 与外设并行工作，也可用于故障处理、实时处理，甚至以软中断的形式辅助程序的调试等。

（1）应用于中、低速 I/O 设备管理，实现 CPU 与外设并行工作

像键盘一类的设备，系统根本就不能确切地知道用户何时按键，如果让 CPU 以程序查询方式管理键盘，CPU 将无法执行其他任何操作，只能长时间等待用户按键，白白浪费时间。但如果让 CPU 以中断方式管理键盘，平时 CPU 执行其程序，当用户按下某个键时，键盘产生一个中断请求，CPU 响应该请求，转入键盘中断服务程序，读取键盘输入的按键编码，根据编码要求做相应处理。

像打印机一类的设备，如果采用中断方式管理，在启动打印机后，CPU 仍可继续执行现行程序，因为打印机启动后还需要一段时间初始化准备过程，当打印机初始化结束准备接收打印信息时，将提出中断请求，CPU 转入打印机中断服务程序，将一行信息送往打印机，然后恢复执行原程序，同时打印机进行打印。当打印机打印完一行后，再次提出中断请求，CPU 再度转入打印机中断服务程序，又送出一行打印信息。如此循环，直到全部打印完毕。可见，中断方式实现了 CPU 和打印机的并行工作。

中断方式用于管理和控制键盘、打印机之类的中、低速 I/O 设备是非常有效的。而对于磁盘一类高速 I/O 设备来说，因为也包含中低速的机电型操作，如寻找磁道，所以磁盘接口一方面使用 DMA 方式实现数据交换，另一方面也使用中断方式，用于寻道判别与结束处理等。

（2）故障处理

计算机运行时可能会出现故障，但在何时出现故障，出现何种故障，显然是不可预知的，是随机的，只能以中断方式处理。对此，需要事先估计有可能出现哪些故障，并编写针对这些故障的处理程序，一旦发生故障，就提出中断请求，CPU 切换到故障处理程序进行处理。

计算机系统故障分为硬件故障和软件故障，常见的硬件故障有电压不足或掉电、校验错、运算出错等，而常见的软件故障有溢出、地址越界，非法使用特权指令等。

其中，针对电压不足或掉电，一旦被电源检测电路发现，即提出中断请求，利用直接稳压电源滤波电容的短暂维持能力（毫秒级）进行必要的紧急处理，如将电源系统切换到

不间断电源。针对校验错，一旦发生即进行中断处理，例如通过重复读取，判断是偶然性错误还是永久性错误，并显示相关错误信息。针对运算出错或溢出，可通过相应判别逻辑来引发中断，在中断处理中分析错误原因，再重新启动有关运算过程。针对地址越界，如超出数组索引取值范围，可由地址检查逻辑引发中断，提示用户修改。针对非法使用特权指令，如为管理计算机系统而专门设计的特殊指令，可由权限检查逻辑检查用户操作权限，一旦用户误用特权指令即引发中断，阻止特权指令的执行。

（3）实时处理

在实时控制系统中，为了响应那些需要进行实时处理的请求，常常需要设计实时时钟，定时地发出实时时钟中断请求，CPU 根据请求转入相应中断服务程序，进行实时处理。例如，一个自动控制和检测系统在进行中断处理时，首先采集有关实时数据，然后与要求的标准值进行比较，当发现存在误差时按一定控制算法进行实时调整，以保证生产过程按设定的标准流程或按优化的流程进行。

（4）软中断

在计算机中设置软中断指令，如 INT n（n 为中断号），CPU 通过执行软中断指令来响应随机中断请求，切换到中断服务程序，进行中断处理。

软中断指令与转子指令类似，但也存在着区别。执行转子指令的目的是实现子程序调用，只能按严格的约定，在特定位置执行。执行软中断指令的目的是实现主程序与中断服务程序的切换，软中断指令允许随机插入主程序的任何位置，以确保对随机事件的响应。

软中断可用来设置程序断点、引出调试跟踪程序，以进一步分析原程序的执行结果，辅助调试。除此之外，软中断还可用于操作系统的功能扩展，例如把打开、复制、显示、打印文件等功能事先编写成若干中断服务程序模块，并允许用户通过执行软中断指令来调用，显然这些中断服务程序模块将临时性地嵌入主程序中，故又称中断处理子程序。虽然主程序仍然是被打断以后又自动恢复的，广义上还是主程序与子程序的关系，但与指令系统中的转子指令与返回过程是有区别的。

8.3.2　中断请求

1．中断请求与中断源

中断方式具有随机性，无法在主程序的预定位置进行处理，需要独立编制中断服务程序。为此，必须首先确定计算机系统中存在哪些中断请求，由谁发出这些中断请求。当然，无论是哪种计算机系统，其中断请求要么来自内部，要么来自外部。因此，中断源可进一步分为内部中断源和外部中断源。

其中，内部中断源包括掉电中断、溢出中断、校验错中断等。外部中断源包括系统时钟、实时时钟（供实时处理用）、通信中断（组成多机系统或连网时用）、键盘、CRT 显示器、硬盘、软盘、打印机等，可分别表示为 $IREQ_0$、$IREQ_1$、$IREQ_2$、$IREQ_3$、$IREQ_4$、$IREQ_5$、$IREQ_6$、$IREQ_7$ 等。当实时处理的中断源较多时，可通过 $IREQ_1$ 和 $IREQ_2$ 扩展。

2．中断请求逻辑与屏蔽

要形成一个设备的中断请求逻辑，需具备以下逻辑关系。

（1）外设有请求的需要，如"准备就绪"或"完成一次操作"，可用"完成"触发器状

态 $T_D=1$ 表示。例如，打印机接口可接收打印时 $T_D=1$；键盘接口在可输出键码时 $T_D=1$。

（2）CPU 允许提出中断请求，没有屏蔽该中断源，可用屏蔽触发器状态 $T_M=0$ 表示。相应地，可将接口与中断有关的逻辑设置为两级。一级是反映外设与接口工作状态的状态触发器，包括"忙"触发器 T_B 和"完成"触发器 T_D，它们共同组成状态字，直接代表具体的中断需求。另一级是中断请求触发器 IRQ，表示最终能否形成中断请求。

中断屏蔽可采用分散屏蔽或集中屏蔽来实现。其中，分散屏蔽是指 CPU 将屏蔽字代码按位分别发送给各中断源接口，接口中各设一位屏蔽触发器 T_M，用来接收屏蔽字的对应位的代码，若代码为 1 则屏蔽该中断源，为 0 则不屏蔽。分散屏蔽的实现方法有两种。一种是在中断请求触发器 IRQ 的 D 端进行，若 $T_D=1$，$T_M=0$，则同步脉冲将 1 打入触发器，发出中断请求信号 IRQ，如图 8-6（a）所示。另一种方法是在中断请求触发器的输出端进行，如图 8-6（b）所示。分散屏蔽可以使用同步定时，同步脉冲信号加到中断请求触发器的 C 端，也可以不采用同步定时，何时具备请求条件（如 $T_D=1$），即由 S 端置入 IRQ，立即发出中断请求信号。CPU 最后响应中断请求采取同步控制方式。

集中屏蔽是通过公共的中断控制器来实现的，如图 8-7 所示。首先，在公共接口逻辑中设置一个中断控制器（如使用集成芯片 Intel 8259），内含一个屏蔽字寄存器，CPU 将屏蔽字送入其中。各中断源的接口不需要设置屏蔽触发器，一旦 $T_D=1$，即可发出中断请求信号 IRQ。所有请求信号汇集到中断控制器后，将自动与屏蔽字比较，若未屏蔽，则中断控制器向 CPU 发送一个公共的中断请求信号 INT。

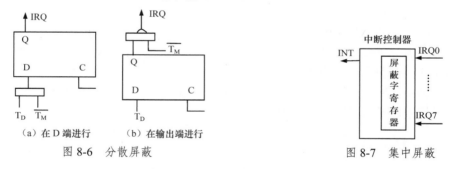

图 8-6　分散屏蔽　　　　　　　　　图 8-7　集中屏蔽

3．中断请求信号的传送

中断源的中断请求经过中断请求逻辑形成中断请求信号。该信号可以通过以下几种模式最终传送给 CPU。

（1）直连模式。如图 8-8（a）所示，各中断源单独设置自己的中断请求线，每个请求信号直接送往 CPU，当 CPU 接到请求时，能直接区分是哪个设备发送的。这种传送模式的好处在于，可以通过编码电路形成向量地址，有利于实现向量中断，但由于 CPU 所能连接的中断请求线数目有限，特别是微处理器芯片引脚数有限，不可能给中断请求信号分配多个引脚，因此中断源数据难以扩充。

（2）集中连接模式。先将各中断源的请求信号通过三态门汇集到一根公共请求线上，然后再连接到 CPU，如图 8-8（b）所示。这种传送模式的好处在于，只要负载能力允许，挂在公共请求线上的中断源可以任意扩充，而对于 CPU 来说，只需连接一根中断请求线即可。集中连接模式也可以通过集中屏蔽方式来实现，多根请求线 IRQ_i 先输入 Intel 8259 芯片，在芯片内汇集为一根公共请求线 INT 输出。在这种模式中，必须解决中断源的识别问题。有两种识别方法，一是由 CPU 通过执行特定逻辑来识别，二是在 8259 芯片内识别。这种传送模式广泛应用于微机系统。

（3）分组连接模式。这是一种折中方案，如图 8-8（c）所示，首先 CPU 设置若干根公共中断请求输入线，然后将所有中断源按优先级别分组，再将优先级别相同的中断请求汇集到同一根公共请求线上。这就综合了上面两种模式的优点，既可以根据优先级别来迅速判断中断源，又能随意扩充中断源数目。这种传送模式常应用于小型计算机系统。

（4）混合连接模式。这也是一种折中方案，如图 8-8（d）所示，首先将要求快速响应的 1~2 个中断请求以独立请求线直接连接 CPU，以便快速识别和处理，然后将其余响应速度允许相对低一些的中断请求，以集中连接模式，通过公共请求线连接 CPU。这种传送模式有时应用于微机系统中。

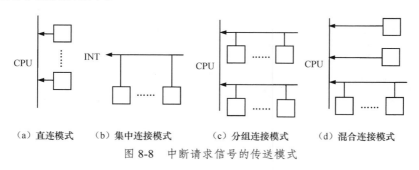

（a）直连模式　　（b）集中连接模式　　（c）分组连接模式　　（d）混合连接模式

图 8-8　中断请求信号的传送模式

8.3.3　中断判优逻辑的设计原则与实现方法

当多个中断源同时提出中断请求时，CPU 首先响应哪个中断请求？这要求中断系统应该具有相应的判优逻辑，以及动态调整优先级的手段。

1．中断判优逻辑的设计原则

为了实现中断判优逻辑，在设计时首先要解决这样一个问题：在各种中断请求之间根据什么原则来安排中断源的优先级别。

可以根据中断请求的性质来确定中断优先级，一般优先顺序为：故障引发的中断请求→DMA 请求→外设中断请求。这样安排是因为处理故障的紧迫性最高，而 DMA 请求是要求高速传送数据，高速操作通常比低速操作优先。

也可以根据中断请求所要求的数据传送方式确定中断优先级，一般原则是让输入操作的请求优先于输出操作的请求。因为如果不及时响应输入操作的请求，有可能会丢失输入信息，而输出信息一般存储于主存中，暂时延缓不至于造成信息丢失。

当然，上述原则也不是绝对的，在设计时还要注意具体分析。

2．中断判优逻辑的实现方法

不同的计算机系统实现中断判优逻辑的方法是不相同的。常见的中断判优逻辑实现方法有以下几种。

（1）软件查询

CPU 在响应中断请求后，先转入查询程序，按优先顺序依次询问各中断源是否提出请求。如果是，则转入相应的中断服务程序；否则继续往下查询。可见，查询的顺序直接体现了优先级的高低，改变查询顺序也就修改了优先级。

为了简化查询程序设计，有些计算机设置查询 I/O 指令，可以直接根据外设接口的状态字进行判别和转移；有些计算机使用输入指令或通用传送指令获取状态字，进行判别；有些计算机在公共接口中设置一个中断请求寄存器，用来存放各中断源的中断请求代码，在查询时先获取中断请求寄存器的内容，按优先顺序逐位判定。

采用软件查询方式判优，不需要硬件判优逻辑，可以根据需要灵活地修改各中断源的优先级。但通过程序逐个查询，所需时间较长，特别是对优先级低的中断源，需要查询多次才能得到中断响应，因此软件查询比较适合低速的小系统，或者作为硬件判优逻辑的一种补充手段。

（2）并行优先排队逻辑

在并行优先排队逻辑中，各中断源提供独立的中断请求线，以改进的直连模式与 CPU 连接，如图 8-9 所示。具体方法是：各中断源通过中断请求触发器向判优电路传送中断请求信号 $INTR'_0$、$INTR'_1$、$INTR'_2$……，再经过判优电路向 CPU 传送中断请求信号 $INTR_0$、$INTR_1$、$INTR_2$……。

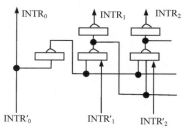

图 8-9　并行优先排队逻辑

这种判优电路的工作原理一目了然。$INTR'_0$ 的优先级最高、$INTR'_1$ 次之，依次类推。如果优先级高的中断源提出了中断请求 $INTR'_i$，那么比它优先级低的所有其他请求将被自动封锁。仅当优先级高者没有要求中断处理时，才允许次一级的请求有效。如果同时有几个 $INTR'_i$ 提出，则只有其中优先级最高者能向 CPU 发送有效请求信号 $INTR_i$，其余都将被封锁。

并行优先排队逻辑适合具有多请求线的系统，速度较快，但硬件代价较高。

（3）优先链排队逻辑

在优先链排队逻辑中，各中断源通过公共请求线，采用集中模式与 CPU 连接，其判优结果可用不同的设备码或者中断类型码（中断号）来表示，如图 8-10 所示。各中断源提出的请求信号都先送到公共请求线上，在形成公用的中断请求信号 INT 之后送往 CPU。CPU 响应请求时，将向接口发出一个公用的批准信号 INTA。

图 8-10（a）所示结构中，批准信号同时送往所有的中断源，优先链确保优先级最高的中断源可以将自己的编码发送给 CPU。CPU 则根据编码转向对应的中断服务程序。由于批准信号 INTA 起到查询中断源的作用，是同时向所有的中断源发出的，因此这种优先链称为多重查询。

在图 8-10（b）所示结构中，CPU 发出的批准信号 INTA 首先送给优先级最高的中断源。如果该中断源提出了请求，则在接到批准信号后可将自己的编码发送给 CPU，批准信号的传送就到此结束，不再往下传送了；反之，则将批准信号传向下一级设备，检查是否提出请求，以此类推。这种方法使所有可能作为中断源的设备连接成一条链，连接顺序体现优先顺序，而且在逻辑上离 CPU 最近的设备，其优先级最高。这种优先链称为菊花链，是一种应用广泛的逻辑结构。

注意，限于篇幅，有关具体的编码电路以及控制发送编码的优先排队逻辑门电路在此处略去未画，读者可参考相关书籍。

（4）分组优先排队逻辑

如果中断请求信号的传送采用分组连接模式，则优先排队逻辑结构如图 8-11 所示，又称二维结构的优先排队逻辑。各中断源被分成若干个组，每组的请求先汇集到同一根请求线上与 CPU 相连接。连接到 CPU 的多根公共中断请求线可设置优先级，称为主优先级；连接在同一根公共请求线的中断源也可设置优先级，称为次优先级。针对主优先级，CPU 内部的判优电路只能响应级别最高的请求。而针对次优先级，通常采取菊花链结构。

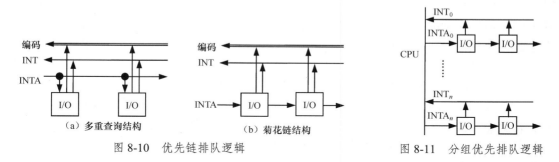

图 8-10　优先链排队逻辑　　　　　　　　图 8-11　分组优先排队逻辑

注意，通常也将 DMA 请求纳入分组优先排队逻辑之中，且占有主优先级最高一级。

8.3.4　中断响应与中断处理

1．中断响应方式与条件

当正在执行一个程序时，CPU 是否响应中断请求？或者当多个中断源同时提出中断请求时，CPU 优先响应哪一个请求？这些问题对 CPU 来说是有控制权的。CPU 可通过以下几种方式来实现响应逻辑控制。

第一种方式，CPU 使用屏蔽字来屏蔽某些中断源。CPU 将屏蔽字送往屏蔽逻辑，如果屏蔽逻辑输出非屏蔽信号，并且外设工作已完成，则可以产生中断请求信号。

第二种方式，CPU 使用中断标志位来启用或禁止中断。CPU 首先在程序状态字 PSW 中设置"允许中断"标志位（又称允许中断触发器 T_{IEN}），然后使用开中断指令和关中断指令来修改 T_{IEN} 的值，以决定是否响应外设中断请求。如果 $T_{IEN}=1$，则表示开中断，可响应外部中断请求；否则表示关中断，不响应外部中断请求。

第三种方式，CPU 在程序状态字中设置优先级字段，指明现行程序的优先级，进一步指示现行程序任务的重要程度。CPU 使用直连模式通过多根中断请求输入线来接收外设的中断请求，CPU 设置一个判优逻辑，首先将现行程序和外部请求的优先级进行比较，只有当后者高于前者时 CPU 才响应中断请求。

因此，针对可屏蔽的中断请求，必须满足以下条件，CPU 才能响应中断：

（1）有中断请求信号发生，如 $IREQ_i$ 或 INT；

（2）中断请求未被屏蔽；

（3）CPU 处于开中断状态，即"允许中断"触发器 $T_{IEN}=1$ 或程序状态字 PSW 的"中断允许"标志位 IF=1；

（4）无更重要的事要处理，如故障引起的内部中断，或优先级更高的 DMA 请求等；

（5）一条指令刚好执行结束且该指令不是停机指令。

2. 获取中断服务程序的入口地址

CPU 响应中断后，通过执行中断服务程序进行中断处理。中断服务程序事先存放在主存中。为了转向中断服务程序，必须获取该程序在主存中的入口地址。可以通过向量中断方式（硬件方式）或非向量中断方式（软件方式）获取其入口地址。

其中，非向量中断方式的工作机制如下：CPU 响应中断时只产生一个固定的地址，由此读取中断查询程序的入口地址，从而转向查询程序；通过软件查询，确定被优先批准的中断源，然后分支进入相应的中断服务程序。这种响应方式的优点是简单、灵活，不需要复杂的硬件逻辑支持，缺点是响应速度慢。因此，下面重点介绍向量中断方式。

（1）向量中断方式的工作机制

为了理解向量中断方式，首先必须明确以下几个概念。

① 中断向量。在一个中断方式系统中，必须为所有中断源编制相应的中断服务程序。在运行之前，这些中断服务程序必须位于主存之中。中断向量就是所有中断服务程序在主存中的入口地址及其状态字的统称。但要注意，在有些计算机（例如微机）中，因为没有完整的程序状态字，因此中断向量仅指中断服务程序的入口地址。

② 中断向量表——由所有的中断服务程序入口地址（包括状态字）组成的一个一维表格。中断向量表位于一段连续的内存空间中。例如，假设主存的 0 号和 1 号单元用来存放复位时监控程序入口，则中断向量表可从 2 号单元开始。

③ 向量地址——访问中断向量表的地址编码，也称为中断指针。假设地址编码为 16 位并按字编址，则每个中断向量占一个地址单元，每一个向量地址的计算公式就为：

$$向量地址=中断号+2 \tag{8-1}$$

例如，$IREQ_0$ 所对应的中断服务程序的入口地址位于(0+2)=2 号单元，而 INT_{11} 所对应的中断服务程序的入口地址位于(11+2)=13 号单元中。

可见，向量中断方式的基本工作机制是：将各个中断服务程序的入口地址组成中断向量表；在响应中断时，由硬件直接产生对应于中断源的向量地址；按该地址访问中断向量表，从中读取中断服务程序的入口地址，由此转向中断服务程序，进行中断处理。这些工作通常在中断周期中由硬件直接实现。

（2）向量中断方式的实现

向量中断方式的特点是根据中断请求信号快速地直接转向对应的中断服务程序。因此现代计算机基本上都具有向量中断功能，其具体实现方法有多种。

例如，在早期的 8086/8088 微机中，中断向量表存放在内存的 0~1023（十进制）单元中，如图 8-12 所示。每个中断源占用 4 字节单元，存放中断服务程序入口地址，其中 2 个字节存放其段地址，另 2 个字节存放偏移量。因此，整个中断向量表能容纳 256 个中断源，与中断类型码 0~255 相对应。中断向量表分为 3 个部分：第一部分为专用区，对应中断类型码 0~4，用于系统定义的内部中断源和非屏蔽中断源；第二

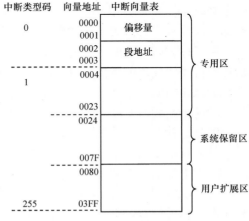

图 8-12　早期微机的中断向量表

部分是系统保留区，对应中断类型码 5～31，用于系统的管理调用和新功能的开发；第三部分是用户扩展区，对应中断类型码 32～255。

当响应外部中断请求时，首先 CPU 向 Intel 8259 中断控制器发送批准信号 INTA；然后通过数据总线从 8259 取回被批准请求源的中断类型码；将中断类型码乘以 4，得到向量地址；接着访问主存，从中断向量表中读取中断服务程序入口地址；之后转向中断服务程序。例如，如果类型编码为 0，则从 0 号单元开始，连续读取 4 字节的入口地址（包括段基址以及偏移量）。如果类型编码为 1，则从 4 号单元至 7 单元，读取入口地址，以此类推。

当 CPU 执行软中断指令 INT n 时，直接将中断号 n 乘以 4，形成向量地址，然后访问主存，从中断向量表中读取中断服务程序入口地址。

可见，软中断是由软中断指令给出中断号即中断类型码 n，而外部中断是由某个中断请求信号 $IREQ_i$ 引起的，经中断控制器转换为中断类型码 n。

在 Intel 80386/80486 系统中，中断向量表可以存放在主存的任何位置，将中断向量表的起始地址存入一个向量表基址寄存器中。中断类型码经转换后，形成相对向量表基址的偏移量，将该偏移量与向量表基址相加，即形成向量地址。Intel 80386/80486 访问主存有实地址方式和虚地址保护方式之分。在实地址方式中，物理地址有 32 位，每个中断源的中断服务程序入口地址在中断向量表中占 4 个字节；而在虚地址保护方式中，虚地址有 48 位，每个中断源在中断向量表中占 8 个字节，其中 6 个字节给出 48 位虚地址编址的中断服务程序入口地址，其余 2 个字节存放状态字信息。

产生向量地址的方法除了上述两种之外，还有多种。例如，在具有多根请求线的系统中，可由请求线编码直接产生各中断源的向量地址；在菊花链结构中，经硬件链式查询找到被批准的中断源，可通过总线向 CPU 直接送出其向量地址。再如，有些系统的 CPU 内有一个中断向量寄存器，用于存放向量地址的高位部分，中断源产生向量地址的低位部分，二者拼接形成完整的向量地址。

3．中断响应过程

不同计算机的中断响应过程可能不同。中断响应通常安排在中断周期完成。中断周期 IT 是程序切换过程中的一个过渡阶段，假设 CPU 在主程序第 k 条指令中接收到中断请求信号 INT，且满足响应中断的条件，则在该指令周期的最后一个时钟周期 ET_i 中向请求源发出中断响应信号 INTA，形成微命令 1→IT，在周期切换时发出同步脉冲 CPIT。在执行完第 k 条指令后，CPU 立即转入中断周期 IT。

为了能切换到中断处理程序，在中断周期需要完成以下 4 项操作，如图 8-13 所示。

（1）关中断

为了保证本次中断响应过程不受干扰，在进入中断周期后，控制器首先关中断（0→I，即让"允许中断"触发器的状态为"0"），以保证在此过渡阶段暂不响应新的中断请求；然后修改堆栈指针 SP（SP–1→SP）并送到地址寄存器（MAR），为保存断点做准备。该操作在时钟周期 IT_0 完成。

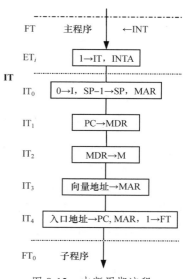

图 8-13　中断周期流程

（2）保存断点

程序计数器（PC）保存了现行程序的后继指令的地址，称为断点。为了在完成中断处理后能继续执行该程序，必须将断点压入堆栈进行保存（PC→MDR，MDR→M）。该操作在时钟周期 IT_1 和 IT_2 完成。

（3）传送向量地址

被批准的中断源接口通过总线向 CPU 的 MAR 送入向量地址（向量地址→MAR）。该操作在时钟周期 IT_3 完成。

（4）获取中断服务程序的入口地址并切换到该程序

根据向量地址访问中断向量表，从中读取中断服务程序的入口地址并送入 PC 和 MAR（入口地址→PC，MAR）。通过微命令操作 1→FT，使中断周期切换到取指令周期，以开始执行中断服务程序。该操作在时钟周期 IT_4 完成。

以上操作是在中断周期中直接通过 CPU 的硬件实现的，是 CPU 的固有操作功能，并不需要编制程序实现，因此称为中断隐指令操作。

4．中断处理过程

进入中断服务程序之后，CPU 通过执行程序，根据中断请求的需求进行相应的处理。显然，不同中断源的需求是不相同的。为了形成完整的中断处理过程概念，表 8-1 列出了 CPU 在响应中断后所执行的一系列共同操作，包括多重中断方式和单级中断方式。

表 8-1　中断处理过程

操作	多重中断方式	单级中断方式
中断隐指令	关中断； 保存断点及 PSW； 取中断服务程序入口地址及新的 PSW	关中断； 保存断点及 PSW； 取中断服务程序入口地址及新的 PSW
中断服务程序	保护现场； 送新屏蔽字； 开中断	保护现场
	服务处理（允许响应更高级别的请求）	服务处理
	关中断； 恢复现场及原屏蔽字； 开中断； 返回	恢复现场； 开中断； 返回

（1）保护现场

执行中断服务程序时，可能会使用某些寄存器，这将破坏其原先保存的内容。对此，在正式进行中断处理前，需要先将它们的内容压入堆栈保存。由于各中断服务程序使用的寄存器不相同，对现场的影响也各不相同，因此可安排在中断服务程序中进行现场保护，中断服务程序需要哪些寄存器，就保存哪些寄存器的原内容。例如，在低档微机中，为了简化硬件逻辑，在中断周期中只保存断点，现行程序的状态信息 PSW 就由中断服务程序负责保存。

在中断服务程序中进行现场保护，虽然可以根据需要有针对性地进行，但是其速度可能较慢。为了加速中断处理，有的计算机在指令系统中专门设置一种指令来成组地保存寄存器组的内容，甚至在中断周期中直接依靠硬件逻辑将程序状态信息连同断点全部入栈保存。

（2）多重中断嵌套

在编制中断服务程序时，可以使用多重中断嵌套。多重中断策略允许在服务处理过程中响应、处理优先级更高的中断请求，实现中断嵌套。

如图 8-14 所示，CPU 在执行一个中断服务程序的第 K 条指令时，接到中断请求 $IREQ_i$，其优先级高于当前正在处理的中断请求，则 CPU 在执行完成第 K 条指令后，转入中断周期，将断点$(K+1)$入栈保存，然后转入中断服务程序 i。在执行中断服务程序 i 的第 L 条指令时，又收到优先级更高的中断请求 $IREQ_j$，于是 CPU 再次暂停执行 i，将断点$(L+1)$入栈保存，然后转入中断服务程序 j，执行完 j 后，从栈中取出断点$(L+1)$，返回 i 并继续执行，执行完 i 后，从栈中取出断点$(K+1)$，返回原中断服务程序继续执行。这种方式称为多重中断。大多数计算机都允许多重中断嵌套，使相对紧迫的事件能及时得到处理。

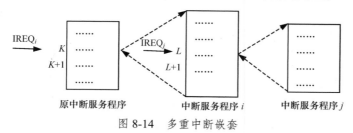

图 8-14　多重中断嵌套

为了允许多重中断，在编制中断服务程序时，需要采取如下处理步骤：

① 保护现场；

② 送新屏蔽字（用于屏蔽与本请求优先级相同以及优先级更低的其他请求）；

③ 开中断（以允许响应更高级别的请求）；

④ 服务处理（其算法视需求而定，在处理过程中，如果接到优先级更高的新请求，暂停处理，保存其断点，转去响应新的中断请求）；

⑤ 关中断（恢复现场时不允许被打扰，CPU 应处于关中断状态）；

⑥ 恢复现场及原屏蔽字；

⑦ 开中断（以保证在返回原程序后能够继续响应新的中断请求）；

⑧ 返回（无任何新中断请求时返回原程序继续执行）。

注意，对于多重中断嵌套来说，在编制中断服务程序时必须遵循一个原则，在响应过程、保护现场、恢复现场等过渡状态中，应当关中断，使当前程序不受打扰。

（3）单级中断

单级中断不允许 CPU 在执行一个中断服务程序的过程中被其他中断请求打断，而只能在中断服务程序执行结束并且返回原程序后，才能接收新的中断请求。

如果采用单级中断，则其中断服务程序的编制是非常简单的。在保护现场后即开始进行实质性的服务处理，直到处理完毕，临返回之前才开中断。

8.3.5　中断接口的组成

中断接口是支持程序中断方式的 I/O 接口，位于主机与外设之间。它的一端与系统总线相连接，另一端与外设连接。不同的主机、不同的设备、不同的设计目标，其接口逻辑可能不相同，这决定了实际应用的接口的多样化。

I/O 接口　第 8 章

1．中断接口的组成模型

图 8-15 展示了一个中断接口的组成模型。图 8-15 所示模型是一种抽象化的寄存器级接口框图，不代表实际的中断接口，但体现了中断接口的基本组成原理。虚线以上是一个设备的接口，虚线以下是各设备共用的公共接口逻辑部件。

（1）接口寄存器选择电路

一个采用中断方式的接口通常具有多个寄存器或寄存器部件（如输入通道、输出通道等），它们与系统总线相连接。因此，每个接口都需要一个选择电路，选择电路实际上是一个译码器，用于接收从系统总线送来的地址码，经译码后产生选择信号，用以选择本接口中的某个寄存器。接口寄存器选择电路的具体组成与 I/O 系统的编址方式有关。

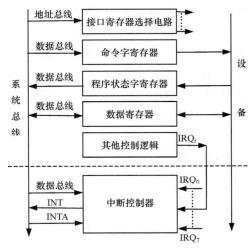

图 8-15　中断接口的组成模型

如果将接口的寄存器与主存储器统一编址，像访问主存一样访问接口中的寄存器，相应地为接口中的寄存器分配地址总线代码，那么寄存器选择电路对地址总线代码进行译码，形成选择信号，以选择某个寄存器。在这种统一编址中，CPU 可使用通用数据传送指令访问接口，实现 I/O 操作。根据地址码的范围，CPU 能自动区别所访问的是主存还是外围接口。这种统一编址方式通常用于单片机。

接口的寄存器与主存储器也可以分别单独编址。例如，在个人计算机中，用地址总线的低 8 位送出 I/O 接口地址（共 256 种代码组合），每个接口视其需要可占用一至数个端口地址。一个端口地址可直接定位到接口中的某个寄存器。接口中的寄存器选择电路根据 I/O 接口地址译码，产生选择信号。很显然，I/O 接口地址是专为访问外围接口设置的，它与访问主存的总线地址是不相同的。由于一个接口占用端口地址数可多可少，因此这种编址方式更为灵活、方便。在单独编址方式中，CPU 只能通过专门的 I/O 指令（IN 和 OUT 指令）访问外围接口。此时如果将端口地址与命令一道译码，可直接形成对特定接口寄存器的读/写命令，既是寄存器选择，又包含读/写控制。

（2）命令字寄存器

不同的设备所能进行的操作是不相同的，但对于通用计算机来说，其指令系统是通用的。因此，接口需要将通用指令转换成设备所需的特殊命令。

在接口中设置一个命令字寄存器，事先约定命令字代码中各位的含义。例如，约定命令字最低位 D_0 为启动位，$D_0=1$ 表示启动磁带机，$D_0=0$ 表示关闭磁带机；约定 D_1 为方向位，$D_1=1$ 为正转，$D_1=0$ 为反转；约定 $D_2 \sim D_4$ 为越过数据块数 n；等等。CPU 根据命令字寄存器所对应的接口地址，用输出指令从数据总线送出某个约定的控制命令字到接口的命令字寄存器，接口再将命令字代码转换为一组操作命令，送往设备。

（3）程序状态字寄存器

为了能够根据实际运行状态来动态调整外设的操作，在接口中需设置一个程序状态字寄存器，用于记录、反映设备与接口的运行状态。设备与接口的工作状态，可以采取抽象化的约定与表示，如前文提到过的忙（B）、完成（D）、请求（IRQ）等；也可采取具体的描述，如设备故障、校验出错、数据迟到一类的信息。

在设备与接口的工作过程中，将有关状态信息及时地送入程序状态字寄存器有多种方式，如采取 R、S 端置入方式，或采取由 D 端同步打入方式等。

（4）数据寄存器

I/O 子系统的基本任务是实现数据的传送，由外设经接口输入主机，或由主机经接口输出到外设。由于主机与外设的数据传送速度往往不匹配，通常主机的数据传送速度远远高于外设的数据传送速度，因此在接口中应设置数据寄存器，以达到数据缓冲、速度匹配的目的。如果该寄存器只担负输入缓冲，或只担负输出缓冲，则可采用单向连接；如果该寄存器既要负责输入缓冲又要负责输出缓冲，则应采取双向连接。

数据寄存器的容量称为缓冲深度。在实际应用中，可根据需要设置多个数据寄存器，甚至使用 SRAM 芯片构造数据寄存器。例如，现代微机的显卡、硬盘接口等就具有大容量的独立缓存。

（5）其他控制逻辑

为了按照中断方式实现 I/O 传送控制，以及针对设备特性的操作控制，接口中还需有相应的控制逻辑。当然，这些控制逻辑的具体组成，视不同接口的需要而定，没有固定的标准或规范。不过，通常包括以下内容。

① 中断请求信号 IREQ 的产生逻辑。

② 与主机之间的应答逻辑。

③ 控制时序。例如，在串行接口中需要有一套移位逻辑，实现串/并转换，相应地需要有自己的控制时序，包括振荡电路、分频电路等。

④ 面向设备的某些特殊逻辑。例如，对于机电性的设备需要有一套实现电机启动、停止、正转、反转、加速、减速等的逻辑，而对于磁盘之类的外存还需要有一套磁记录的编码与译码等逻辑。

⑤ 智能控制器。在功能要求比较复杂的接口中，经常使用通用的微处理器、单片机或专用微控制器等芯片，与半导体存储器构成可编程的控制器即智能控制器。这种接口因为可以编程处理更复杂的控制，通常称为智能控制器型接口。

（6）中断控制器

在采用中断控制器芯片（如 Intel 8259）的微机系统中，中断控制器的任务是汇集各接口的中断请求信号，经过集中屏蔽控制和优先排队，形成送往 CPU 的中断请求信号 INT，然后在接到 CPU 的批准信号 INTA 后，通过数据总线送出向量地址（或中断类型码）。中断控制器因为是所有中断接口的公用逻辑部件，通常被组装在主板上，因此在图 8-15 中将它画在虚线之下，以区别各设备接口的逻辑组成。

2．中断接口的工作过程

综合上面对中断接口的基本功能组成模型的介绍，如果以抽象化的方式进行描述，则一个采用中断控制器的中断系统的完整工作过程如下。

（1）初始化中断接口与中断控制器

CPU 通过调用程序或系统初始化程序，对中断接口进行初始化，包括设置工作方式、初始化状态字和屏蔽字、为各中断源分配中断类型码等。

（2）启动外设

通过专门的启动信号或命令字，使接口状态为 B=1（忙标志位）、D=0（完成标志位），并据此启动设备工作。

（3）设备提出中断请求

当外设准备好或完成一次操作后，使接口状态变成 B=0、D=1，并据此向中断控制器发出中断请求 $IREQ_i$。

（4）中断控制器提出中断请求

$IREQ_i$ 被送往中断控制器（如 Intel 8259A），经屏蔽控制和优先排队，向 CPU 发出公共请求 INT，形成中断类型码。

（5）CPU 响应

CPU 向中断控制器发回批准信号 INTA，并且通过数据总线从中断控制器取走对应的中断类型码。

（6）CPU 进入中断处理

CPU 首先在中断周期中执行中断隐指令操作，从而进入中断服务程序。当中断服务程序执行结束后，CPU 返回继续执行原程序。

与接口模型相比，实际应用时，接口可以存在以下两种变化。

（1）命令/状态字的变化

当所需的命令/状态信息不多时，有些接口将命令字寄存器和程序状态字寄存器合并为一个寄存器，称为命令/状态字寄存器。其中，有些位可由 CPU 编程设置，表示主机向设备与接口发出的控制命令，有些位用于记录设备与接口的运行状态。

有些接口甚至没有明显的命令/状态字，只有几个触发器。例如，在 DJS-130 机的基本中断接口中，只设置 4 个触发器来表示基本的命令/状态信息。它们分别是工作触发器 C_{GZ}（相当于忙触发器）、结束触发器 C_{JS}（相当于完成触发器）、中断请求触发器 C_{QZ}（即 IRQ）、屏蔽触发器 C_{PB}（即 IM）。当 CPU 发送清除命令时，清除信号使 $C_{GZ}=0$、$C_{JS}=0$；当 CPU 发送启动命令时，启动信号使 $C_{GZ}=1$、$C_{JS}=0$；当设备准备好或完成一次操作时，$C_{GZ}=0$、$C_{JS}=1$。根据 $C_{JS}=1$、$C_{PB}=0$ 的条件，使请求触发器 $C_{QZ}=1$，从而向 CPU 发出中断请求信号。当然，在 DJS-130 机的实际外设接口中，还可根据需要在基本接口基础之上增加一些逻辑电路。

（2）命令/状态字的具体化与扩展

许多接口是为连接外设而设计的，例如键盘接口、打印机接口、显示器接口以及磁盘接口等。这就需要针对设备的具体要求，将命令、状态字具体化。例如，磁带机发出的命令中，可能包含正转、反转、越过 n 个数据块、读、写等，可以根据信息数字化的思想，分别确定命令字和状态字的位数，以及每位代码的约定含义。当然，在设计接口时可参考一些典型系统的成熟接口技术。

8.3.6 中断控制器举例——Intel 8259

1. Intel 8259 的介绍

Intel 8259 芯片是微机广泛使用的中断控制器，它将中断请求信号的寄存、汇集、屏蔽、判优、编码等逻辑集成于一片芯片之中。它具有 4 种工作方式，包括全嵌套、循环优先级、特定屏蔽和程序查询，提供以下功能支持。

（1）1 片 8259 芯片可管理 8 级向量中断，能管理来自系统时钟、键盘控制器、串行接口、并行接口、软盘、鼠标以及 DMA 通道等的中断请求，把当前优先级最高的中断请求送到 CPU。

（2）当 CPU 响应中断时，为 CPU 提供中断类型码。

（3）8 个外部中断的优先级排列方式，可以通过对 8259 编程进行指定，也可以通过编程屏蔽某些中断请求，或者通过编程改变中断类型码。

（4）允许 9 片 8259 级联，构成 64 级中断系统。微机系统通常将两片 8259 芯片集成到芯片组中，提供 15 级向量中断管理功能。例如，在 Intel P4 微机中，Intel CH8 南桥芯片组就集成了两片 Intel 8259 芯片。

2．Intel 8259 的组成

Intel 8259 芯片的内部结构如图 8-16 所示，其主要由中断控制寄存器组（包括初始化命令寄存组以及操作命令寄存器组）共 10 个寄存器构成，每个寄存器为 8 位。

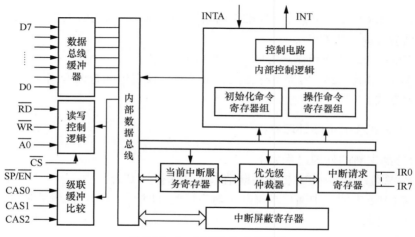

图 8-16　Intel 8259 的内部结构

（1）中断控制寄存器组

Intel 8259 的中断控制寄存器组主要由中断请求寄存器、当前中断服务寄存器，以及优先级仲裁器组成。

➢ 中断请求寄存器（IRR）：用来存放来自 IR7～IR0 输入线上的中断请求。当某输入线上有请求时，IRR 对应位置 1，该寄存器具有锁存功能。

➢ 当前中断服务寄存器（ISR）：用于存放正在被服务的所有中断级，包括尚未服务完而中途被别的中断请求打断了的中断级。

➢ 优先级仲裁器（PR）：当 IR7～IR0 输入线上有请求时，IRR 对应位置 1，同时，PR 将该中断的优先级与 ISR 中的优先级进行比较，若该中断的优先级高于 ISR 中的最高优先级，则 PR 就使 INT 信号变为高电平，把该中断送给 CPU，同时，使 ISR 相应位置 1。否则，PR 不为该中断提出申请。

（2）初始化命令寄存器组

Intel 8259 的初始化命令寄存器组主要由 ICW1、ICW2、ICW3、ICW4 这 4 个寄存器组

成，用来存放初始化命令字。初始化命令字一般在系统启动时由程序设置，一旦设定，一般在系统工作过程中就不再改变。

- ➢ ICW1：指定本片 8259 是否与其他 8259 级联，以及中断请求输入信号的形式（边沿触发/电平触发）。
- ➢ ICW2：指定中断类型码。
- ➢ ICW3：指定本片 8259 与其他 8259 的连接关系。
- ➢ ICW4：指定本片 8259 的中断结束方式、中断嵌套方式、与数据总线的连接方式（缓冲/非缓冲）。

（3）操作命令寄存器组

Intel 8259 的操作命令寄存器组主要由 OCW1、OCW2、OCW3 这 3 个寄存器组成，用于存放操作命令字。操作命令字由应用程序使用，以便对中断处理过程进行动态控制。在系统运行过程中，操作命令字可以被多次设置。

- ➢ OCW1：又称中断屏蔽寄存器（Interrupt Mask Register，IMR），当其某位置 1 时，对应的 IR 线上的请求被屏蔽。例如，若 OCW1 的 D3 位置 1，当 IR3 线上出现请求时，IRR 的 D3 位置 1，但 8259 不把 IR3 的请求提交 PR 裁决，从而使该请求没有机会被提交给 CPU。
- ➢ OCW2：指定优先级循环方式及中断结束方式。
- ➢ OCW3：指定 8259 内部寄存器的读出方式、设定中断查询方式、设定和撤销特殊屏蔽方式。

3．Intel 8259 的中断处理过程

8259 对外部中断的处理过程如下。

（1）中断源通过 IR7～IR0 提出中断请求，并保存到 IRR。

（2）若 OCW1 未使该中断请求屏蔽（对应位为 0 时不屏蔽），该请求被送入 PR 比较；否则不送入 PR 比较。

（3）PR 把新进入的请求与 ISR 中的正在被处理的中断进行比较。如果新进入的请求优先级较低，则 8259 不向 CPU 提出请求。如果新进入的请求优先级较高，则 8259 使 INT 引脚输出高电平，向 CPU 提出请求。

（4）如果 CPU 内部标志寄存器中的 IF（中断允许标志）为 0，CPU 不响应该请求。若 IF=1，CPU 在执行完当前指令后，从 CPU 的 INTA 引脚上向 8259 发出两个负脉冲。

（5）第一个 INTA 负脉冲到达 8259 时，8259 完成以下 3 项工作。

- ➢ 使 IRR 的锁存功能失效。这样一来，在 IR7～IR0 上的请求信号就不会被 8259 接收。直到第二个 INTA 负脉冲到达 8259 时，才又使 IRR 的锁存功能有效。
- ➢ 使 ISR 中的相应位置 1。
- ➢ 使 IRR 中的相应位清零。

（6）第二个 INTA 负脉冲到达 8259 时，8259 完成以下工作。

- ➢ 把中断类型码（ICW2 中的值）送到数据总线上，CPU 将其保存在"内部暂存器"中。
- ➢ 如果 ICW4 中设置了中断自动结束方式，则将 ISR 的相应位清零。

（7）CPU 把程序状态字 PSW 入栈、把 PSW 中的 IF 和 TF 清零、把 CS 和 IP 入栈，以保存断点。

（8）根据内部暂存器的值，获得中断向量表中的位置，从中断向量表内取出一字，送 CS。

（9）从中断向量表内取出一字，送 IP。

（10）CPU 转入中断处理程序执行。在中断处理程序中，IF=0，CPU 不会响应新的 8259 的请求。同时，TF=0，不允许单步执行中断处理程序。但在中断处理程序中，可以使用 STI 指令（开中断，使 IF=1），使 CPU 允许响应新的 8259 的请求，这样一来，如果 8259 有优先级更高的请求，该中断处理程序将被中断，实现中断嵌套。

（11）中断处理程序的最后一条指令为 IRET（中断返回）。该指令从堆栈中取出第（7）步保存的 IP、CS、PSW，CPU 接着执行被中断的程序。

注意： 以上各操作步骤由硬件自动完成。

8.3.7　中断接口举例——Intel 8255 和 Intel 8250

1．Intel 8255

Intel 8255 是一个 8 位的并行 I/O 接口芯片，广泛应用于微机系统中，其内部结构如图 8-17 所示。

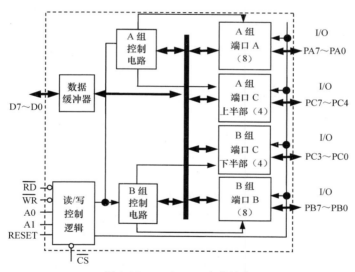

图 8-17　Intel 8255 内部结构

（1）3 个端口部件

Intel 8255 芯片共有 24 个可编程设置的 I/O 接口，用于传送外设的输入/输出数据或控制信息。8255 的 I/O 接口可划分为 3 组，分别为 A 口、B 口和 C 口，也可以划分为两组，分别为 A 组（包括 A 口及 C 口的高 4 位）和 B 组（包括 B 口及 C 口的低 4 位）。A 组提供 3 种操作模式，包括基本 I/O、闪控式 I/O 和双向 I/O，B 组只能设置为基本 I/O 或闪控式 I/O 两种模式。

（2）A、B 组控制电路

A 或 B 组控制电路是根据 CPU 的命令字控制 8255 工作方式的电路。A 组控制电路控制 A 口及 C 口的高 4 位，B 组控制电路控制 B 口及 C 口的低 4 位。

（3）数据缓冲器

数据缓冲器一侧与数据总线连接，另一侧与8255内总线连接，用于传送数据或控制信息。

（4）读/写控制逻辑

读/写控制逻辑用来接收CPU送来的读/写命令和选口地址，用于控制对8255的读/写。

（5）数据总线

D0～D7为数据总线（8条），用于传送CPU和8255之间的数据、命令字和状态字。

（6）其他控制线和寻址线

RESET：复位信号，输入高电平有效。一般和单片机的复位端相连，复位后，8255所有内部寄存器清零，所有口都为输入方式。

$\overline{WR}$和$\overline{RD}$：读/写信号线，输入低电平有效。当为0时，所选的8255处于读状态，8255送出信息到CPU。当为1时，所选的8255处于写状态，CPU向8255发送信息。

$\overline{CS}$：片选线，输入低电平有效。

A0、A1：地址输入线。当为0，芯片被选中时，A0和A1的4种组合（00、01、10、11）分别用于选择A口、B口、C口和控制寄存器。

I/O接口线（24条）：PA0～PA7、PB0～PB7、PC0～PC7，共24条双向I/O总线，分别与A口、B口、C口相对应，用于8255和外设之间传送数据。

2．Intel 8250

Intel 8250是40引脚双列直插式接口芯片，采用单一的+5V电源供电，是一种可编程的串行接口芯片，广泛应用于早期的微机系统中。该芯片的内部结构如图8-18所示，由数据总线缓冲器、选择和控制逻辑、数据发送或接收相关寄存器、调制解调相关控制部件、中断相关控制部件、波特率发生器等功能部件组成。

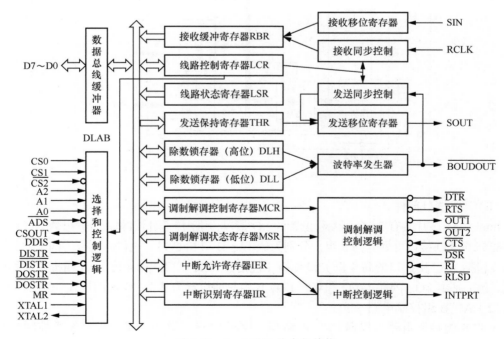

图 8-18　Intel 8250 的内部结构

（1）数据总线缓冲器

数据总线缓冲器是 8250 与 CPU 之间的数据通路，来自 CPU 的各种控制命令和待发送的数据通过它到达 8250 内部寄存器，同时 8250 内部的状态信号、接收的数据信息也通过它送至系统总线和 CPU。

（2）选择和控制逻辑

接收来自 CPU 的选择和控制信号与端口选择信号，用于控制 8250 内部寄存器的读/写操作。

（3）数据发送器

数据发送器由发送保持寄存器、发送移位寄存器和发送控制电路构成。当 CPU 发送数据时，首先检查数据发送寄存器是否为空，若为空，则先将发送的数据并行输出到发送保持寄存器中，然后在发送时钟信号的控制下，送入发送移位寄存器，由发送移位寄存器将并行数据转换为串行数据输出。在输出过程中，由发送控制电路依据初始化编程时约定的数据格式，自动插入起始位、奇偶校验位和停止位，装配成一帧完整的串行数据。

（4）数据接收器

数据接收器由接收移位寄存器、接收缓冲寄存器和接收控制电路组成。接收串行输入数据时，在接收时钟信号的控制下，首先搜寻起始位（低电平），一旦在传输线上检测到第一个低电平信号，就确认是一帧信息的开始，然后将引脚 SIN 输入的数据逐位送入接收移位寄存器，当接收到停止位后，将接收移位寄存器中的数据送入接收缓冲寄存器，供 CPU 读取。

接收时钟通常为波特率的 16 倍，即 1 个数据位宽时间内将会出现 16 个接收时钟周期，其目的是排除线路上的瞬时干扰，保证在检测起始位和接收数据位的中间位置采样数据。8250 在每个时钟周期的上升沿对数据线进行采样，若检测到引脚 SIN 的电平由 "1" 变为 "0"，并在其后的第 8 个时钟周期再采样到 "0"，则确认这是起始位，随后以 16 倍的时钟周期（即以位宽时间为间隔）采样并接收各数据位，直到停止位。

（5）波特率发生器

8250 的数据传输率由其内部的波特率发生器控制。波特率发生器是一个由软件控制的分频器，其输入频率为芯片的基准时钟，输出的信号为发送时钟，除数锁存器的值是基准时钟与发送时钟的分频系数，并要求输出的频率为 16 倍的波特率，即发送时钟 = 波特率×16 = 基准时钟/分频系数。

在基准时钟确定之后，可以通过改变除数锁存器的值来选择所需要的波特率。

（6）调制解调相关控制部件

调制解调相关控制部件由调制解调控制寄存器、调制解调状态寄存器和调制解调控制逻辑组成。在串行通信中，当通信双方距离较远时，为增强系统的抗干扰能力，防止传输数据发生畸变，通信双方需要使用调制解调器。发送方将数字信号经 8250 送至调制解调器进行调制，转换为模拟信号，送到通信线上进行传输；接收方调制解调器对接收到的模拟信号进行解调，将其转换为数字信号，经 8250 送至 CPU 处理。

（7）中断相关控制部件

中断相关控制部件由中断允许寄存器、中断识别寄存器和中断控制逻辑组成，可以处理 4 级中断，即接收数据出错中断、接收缓冲器 "满" 中断、发送寄存器 "空" 中断和调制解调器输入状态改变中断。

由于 Intel 8250 是速度较低的串口芯片，其改进版 8250A 的最大通信速率为 56kbit/s，因此后来的 32 位微机通常采用速率更高的 Intel 16650 系列芯片，Intel 16650 系列芯片的最大通信速率可达 256kbit/s，具有 16 个字节的 FIFO 发送和接收数据缓冲器，可以连续发送或接收 16 个字节的数据。

8.4 I/O 接口与 DMA 方式

虽然中断方式能实时处理外设的随机中断请求，使主机对外设的控制和管理更加灵活，但是由于其本质是程序切换，需要花费额外的时间，因此其数据传送效率仍然不高，特别是传送大批量的数据时。对此，可使用直接存储器访问（DMA）方式来提升大批量的数据传送效率。本节将着重从 CPU 和接口信息传送的角度深入探讨 DMA 方式的组成及工作机制。

8.4.1　DMA 方式的概念

1．DMA 方式的定义

DMA 方式是直接依靠硬件在主存与 I/O 设备之间传送数据的一种工作方式，在数据传送期间不需要 CPU 执行程序进行干预。

在 DMA 方式中，主存与 I/O 设备之间有直接的数据传送通路，不必经过 CPU，数据就可以从输入设备直接传送给主存，同样也可以从主存直接传送给输出设备，因此称为直接存储器访问。

在 DMA 方式中，数据的直传是直接由硬件控制实现的，其中最关键的硬件就是 DMA 控制器。CPU 在响应 DMA 请求后，暂停使用系统总线和访问主存操作，由 DMA 控制器掌握总线控制权，并在 DMA 周期发出命令，实现主存与 I/O 设备之间的 DMA 传送。可见，DMA 的数据直传并不依赖程序指令来实现。

2．DMA 方式的特点

与直接程序传送方式相比，DMA 方式可以响应随机请求。当传送数据的条件具备时，接口提出 DMA 请求，获得批准后，占用系统总线，进行数据传送操作。在 DMA 传送期间，I/O 操作是在 DMA 控制器直接控制下进行的，CPU 不必等待查询，可以继续执行原来的程序指令而不受影响。

与中断方式相比，DMA 方式仅需占用系统总线。在 DMA 传送期间，一方面，不需要 CPU 干预和控制，CPU 仅仅暂停执行程序，不需要切换程序，不存在保存断点、恢复现场等问题。另一方面，只要 CPU 不访问主存、不使用系统总线，它可以在 DMA 周期继续工作（例如，继续执行指令栈中其余未执行的指令），这样 CPU 的运算处理就可以和 I/O 传送并行进行，从而提高了 CPU 的利用率。

3．DMA 方式的应用

DMA 方式通常应用于高速 I/O 设备与主存之间的批量数据传送。高速 I/O 设备包括磁盘、光盘、磁带等外存储器，以及其他带局部存储器的外设、通信设备等。

对于磁盘来说，其读/写操作是以数据块为单位进行的，一旦找到数据块起始位置，就将连续地读/写。找到数据块起始位置是随机的，相应地，其接口何时具备数据传送条件也是随机的。由于磁盘读/写速度较快，在连续读/写过程中不允许 CPU 花费过多的时间，因此，从磁盘中读出数据或向磁盘中写入数据时，可采用 DMA 方式传送，即数据直接由主存经数据总线输出到磁盘接口，然后写入磁盘；或者由磁盘读出到磁盘接口，然后经数据总线写入主存。

对于 DRAM 来说，如果 DRAM 采用异步刷新方式，那么必须先提出刷新请求，待 CPU 交出总线控制权后再安排刷新周期。而何时请求刷新，是随机的。因为 DRAM 刷新操作是按行刷新存储内容的，可视为存储器内部的数据批量传送，因此可以采用 DMA 方式。将每次刷新请求当成 DMA 请求，CPU 在刷新周期中让出系统总线，按行地址（即刷新地址）访问主存，实现一行存储单元的刷新。采用 DMA 机制实现动态刷新，简化了专门的动态刷新逻辑，提高了主存的利用率。

当计算机通过通信设备与外部通信时，通常以数据帧为单位进行批量传送。什么时候需要进行一次通信，是随机的。但一旦开始通信，往往以较快的数据传输率连续传送，因此也可采用 DMA 方式。在不通信时 CPU 照常执行程序，在传送过程中通信设备仅需要占用系统总线，系统开销很小。

DMA 方式直接依靠硬件实现数据直传，虽然其数据传送速度高，但 DMA 本身不能处理复杂事件。因此，还可以将 DMA 方式与中断方式结合，互为补充。例如，在磁盘调用中，磁盘读/写采用 DMA 方式，而对诸如寻道是否正确的判定处理以及批量传送结束后的善后处理，则采用中断方式。

8.4.2　DMA 传送方式与过程

DMA 能够完成批量数据传送（例如从磁盘中读取一个文件），但是实现时往往需要分批次进行。在每一批次传送中，如何合理地安排 CPU 访存与 DMA 传送中的访存？需要占用多少个总线周期？是采用单字传送方式还是采用成组连续传送方式？这些都是不得不考虑的问题。

1．单字传送方式

单字传送方式，又称周期挪用或周期窃取，每次 DMA 请求从 CPU 控制中挪用一个总线周期（也称 DMA 周期），用于 DMA 传送。其传送过程如下。

一次 DMA 请求获得批准后，CPU 让出一个总线周期的总线控制权，由 DMA 控制器控制系统总线，以 DMA 方式传送一个字节或一个字，然后 DMA 控制器将系统总线控制权交回 CPU，重新判断下一个总线周期的总线控制权归属，是 CPU 掌控，还是响应新的一次 DMA 请求。

单字传送方式通常应用于高速主机系统。这是因为在 DMA 传送数据尚未准备好（例如尚未从磁盘中读到新的数据）时，CPU 可以使用系统总线访问主存。根据主存读/写周期与磁盘的数据传输率，可以算出主存操作时间的分配情况，有多少时间需用于 DMA 传送（被挪用），有多少时间可用于 CPU 访存，这在一定程度上反映了系统的处理效率。由于访存冲突，同时 DMA 传送的每次申请、判别、响应、恢复等操作毕竟要花费一些时间，因此会对 CPU 正常执行程序带来一定的影响，不过影响不严重（因为主存速度较快）。

2．成组连续传送方式

成组连续传送方式是一种通过多个总线周期，一次性地进行批量数据传送的 DMA 方式。其传送过程如下。

在 DMA 请求获得批准后，DMA 控制器掌握总线控制权，连续占用若干个总线周期，进行成组连续的批量传送，直到批量传送结束才将总线控制权交还给 CPU。在传送期间，CPU 处于保持状态，停止访问主存，因此无法执行程序。

成组连续传送方式非常适合 I/O 设备的数据传输率接近于主存工作速率的场合。这种方式可以减少系统总线控制权的交换次数，有利于提高 I/O 速度。由于系统必须优先满足 DMA 高速传送，如果 DMA 传送的速度接近主存速度，则在每个总线周期结束时将总线控制权交还给 CPU 就没有多大意义。

在 CPU 除了等待 DMA 传送结束并无其他任务需要处理时，也可以采用成组连续传送方式。例如，对于单用户个人计算机系统来说，一旦启动调用磁盘，CPU 就只有等待这次调用结束才能恢复执行程序，因此可以等到批量传送结束才收回总线控制权。当然，对于多用户的批处理系统来说，主存速度可能超出 I/O 速度很多，如果采用成组连续传送方式，反而会影响主机的利用率。

3．DMA 的传送流程

一次 DMA 传送通常安排在 DMA 周期（DMAT）完成。当 CPU 接收到 DMA 请求时，DMA 周期必须在一个指令执行周期（ET）结束时或一个总线周期结束时插入。

假设 DMA 周期安排在指令执行周期之后，当 CPU 在执行当前程序的第 k 条指令时接收到 DMA 请求，则在指令执行周期最后一个节拍 ET_i 向外发出批准信号 DACK，建立 1→DMAT，由微命令 CPDMAT 使 DMAT 触发器为 "1"，进入 DMA 周期，进行 DMA 传送。DMA 周期传送流程如图 8-19 所示。

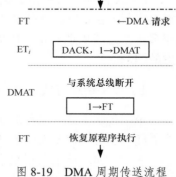

图 8-19　DMA 周期传送流程

在 DMA 周期中，CPU 放弃对总线的控制权，即有关输出端呈高阻态，与系统总线断开，同时 DMA 控制器接管系统总线，向总线发出有关地址码与控制信息，实现 DMA 传送。在 DMA 周期中，CPU 不做实质性的操作，只是空出一个系统总线周期，让主存与外设之间进行数据传送。在 DMA 周期结束时，建立 1→FT，以便能转入取指周期（FT），恢复原程序的执行。注意只要由 DMA 周期转入取指周期，程序就能恢复执行，因为 DMA 周期只是暂停执行程序，并不影响程序计数器的内容以及有关现场信息。

8.4.3　DMA 的硬件组织

在现在的计算机系统中，通过设置专门的控制器，即 DMA 控制器，来控制 DMA 传送，而且在具体实现时较多地采取 DMA 控制器与 DMA 接口相分离的方式。因此，一个完整的 DMA 硬件组织包括 3 个方面：CPU、DMA 控制器和 DMA 接口。

1. CPU

为了实现 DMA 传送，首先 CPU 需要在其时序系统中设置专门的 DMA 周期。在该周期中，CPU 放弃对系统总线的控制权，与系统总线断开，其 MAR 不向地址总线发送地址码，其 MDR 与数据总线分离，控制器的微命令发生器也不向控制总线发出传送控制命令。

除此之外，CPU 还必须设置 DMA 请求的响应逻辑。每当系统总线周期结束（完成一次总线传送）时，CPU 对总线控制权转移做出判断。若能响应 DMA 请求，则输出响应批准信号，然后进入 DMA 周期，交出总线控制权。在 DMA 周期结束（完成一次 DMA 传送）时，CPU 再次对总线控制权转移做出判断。如果还有 DMA 请求存在，可由 DMA 控制器继续掌管系统总线，否则 CPU 收回总线控制权，恢复正常程序执行。

2. DMA 控制器

DMA 控制器的功能是接收 DMA 请求、向 CPU 申请掌管总线的控制权，然后向总线发出传送命令与总线地址，控制 DMA 传送过程的起始与终止。因此，DMA 控制器可以独立于具体的 I/O 设备，作为公共的控制部件，控制多种 DMA 传送。例如，Intel 8237 就是一种在微机系统中广泛使用的四通道 DMA 控制器，可以控制硬盘、软盘、DRAM 刷新、同步通信中的 DMA 传送。DMA 控制器通常包含控制字寄存器、程序状态字寄存器、地址寄存器/计数器、交换字数计数器等一系列控制逻辑部件，在具体组装上以集成芯片的形式装配在主板上。

3. DMA 接口

DMA 接口实现某个具体外设（如磁盘）与系统总线间的连接，一般包含数据寄存器、I/O 设备寻址信息、DMA 请求逻辑。它可以根据寻址信息访问 I/O 设备，将数据读入数据寄存器，或由数据寄存器写入设备。在需要进行 DMA 传送时，DMA 接口向 DMA 控制器提出请求，在获得 CPU 批准后，DMA 接口将数据寄存器内容经数据总线写入主存缓冲区，或将主存内容写入 DMA 接口，而 CPU 就不再负责 DMA 传送的控制。

8.4.4　DMA 控制器的设计模式

DMA 控制器是 DMA 传送的控制中心，是实现 DMA 方式的关键。DMA 控制器的具体组成，取决于以下几个方面。

➢ DMA 控制器与 DMA 接口是否分离，分别单独设计？
➢ 数据总线是连接到 DMA 控制器上还是连接到接口上？
➢ 当一个 DMA 控制器需要连接多台设备时，是采取选择型还是多路型工作方式？
➢ 当采用多个 DMA 控制器时，是以公共还是以独立 DMA 请求方式连接系统？
因此，DMA 控制器具有多种设计模式，下面介绍常见的几种。

1. 单通道 DMA 控制器

一个单通道的 DMA 控制器只连接一台 I/O 设备（即只有一个通道），其内部组成、与系统及设备的连接模式如图 8-20 所示。

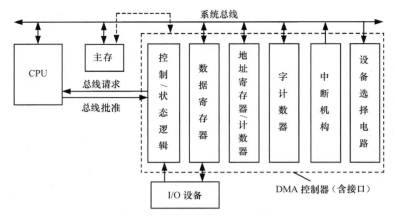

图 8-20　单通道 DMA 控制器

（1）设备选择电路——用于接收主机在 DMA 初始化阶段送来的端口地址，译码产生选择信号，选择 DMA 控制器内的有关寄存器。

（2）数据寄存器——一侧与数据总线相连，另一侧与 I/O 设备相连。

（3）地址寄存器/计数器——在 DMA 初始化时，用于保存经数据总线送来的主存缓冲区首地址；每传送一次，计数器内容加 1，以指向下一次传送单元，同时经地址总线送出主存缓冲区地址。

（4）字计数器——在 DMA 初始化时，CPU 经数据总线送入本次调用的传送量，以补码表示；每传送一次，计数器内容加 1。当计数器溢出时，结束批量传送。

（5）控制/状态逻辑——在 DMA 初始化时，CPU 经数据总线送入控制字，内含传送方向信息。当具备一次 DMA 传送条件时，DMA 请求触发器为 1，控制/状态逻辑经系统总线向 CPU 提出总线请求。如果 CPU 响应，发回批准信号，DMA 控制器接管总线控制权，向系统总线送出传送命令与总线地址码。

（6）中断机构——正如前文所述，DMA 方式常常与程序中断方式配合使用，因此在 DMA 接口中往往包含中断机构。例如，当计数器溢出时，便提出中断请求，CPU 通过中断服务程序进行结束处理。

可见，当 I/O 设备输入数据时，经 DMA 控制器、数据总线，可直接输入主存缓冲区，而不经过 CPU；当主机输出数据时，由主存缓冲区经数据总线、DMA 控制器输出到设备，也不经过 CPU。

2. 选择型 DMA 控制器

一个选择型的 DMA 控制器，在物理上可以连接多台设备，或者说多台 I/O 设备可通过连接到一个共用的 DMA 控制器来进行 DMA 传送。在实际工作时，DMA 控制器只能从多台 I/O 设备中选择一台，让它完成 DMA 传送，如图 8-21 所示。

选择型的 DMA 控制器同样可以与 DMA 接口合二为一，各 I/O 设备经过局部 I/O 总线与之连接，在特定时刻，只有被选中的那台设备才能使用局部 I/O 总线。因此，在 I/O 设备一侧只需要简单地发送/接收控制逻辑，接口逻辑中的大部分（包括数据寄存器、设备号寄存器、时序电路等）都在 DMA 控制器中。除此之外，选择型的 DMA 控制器还包括为申请、控制系统总线所需的功能逻辑，如 DMA 请求逻辑、控制/状态逻辑、地址寄存器/

计数器、字计数器等。

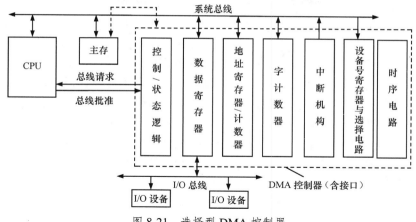

图 8-21 选择型 DMA 控制器

在 DMA 初始化时，CPU 将所选的设备号送入 DMA 控制器中的设备号寄存器，以选择某台 I/O 设备。每次 DMA 传送，以数据块为单位进行。当一个数据块传送完后，CPU 可以重新选择另一台 I/O 设备。

因此，选择型的 DMA 控制器适用于数据传输率很高，以至接近于主存速度的设备，其功能相当于一个数据传送的切换开关，以数据块为单位进行选择与切换，在批量传送时不允许切换设备。

3．多路型 DMA 控制器

一个多路型的 DMA 控制器，在物理上同样可以连接多台 I/O 设备。与选择型的 DMA 控制器所不同的是，多路型 DMA 控制器通常用于连接速度较慢的 I/O 设备，并且允许这些设备同时工作，以字节或字为单位，交叉地轮流使用系统总线进行 DMA 传送。

多路型的 DMA 控制器通常采用分离设计模式，将 DMA 控制器与接口分别进行设计，其连接模式如图 8-22 所示。每台 I/O 设备有自己独立的接口（例如，微机中的硬盘适配器、软盘适配器、网卡适配器等）。这些接口中含有数据寄存器或者小容量缓冲存储器，数据经接口与数据总线直接传送，不经过 DMA 控制器，DMA 控制器只负责申请并且接管总线。这样，DMA 控制器可以通用且便于集成化，不受具体设备特性的约束。

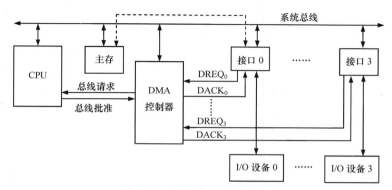

图 8-22 多路型 DMA 控制器

在多路型的 DMA 控制器中，存在着两级 DMA 请求逻辑，一级位于接口之中，另一级位于 DMA 控制器之中。前者与设备特性有关，当 I/O 设备需要进行 DMA 传送时，它向 DMA 控制器提出 DMA 请求 $DREQ_i$；后者用来向 CPU 申请占用系统总线，在接收到 CPU 的批准信号之后，DMA 控制器接管系统总线，同时向接口发出响应信号 $DACK_i$。

多路型的 DMA 控制器可以使用单字传送或者成组连续传送方式。如果采取单字传送方式，各设备以字节或字为传送单位，交叉地分时占用系统总线，进行 DMA 传送。由于各设备速度不同,使得它们对系统总线的占有率也就不同，即速度慢的设备,准备一次 DMA 传送数据所需的时间长些，占用系统总线的间隔也长些，而速度快的设备，准备一次 DMA 传送数据所需的时间短些，占用系统总线的间隔也就短些，因此 DMA 控制器将根据各请求的优先顺序及提出的时间，来随机地响应和分配总线周期。

如果采用成组连续传送方式，各设备以数据块为单位进行 DMA 传送。I/O 设备一旦开始传送一个数据块，就需要连续占用系统总线，且中间不能被打断，只有在完成一个数据块的传送后才能切换,并选择另一台设备。可见,多路型 DMA 控制器可以兼有选择型 DMA 控制器的功能。由于在一个数据块的传送过程中不允许被打断，因此在系统设计时需要妥善安排优先顺序、数据块大小及接口的缓冲寄存器的容量。例如，假设在设备 1 传送过程中，设备 2 提出 DMA 传送请求，且要求不能耽误太久，那么就可以把设备 1 的数据块长度安排得小些，把设备 2 接口的数据寄存器容量安排得大些。

4．多个 DMA 控制器的连接

采用选择型或多路型 DMA 控制器，虽然一个系统可以连接多台 I/O 设备，但是事实上，一个 DMA 控制器集成芯片的通路数往往是有限的。如果系统规模较大，连接的设备数量较多，则通常需要采用几块 DMA 控制器芯片。

当采用多个 DMA 控制器时，可使用级联方式、公共请求方式或者独立请求方式，将它们与系统连接起来，如图 8-23 所示。

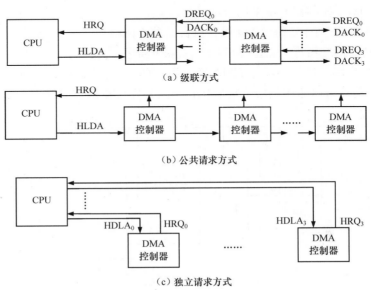

（a）级联方式

（b）公共请求方式

（c）独立请求方式

图 8-23　多个 DMA 控制器与系统的连接

（1）级联方式——将 DMA 控制器分级相连，从第 2 级 DMA 控制器开始，每一级 DMA 控制器都把它收到的 DMA 请求送往它的前一级 DMA 控制器；第 1 级 DMA 控制器最后输出 HRQ，送往 CPU 作为总线请求。

（2）公共请求方式——各 DMA 控制器的传送请求 HRQ，都通过一条公用的 DMA 请求线送往 CPU，而 CPU 的批准信号 HLDA 则采用链式传递方式送往各 DMA 控制器。在提出请求的 DMA 控制器中，优先级高的先获得批准信号，将该信号暂时截留，待它完成 DMA 传送后，再往下传送批准信号，允许下一台设备占用总线，进行 DMA 传送。

（3）独立请求方式——每个 DMA 控制器与 CPU 之间都有一对独立的请求线和批准线。是否采用这种方式，取决于 CPU 是否有多对 DMA 请求输入端与批准信号输出端，且有一个优先权判别电路（或总线仲裁逻辑），以确定响应当前优先级最高的 DMA 请求。

8.4.5 DMA 控制器举例——Intel 8237

Intel 8237 芯片是一种四通道的多路型 DMA 控制器。早期的微机主板只使用一片 Intel 8237 芯片，4 个通道按优先顺序分配给 DRAM 刷新、软盘、硬盘、同步通信（该通道可供扩展）。目前，微机通常将两片 Intel 8237 以级联方式集成到芯片组中，将通道数扩展到 7 个。例如，Intel P4 的主板上的 Intel CH8 南桥芯片组就集成了两片增强型的 Intel 8237 芯片。

Intel 8237 芯片提供 3 种基本传送方式：单字节传送、数据块连续传送、数据块间断传送，并允许编程选择。它不仅支持 I/O 设备与主存之间的 DMA 传送，还支持存储器与存储器之间的 DMA 传送。

Intel 8237 芯片工作在 5MHz 的时钟频率下，数据传输率可达 1.6MB/s。每个通道允许访存空间为 64KB，允许批量传送的数据量为 64KB。

Intel 8237 芯片的内部结构如图 8-24 所示。

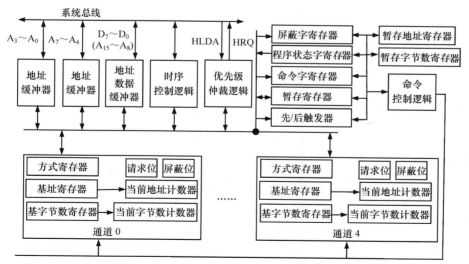

图 8-24 Intel 8237 的内部结构

1．内部寄存器组

在 Intel 8237 芯片内共有 9 种寄存器和 3 种标志触发器，用来存放 DMA 初始化时送入的预置信息，以及在 DMA 传送过程中产生的相关信息，作为控制总线进行控制的依据。有些寄存器是 4 个通道共用的，有些则是每个通道单独设置的。

各通道共用的寄存器有：暂存地址寄存器（16 位）、暂存字节数寄存器（16 位）、命令字寄存器（8 位）、屏蔽字寄存器（4 位）、程序状态字寄存器（8 位）、暂存寄存器（8 位）等。

每个通道各设一组寄存器，包含：基址寄存器（16 位）、基字节数寄存器（16 位）、方式寄存器（8 位）等。

上述各寄存器的功能说明如下。

（1）基址寄存器：在初始化时由 CPU 写入主存缓冲区首地址，并作为副本保存，可在自动预置期间重新预置当前地址计数器，只是这种预置不需要 CPU 干预。

（2）基字节数寄存器：在初始化时由 CPU 写入需要传送的数据块字节数，并作为副本保存；每当一次数据块传送结束时，结束信号将副本保存的初值自动重新预置给当前字节数计数器。

（3）方式寄存器：在初始化时由 CPU 写入，以确定该通道的操作方式，其 D_1D_0 位表示通道选择，D_3D_2 位定义 DMA 传送方向，D_4 为自动预置方式选择位，D_5 为地址自动增/减选择位，D_7D_6 位定义工作方式选择（包括数据块请求方式、单字节方式、数据块连续传送方式、8237 芯片级联方式）。

（4）暂存地址寄存器：用于暂存当前地址寄存器的内容。

（5）暂存字节数寄存器：用于暂存当前字节数计数器的内容。

（6）命令字寄存器：在初始化时由 CPU 写入操作命令字，指定 8237 的操作方式。

（7）屏蔽字寄存器：由 CPU 送入屏蔽字，使某个通道的屏蔽标志触发器置位或复位，以确定该通道的 DMA 请求被禁止或允许。

（8）程序状态字寄存器：用于保存状态字，供 CPU 了解各通道的工作状态。

（9）暂存寄存器：在存储器—存储器传送时，用于暂存从源地址读出的数据，以便写入目的地址。

2．数据、地址缓冲器

数据、地址缓冲器实现数据与地址的输入/输出。由于芯片引脚数有限，因此采用复用技术。

当 8237 尚未申请与接管系统总线控制权时，8237 处于空闲期，CPU 可访问 8237，进行 DMA 初始化，也可读出芯片内部寄存器内容，以供判别。为此，CPU 向 8237 送出端口地址信息与读/写命令，同时发送或接收数据。地址输入 $A_3 \sim A_0$，配合读/写命令 IOR 或 IOW，选择 8237 某个内部寄存器。数据输入/输出 $D_7 \sim D_0$ 经另一缓冲器实现，此时 $A_7 \sim A_4$ 未用。

当 8237 提出总线申请、接管系统总线，直到 DMA 传送结束，8237 处于服务期。在此期间，由 8237 送出总线地址，以控制 DMA 传送。此时，3 个缓冲器全部输出，$D_7 \sim D_0$、$A_7 \sim A_4$、$A_3 \sim A_0$，一共输出 16 位总线地址。其中 $D_7 \sim D_0$ 被送到芯片外的一个地址锁存器。

如果是存储器—I/O 设备间的 DMA 传送，则送出的总线地址为主存缓冲区首地址。传送的另一方是设备接口中的数据缓冲器，数据直接由数据总线送出，不经过 8237。

如果是存储器—存储器间的 DMA 传送，则分两个总线周期进行，在第一个总线周期，8237 给出源地址，将数据读出并且送入暂存寄存器；在第二个总线周期，8237 给出目的地址，将数据从暂存寄存器写入目的存储单元。$D_7 \sim D_0$ 在送出总线地址高 8 位之后，提供数据的输入/输出缓冲。

3．时序控制逻辑

时序控制逻辑一方面接收外部输入的时钟、片选及控制信号，另一方面产生内部的时序控制及对外的控制信号输出。

其中，只表示输入的信号包括如下几个。

（1）CLK：用于时钟输入（5MHz）。

（2）$\overline{\text{CS}}$：用于片选，低电平有效。

（3）RESET：用于复位，高电平有效，使芯片进入空闲期，除屏蔽寄存器被置位之外，其余寄存器均被清零。

（4）READY：用于判断是否就绪，高电平有效。当选用低速 I/O 设备时，需要延长总线周期，可使 READY 处于低电平，表示传送尚未完成。当传送完成后，设置 READY 为高电平，通知 8237。

只表示输出的信号包括如下几个。

（1）ADSTB：用于地址选通，高电平有效，指示地址数据缓冲器用作地址缓冲器。即当 ADSTB 为高电平时，地址数据缓冲器的高 8 位地址将送入外部的地址锁存器，之后，该数据缓冲器可以用作数据的输入/输出缓冲。

（2）AEN：允许地址输出，高电平有效，表示将地址送入地址总线，其中高 8 位来自芯片外的地址锁存器，低 8 位直接来自芯片内的地址缓冲 $A_7 \sim A_0$，共 16 位。

（3）$\overline{\text{MEMR}}$ 和 $\overline{\text{MEMW}}$：8237 发出的存储器读和写命令，低电平有效。

既表示输入也表示输出的信号，包括如下几个。

（1）$\overline{\text{IOR}}$ 和 $\overline{\text{IOW}}$：表示 I/O 读或写，低电平有效。在 8237 处于空闲期，CPU 可向它发出 I/O 读或写命令，对 8237 内部寄存器进行读或写。在 DMA 服务期，由 8237 向总线发出 I/O 读或写命令，控制对 I/O 设备（接口）的读/写。

（2）$\overline{\text{EOP}}$：传送过程结束信号，低电平有效。两种情况下，会终止 DMA 传送：一种是 CPU 向 8237 送入过程结束信号；另一种是在字节数计数器满时，8237 向外发出过程结束信号。

4．优先级仲裁逻辑

当同时有多个设备提出请求时，优先级仲裁逻辑将进行排队判优，以实现 I/O 设备（接口）与 8237 之间的请求与响应。Intel 8237 具有固定优先级、循环优先级两种优先级排队方式，可供编程选择。

如果在 DMA 初始化时选择固定优先级排队方式，则 Intel 8237 芯片各通道的优先级顺序固定，从高到低依次为通道 0 ~ 通道 3。如果选择循环优先级方式，则在一个通道的 DMA 传送结束时，其优先级将降为最低，而其他通道则依次升高。

优先级仲裁逻辑的输入/输出信号包括如下。

（1）$DREQ_0 ~ DREQ_3$：表示 DMA 请求，由设备（接口）输入，共 4 根请求线。

（2）$DACK_0 ~ DACK_3$：表示 DMA 应答，由 8237 输出给某个被批准的设备（接口），共 4 根。

（3）HRQ：表示总线请求，由 8237 发往 CPU 或其他总线控制器。

（4）HLDA：表示总线保持响应，由 CPU 或其他总线控制器发给 8237 的响应信号。

5．Intel 8237 的 DMA 传送过程

Intel 8237 的工作状态体现为空闲周期和服务周期。其中，服务周期又可细分为若干状态（S_i）周期，如图 8-25 所示。

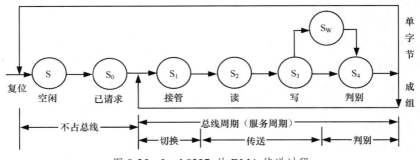

图 8-25　Intel 8237 的 DMA 传送过程

（1）空闲周期

当 Intel 8237 芯片处于空闲周期时，对 CPU 来说，它首先进行 DMA 初始化，读取 8237 的状态字信息，并且向接口送出 I/O 设备的寻址信息。对 8237 芯片来说，一方面它根据 $\overline{CS}$ 片选信号，检查 CPU 是否选中本芯片，另一方面根据 DREQ 信号，检查设备是否提出 DMA 请求。

当 DMA 初始化设置完成，且接到设备的 DMA 请求时，8237 向 CPU 提出总线请求 HRQ，并进入已请求状态即 S_0 状态。

（2）服务周期

Intel 8237 芯片的服务周期，又称 DMA 操作周期，或 DMA 传送周期，从 S_0 状态开始，直到 S_4 状态结束。

➢ S_0 状态：表示 8237 已发出总线请求信号，等待 CPU 的批准。如果总线正忙，8237 可能需要等待若干个时钟周期。当 8237 接到 CPU 的批准信号 HLDA 时，即进入 S_1 状态。

➢ S_1 状态：表示 CPU 已经放弃系统总线控制权，由 8237 接管。当 8237 送出总线地址后，进入 S_2 状态。

➢ S_2 状态：8237 此时向设备发出响应信号 DACK，且向总线送出读命令 $\overline{MEMR}$ 或 $\overline{IOR}$，从存储器或 I/O 设备（接口）读出数据。

➢ S_3 状态：8237 此时发出写命令 $\overline{MEMR}$ 或 $\overline{IOW}$，将数据写入存储器或 I/O 设备，

同时当前地址计数器与当前字节数计数器进行内容修改。

> S_w 状态：当 DMA 传送在 S_2 和 S_3 期间无法完成时，进入 S_w 状态，以延长总线周期，继续数据传送，以保证操作成功。

> S_4 状态：当一次 DMA 传送结束后，进入 S_4 状态，判别 8237 的传送方式，以采取相应的操作，即如果是单字节传送方式，则结束 DMA 传送操作，放弃总线的控制权，返回空闲周期；否则返回 S_1 状态，继续占用总线，直到数据块批量传送完毕。

可见，Intel 8237 芯片在空闲周期和 S_0 状态并未占有总线，从 S_1 到 S_4 才占有总线，其 1 个典型总线周期包含 4 个时钟周期。根据 CPU 时钟频率，可以算出总线周期的基本长度，从而算出 DMA 方式的数据传输率。

8.4.6 DMA 接口在磁盘系统中的应用

磁盘系统的硬件由磁盘适配器、磁盘驱动器、磁盘、DMA 控制器等组成。早期微机通常采用分离设计原则，将磁盘适配器设计成扩展卡，插在主板上。现代微机通常采用集成设计，将磁盘适配器和磁盘驱动器合并，做成一个整体。DMA 控制器一般使用 Intel 8237 芯片，分为两级：一级集成在主板上，作为公用 DMA 控制逻辑，管理软盘、硬盘、DMA 刷新、同步通信等 DMA 通道；另一级位于磁盘适配器中，其任务是管理磁盘驱动器与适配器之间的传送。分两级设计的好处在于，使适配器具有较大的缓冲能力，足以协调软盘和硬盘之间的地址冲突。以分离设计为例，磁盘存储器系统与系统总线的连接方式如图 8-26 所示。

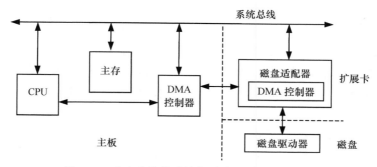

图 8-26　磁盘存储器系统与系统总线的连接方式

1. 磁盘适配器的逻辑组成

磁盘适配器的一侧面向系统总线，另一侧面向磁盘驱动器。因此，磁盘适配器的内部逻辑可分为 3 个部分：一侧是面向系统总线的接口逻辑（称为处理机接口），另一侧是面向磁盘驱动器的接口逻辑（称为驱动器接口）；中间是智能主控器，包括一个 Intel 8237 DMA 控制器、一个单片机处理器 Z-80、一组局部存储器以及一组反映设备工作特性的控制逻辑等。下面以温切斯特硬盘[1]为例来说明磁盘适配器的逻辑组成，如图 8-27 所示。

---

1 温切斯特硬盘，简称温盘，最早是 1973 年由国际商业机器公司（IBM）研制的一种新型硬盘 IBM 3340。

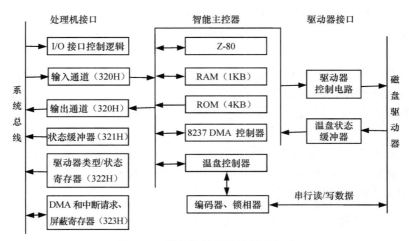

图 8-27 温切斯特硬盘的逻辑组成

（1）处理机接口

处理机接口实现同主机系统总线的连接，包含以下功能逻辑。

① I/O 接口控制逻辑：用于接收 CPU 发来的端口地址、读/写命令，以译码产生一组选择信号，选择 5 种端口和相关部件。

② 输入通道：由端口地址 320H 与 $\overline{\text{IOW}}$ 写命令选中，可使用 74LS373（三态 8D 锁存器）组成。通过输入通道，可以输入 CPU 命令，包括磁盘寻址信息在内的所有参数、需要写入磁盘的数据等。

③ 输出通道：由端口地址 320H 与 $\overline{\text{IOR}}$ 读命令选中，可由 74LS244（8 路驱动器）组成。通过输出通道，可以输出执行命令的状态，以及从磁盘读出的数据。

④ 状态缓冲器：由端口地址 321H 选中，可由 74LS244 组成，用来存放中断请求 IRQ_5、DMA 请求 DREQ_3、忙状态标志 BUSY、命令/数据传送命令 CMD/$\overline{\text{DATA}}$、读/写命令 IN/$\overline{\text{OUT}}$、DMA 传送有效 REQUEST 共 6 种状态信息，供 CPU 读取。

⑤ 驱动器类型/状态寄存器：由端口地址 322H 选中。早期的磁盘驱动器类型是由一组开关设置的，存放在本状态寄存器中；现在一般使用 CMOS 进行设置。这些信息包括驱动器容量、圆柱面数、磁头数等，供 CPU 进行驱动器类型检查，作为驱动器复位时的初始化参数。

⑥ DMA 和中断请求、屏蔽寄存器：包含两个请求触发器和两个屏蔽触发器，由端口地址 323H 选中。当 CMD/$\overline{\text{DATA}}$ 为 0 时，产生 DMA 请求 DREQ_3，请求传送数据字节；当 CMD/$\overline{\text{DATA}}$（表示请求传送命令字节）为 1 且 IN/$\overline{\text{OUT}}$ 为 1（表示 CPU 读）时，产生中断请求 IRQ_5。

（2）智能主控器

智能主控器是磁盘适配器的核心，控制着磁盘存储器的具体操作，主要包含以下功能逻辑。

① ROM：固化温盘控制程序，实现磁盘驱动程序与适配器的物理操作。可见，磁盘子系统的程序分为两级：一级是操作系统中的磁盘驱动程序；另一级是适配器中的温盘控制程序。

② Z-80 微处理器：执行 ROM 中的温盘控制程序。

③ RAM：又称扇区缓冲器，由 SRAM 芯片构成，可缓存两个扇区内容，使适配器有足够的缓冲深度。

④ 8237 DMA 控制器：由于软盘调用可能比硬盘频繁，因此安排软盘请求 $DREQ_2$ 的优先级比硬盘请求 $DREQ_3$ 的高，但硬盘速度比软盘高很多。为了避免硬盘请求被屏蔽带来的问题，设置这个 DMA 控制器，实现磁盘驱动器与适配器扇区缓冲器之间的传送。扇区缓冲器与主存之间的数据传送，则由主板上的 8237 芯片管理。位于适配器中的 8237 芯片的 4 个 DMA 通道，功能安排如下：通道 0 用于扇区地址标志检测，一旦检测到地址标志，将产生对本 8237 的请求 $DREQ_0$；通道 1 供主控器内部程序使用；通道 2 供专用的温盘控制器使用，当产生校验错时，提供请求信号 $DREQ_2$；通道 3 供数据传送用。

⑤ 温盘控制器、编码器、锁相器、数据/时钟分离电路：温盘控制器使用专用芯片来控制有关读盘、写盘的信息交换。编码器可由 PROM、延迟电路、八选一驱动器等组成，需要写入的数据送入 PROM，输出对应的改进型调频制编码。锁相器是一种振荡频率控制电路，根据本地振荡信号与驱动器读出序列信号间的相位差，自动调整振荡频率，使其始终与读出序列保持同步。读出序列中既有时钟信号，又有数据信号，分离电路从中分离数据信号。

智能主控器读/写盘的过程如下。

写盘时，智能主控器首先从扇区缓冲器中取得数据，进行并—串转换后，经编码器形成改进型调频制编码，送往磁盘驱动器。只要有一个扇区缓冲区为空，适配器就会向主机提出 DMA 请求，请求 CPU 送来数据。此时，适配器还有一个扇区数据可供写入数据。

读盘时，驱动器送来串行数据序列，分离电路使数据信号与时钟信号分离。此时，锁相器调整本地振荡频率，始终跟踪同步于读出信号。所获得的数据信号经串—并转换之后，送入扇区缓冲器。当装满一个扇区缓冲区时，适配器向主机提出 DMA 请求，请求 CPU 取走数据。此时，适配器还有一个扇区容量的存储空间可供存放继续读出的数据。

采取上述安排，可以保证一个扇区的数据块的连续传送，既不会在写盘过程中发生数据延迟，也不会在读盘过程中发生数据丢失。

（3）驱动器接口

驱动器接口实现与磁盘驱动器的连接。不同规格的磁盘，其驱动器是不相同的，这是因为驱动器接口必须符合特定型号的驱动器的标准。例如，早期使用的 ST506 接口标准，包含以下功能逻辑。

① 驱动器控制电路：用来产生对磁盘驱动器的控制信号，送往驱动器，包括驱动器选择信号（选择 4 个驱动器之一）、磁头选择信号（允许选择 8 个磁头之一）、方向选择信号（寻道方向）、步进脉冲信号、读/写信号（=1 为写，=0 为读）以及减少写电流等。其中，针对减少写电流，因为磁头越往内圈移动，浮动高度越低，而位密度越大，因此为了减少内圈各位之间的干扰，应减小写电流。通常，最外圈的写电流与最内圈的写电流相差 30% 左右。控制电路以 MC6801、MC6803、Intel 8048 等单片机为核心，执行固化在 EPROM 中的控制程序，产生控制信号。

② 温盘状态缓冲器：用来接收磁盘驱动器状态信息，最终传送给 Z-80 作判别。状态信息包括：驱动器选中（由选中的驱动器发回的应答信号）、准备就绪（表示磁头已定位于 0 磁道，可启动寻道操作）、寻道完成、索引脉冲（标志磁道的开始）、写故障等。

I/O 接口　第 8 章

③ 读/写信号序列接口：驱动器与适配器之间的读/写数据传送采用串行方式，常用 RS-422 串行接口连接驱动器和适配器。

2．磁盘驱动器

不同规格的磁盘，其驱动器是不相同的。图 8-28 所示为一种磁盘驱动器的逻辑组成，它反映了软盘驱动器和硬盘驱动器的大致组成。磁盘驱动器通过驱动器接口与磁盘适配器连接，主要包括以下功能逻辑：写入驱动电路、读出放大电路、磁头选择逻辑、旋转电机驱动电路、步进电机驱动电路以及检测电路等。

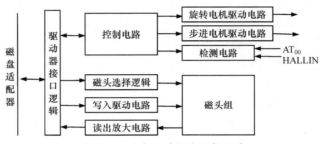

图 8-28　磁盘驱动器的逻辑组成

磁盘适配器送来的写入信息，是按照某种记录方式进行编码的记录码序列，经过电流放大产生足够幅值的写入电流波形，送入选中的磁头线圈，使记录磁层产生完全磁化翻转，即由负向磁饱和翻转到正向磁饱和，或者由正向磁饱和翻转到负向磁饱和。

由磁头读出的感应电势是很小的（微伏级），需要经过放大电路放大，再经接口送给磁盘适配器。读出放大器尽量靠近磁头，否则弱信号在长距离传送中会受到干扰。

磁头选择逻辑靠译码器实现，根据磁盘适配器发来的磁头选择信号，译码输出某个磁头的选取信号。某一时刻，磁盘驱动器只有一个读/写磁头工作，进行单道、逐位的串行读/写。

步进电机驱动电路负责驱动磁头从内往外或从外往内地移动，实现寻道操作。旋转电机驱动电路负责磁盘盘片绕主轴旋转，寻找扇区。

为了提供 0 磁道的检测，无论是软盘还是硬盘，都有相应的检测电路。软盘有索引孔，因此驱动器包含光电检测电路，盘片每转一周，将产生一个索引检测信号 AT_{00}，经过控制电路处理，形成 0 道信号 TRKZERO，送往磁盘适配器。硬盘无索引孔，一般在主轴电机附近装一个霍尔传感器，主轴每转一周，传感器产生一个索引检测信号 HALLIN，同样经控制电路处理，形成索引脉冲 INDEX，送往磁盘适配器。

3．磁盘调用过程

从软件的角度来看，在 x86 微机系统中，磁盘调用涉及 3 个层次：最底层是磁盘适配器层，中间层是 BIOS（基本输入输出系统）层，最上层是操作系统层。

其中，磁盘适配器层负责实现温盘驱动程序与适配器的物理操作，它固化在适配器的 ROM 之中。BIOS 层提供通用的温盘驱动程序，它固化在主板的 ROM 之中，为操作系统提供中断调用接口 INT 13H。操作系统层负责扩展温盘驱动程序的功能，同时为用户提供有关磁盘、目录和文件的具体命令接口。

温盘驱动程序由一个主程序框架和 21 个功能子程序模块组成，可向磁盘控制器发出

22 种操作命令或诊断命令。主程序的功能包括测试驱动程序参数判别可否调用、设置命令控制块（其中给出圆柱面号、磁头号、扇区号、传送扇区个数、寻道的步进速率、功能子程序模块号）、转入某个功能子程序、在传送完毕后判断调用是否成功等。各功能子程序模块负责产生 22 种硬盘控制器操作命令，包括：测试驱动器就绪、重新校准、请求检测状态、格式化驱动器、就绪检测、格式化磁道、格式化坏磁道、读命令、写命令、寻道、预置驱动器特性参数、读 ECC（校验错）的长度、从扇区缓存读出数据、向扇区缓存写入数据、RAM 诊断、驱动器诊断、控制器内部诊断、长读（每个扇区读取 512 字节+4 个检验字节）、长写（每个扇区写入 512 字节+4 个检验字节）等。

x86 微机系统的读/写磁盘调用过程如下。

（1）操作系统以软中断 INT 13 调用温盘驱动程序，并在寄存器 AH 中写入所需功能子程序号（读盘，AH=02H；写盘，AH=03H）。

（2）在温盘驱动程序的主程序段中，设置命令控制块，给出圆柱面号、磁头号、扇区号、传送扇区个数、寻道的步进速率。

（3）根据 AH 值，转入相应功能子程序。

（4）在读/写盘子程序中，首先进行 DMA 初始化，包括：

➤ 向 8237 送出方式控制字，即设置 DMA 传送方向、传送方式（单字节方式或数据块连续传送方式）、是否选择自动预置方式、地址增/减方式；

➤ 初始化温盘占用的 DMA 通道，即向 8237 送出主存缓冲区首地址、交换字节数；

➤ 判断 DMA 传送量是否超过 64KB，如果是，做出错处理，否则向磁盘适配器 323H 端口送入允许信息，允许 DMA 请求和中断请求。

（5）在读/写子程序中，检测适配器状态（端口 321H），然后以主程序中设置的命令控制块为基础，形成设备控制块，发往磁盘适配器的 320 端口，产生硬盘控制器操作命令，启动寻道。

（6）当寻道完成时，温盘驱动器向适配器发出"寻道完成"信号，适配器判别寻道是否正确。如果正确，启动读/写操作，否则让磁头回到 0 道，重新寻道。如果仍然不正确，则产生寻道故障信息。

（7）当磁头找到起始扇区时，开始连续读/写，将读出数据送入适配器的扇区缓冲区，或将扇区缓冲区中的数据写入磁盘扇区。

（8）当适配器准备好 DMA 传送时，适配器提出 DMA 请求。

① 读盘：每当扇区缓冲器有一个缓冲区装满时，提出 DMA 请求。

② 写盘：每当扇区缓冲器有一个缓冲区为空时，提出 DMA 请求。

（9）DMA 控制器申请并接管系统总线，进行 DMA 传送，相应地修改主存地址与传送字节数。

（10）当批量传送完毕，DMA 控制器发出结束信号 $\overline{EOP}$，终止 DMA 传送，适配器向主机发出中断请求 IRQ_5。

（11）主机的读/写子程序在接收到中断请求后，从适配器取回完工状态字节，判断 DMA 传送是否成功。如果成功，向适配器送出屏蔽请求的屏蔽字，返回磁盘驱动程序的主程序；否则取出 4 个检验字节，进行出错处理。

上述过程只是磁盘调用的大致过程，计算机系统在运行过程中，由于用户的具体要求不同，实际磁盘调用的细节是有很大区别的。

DMA 方式直接依靠硬件进行 I/O 管理,只能实现简单的数据传送。随着系统配置的 I/O 设备不断增加,I/O 操作将日益增多,多个并行工作的 DMA 将使主存的访问发生冲突,需要 CPU 不断地进行干预,CPU 用于管理 I/O 的开销日益增加。为了减轻 CPU 负担,I/O 控制部件又把诸如设备选择、切换、启动、终止以及数据校验等功能接过来,进而形成了 I/O 通道。本节将简要地介绍有关通道方式的相关原理。

8.5.1 通道概述

1．通道的连接方式

通道是 IBM 公司首先提出来的一种 I/O 方式,曾被广泛用于 IBM 360/370 系列机上。通道是一种比 DMA 控制器更高级的 I/O 控制部件,它具有自己的指令和程序,专门负责数据输入输出的控制和管理。CPU 启动通道后可继续执行程序,进行本身的处理工作;通道则独立地执行由通道指令编写的通道程序,控制 I/O 设备与主存的数据交换。这样,CPU 中的数据处理与 I/O 操作可以并行执行,使系统效率得到进一步提高。因此,与 DMA 控制器相比,通道进一步减轻了 CPU 的负担。通道常用于大、中型计算机中。

采用通道方式组织 I/O 系统,其系统结构采用主机、通道、I/O 控制器、I/O 设备四级连接方式,如图 8-29 所示。其中,I/O 控制器类似于 I/O 接口,它接收通道的命令并向 I/O 设备发出控制命令。一个 I/O 控制器可控制多个同类的 I/O 设备,只要这些设备是轮流正作的。

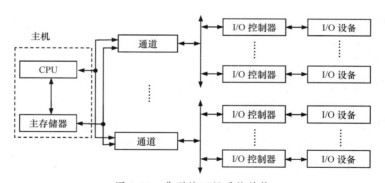

图 8-29 典型的四级系统结构

从系统结构来看,系统中可以设置多个通道,每个通道可以连接若干个 I/O 控制器,每个 I/O 控制器又可连接若干相同类型的 I/O 设备。这样,整个系统就能够连接许多不同种类的外设。

2．通道的功能

通道是一个输入输出部件,它只运行 I/O 控制程序,提供 DMA 共享的功能。其具体功能如下。

（1）接收 CPU 的 I/O 指令，按指令要求控制外设。

（2）从内存中读取通道程序并执行，即向设备控制器发送各种命令。

（3）组织和控制数据在内存与外设之间的传送操作。根据需要提供数据中间缓存空间以及提供数据存入内存的地址和传送的数据量。

（4）读取外设的状态信息，形成整个通道的状态信息，提供给 CPU 或保存在内存中。

（5）向 CPU 发出 I/O 操作中断请求，将外设的中断请求和通道本身的中断请求按次序报告 CPU。

CPU 通过执行 I/O 指令以及处理来自通道的中断，实现对通道的管理。来自通道的中断有两种：一种是数据传输结束中断；另一种是故障中断。通道的管理是操作系统的任务。

通道通过使用通道指令控制设备进行数据传送操作，并以通道状态字的形式接收设备控制器提供的外设的状态。因此，设备控制器是通道对 I/O 设备实现传输控制的执行机构。

3．I/O 控制器的具体任务

I/O 控制器将通道发来的控制命令转换成具体操作命令，送往 I/O 设备以控制具体的 I/O 操作。其具体任务包括：

（1）从通道接收指令，控制外设完成指定的操作；

（2）向通道提供外设的状态；

（3）将各种外设的不同信号转换成通道能够识别的标准信号。

在具有通道的计算机中，实现数据 I/O 操作的是通道指令。CPU 的 I/O 指令不直接实现输入输出的数据传送，CPU 用 I/O 指令启动通道执行通道指令。CPU 的通道 I/O 指令的基本功能主要是启动、停止输入输出过程，了解通道和设备的状态以及控制通道的其他一些操作。

通道指令也叫通道命令字（Channel Command Word，CCW），它是通道用于放行 I/O 操作的指令，可以由 CPU 存放在内存中，由通道处理器从内存中取出并执行。通道执行通道指令以完成输入输出。通道程序由一条或几条通道指令组成，也称为通道指令链。

8.5.2　通道的类型

通道本身可看作一个简单的专用计算机，它有自己的指令系统。通道能够独立执行用通道指令编写的 I/O 控制程序，产生相应的控制信号控制设备的工作。通道通过数据通路与 I/O 控制器进行通信。根据数据传送方式，通道可分成选择通道、数组多路通道和字节多路通道 3 种类型。

1．选择通道

对于高速的设备，如磁盘等，要求较高的数据传输速度。对于这种高速传输，通道难以同时对多个这样的设备进行操作，只能一次对一个设备进行操作。这种通道称为选择通道，它与设备之间的通信一直维持到设备请求传输完成为止，然后为其他外设传输数据。选择通道的数据宽度是可变的，通道中包含一个保存输入输出数据所需的参数寄存器。参数寄存器包括存放下一个主存传输数据存放位置的地址和对传输数据计数的寄存器。选择通道的 I/O 操作启动之后，该通道就专门用于该设备的数据传输直到操作完成。选择通道的缺点是设备申请使用通道的等待时间较长。

2．数组多路通道

数组多路通道（又称成组多路通道）以数组（数据块）为单位在若干高速传输操作之间进行交叉复用，这样可减少外设申请使用通道时的等待时间。数组多路通道适用于高速外设，这些设备的数据传输以块为单位。通道用块交叉的方法，轮流为多个外设服务。当同时为多个外设传送数据时，每传送完一块数据后选择下一个外设进行数据传送，使多路传输并行进行。数组多路通道既保留了选择通道高速传输的优点，又充分利用了控制型操作的时间间隔为其他设备服务，使通道的功能得到有效发挥，因此数组多路通道在实际系统中得到较多的应用。特别是对于磁盘和磁带等一些块设备，它们的数据传输本来就是按块进行的。而在传输操作之前又需要寻找记录的位置，在寻找期间让通道等待是不合理的。数组多路通道可以先向一个设备发出一个寻找命令，然后在这个设备寻找期间为其他设备服务。在设备寻找完成后才真正建立数据连接，并一直维持到数据传输完毕。因此采用数组多路通道可提高通道的数据传输的吞吐率。

3．字节多路通道

字节多路通道用于连接多个慢速的和中速的设备，如终端设备等，这些设备的数据传送以字节为单位，每传送一个字节要等待较长的时间。因此，通道可以以字节交叉方式轮流为多个外设服务，以提高通道的利用率。这种通道的数据宽度一般为单字节。它的操作模式有两种：字节交叉模式和猝发模式。在字节交叉模式中，通道操作被分成较短的段。通道向准备就绪的设备进行数据段的传输操作。传输的信息可由一个字节的数据以及控制和状态信息构成。通道与设备的连接时间是很短的。如果需要传输的数据量比较大，则通道转换成猝发模式。在猝发模式下，通道与设备之间的通信一直维持到设备请求传输完成为止。 通道使用一种超时机制判断设备的操作时间（即逻辑连接时间），并决定采用哪一种模式。如果设备请求的逻辑连接时间大于某个额定的值，通道就转换成猝发模式，否则就以字节交叉模式工作。

字节多路通道和数组多路通道都是多路通道，在一段时间内可以交替地执行多个设备的通道程序，使这些设备同时工作。但二者也有区别，首先，数组多路通道允许多个设备同时工作，但只允许一个设备进行传输型操作，其他设备只能进行控制型操作；而字节多路通道不仅允许多路同时操作，而且允许它们同时进行传输型操作。其次，数组多路通道与设备之间的数据传送的基本单位是数据块，通道必须为一个设备传送完一个数据块以后才能为别的设备传送数据块；而字节多路通道与设备之间的数据传送的基本单位是字节，通道为一个设备传送一个字节之后，可以为另一个设备传送一个字节，因此各设备与通道之间的数据传送是以字节为单位交替进行的。

8.5.3　通道的工作过程

通道中包括通道控制器、状态寄存器、中断机构、通道地址寄存器、通道指令寄存器等。这里，通道地址寄存器相当于一般 CPU 中的程序计数器。

通道控制器的功能比较简单，它没有大容量的存储器，通道的指令系统也只是几条与I/O 操作有关的指令。它要在 CPU 的控制下工作，某些功能还需 CPU 承担，如通道程序的设置、输入输出的异常处理、传送数据的格式转换和校验等。因此，通道控制器不是一个完全独立的处理器。

通道状态字类似于 CPU 内部的程序状态字，用于记录 I/O 操作结束的原因，以及 I/O 操作结束时通道和设备的状态。通道状态字通常存放在内存的固定单元中，由通道状态字反映中断的性质和原因。

通道的工作过程大体经过启动、数据传输和后续处理 3 个阶段，如图 8-30 所示。

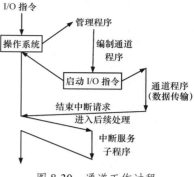

图 8-30　通道工作过程

1. CPU 启动通道工作

CPU 在执行用户程序的过程中，当执行到 I/O 指令（访管指令）时，CPU 根据指令中的设备号找到该设备管理程序的入口，开始执行管理程序。在采用通道的计算机系统中，I/O 指令不直接控制 I/O 数据的传送，它只负责启动、停止 I/O 过程、查询通道和 I/O 设备的状态、控制通道进行某些操作。管理程序的功能是根据输出的参数，编制通道程序，并存放在主存的某个区域，同时将该区域的首地址送入约定单元或专用寄存器中，然后执行启动 I/O 指令，向主通道发送"启动 I/O"命令。

2. 数据传输

通道接收到"启动 I/O"命令后进行以下工作。

（1）从约定的单元或专用寄存器中取出通道程序的首地址，将其放到通道地址寄存器中，根据通道地址寄存器中的值，到内存中取第一条通道指令并将其放在通道指令寄存器中。

（2）检查通道、子通道是否能用。若不能用，则形成结果特征，回答"启动失败，该通道指令无效"；若能用，就把第一条通道指令的命令码发送到响应设备，进行启动，等到设备回答并断定启动成功后，建立特征"已启动成功"。

（3）启动成功后，通道将通道程序首地址保存到子通道中，此时通道可以处理其他工作，设备执行通道指令规定的操作。

（4）设备依次按自己的工作频率发出使用通道的申请，进行排队。通道响应设备申请，将数据从内存经通道送到设备，或从设备经通道送到内存。在传送完一个数据后，通道修改内存地址和传输个数，直到传输个数为"0"时，结束该条通道指令的执行。

（5）每条通道指令执行结束后，设备发出"通道结束"和"设备结束"信号。通道程序则根据数据链和命令链的标志决定是否继续执行下一条通道指令。

3. 后续处理

在整个通道程序执行结束后，发出"正常结束"中断请求信号，并将通道状态字写入内存专用单元。CPU 响应中断，根据通道状态字分析这次 I/O 操作的执行情况，进行后续处理。后续处理主要是根据通道状态分析结束原因并进行必要的处理。

通道与 I/O 控制器之间的接口是计算机的一个重要界面。为了便于用户根据不同需要配置不同设备，通道—设备控制器的接口一般采用标准的总线接口，使得各设备和通道之间都有相同的接口线和相同的工作方式。这样，在更换设备时，通道不需要做任何变动。

习题 8

1. 单项选择题

（1）中断向量地址是（　　　）。

A. 子程序入口地址　　　　　　　　　　B. 中断服务程序入口地址

C. 中断服务程序入口地址的地址　　　　D. 例行程序的入口地址

（2）对低速的 I/O 设备，应当选用的通道是（　　　）。

A. 数组多路通道　　　　　　　　　　　B. 字节多路通道

C. 选择通道　　　　　　　　　　　　　D. DMA 专用通道

（3）程序运行时，硬盘与内存之间的数据传送是通过（　　　）方式进行的。

A. 中断　　　　　B. 陷阱　　　　C. 程序直接控制　　　　D. DMA

（4）CPU 程序与通道程序可以并行执行，并通过（　　　）实现彼此之间的通信和同步。

A. I/O 指令　　　B. I/O 中断　　　C. I/O 指令与 I/O 中断　　　D. 操作员

（5）采用 DMA 方式传送数据时，每传送一个数据就要占用一个（　　　）的时间。

A. 存储周期　　　　　　　　　　　　　B. 总线时钟周期

C. 机器周期　　　　　　　　　　　　　D. 指令周期

（6）在 DMA 传送方式中，由（　　　）发出 DMA 请求。

A. 外设　　　　　B. DMA 控制器　　　C. CPU　　　　　　　D. 内存

（7）在数据传送过程中，数据由串行变并行或由并行变串行，这种转换是通过接口电路的（　　　）实现的。

A. 数据寄存器　　　　　　　　　　　　B. 移位寄存器

C. 锁存器　　　　　　　　　　　　　　D. 调制解调器

（8）主机与外设传送数据时，采用（　　　）CPU 的效率最高。

A. 程序查询方式　　B. 中断方式　　C. DMA 方式　　　　　D. 以上 3 种方式

（9）下述（　　　）情况会提出中断请求。

A. 产生存储周期窃取　　　　　　　　　B. 在键盘输入过程中，每按一次键

C. 两数相加结果为零　　　　　　　　　D. 向硬盘写入数据文件

（10）中断发生时，程序计数器内容的保护和更新是由（　　　）完成的。

A. 硬件自动　　　　　　　　　　　　　B. PUSH 和 POP 指令

C. MOV 指令　　　　　　　　　　　　　D. INT 和 IRET 指令

（11）周期挪用（窃取）方式常用于（　　　）中。

A. DMA 方式的输入输出　　　　　　　　B. 直接程序传送方式的输入输出

C. 程序中断方式的输入输出　　　　　　D. 异步通信

（12）DMA 方式中，周期窃取是窃取一个（　　　）。

A. 存取周期　　　B. 指令周期　　　C. CPU 周期　　　　　D. 总线周期

（13）通道程序由（　　　）组成。

A. I/O 指令　　　B. 通道指令　　　C. 通道状态字　　　　D. 微指令

（14）通道对 CPU 的请求形式是（　　　）。

A. 中断　　　　　B. 通道命令　　　C. 跳转指令　　　　　D. 自陷

（15）I/O 采用统一编址，存储单元和 I/O 设备是靠（　　　）来区分的。

A. 不同的地址线
B. 不同的指令
C. 不同的地址码
D. 不同的控制线

（16）DMA 方式的接口电路中有中断机构，其作用是（　　　）。

A. 实现数据传送
B. 向 CPU 提出总线使用权
C. 向 CPU 提出传输结束
D. 向 CPU 报告传送出错

（17）CPU 响应中断的时间是（　　　）。

A. 一条指令执行结束时
B. 外设提出中断请求时
C. 取指周期结束时
D. 当前程序运行结束时

（18）中断屏蔽字的作用是（　　　）。

A. 暂停外设对主存的访问
B. 暂停 CPU 对某些中断的响应
C. 暂停 CPU 对一切中断的响应
D. 暂停 CPU 对主存的访问

2．简答题

（1）简述 I/O 接口的基本功能。

（2）【考研真题】程序查询方式和程序中断方式都要由程序实现外设的输入/输出，它们有何不同？

（3）比较中断请求分散屏蔽和集中屏蔽的区别。

（4）简述 CPU 响应中断的必要条件。

（5）【考研真题】简述程序中断优先排队的原因和程序中断的过程。

（6）简述中断响应与处理过程。在多重中断中，两次关中断和开中断的目的是什么？

（7）【考研真题】在 DMA 方式中，CPU 和 DMA 接口分时使用主存有几种方法？请简要说明。

（8）【课程思政】请研究一种新兴的 I/O 设备，例如虚拟现实设备、智能家居设备或者机器人运动与感知设备，探讨这些设备如何改变人们的生活方式和工作方式，以及它们对社会的影响。

（9）【课程思政】在当今数字化时代，I/O 系统在教育、医疗、娱乐等领域发挥着重要作用。请选择一个领域，如教育，研究一种创新的输入输出技术如何改善该领域的效率和效果。

3．应用题

（1）【考研真题】假设磁盘采用 DMA 方式与主机交换信息，其传输率为 2MB/s，而且 DMA 的预处理需 1000 个时钟周期，DMA 完成传送后处理中断需 500 个时钟周期。如果平均传输的数据长度为 4KB，试问在硬盘工作时，50MHz 的处理器需用多少时间进行 DMA 辅助操作（预处理和后处理）。

（2）【考研真题】某计算机的 CPU 主频为 500MHz，CPI 为 5（即执行每条指令平均需 5 个时钟周期）。假定某外设的数据传输率为 0.5MB/s，采用中断方式与主机进行数据传送，以 32 位为传输单位，对应的中断服务程序包含 18 条指令，中断服务的其他开销相当于 2 条指令的执行时间。请回答下列问题，要求给出计算过程。

① 在中断方式下，CPU 用于该外设 I/O 的时间占整个 CPU 时间的百分比是多少？

② 当该外设的数据传输率达到 5MB/s 时，改用 DMA 方式传送数据。假设每次 DMA 传送大小为 5000B，且 DMA 预处理和后处理的总开销为 500 个时钟周期，则 CPU 用于该外设 I/O 的时间占整个 CPU 时间的百分比是多少？（假设 DMA 与 CPU 之间没有访存冲突）

第9章

流水线技术

借鉴工业流水线制造的思想，现代 CPU 也采用了流水线设计。在工业制造中采用流水线可以提高单位时间的生产量；同样在 CPU 中采用流水线设计也有助于提高 CPU 的频率。本章将深入介绍指令流水线的工作原理、相关问题及其处理、冲突问题及其处理等。

9.1 流水线工作原理

9.1.1 指令解释的一次重叠方式

一条机器指令的执行过程大体可划分成取指、分析和执行 3 个子过程，取指是按照程序计数器的内容访问主存，取出一条指令送到指令寄存器。分析是对指令的操作码进行译码，按照给定的寻址方式和地址字段形成操作数的地址。执行是对操作数进行运算、处理或者存储运算结果。它们的时间关系如图 9-1 所示。

图 9-1 对一条机器指令的解释

指令的重叠解释是在解释第 k 条指令的操作完成之前，就开始解释第(k+1)条指令。如图 9-2 所示，首先把一条指令分为 3 个子过程，然后在同一时刻安排不同的指令的不同子过程重叠执行，这样将大大提高 CPU 的利用率。

1．一次重叠方式的概念

这种在任何时候在指令的分析部件和执行部件内部都只有相邻两条指令在重叠解释的方式为"一次重叠"。因此一次重叠方式就是如果每次都可以从指令缓冲寄存器（简称指缓）中取得指令，则"取指 $_{k+1}$"的时间很短，就可以把该操作步骤合并到"分析 $_{k+1}$"内，从而由原先的"取指 $_{k+2}$""分析 $_{k+1}$""执行 $_k$"重叠变成只是"分析 $_{k+1}$"与"执行 $_k$"的重叠，如图 9-3 所示。

图 9-2 重叠解释的一种方式   图 9-3 指令的一次重叠方式

顺序解释的优点是控制简单，但由于上一步的结果是下一步操作的输入，因此其缺点是速度慢，各硬件部件的利用率很低。例如，取指的时候，主存处于忙的状态，但是运算器处于等待状态；在执行运算时，运算器处于忙的状态，但是主存闲着。相比顺序解释方式的特点，一次重叠方式使得计算机硬件资源得到合理的利用。

2. 重叠"分析$_k$"与"取指$_{k+1}$"的实现方法

目前实现"取指$_{k+1}$"与"分析$_k$"的重叠需解决访问主存的冲突问题，主要从以下 3 种办法来考虑。

第一种办法是让操作数和指令分别存放于两个独立编址且可同时访问的存储器中，这有利于实现对指令的保护，但是增加了主存总线控制的复杂性及软件设计的麻烦。

第二种办法仍维持指令和操作数混存，但采用多体交叉主存结构，只要第 k 条指令的操作数与第$(k+1)$条指令不在同一个存储体内，就仍可在一个主存周期中取到，从而实现"分析$_k$"与"取指$_{k+1}$"重叠。然而，两者若正好共存于一个存储体内时就无法重叠。

第三种办法是增设采用 FIFO 方式工作的指缓。由于大量中间结果只存于通用寄存器中，因此主存并不是满负荷工作的。设置指缓就可趁主存空闲时，预取下一条或下几条指令存于指缓中。这样，"分析$_k$"与"取指$_{k+1}$"就能重叠了。

3. 重叠"执行$_k$"与"分析$_{k+1}$"的实现方法

为了实现"执行$_k$"与"分析$_{k+1}$"的一次重叠，硬件必须具备独立的指令分析部件和指令执行部件。以加法器为例，分析部件要有单独的地址加法器用于地址计算，执行部件也要有单独的加法器完成操作数的相加运算。这是以增加某些硬件为代价的。因此还需在硬件上解决控制上的同步问题，保证任何时候都只是"执行$_k$"与"分析$_{k+1}$"重叠。

"分析"和"执行"所需的时间实际上是不相同的，也就是说，即使"分析$_{k+1}$"比"执行$_k$"提前结束，"执行$_{k+1}$"也不紧接在"分析$_{k+1}$"之后与"执行$_k$"重叠进行；同样，即使"执行$_k$"比"分析$_{k+1}$"提前结束，"分析$_{k+2}$"也不紧接在"执行$_k$"之后与"分析$_{k+1}$"重叠进行。一次重叠的最大特点就是节省了硬件资源，执行和分析部件可以合并执行，简化了控制设备。

为了实现"执行$_k$"和"分析$_{k+1}$"的一次重叠，还需要解决好控制上的许多关联问题。例如，假设第 k 条指令是条件转移指令，当条件转移不成功时，重叠操作有效；当条件转移成功且需要转移到第 m 条指令时，此时"执行$_k$"和"分析$_{k+1}$"的操作是无效的，重叠方式必须变成顺序方式，因为此时在"执行$_k$"的末尾才形成下一条要执行指令 m 的地址，如图 9-4 所示。

显然，重叠解释应该尽量少使用转移技术，否则重叠效率会下降。此外，在控制上还要解决好邻近指令之间有可

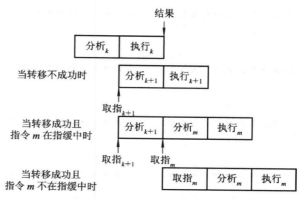

图 9-4　第 k 条指令和第$(k+1)$条指令的时间关系

能出现的某种关联，包括"数相关"和邻近指令之间的"指令相关"。如果采用机器指令可

修改的办法，则通过第 k 条指令来形成第($k+1$)条指令，如：

k：存通用寄存器，$k+1$；　(通用寄存器)→ $k+1$

$k+1$：…

由于在"执行 $_k$"的末尾才形成第($k+1$)条指令，按照一次重叠的时间关系，"分析 $_{k+1}$"所分析的是已取进指缓的第($k+1$)条指令的旧内容，这就会出错。为了避免出错，第 k 条、第($k+1$)条指令就不能同时解释，我们称此时这两条指令之间发生了"指令相关"。

9.1.2　指令解释的流水线方式

1．什么是流水线

流水线（Pipeline）是英特尔公司首次在 80486 芯片中开始使用的。计算机中的流水线是把一个重复的过程分解为若干个子过程，每个子过程与其他子过程并行进行。由于这种工作方式与工厂中的生产流水线十分相似，因此称为流水线技术。

现以汽车装配为例来解释流水线的工作方式。假设装配一辆汽车需要 4 个步骤：

第一步，冲压——制作车身外壳和底盘等部件；

第二步，焊接——将冲压成形后的各部件焊接成车身；

第三步，涂装——对车身等主要部件进行清洗、化学处理、打磨、喷漆和烘干；

第四步，总装——将各部件（包括发动机和向外采购的零部件）组装成车。

对应地需要冲压、焊接、涂装和总装 4 个工人。如果不采用流水线，那么第一辆汽车依次经过上述 4 个步骤装配完成之后，下一辆汽车才开始进行装配，早期的工业制造就是采用的这种原始的方式。不久之后大家就发现，某个时段中一辆汽车在进行装配时，其他 3 个工人处于闲置状态，显然这是对资源的极大浪费。于是大家开始思考如何有效利用资源，有什么办法让 4 个工人一起工作呢？那就是流水线。在第一辆汽车经过冲压进入焊接的时候，立刻开始进行第二辆汽车的冲压，而不是等到第一辆汽车经过全部 4 个步骤后才开始。之后的每一辆汽车都是在前一辆汽车冲压完毕后立刻进入冲压，这样在后续生产中就能够保证 4 个工人一直处于运行状态，不会造成人员的闲置。这样的生产方式就好似流水川流不息，因此被称为流水线。

在计算机核心部件 CPU 中，由 5～6 个不同功能的电路单元组成一条指令处理流水线，然后将一条 80x86 指令分成 5～6 步后由这些电路单元分别执行，这样就能实现在一个 CPU 时钟周期完成一条指令。

另外，请读者注意超流水线与超标量的区别。超流水线是指 CPU 内部的流水线超过通常的 5～6 步，例如 Pentium 4 的流水线就达 20 步（级）。流水线设计的步（级）数越多，其完成一条指令的速度越快，因此才能适应工作主频更高的 CPU。超标量是指在一个时钟周期内 CPU 可以执行一条以上的指令。这在 486 或者以前的 CPU 上是很难想象的，只有 Pentium 级以上 CPU 才具有这种超标量结构。

2．流水线处理的时空图

在流水线方式中，指令一条接着一条从输入端流入，经过各个子过程后从输出端流出。图 9-5 所示是一种指令流水线的表示方法。与工厂中的流水作业装配线类似，流水线技术是指将一个重复的时序过程分解为若干个子过程，每一个子过程都可有效地在其专用流水段上与其他子过程同时执行。

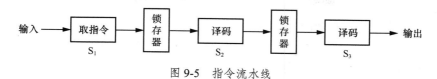

图 9-5 指令流水线

一些复杂的流水线中，每一个子过程还可以进一步分解成更小的子过程。例如，将浮点加法运算的执行过程分解为求阶差、对阶、尾数加和规格化 4 个子过程，如图 9-6 所示。

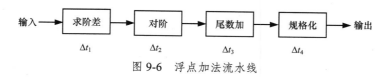

图 9-6 浮点加法流水线

图 9-6 中，假设各个部件的执行时间 $\Delta t_1 = \Delta t_2 = \Delta t_3 = \Delta t_4 = \Delta t$，显然每执行一次浮点加法运算的时间都要经过 $4\Delta t$，如果 4 个部件同时工作，每隔一个 Δt 就能完成一次浮点加法运算，输出一个结果，采用四级流水线浮点加法器，CPU 执行浮点加法运算的速度就能提高 3 倍。为了形象地描述流水线的工作过程，通常采用时空图来表示，如图 9-7 所示，假设每个子过程经过的时间都是 Δt。

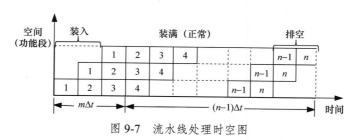

图 9-7 流水线处理时空图

横坐标表示时间，即输入流水线中的各个任务在流水线中所经过的时间；纵坐标表示空间，即流水线的各个子过程。从横坐标方向看，流水线中的各个功能部件在逐个连续地完成自己的任务。从纵坐标方向看，在同一个时间段内有多个流水段在同时工作，执行不同的任务。在图 9-7 中，纵向表示空间各流水段 S1, S2, S3, …，小方格中的 1, 2, 3…, n 表示处理机处理的第 1, 2, 3, …, n 条指令号。时空图的分布反映了流水线各功能部件的工作情况。在流水线开始时有一段流水线装入时间，以装满流水线，此段时间称为流水线建立时间。然后流水线正常工作，各流水段满载工作，称为正常流动时间。在流水线第一条指令结束时，还需要一段释放时间，这段时间称为排空时间。而且从图上可以看出，流水线处理时空图中空白小方格越少，表示设备的占有率就越高，硬件系统的效率就越高。流水线处理时空图是描述流水线工作、分析评价流水线性能的重要工具。

3. 流水线与一次重叠的区别

流水线与一次重叠在思想上没有本质区别，差别在于，一次重叠是把一条指令的解释分解成两个子过程即"分析"和"执行"，而流水线把一条指令的解释分成更多的子过程，如"取指令""指令译码""取操作数""执行";一次重叠只能同时解释两条指令,而流水线可以同时解释多条指令。因此,流水线可以看成一次重叠的延伸。

如果完成一条指令执行的时间为 T,则对于分解为"分析"和"执行"两个子过程的一次重叠,$T=2\Delta t_1$;而对于分解为"取指令""指令译码""取操作数""执行"4 个子过程的流水线(见图 9-8),$T=4\Delta t_1$。在顺序解释方式中,每隔 T"流出"一个结果;在一次重叠方式中,每隔 $T/2$(即每隔 Δt_1)就可"流出"一个结果,吞吐率提高了一倍;在分为 4 个子过程的流水线方式中,每隔 $T/4$(即每隔 Δt_1)"流出"一个结果,吞吐率比顺序解释方式提高了 3 倍。若进入流水线的指令数为 6,从第 1 条指令进入流水线到最后一条指令流出结果,时间是 $9\Delta t_1$(见图 9-9),即 $9T/4$;如果按顺序解释方式执行,则需要 $6T$。

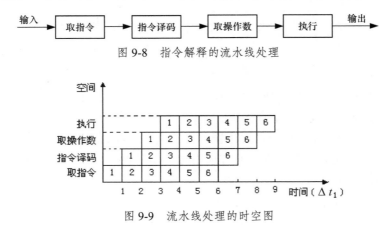

图 9-8 指令解释的流水线处理

图 9-9 流水线处理的时空图

可见,解释一条指令的子过程分解得越多,计算机的吞吐率越高,也就是单位时间内处理的指令条数越多。

9.1.3 流水线的分类

根据不同的分类标准,可以把流水线分成多个不同的类型。平时所说的某种流水线,都是按照某种观点,或者从某个特定角度对流水线进行分类的结果。下面就从几个不同的角度介绍一下流水线的基本分类方法。

1.部分功能级、处理机级和处理机之间级流水线

根据使用流水线的级别差异,可以把流水线分为部件功能级、处理机级和处理机之间级流水线多种类型。

(1)部件功能级流水线,又称运算流水线(Arithmetic Pipeline)。要提高执行算术逻辑运算操作的速度,除了在运算操作部件中采用流水线之外,还可以设置多个独立的操作部件,并通过这些操作部件的并行工作来提高处理机执行算术逻辑运算的速度。通常,把在指令执行部件中采用了流水线的处理机称为流水线处理机或超流水线处理机;把在指令执行部件中设置有多个操作部件的处理机称为多操作部件处理机或超标量计算机。

(2)处理机级流水线,又叫指令流水线(Instruction Pipeline)。它是把执行指令的过程按照流水线方式处理,使处理机能够重叠地执行多条指令,即把一条指令的执行过程分解为多个子过程,每个子过程在一个独立的功能部件中完成。本章主要讨论就是指令流水线。

（3）处理机之间流水线，又被称为宏流水线（Macro Pipeline），如图 9-10 所示。这种流水线由两个或者两个以上的处理机通过存储器串行连接起来，每个处理机对同一数据流的不同部分分别进行处理，前一个处理机的输出结果存入存储器中，作为后一个处理机的输入，每个处理机完成整个任务的一部分。这一般属于异构型多处理机系统，它对提高各个处理机的效率有很大的作用。

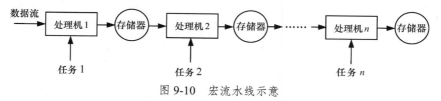

图 9-10　宏流水线示意

2．单功能流水线和多功能流水线

根据流水线能够完成的功能来分类，可以将流水线分成单功能流水线和多功能流水线。

（1）单功能流水线（Unifunction Pipeline）——一条流水线只能完成一种固定的功能，例如浮点加法器流水线专门完成浮点加法运算。当要完成多种不同功能时，可以采用多条单功能流水线。如 Intel Pentium CPU 设置了 2 条 5 段的 32 位整数运算流水线和 1 条 8 段的浮点运算流水线。

（2）多功能流水线（Multifunction Pipeline）——流水线的各段可以进行不同的连接。在不同时间内，或者在同一时间内，通过不同的连接方式实现不同的功能。多功能流水线的典型代表是得州仪器（TI）公司 ASC 中采用的 8 段流水线。在 1 台 ASC 处理机内有 4 条相同的流水线，每条流水线通过不同的连接方式可以完成整数加减法运算、整数乘除法运算、浮点加法运算和浮点乘法运算等。图 9-11 给出了 TI-ASC 的流水线分段示意图和实现两种不同功能的连接方式。

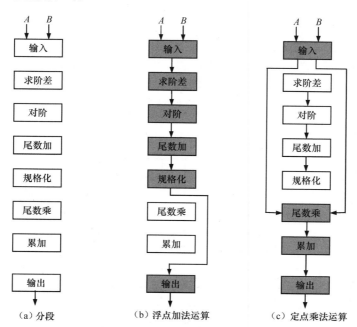

图 9-11　TI-ASC 的多功能流水线

3．静态流水线和动态流水线

在多功能流水线中，按照在同一时间内是否能够连接成多种方式，同时执行多种功能，可以把多功能流水线分为静态流水线和动态流水线两种。

（1）静态流水线（Static Pipeline）——在同一段时间内，多功能流水线中的各个流水段只能够按照一种固定的方式连接，实现一种固定的功能。只有当按照这种连接方式工作的所有任务都流出流水线之后，多功能流水线才能重新进行连接，进而实现其他功能。

（2）动态流水线（Dynamic Pipeline）——在同一段时间内，多功能流水线中的各段可以按照不同方式连接，同时执行多种功能。这种同时实现多种连接方式是有条件的，即流水线中的各个功能部件之间不能发生冲突。

前面介绍的 TI-ASC 的 8 段流水线，就是一种静态流水线。开始时，多功能流水线按照实现浮点加减法运算的方式连接，当 n 个浮点加减法运算全部执行完成，而且最后一个浮点加减法运算的排空操作也做完之后，多功能流水线才重新开始按照实现定点乘法运算的方式进行连接，并开始做定点乘法运算。

图 9-12 展示了静态流水线与动态流水线在执行浮点加法和定点乘法两种运算时的区别。在静态流水线中，只有浮点加法运算全部流出之后才能安排定点乘法运算。而在动态流水线中，两种运算可以同时安排，只要保证这两种运算同时在同一条多功能流水线中分别使用不同的流水段即可。

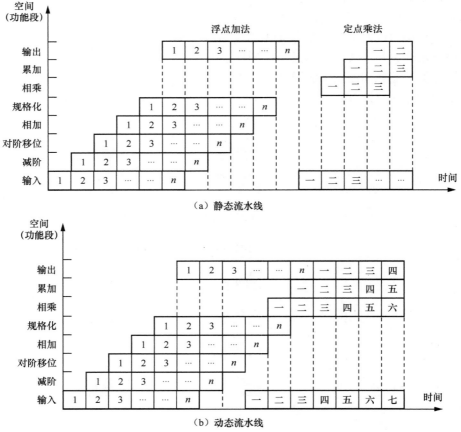

图 9-12　静态、动态流水线时空图

4．线性流水线和非线性流水线

按连接方式（流水线中是否有反馈回路）流水线又分为线性流水线和非线性流水线。

线性流水线（Linear Pipeline）：从输入到输出，每个流水段只允许经过一次，不存在反馈回路。一般的流水线均属于这一类。

非线性流水线（Non-linear Pipeline）：存在反馈回路，从输入到输出，某些流水段将数次经过。这种流水线常用于进行递归运算，如图 9-13 所示。

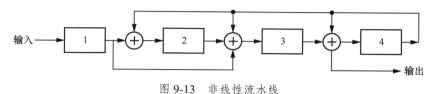

图 9-13　非线性流水线

9.1.4　流水线性能分析

1．吞吐率

吞吐率（Throughput Rate，TP）是指单位时间内流水线能够处理的任务数（或指令数）或流水线能输出的结果的数量。计算流水线吞吐率的最基本公式表示为：

$$TP = n / T_k \tag{9-1}$$

式中，n 为任务数，T_k 表示处理完 n 位任务所用的时间。

流水线的实际吞吐率是指从启动流水线处理机开始到流水线操作结束，单位时间内能流出的任务数或能流出的结果数。

图 9-9 所示是各段执行时间相等的流水线时空图，当输入流水线中的任务是连续的，理想情况下，一条 k 段线性流水线能够在$(k + n - 1)$个时钟周期内完成 n 个任务。

$$T_k = (k + n - 1)\Delta t \tag{9-2}$$

式中，k 为流水线的段数，Δt 为时钟周期。将式（9-2）代入式（9-1）得到流水线的实际吞吐率为：

$$TP = \frac{n}{(k + n - 1)\Delta t} \tag{9-3}$$

m 段线性流水线各段执行时间均为 Δt，连续输入 n 个任务时流水线的最大吞吐率为：

$$TP_{max} = \lim_{n \to \infty} \frac{n}{(k + n - 1)\Delta t} = \frac{1}{\Delta t} \tag{9-4}$$

由此可以看出，流水线的实际吞吐率要小于最大吞吐率，这主要与 k、n、Δt 几个参数有关，只有当 n 远大于 k 时，实际吞吐率才近似于最大吞吐率。各段执行时间不相等的流水线，其时空图要复杂得多，其吞吐率在本章不做详细说明。

2．流水线的效率

流水线的效率是指流水线中的各流水段的利用率。由于流水线有建立时间和排空时间，因此各流水段的设备不可能一直处于工作状态，总有一段空闲时间。

流水线技术　第9章

（1）如果线性流水线中各段经过的时间相等，则在 T 时间里，流水线各段的效率都会是相同的，均为 η_0，即

$$\eta_1 = \eta_2 = \cdots = \eta_m = \frac{n \cdot \Delta t_0}{T} = \frac{n \cdot \Delta t_0}{m \Delta t_0 + (n-1)\Delta t_0} = \frac{n}{m + (n-1)} = \eta_0 \qquad （9\text{-}5）$$

所以，整个流水线的效率为

$$\eta = \frac{\eta_1 + \eta_2 + \cdots + \eta_m}{m} = \frac{m \cdot \eta_0}{m} = \frac{m \cdot n \Delta t_0}{m \cdot T} \qquad （9\text{-}6）$$

其中，分母 $m \cdot T$ 是时空图中 m 段以及流水总时间 T 所围成的总面积，分子 $m \cdot n \triangle t_0$ 则是时空图中 n 个任务实际占用的总面积。因此，从时空图上来看，所谓效率实际就是 n 个任务占用的时空区和 m 个段总的时空区面积之比。显然，只有当 n 远大于 m 时，η 才趋近于 1；同时还可看出，对于线性流水线，每段经过时间相等的情况下，流水线的效率将与吞吐率成正比，即

$$\eta = \frac{n \cdot \Delta t_0}{T} = \frac{n}{n + (m-1)} = \text{TP} \cdot \Delta t_0 \qquad （9\text{-}7）$$

应当说明的是，当非线性流水线或线性流水线中各段经过的时间不相等时，这种成正比的关系并不存在，此时应通过画出实际工作时的时空图来分别求出吞吐率和效率。

这就是说，一般情况下，为提高效率，减少时空图中空白区所采取的措施，对提高吞吐率同样也会有好处。因此，在多功能流水线中，动态流水线比静态流水线减少了空白区，从而使流水线吞吐率和效率都得到提高。

（2）如果流水线各段经过的时间不相等，各段的效率就会不相等，可用如下公式计算：

$$\eta = \frac{n \text{个任务实际占用的时空区面积}}{m \text{个段总的时空区面积}} = \frac{n \cdot \sum_{i-1}^{m} \Delta t_i}{m \cdot \left[\sum_{i-1}^{m} \Delta t_i + (n-1)\Delta t_j \right]} \qquad （9\text{-}8）$$

另外由于各段所完成的功能不同，所用的设备量也就不同。在计算流水线总的效率时，为反映出各段因所用设备的重要性、数量、成本等的不同使其设备利用率占整个系统设备利用率的比重不同，可以给每个段赋予不同的"权"值 a_i。这样，线性流水线总效率的一般公式为：

$$\eta = \frac{n \left(\sum_{i-1}^{m} a_i \cdot \Delta t_i \right)}{\sum_{i-1}^{m} a_i \left[\sum_{i-1}^{m} \Delta t_i + (n-1)\Delta t_j \right]} \qquad （9\text{-}9）$$

其中，分子为 m 个段的总的加权时空区面积，分母为 n 个任务占用的加权时空区面积。

【例 9-1】某指令流水线由 4 段组成，各段所需要的时间如图 9-14 所示。连续输出 8 条指令时的吞吐率（单位时间内流水线所完成的任务数或输出的结果数）为多少？

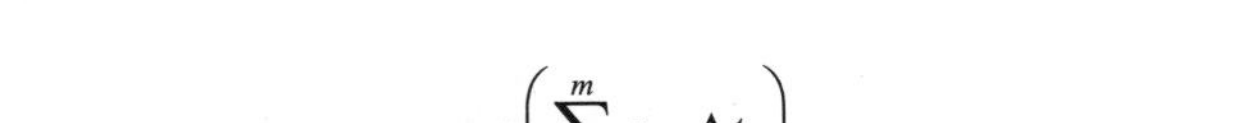

图 9-14　实际的指令流水线

解　指令条数为 8，流水线时间= $(1+2+3+1)\Delta t + (8-1) \times 3\Delta t = 28\Delta t$，所以最大吞吐率的

计算结果为 $\dfrac{8}{28\Delta t}=\dfrac{2}{7\Delta t}$。

【例 9-2】用一条 4 段浮点加法器流水线求 8 个浮点数的和：$Z = A + B + C + D + E + F + G + H$。画出流水线的时空图，计算流水线的时钟周期数、吞吐率和效率。

解 $Z = [(A + B) + (C + D)] + [(E + F) + (G + H)]$

（1）流水线时空图如图 9-15 所示。

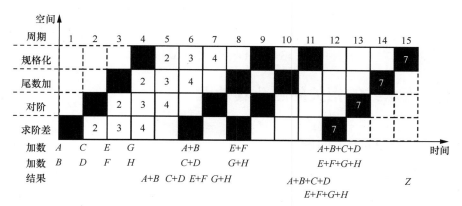

图 9-15 用一条 4 段浮点加法器流水线求 8 个浮点数之和的流水线时空图

（2）浮点加法运算共用了 15 个时钟周期。

（3）流水线的吞吐率为：$\mathrm{TP} = \dfrac{n}{T_k} = \dfrac{7}{15\Delta t} \approx 0.47\dfrac{1}{\Delta t}$

（4）流水线的效率为：$\eta = \dfrac{T_0}{kT_k} = \dfrac{4\times 7\Delta t}{4\times 15\Delta t} \approx 0.47$

3．流水线的执行时长

流水线执行时长的计算公式为：完成一条指令所需的时间+(指令条数–1)×流水线周期。在这个公式中，又存在理论公式和实践公式。

理论公式：

$$(t_1+t_2+\cdots+t_k) + (n-1)\Delta t \tag{9-10}$$

其中 $t_1 \sim t_k$ 为执行一条指令所需时间，n 为指令条数，Δt 为流水线周期。

实践公式：

$$(k+n-1)\Delta t \tag{9-11}$$

其中，k 为一条指令所包含流水段的数量；n 为指令条数；Δt 为流水线周期，实际计算时可以取在指令执行阶段中所需时间最长的一段。

【例 9-3】一条指令的执行过程可以分解为取指、分析和执行 3 步，在取指时间 $t_{取指}=3\Delta t$、分析时间 $t_{分析}=2\Delta t$、执行时间 $t_{执行}=4\Delta t$ 的情况下，若按串行方式执行，则 10 条指令全部执行完需要多少个 Δt？若按流水线的方式执行，流水线周期为多少个 Δt？10 条指令全部执行完需要多少个 Δt？

解

（1）串行方式：$(3+2+4)\Delta t \times 10 = 90\Delta t$。

流水线技术 第 9 章

（2）流水线方式：流水线周期取最长的一段，即执行步骤的时间，为 $4\Delta t$。

① 理论公式：$(t_1+t_2+\cdots+t_k)+(n-1)\Delta t$。

根据理论公式与流水线周期，可计算得到理论公式下的执行时间为

$$(3+2+4)\Delta t+(10-1)\times4\Delta t = 9\Delta t + 36\Delta t = 45\Delta t$$

② 实践公式：$(k+n-1)\Delta t$。

其中，n 为 10；此题的指令包含取指、分析和执行 3 个阶段，则 k 为 3；流水线周期为 $4\Delta t$。

根据实践公式，则可计算得到实践公式下的执行时间为

$$(3+10-1)\times4\Delta t = 48\Delta t$$

9.2　流水线的相关问题及其处理

9.2.1　流水线的相关问题

要使流水线的效率高，就要使流水线连续不断地流动，尽量不出现断流情况。但是，断流现象还是会出现，其原因除了编译形成的目标程序不能发挥流水线作用，或存储器系统不能为连续流动提供所需的指令和操作数之外，就是出现了相关、转移和中断问题。

所谓相关，是指由于机器语言程序的临近指令之间出现了某种关联，为了避免出错，使得它们不能同时被解释的现象。流水线的相关问题包括指令相关、主存空间相关、通用寄存器组相关等。

1．指令相关

由于指令是提前从主存取进指缓的，为了判定是否发生了指令相关，需要对多条指令地址与多条指令的运算结果地址进行比较，看是否有相同的，这是很复杂的。如果发现有指令相关，还要让已预取进指缓的相关指令作废，重取并更换指缓中的内容。这样做不仅操作控制复杂，而且增加了辅助操作时间。特别是要花一个主存周期去访存、重新取指，带来的时间损失很大。

如果规定在程序运行过程中不准修改指令，指令相关就不可能发生。不准修改指令还可以实现程序的可载入和程序的递归调用。

为满足程序设计灵活性的需要，在程序运行过程中有时希望修改指令，这时可设置一条"执行"指令来实现。"执行"指令最初是研制 IBM 370 时专门设计的，其形式如图 9-16 所示。

当执行到"执行"指令时，从第二操作数(X2)+(B2)+D2 地址取出操作数区域中的内容作为指令来执行，如图 9-17 所示。

所执行的指令的第 8～15 位可与(R1)24～31 位内容进行逻辑"或"，以进一步提高指令修改的灵活性。

由于被修改的指令是以"执行"指令的操作数形式出现的，将指令相关转化成了数相关，只需统一按数相关处理即可。

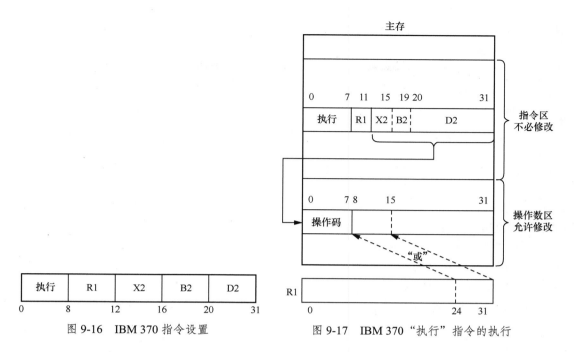

执行	R1	X2	B2	D2

0　　　　8　　　12　　　16　　　20　　　　31

图 9-16　IBM 370 指令设置

图 9-17　IBM 370 "执行" 指令的执行

2. 主存空间相关

主存空间相关是相邻两条指令之间出现对主存同一单元要求先写后读的关联。

如果让 "执行$_k$" 与 "分析$_{k+1}$" 在时间上重叠，就会使 "分析$_{k+1}$" 读出的数不是第 k 条指令执行完应写入的结果而出错；要想不出错，只有推后 "分析$_{k+1}$" 的读操作，如图 9-18 所示。

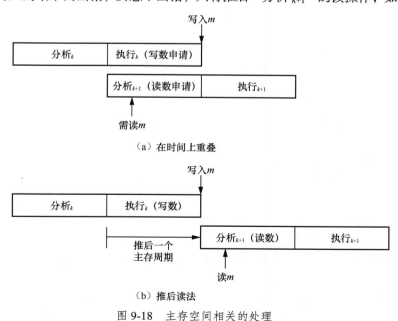

（a）在时间上重叠

（b）推后读法

图 9-18　主存空间相关的处理

3. 通用寄存器组相关

一般的计算机中，通用寄存器除了存放源操作数、运算结果外，也可能存放形成访存

流水线技术　第9章

操作数物理地址的变址值或基址值，因此，通用寄存器组相关又分为操作数的相关和变址值/基址值的相关。

假设某计算机的基本指令格式如图 9-19 所示。L1、L3 分别指明存放第一操作数和运算结果的通用寄存器号，B2 为形成第二操作数地址的基址值所在通用寄存器号，D2 为相对位移量。

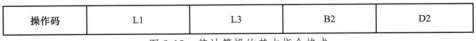

| 操作码 | L1 | L3 | B2 | D2 |

图 9-19　某计算机的基本指令格式

在指令解释过程中，使用通用寄存器发挥不同用途所需微操作的时间是不同的。图 9-20 所示为它们的时间关系。

① 基址值或变址值一般是在"分析"周期的前半段取用。
② 操作数是在"分析"周期的后半段取出，到"执行"周期的前半段才用。
③ 运算结果是在"执行"周期末尾形成并存入通用寄存器中。

正因为时间关系不同，所以通用寄存器的操作数相关和基址值/变址值相关的处理方法不同。

假设正常情况下，"分析"和"执行"的周期与主存周期都是 4 拍。"执行$_k$"与"分析$_{k+1}$"重叠时，访问通用寄存器组的时间关系如图 9-21 所示。当程序执行过程中出现了 L1(k+1)=L3(k)时就发生了 L1 相关，而当 L2(k+1)=L3(k)时就发生了 L2 相关，此时如果仍维持让"执行$_k$"和"分析$_{k+1}$"一次重叠，"分析$_{k+1}$"取来的(L1)或(L2)并不是"执行$_k$"的真正结果，从而会出错。

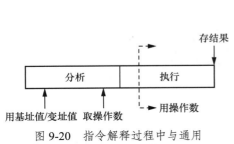

图 9-20　指令解释过程中与通用寄存器内容有关的微操作时间关系

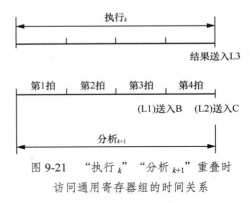

图 9-21　"执行$_k$""分析$_{k+1}$"重叠时访问通用寄存器组的时间关系

9.2.2　流水线的相关性处理

通用寄存器组操作数相关问题的解决办法：推后读，增设"相关专用通路"。

与前述处理主存空间相关的一样，推后"分析$_{k+1}$"到"执行$_k$"结束时开始，使一次重叠变成完全顺序串行。推后"分析$_{k+1}$"使"分析$_{k+1}$"在取(L1)或(L2)时能取到即可，相邻两条指令的解释仍有部分重叠，可以减小速度损失，但控制要复杂一些。推后读以牺牲速度来避免相关时出错。

在运算器的输出到寄存器 B 或 C 输入之间增设相关专用通路，如图 9-22 所示，则在发生 L1 或 L2 相关时，接通相应的相关专用通路，"执行$_k$"时就可以在将运算结果送入通用寄存器完成其应有的功能的同时，直接将运算结果回送到寄存器 B 或 C。

尽管原先将通用寄存器的旧内容经数据总线分别在"分析 $_{k+1}$"的第 3 拍或第 4 拍末送入了操作数寄存器 B 或 C 中，但之后经相关专用通路在"执行 $_{k+1}$"真正用它之前，操作数寄存器 B 或 C 重新获得第 k 条指令送来的新结果。这样，既保证相关时不用推后"分析 $_{k+1}$"，重叠效率不下降，又可以保证指令重叠解释时数据不会出错。

推后"分析 $_{k+1}$"和设置"相关专用通路"是解决重叠方式相关处理的两种基本方法。前者以降低速度为代价，使设备基本上不增加；后者是以增加设备为代价，使重叠效率不下降。

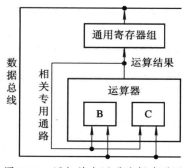

图 9-22　用相关专用通路解决通用寄存器组的操作数相关

由于主存空间相关发生的概率低，通常不采用"相关专用通路"，节省设备资源，重叠效率也不会明显下降。按哈夫曼（Huffman）思想解决主存空间相关问题时，一般也不用"相关专用通路"，而采用推后读法。

越长的流水线，相关问题越严重。所以，流水线并不是越长越好，超标量也不是越多越好，找到一个速度与效率的平衡点才是最重要的。

9.2.3　非线性流水线的调度

1．非线性流水线的表示

非线性流水线除了串行连接的通路外，还有反馈回路，其结构比较复杂。使用非线性流水线处理任务的特点：从输入到输出的一次流水过程中并不是每个站按顺序只使用一次，而是有的站可能使用多次。要解决此问题，就需要增加重复硬件站，把非线性流水线做成线性流水线，或增加反馈回路，重复利用某一站。线性流水线调度比较简单，因为对各任务而言，每个站只按顺序使用一次，不会在某时刻出现两个任务争用一个硬件站的情况，只需每个时钟节拍输入一个任务就不会出现冲突问题。在非线性流水线中，由于一个站可能被多次使用，如果仍按线性流水线输入方法就可能在某个时刻有两个或多个任务争用一个硬件站，就会发生冲突，使得流水线不能通畅。所以在非线性流水线中就存在什么时刻输入任务不会冲突的问题，也就是调度问题。

一条线性流水线通常只用各个流水段之间的连接图就能够表示清楚，但是，在非线性流水线中，由于一个任务在流水线的各个流水段中不是线性流动的，有些流水段要反复使用多次，只用连接图并不能正确地表示非线性流水线的全部工作过程，因此，引入流水线预约表的概念。一条非线性流水线一般需要一个各流水段之间的连接图和一张预约表共同来表示。

图 9-23（a）所示是一条由 4 个流水段组成的非线性流水线，它与一般线性流水线相同的地方是都有从第一个流水段 S_1 到最后一个流水段 S_4 的单方向传输线；它与一般线性流水线明显不同的地方有两个：一是有两条反馈线和一条前馈线，二是非线性流水线的输出端经常不在最后一个流水段，而可能在中间的任意一个流水段。

预约表如图 9-23（b）所示。中间有"X"的表示该流水段在这个时钟周期处于工作状态，即在这个时钟周期有任务通过这个流水段，空白的地方表示该流水段在这个时钟周期不工作。一行中可以有多个"X"，其含义是一个任务在不同时钟周期重复使用了同一个流水段，一列中有多个"X"是指在同一个时钟周期同时使用了多个流水段。预约表的行数就是非线性流水线的段数，这与线性流水线相同，而预约表的列数是指一个任务从进入流水线到从流水线中输出结果所经过的时钟周期数。

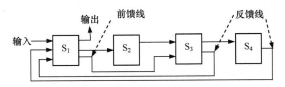

（a）非线性流水线的连接图

流水段	时钟周期						
	1	2	3	4	5	6	7
S_1	X			X			X
S_2		X			X		
S_3			X			X	
S_4			X				

（b）非线性流水线的预约表

图 9-23　非线性流水线的表示方法

2．非线性流水线的冲突

当以某一个启动距离向一条非线性流水线连续输入任务时，可能在某一个流水段或某些流水段中发生几个任务同时争用同一个流水段的情况，这种情况就是非线性流水线中的冲突。下面介绍流水线冲突中涉及的基本概念。

（1）启动距离

向一条非线性流水线的输入端连续输入两个任务之间的时间间隔称为非线性流水线的启动距离或等待时间。启动距离通常用时钟周期数来表示，它是一个正整数。

（2）禁止启动距离

引起非线性流水线流水段冲突的启动距离称为禁止启动距离。例如，图 9-23 所示的非线性流水线，分别在第 1 个时间周期和第 4 个时间周期重复使用流水段 S_1，其禁止启动距离为 4–1=3。

（3）启动循环

使非线性流水线的任何一个流水段在任何一个时钟周期都不发生冲突的循环数列称为非线性流水线的启动循环。

（4）恒定循环

只有一个启动距离的启动循环又称为恒定循环。

对于图 9-23 所示的非线性流水线，启动循环为(5)的预约表如图 9-24 所示，启动循环为(1,7)的预约表如图 9-25 所示。从图 9-24、图 9-25 的预约表中可以看出，任何一个流水段在任何一个时钟周期都不发生冲突。

把一个启动循环内的所有启动距离相加再除以这个启动循环内的启动距离个数就得到这个启动循环的平均启动距离。例如，启动循环(1,7)的平均启动距离是 4，而恒定循环(5)的平均启动距离就是它本身的启动距离 5。

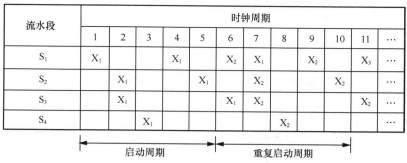

图 9-24　启动循环为(5)的流水线预约表

流水段	时钟周期											
	1	2	3	4	5	6	7	8	9	10	11	…
S_1	X_1			X_1		X_2	X_1		X_2		X_3	…
S_2		X_1			X_1		X_2			X_2		…
S_3		X_1				X_1	X_2				X_2	…
S_4			X_1					X_2				…

图 9-25　启动循环为(1,7)的流水线预约表

流水段	时钟周期																
	1	2	3	4	5	6	7	8	9	10	11	12	13	14	15	16	…
S_1	X_1	X_2		X_1	X_2		X_1	X_2	X_3	X_4		X_3	X_4		X_3	X_4	…
S_2			X_1	X_2		X_1	X_2				X_3	X_4		X_3	X_4		…
S_3			X_1	X_2			X_1	X_2			X_3	X_4			X_3	X_4	…
S_4				X_1	X_2							X_3	X_4				…

（5）禁止向量

要正确地调度一条非线性流水线，首先要找出流水线的所有禁止启动距离。把一条非线性流水线的所有禁止启动距离组合在一起就形成一个数列，通常把这个数列称为非线性流水线的禁止向量。由预约表得到禁止向量的方法很简单，只要把预约表的每一行中任意两个"X"之间的距离都计算出来，去掉重复的，由这组数组成的数列就是这条非线性流水线的禁止向量。

3．非线性流水线的无冲突调度方法

非线性流水线无冲突调度的主要目标是，找出具有最小平均启动距离的启动循环，按照这样的启动循环向非线性流水线的输入端输入任务，流水线的工作速度最快，所有流水段在任何时间都没有冲突，而且流水线的工作效率最高。下面将系统地介绍非线性流水线的无冲突调度方法，这些理论最早是由爱德华·S.戴维森（Edward S.Davidson）及其学生于 1971 年提出来的。

非线性流水线的无冲突调度方法的基本步骤如下。

（1）写出流水线的禁止表和初始冲突向量。

（2）画出调度流水线的状态转换图。

（3）求出流水线的各种启动循环和对应的平均启动距离。

（4）找出平均启动距离最小的启动循环。

冲突向量用二进制数表示，其长度是禁止表中的最大距离，每一位在向量中的位置 i，对应于 i 个时钟周期的启动距离，若该启动距离是禁止启动距离，则该位为 1，否则为 0。

例如：

流水线技术　第 9 章

禁止表 $F = (6,4,2)$，

则：

冲突向量 $\boldsymbol{C} = (C_6C_5C_4C_3C_2C_1)$，

由于禁止表是(6,4,2)，得到 $C_6 = C_4 = C_2 = 1$，其余位为 0，因此，冲突向量 $\boldsymbol{C} = (101010)$。

把上面得到的冲突向量 $\boldsymbol{C}$ 作为初始冲突向量送入一个逻辑右移移位器。当从移位器移出的位为 0 时，用移位器中的值与初始冲突向量做"按位或"运算，得到一个新的冲突向量；若移位器移出的位为 1，则不做任何处理；移位器继续右移，如此重复。对于中间形成的每一个新的冲突向量，都按照这一方法进行处理。在初始冲突向量和所有新形成的冲突向量之间用带箭头的线连接，表示各种状态之间的转换关系。当新形成的冲突向量与已形成的冲突向量出现重复时可以将其合并到一起。

【例 9-4】一条有 4 个流水段的非线性流水线，每个流水段的延迟时间都相等，其预约表如图 9-26 所示。请画出该流水线的状态转换图并计算最小平均启动距离和启动距离最小的恒定循环。

解

（1）对于 S_1，禁止启动距离是 7–1=6；

对于 S_2，禁止启动距离是 6–2=4；

对于 S_3，禁止启动距离是 5–3=2；

可见，禁止表 F=(6,4,2)。

因此，初始冲突向量 C=(101010)。

（2）初始冲突向量逻辑右移 2、4、6 位

流水段	时钟周期						
	1	2	3	4	5	6	7
S_1	X						X
S_2			X			X	
S_3			X		X		
S_4				X			

图 9-26 非线性流水线的预约表

时，不做任何处理，逻辑右移 1、3、5 位和大于或等于 7 位时，必须进行处理，即将逻辑右移之后的代码与初始冲突向量进行"按位或"运算，最后把所有不相同的冲突向量用带箭头的线连接起来，即得图 9-27 所示的状态转换图。

（3）把状态转换图中各种冲突向量只经过一次的启动循环（即简单循环）找出来，由简单循环计算平均启动距离，结果如图 9-28 所示。

可见，最小启动循环为(1,7)和(3,5)，平均启动距离为 4；启动距离最小的恒定循环是(5)。

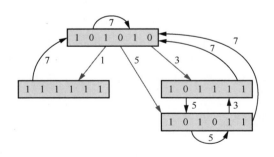

图 9-27 非线性流水线的状态转换图

简单循环	平均启动距离
(1,7)	4
(3,7)	5
(5,7)	6
(3,5,7)	5
(5,3,7)	5
(3,5)	4
(5)	5
(7)	7

图 9-28 所有的简单循环及其平均启动距离

9.3 流水线的冲突问题及其处理

在指令流水线技术中，指令冲突问题与指令相关问题是不同的问题。指令相关是指多

条并行执行的指令存在一定的依赖关系，如果这种依赖关系不能得到正确的处理，就可能导致指令执行错误。例如，先写后读的情况，如果写入的数值未被其他指令读取，那么就会产生数据相关问题。指令冲突则是指多条指令同时或先后访问同一资源（例如寄存器或内存单元）时产生了冲突。这种冲突可能会导致数据被覆盖、数据读/写错误等问题。例如，两个指令都试图同时写入同一个寄存器或内存单元，就会产生数据冲突。本节将深入讨论指令冲突的具体原因及其处理办法。

9.3.1 流水线的冲突类型

在指令流水线技术中，常见的指令冲突包括结构冲突、数据冲突和控制冲突。

1. 结构冲突

结构冲突（Structural Hazard）发生在多条指令同时需要访问同一硬件资源时，如多条指令同时需要访问同一寄存器或者内存单元。这种冲突主要是硬件资源的限制造成的。如图 9-29 所示，在第 4 个时钟周期，第一条指令 LOAD 与处于同一流水线的指令 i+3 访问同一个内存单元，引起了结构冲突。

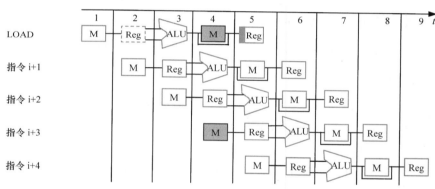

图 9-29　访问同一个内存单元而引起的结构冲突

2. 数据冲突

数据冲突（Data Hazard）发生在多条指令之间存在数据依赖关系时，如一条指令需要使用另一条指令尚未计算完毕的结果。数据冲突分为读后写（RAW）、写后读（WAR）和写后写（WAW）3 种情况。

（1）RAW 冲突——指令 A 需要读取指令 B 尚未写回的数据。

（2）WAR 冲突——指令 A 需要写入指令 B 尚未读取的数据。

（3）WAW 冲突——指令 A 和指令 B 都需要对同一个寄存器或者内存单元进行写入。

如图 9-30 所示，虚线箭头标注该流水线发生 WAR 冲突。DADD 指令将在第 5 个时钟周期才能把计算结果写入寄存器 R1，后续 DSUB 和 XOR 指令如果按正常流水执行，只能得到 DADD 指令写入之前的 R1 的数据，而 AND 指令从 R1 中读数据与 DADD 指令往 R1 写数据同时发生，将造成所读到的数据的值完全无法确定。图中，IM 表示从内存单元取指令，DM 表示数据写入内存单元。

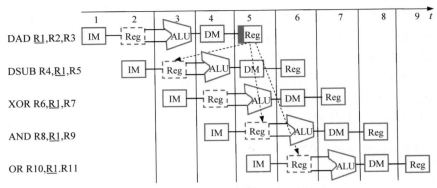

图 9-30　流水线中的数据冲突示例

3．控制冲突

控制冲突（Control Hazard）发生在分支指令或者异常指令之后，分支指令的条件尚未满足或者异常指令的异常处理尚未完成，导致后继指令无法正确执行。

这些冲突主要是由指令之间的依赖关系、资源竞争和控制流中的条件限制等造成的。处理这些冲突的方法包括插入空闲周期、数据旁路、指令重排和预测执行等。

9.3.2　流水线的冲突解决办法

针对上述不同的流水线冲突问题，可以采取不同的解决办法。

1．结构冲突

结构冲突是竞争硬件资源导致的，可以采取以下方法加以解决。

（1）重组代码（Code Reordering）——通过调整指令的顺序，使得不会同时使用同一个资源的指令相互接近。

（2）增加硬件资源（Adding Hardware）——增加硬件资源来消除竞争，例如增加缓存或多个访存单元。

（3）插入空操作指令（Inserting NOPs）——在指令流水线中插入空操作指令，使得竞争资源的指令不会同时执行。

2．数据冲突

数据冲突是指令之间的数据依赖关系导致的，可采取以下方法加以解决。

（1）数据旁路（Data Forwarding）——将计算结果直接传递给需要使用该结果的指令，而不必等待结果写入寄存器。如图 9-31 所示，ADD 指令在第 3 个时钟周期刚产生的计算结果，通过连接旁路直接提供给 SUB 指令和 AND 指令使用，而不用等到第 5 个时钟周期结束。

（2）插入空操作指令——在指令流水线中插入空操作指令，以等待数据结果就绪。如图 9-32 所示，在 ADD 指令之后连续插入 3 个空操作指令（NOP），让 SUB 指令等待 ADD 指令的计算结果，这样实际上起到暂停流水的效果。

（3）提前加载（Early Load）——在数据需要被使用之前，通过预测或猜测的方式提前获取数据。

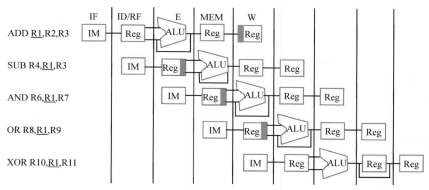

图 9-31　数据旁路技术解决数据冲突示意图

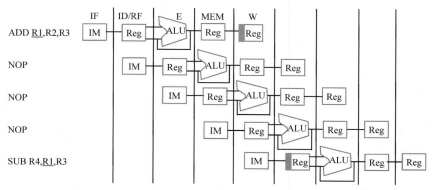

图 9-32　插入空操作指令解决数据冲突示意图

3．控制冲突

控制冲突是由分支指令或异常指令引起的，其解决方法包括如下几种。

（1）分支预测（Branch Prediction）——通过预测分支的结果，提前执行可能的指令路径，以减少分支带来的停顿。

（2）分支延迟槽（Branch Delay Slot）——在分支指令之后插入一条指令，其在分支发生时能够被立即执行，避免停顿。

（3）延迟分支（Delayed Branch）——将分支指令的执行推迟到分支目标指令之后，使得分支指令不会影响指令流水线的正常执行。

9.4　向量流水线处理机

在向量各分量上执行的运算操作一般都是彼此无关、各自独立的，因而可以按多种方式并行执行，这就是向量型并行计算。向量运算的并行执行，主要采用流水线方式和阵列方式两种。向量的流水线处理，选择使向量运算最能充分发挥出流水线性能的处理方式。

9.4.1　向量流水线处理机的结构

若输入流水线的指令无任何相关，则流水线可获得高的吞吐率和效率。在科学计算中，往往有大量不相关的数据进行同一种运算，这正符合流水线特点。因此就出现了具有向量数据表示和相应向量指令的向量流水线处理机。一般称向量流水线处理机为向量机。向量流水线处理机的结构因具体机器的不同而不同。在向量流水线处理机中，标量处理器被集成为一组功能单元，它们以流水线方式执行存储器中的向量数据，能够在存储器中的任何地方操作的向量就没有必要将该数据结构映射到不变的互连结构上，从而简化了数据对准的问题。

以 CRAY-1 为例，说明向量流水线处理机的结构。图 9-33 所示为 CRAY-1 的向量流水线处理简图。

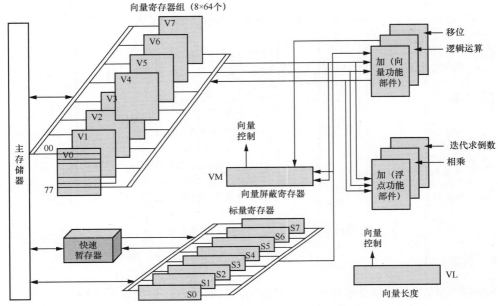

图 9-33　CRAY-1 的向量流水线处理简图

CRAY-1 是由中央处理机、诊断维护控制处理机、大容量磁盘存储子系统、前端处理机组成的功能分布异构型多处理机系统。中央处理机的控制部分里有总容量为 256×16 位的指缓，分成 4 组，每组 64 个。

中央处理机的运算部分有 12 个可并行工作的单功能流水线，可分别流水地进行地址、向量、标量的各种运算，包括整数加、逻辑运算、移位、浮点加、浮点乘和浮点迭代求倒数。这些流水线处理部件并行工作，其流水线经过的时间分别为 2、3、4、6、7 和 14 拍。1 拍为 12.5ns。任何一条流水线只要满负荷流动，就可以每拍流出一个结果分量。另外，还有可为流水线功能部件直接访问的向量寄存器组 V0 ~ V7、标量寄存器 S0 ~ S7 及地址寄存器 A0 ~ A7。

向量寄存器部分由 512 个 64 位的寄存器组成，分成 8 组，编号为 V0 ~ V7。每个向量寄存器组可存放最多有 64 个分量（元素）的一个向量，因此向量寄存器中同时可存放 8 个向量。对于长度超过 64 个分量的长向量可以由软件加以分段处理，每段 64 个分量。为处理长向量而形成的程序结构称为向量循环。每经一次循环，处理一段。通常在分段过程中把余下不足 64 个分量的段作为向量循环的首次循环，使其最先得到处理。

向量寄存器组在同一时钟周期内可接收一个结果分量，并为下次操作提供一个源分量，这种把寄存器组既作为结果寄存器组又作为源寄存器组的用法，可以实现将两条或多条向量指令链接成一条来提高向量操作的并行程度和功能部分流水的效能。CRAY-1 还设置了 64 位的向量屏蔽寄存器 VM，其中每一位对应于向量寄存器组的一个分量，可以用于向量的归并、压缩、还原和测试操作，允许对向量的各个分量进行单独运算。

存储器中任何以固定条状分布的向量，均可用向量 LOAD/STORE 指令来回传至连续的向量寄存器，所有的算术运算执行于向量寄存器上。

为了能充分发挥向量寄存器组和可并行工作的 6 个流水功能部件的作用以及加快对向量的处理，CRAY-1 被设计成每个向量寄存器组都有单独的总线连到 6 个功能部件上，而每个功能部件也各有运算结果送回向量寄存器组的输出总线。这样，只要不出现向量寄存器组冲突和功能部件冲突，各个向量寄存器组之间和各个功能部件之间都能并行工作，大大加快了向量指令的处理，这是 CRAY-1 向量处理的一个显著特点。

9.4.2　向量流水线处理机的性能指标

衡量向量流水线处理机性能的主要参数：向量指令的处理时间 T_{vp}、最大性能 R、半性能向量长度 $n/2$、向量长度临界值 n_v。

1．向量指令的处理时间 T_{vp}

执行一条向量长度为 n 的向量指令所需的时间为：

$$T_{vp} = T_s + T_{vf} + (n-1)T_c \qquad (9\text{-}12)$$

其中，T_s 是向量处理单元流水线的建立时间，包括向量起始地址的设置、计数器加 1、条件转移指令执行等的时间。T_{vf} 是向量处理单元流水线的流过时间，它是从向量指令开始执行到得到第一个计算结果（向量元素）所需的时间。T_c 是向量处理单元流水线"瓶颈"段的执行时间，如果向量处理单元流水线不存在"瓶颈"段，每段的执行时间等于一个时钟周期，则式（9-12）也可以写为：

$$T_{vp} = [s + e + (n-1)]T_{clk} \qquad (9\text{-}13)$$

其中，s 是向量处理单元流水线建立所需的时钟周期数，e 是向量流水线流过所需的时钟周期数，n 为向量长度，T_{clk} 为时钟周期长度。

对于一组向量指令，其执行时间主要取决于 3 个因素，分别是向量的长度、向量操作之间是否有连接、向量功能部件的冲突和数据的相关性。通常把几条能在同一个时钟周期内一起开始执行的向量指令集合称为一个编队。

2．最大性能 R

最大性能 R 表示当向量长度为无穷大时向量流水线处理机的最高性能，也称为峰值性能。向量流水线处理机的峰值性能可以表示为：

$$R = \lim_{n \to \infty} \frac{向量指令序列中浮点运算次数 \times 时钟频率}{向量指令序列执行所需时钟周期数} \qquad (9\text{-}14)$$

3．半性能向量长度 $n/2$

半性能向量长度即向量流水线处理机的运行性能达到其峰值性能的一半时所必须满足

流水线技术 | 第 9 章

的向量长度。它是评价向量功能部件的流水线建立时间，是影响向量流水线处理机性能的重要参数。

4. 向量长度临界值 n_v

向量长度临界值是指，对于某一计算任务而言，向量方式的处理速度优于标量串行方式处理速度时所需的最小向量长度。

9.5 超标量与超流水线处理机

9.5.1 超标量处理机

通常，把一个时钟周期内能够同时执行多条指令的处理机称为超标量处理机。超标量处理机最基本的要求是必须有两套或两套以上完整的指令执行部件。为了能够在一个时钟周期内同时发送多条指令，超标量处理机必须有两条或两条以上能够同时工作的指令流水线。

目前，在多数超标量处理机中，每个时钟周期发送 2 条指令，通常不超过 4 条。由于存在数据相关和条件转移等问题，采用一般的指令调度技术，理论上的最佳情况是每个时钟周期发射 3 条指令。对大量程序的模拟统计结果也表明，每个时钟周期发送 2～4 条指令比较合理。例如，英特尔公司的 i860、i960、Pentium 处理机，摩托罗拉公司的 MC88110 处理机，IBM 公司的 Power 6000 处理机等每个时钟周期都发送 2 条指令；德州仪器公司为太阳计算机系统（SUN）公司生产的 SuperSPARC 处理机每个时钟周期发送 3 条指令。

9.5.2 超流水线处理机

在一般标量流水线处理机中，通常把一条指令的执行过程分解为"取指令""译码""执行""写回结果" 4 个流水段。如果把其中的每个流水段再细分，比如，再分解为 2 个延迟时间更短的流水段，则一条指令的执行过程就要经过 8 个流水段，这样，在一个时钟周期内就能够执行"取指令"两条，执行"译码""执行""写回结果"指令各两条。这种在一个时钟周期内能够分时发送多条指令的处理机称为超流水线处理机。另外，也可以把指令流水线的段数大于或等于 8 的流水线处理机称为超流水线处理机。

超流水线处理机的工作方式与超标量处理机的不同，超标量处理机通过重复设置多个取指令部件、译码部件、执行部件和写回结果部件，并且让这些功能部件同时工作来提高指令的执行速度，实际上是以增加硬件资源为代价来换取处理机性能的；而超流水线处理机则不同，它只需要增加少量硬件，是通过各部分硬件的充分重叠工作来提高处理机性能的。从流水线的时空图上看，超标量处理机采用的是空间并行性，而超流水线处理机采用的是时间并行性。

一台并行度为 n 的超流水线处理机，它在一个时钟周期内能够分时发送 n 条指令。但这 n 条指令不是同时发送的，而是每隔 $1/n$ 个时钟周期发送一条。因此，实际上超流水线处理机的流水线周期为 $1/n$ 个时钟周期。一台每个时钟周期分时发送两条指令的超流水线处理机的指令执行时空图如图 9-34 所示。

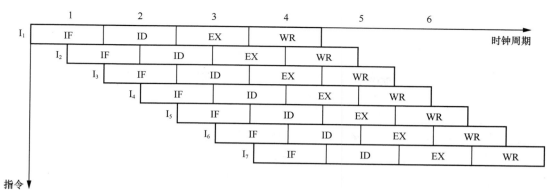

IF表示取指令，ID表示指令译码，EX表示执行指令，WR表示写回结果

图 9-34　超流水线处理机的指令执行时空图

在早期生产的计算机中，巨型计算机 CRAY-1 和大型计算机 CDC-7600 属于超流水线处理机，其指令级并行度 $n=3$。目前，超流水线技术已经在微处理器中得到广泛应用，比较典型的产品有：Intel Pentium 及其后续的产品、美国硅图（SGI）公司的 MIPS（Microprocessor without Interlocked Piped Stages 非互锁流水线微处理器）系列微处理器等。其中，MIPS 系列的微处理器主要有 R2000、R3000、R4000、R5000 和投放市场不久的 R10000 等几种。有关 Intel Pentium 的超流量技术的介绍请读者扫描二维码进行拓展阅读。

Intel Pentium
超标量流水技术

习题 9

1．单项选择题

（1）下列说法正确的是（　　　）。

A．"一次重叠"是一次解释一条指令

B．"一次重叠"是同时解释相邻两条指令

C．流水方式是同时只能解释两条指令

D．"一次重叠"是同时可解释很多条指令

（2）非线性流水线的特征是（　　　）。

A．一次运算中使用流水线中的多个流水段

B．一次运算中多次使用流水线中的某些流水段

C．流水线中某些流水段在各次运算中的作用不同

D．流水线的各流水段在不同的运算中可以有不同的连接

（3）指令之间的"一次重叠"是指（　　　）。

A．"执行$_k$"与"取指$_{k+1}$"重叠　　　　B．"分析$_{k+1}$"与"执行$_k$"重叠

C．"取指$_{k+1}$"与"分析$_k$"重叠　　　　D．"分析$_k$"与"执行$_{k+1}$"重叠

（4）结合图 9-2，以下有关指令重叠的说明不正确的是（　　　）。

A．"取指$_k$"和"取指$_{k+1}$"重叠　　　　B．"分析$_k$"和"取指$_{k+1}$"重叠

C．"分析$_{k+1}$"和"取指$_{k+2}$"重叠　　　D．"执行$_{k+1}$"和"分析$_{k+2}$"重叠

（5）"一次重叠"中消除"指令相关"最好的方法是（　　　）。

A．不准修改指令　　　　　　　　B．设相关专用通路

C．推后分析下条指令　　　　　　D．推后执行下条指令

（6）以下有关指令之间"一次重叠"说法，错误的是（　　　）。

A．仅"执行$_k$"与"分析$_{k+1}$"重叠

B．"分析$_k$"完成后立即开始"执行$_k$"

C．应尽量使"分析$_{k+1}$"与"执行$_k$"时间相等

D．只需要一套指令分析部件和执行部件

（7）在流水过程中存在的相关冲突中，（　　　）是由指令之间存在数据依赖性引起的。

A．资源相关　　　　B．数据相关　　　　C．性能相关　　　　D．控制相关

（8）利用时间重叠概念实现并行处理的是（　　　）。

A．流水处理机　　　　　　　　　B．多处理机

C．并行（阵列）处理机　　　　　D．相联处理机

（9）静态流水线是指（　　　）的流水线。

A．只有一种功能　　　　　　　　B．功能不能改变

C．同时只能完成一种功能的多功能　　D．可同时执行多种功能

2．简答题

（1）什么是向量流水线处理机？

（2）什么是流水线的相关问题？通常都有哪几类相关问题？这些相关问题都是什么原因造成的？各种相关问题各有什么解决方法？

（3）Pentium 的 U 流水线和 V 流水线是怎样工作的？

（4）【课程思政】思考 CPU 的流水线技术用于企业管理与经营的意义或价值，并探讨其实施策略与方法。

3．计算题

（1）设指令流水线分取指（IF）、译码（ID）、执行（EX）、回写（WR）4 个流水段，共有 10 条指令连续输入此流水线。要求如下：

① 画出指令周期流程；

② 画出非线性流水线时空图；

③ 画出流水线时空图；

④ 假设时钟周期为 100ns，求流水线的实际吞吐量（单位时间执行完毕的指令数）；

⑤ 求该流水处理器的加速比。

（2）有一条由 4 个流水段组成的流水线，每个流水段都使用 1 个时钟周期，周期长度为 Δt。每输出 10 条指令后停顿 4 个功能周期，求此流水线的实际加速比、吞吐率和效率。

<table>
<tr><td>第 10 章</td><td># 多处理机技术</td></tr>
</table>

10.1 阵列处理机

10.1.1 阵列处理机的结构

阵列处理机的思想早在 20 世纪 60 年代初就出现了，然而，又经过 10 年第一台为 NASA 服务的阵列处理机 ILLIAC Ⅳ才投入实际使用，如图 10-1 所示。其基本思想是通过重复设置大量相同的处理部件（Processing Unit，PU），将它们按一定的方式互连，在统一的控制部件（Control Unit，CU）控制下，对各自分配来的不同数据并行地完成同一条指令所规定的操作，如图 10-2 所示。每个 PU 由 64 位的算术处理器（Processing Element，PE）和局部存储器即处理单元存储器（Processing Element Memory，PEM）等组成。它依靠操作级的并行处理来提高系统的速度。虽然所有的处理机都遵循这一通用的模式，但是在具体的设计时不同的阵列处理机仍然有不同之处。

阵列处理机的控制部件中执行的是单指令流，因此与高性能单处理机一样，指令基本上是串行执行的，最多加上使用指令重叠或流水线的方式工作。

指令重叠是将指令分成两类，把只适合串行处理的标量控制类指令留给控制部件自己执行，而把适合并行处理的向量类指令广播到所有处理单元，让那些处于活跃的处理单元去并行执行。因此，这是一种标量控制类指令和向量类指令的重叠执行。

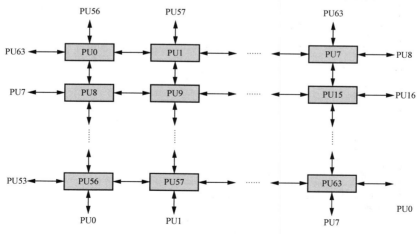

图 10-1　ILLIAC Ⅳ处理部件的连接

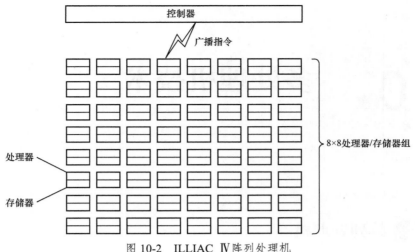

图 10-2 ILLIAC Ⅳ 阵列处理机

阵列控制器用于磁盘阵列，是磁盘阵列的"大脑"，硬件组成包括 CPU、高速缓存以及光纤通道（FC），主要用来实现数据的存储转发以及整个阵列的管理，是系统主机与存储器件（磁盘柜）之间的"桥梁"。阵列处理机根据存储器采用的组成方式不同分成两种。

1．分布式存储器阵列处理机

（1）分布存储的阵列处理机

各个处理单元设有局部存储器以存放分布式数据，这些数据只能被本处理单元直接访问。此种局部存储器称为处理单元存储器（PEM）。在控制部件内设有一个用来存放程序的主存储器 CUM。整个系统在控制部件统一控制下运行系统程序的用户程序。执行主存中用户程序的指令被传送给各个处理单元，控制处理单元并行地执行。

特点：处理器阵列一般通过控制部件接到一台管理处理机 SC 上，管理处理机一般是一种通用计算机，用于管理整个系统的全部资源，实现系统维护、输入输出、用户程序的汇编及向量化编译、作业调度、存储分配、设备管理、文件管理等操作系统的功能。

分布式存储器阵列处理机结构如图 10-3 所示。

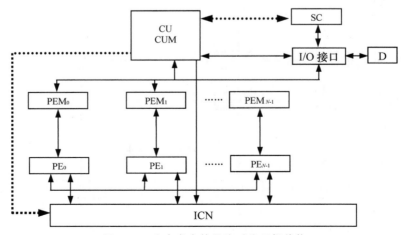

图 10-3 分布式存储器阵列处理机结构

（2）处理单元阵列

处理单元阵列由 64 个结构完全相同的处理单元 PE_i 构成，每个 PE_i 字长 64 位，PEM_i 为隶属于 PE_i 的局部存储器，每个存储器有 2048 字，全部 PE_i 由控制部件统一管理，每个 PE_i 都有一根方式位线，用来向控制部件传送每个 PE_i 的方式寄存器 D 中的方式位，使控制部件了解各 PE_i 的状态是否活动，作为控制它们工作的依据。

2．集中式共享存储器阵列处理机

系统存储器由 K 个存储体组成，并经信息中心网络（Information-Centric Networking，ICN）为全部 N 个处理单元所共享。为使各处理单元对长度为 N 的向量中的各个元素都能同时并行处理，存储体数 K 应大于或等于处理单元数 N。

各处理单元在访问主存时，为避免发生分体冲突，也要求有合适的算法能将数据合理地分配到各个存储体中。

ICN 用于在处理单元与存储体之间进行转接构成数据通路，使各处理单元能高速、灵活、动态地与不同的存储体相连，使尽可能多的处理单元能无冲突地访问共享的主存模块。

集中式共享存储器阵列处理机的主要特点是将资源重复和时间重叠结合起来开发并行性。

这类处理机在目前至多有几十个处理器。由于处理器数目较少，可通过大容量的高速缓存和总线互连使各处理器共享一个单独的集中式存储器。因为只有一个单独的主存，而且从各处理器访问该存储器的时间是相同的，所以这类处理机有时被称为均匀存储器访问（Uniform Memory Access，UMA）处理机。这类处理机结构是目前十分流行的结构。图 10-4 所示为此类处理机结构。

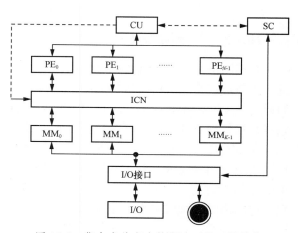

图 10-4　集中式共享存储器阵列处理机结构

10.1.2　阵列处理机的特点

阵列处理机也称并行处理机，其通过重复设置大量相同的处理单元，将它们按一定方式互连成阵列，在单一控制部件控制下，对各自所分配的不同数据并行执行同一组指令规定的操作，是操作级并行的 SIMD 计算机，它适用于矩阵运算。

阵列处理机实质上是由专门用于数组运算的处理单元阵列组成的处理机、专门用于处理单元阵列的控制及标量处理的处理机、专门用于系统输入输出及操作系统管理的处理机组成的异构型多处理机系统。这些处理机有一个共同特点，即可以通过各种途径把它们转化成对数组或向量的处理，利用多个处理单元对向量或数组所包含的各个分量同时进行运算，从而易于获得很高的处理速度。

阵列处理机除执行向量运算外，还受标量运算速度和编译开销大小的影响。这就要求阵列处理机系统的控制部件必须是具有高性能、强功能的标量处理机。编译时间的多少，与阵列处理机的结构有关，也与机器语言的并行性程度有关。正因如此，阵列处理机必须用一台高性能单处理机作为管理计算机来配合工作，运行系统的全部管理程序。

阵列处理机基本上是一台向量处理专用机。对于标量运算占 10%的题目，提高标量运算速度也很重要，因为不是什么运算都可转化为向量运算。

阵列处理机有如下优点。

➢ 利用资源重复（空间因素）而非时间重叠。
➢ 利用同时性而非并发性。
➢ 通过增加处理单元个数来提高运算速度，其潜力比单个处理机的大得多。
➢ 使用简单而又规整的互连网络来确定多个处理单元之间的连接模式。
➢ 阵列处理机研究必须与并行算法研究密切结合，使之适应性更强，应用面更广。

阵列处理机也有很多不足，如下。

➢ 许多问题不能很好地映射为严格的数据并行算法。
➢ 在某一时刻，阵列处理机只能执行一条指令，当程序进入条件执行并行代码时，效率会下降。
➢ 很大程度上是单用户系统，不容易处理多个用户要同时执行多个并行程序的情况，不适用于小规模系统。

10.1.3 互连网络及其实现

互连网络是一种由开关元件按照一定的拓扑结构和控制方式将集中式系统或分布式系统中的节点连接起来所构成的网络，这些节点可能是处理器、存储模块或者其他设备，它们通过互连网络相互连接并进行信息交换。互连网络已成为并行处理系统的核心组成部分，它对并行处理系统的性能起着决定性的作用。

在 SIMD 计算机中，无论是处理单元之间，还是处理单元与存储体之间，都要通过互连网络进行信息交换。在大规模集成电路和微处理器飞速发展的今天，建造多达 $2^{14} \sim 2^{16}$ 个处理单元的阵列处理机已成为现实，但如果要求任意两个处理单元之间都有直接的通路，则互连网络的连线将多得无法实现。因此，采取让相邻的处理单元之间只有有限的几种直连方式，经过一步或少量几步传送即可实现任何两个处理单元间为完成解题算法所需的信息传送。

SIMD 系统的互连网络的设计目标是：结构不要过分复杂，以降低成本；互连要灵活，以满足算法和应用的需要；处理单元间信息交换所需传送的步数要尽可能少，以提高速度；能用一系列规整、单一的基本构件，通过多级连接来实现复杂的互连，使模块性好，以便用 VLSI 实现并满足系统的可扩充性。

下面只介绍 3 种基本的单级互连网络——立方体单级网络、PM2I 单级网络和混洗交换单级网络。

1．立方体单级网络

立方体（Cube）单级网络的名称来源于图 10-5 所示的三维立方体结构。立方体的每一个顶点（网络的节点）代表一个处理单元，共有 8 个处理单元，用 *zyx* 3 位二进制编码。它所能实现的入、出端连接如同立方体各顶点间能实现的互连，即每个处理单元只能直接连到其二进制编码的某一位取反的其他 3 个处理单元上。如 010 只能连接到 000、011、110，不能直接连到对角线上的 001、100、101、111。所以，三维立方体单级网络有 3 种互连函数：$Cube_0$、$Cube_1$ 和 $Cube_2$。其连接方式如图 10-6 中的实线所示。$Cube_i$ 函数表示相连的入端和出端的二进制编码只在右起第 i（$i=0,1,2$）位上 0、1 互反，其余各位都相同。

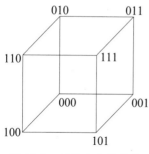

图 10-5 三维立方体结构

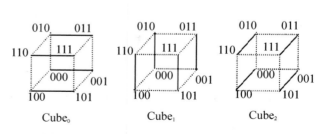

图 10-6 三维立方体单级网络的 3 种互连结构

推广到 n 维时，N 个节点的立方体单级网络共有 $n=\log_2N$ 种互连函数，即

$$Cube_i(P_{n-1}\cdots P_i\cdots P_1 P_0)=P_{n-1}\cdots \overline{P_i}\cdots P_1 P_0 \qquad (10\text{-}1)$$

在式（10-1）中，P_i 为入端标号二进制编码的第 i 位，且 $0\leqslant i\leqslant n-1$。当维数 $n>3$ 时，称为超立方体（HyperCube）网络。

显而易见，立方体单级网络的最大距离为 n，即反复使用单级网络，最多经 n 次传送就可以实现任意一对入、出端间的连接。而且任意两个节点之间至少有 n 条不同的路径可走，容错性强，只是距离小于 n 的两个节点之间各条路径的长度可能不相等，如图 10-7 所示。

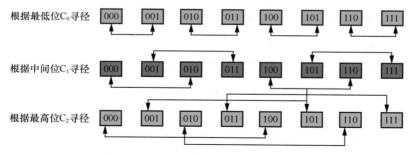

图 10-7 立方体单级网络连接不同路径

2．PM2I 单级网络

PM2I 单级网络是加减 2^i（Plus-Minus2^i）单级网络的简称。

$$PM_{2+i(j)} = (j + 2^i)\bmod N \qquad (10\text{-}2)$$
$$PM_{2-i(j)} = (j - 2^i)\bmod N \qquad (10\text{-}3)$$

式（10-2）和式（10-3）中，$0\leqslant i\leqslant N-1$，$0\leqslant j\leqslant n-1$，$n=\log_2N$。它共有 $2n$ 个互连函数。例如，对于 $N=8$，PM2I 单极网络连接如图 10-8 所示，各互连循环如下。

PM_{2+0}：（0 1 2 3 4 5 6 7）。

PM_{2-0}：（7 6 5 4 3 2 1 0）。

PM_{2+1}：（0 2 4 6）、（1 3 5 7）。

PM_{2-1}：（6 4 2 0）、（7 5 3 1）。

$PM_{2\pm2}$：（0 4）、（1 5）、（2 6）、（3 7）。

多处理机技术 第10章

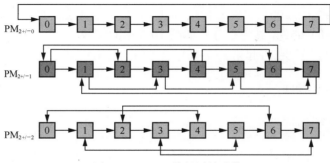

图 10-8　PM2I 单级网络连接

可以看出，图 10-8 中的 0 可直接连到 1、2、4、6、7 上，比立方体单级网络的 0 只能直接连到 1、2、4 上要灵活。PM2I 单级网络的最大距离为 $\left\lceil \dfrac{n}{2} \right\rceil$，从上面例子可以看出，最多只使用两次，即可实现任意对出、入端之间的连接。

3. 混洗交换单级网络

混洗交换（Shuffle-Exchange）单级网络包含两个互连函数，一个是全混（Perfect Shuffle），另一个是交换（Exchange）。"全混"用互连函数表示为

$$\text{Shuffle}(P_{n-1}P_{n-2}\cdots P_1P_0)=(P_{n-2}\cdots P_1P_0P_{n-1}) \tag{10-4}$$

式（10-4）中，$n=\log_2 N$，$P_{n-1}P_{n-2}\cdots P_1P_0$ 为入端标号的二进制编码。

如同洗扑克牌，先把整副牌分为两半，然后洗牌达到理想的"全混"状态，这也是"混洗"这个名称的由来。由于单纯的全混互连网络不能实现二进制编号为全"0"和全"1"的处理单元与其他处理单元的任何连接，因此还必须增加交换互连函数，它就是 Cube_0。这样就得到了全混交换互连网络，如图 10-9 所示。其中实线表示交换，虚线表示全混。

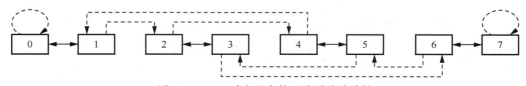

图 10-9　$N=8$ 时全混交换互连网络的连接

在全混交换互连网络中，最远的两个入、出端号是全"0"和全"1"，它们的连接需要 n 次交换和 $(n-1)$ 次混洗，所以最大距离为 $(2n-1)$。

【例 10-1】对于编号为 0、1、2……15 的 16 个处理器，采用单级互连网络，用 Cube_0 互连函数时，与第 10 号处理器相连的处理器是哪一个？

解　用 Cube_0 互连函数时，$\text{Cube}_0(1010)=1011$，所以与第 10 号处理器相连的处理器编号是 11。

【例 10-2】对于编号为 0、1、2……15 的 16 个处理器，采用单级互连网络，用 PM_{2+1} 互连函数时，与第 7 号处理器相连的处理器的编号是多少？

解　用 PM_{2+1} 互连函数时，$\text{PM}_{2+1}(7)=(7+2^1)\bmod 16$，所以与第 7 号处理器相连的处理器编号是 9。或者 $\text{PM}_{2+1}=(0\ 2\ 4\ 6\ 8\ 10\ 12\ 14)(1\ 3\ 5\ 7\ 9\ 11\ 13\ 15)$。

10.2 多处理机系统

10.2.1 多处理机系统的特点

多处理机系统属于 MIMD 系统，与 SIMD 系统的阵列处理机相比：在结构上，它的多个处理机要用多个指令部件分别控制，通过机间互连网络实现通信；在算法上，不限于向量数组处理，还要挖掘和实现更多通用算法中隐含的并行性；在系统管理上，要更多地依靠软件手段有效地解决资源分配和管理，特别是任务分配、处理机调度、进程的同步和通信等问题。

下面从 5 个方面来概括说明其主要特点。

1．结构灵活性

阵列处理机的结构主要是针对向量、数组处理设计的，有专用性；处理单元数已达16384 以上，只需要设置有限、固定的机间互连通路就可满足一批并行度很高的算法的需要。多处理机系统实现作业、任务、程序段的并行，为适应多样的算法，结构应更灵活多变，以实现复杂的机间互连，避免争用共享的硬件资源。这是多处理机机器数少的原因之一。

2．程序并行性

阵列处理机实现操作级并行，一条指令即可对整个数组同时进行处理，并行性存在于指令内部，识别比较容易，可以从指令类型和硬件结构上提供支持，由程序员编程时加以利用，或由向量化编译程序来协助。多处理机系统中，并行性存在于指令外部，表现在多个任务间的并行，加上系统要求通用，使程序并行性的识别较难，必须利用算法、程序语言、编译系统、操作系统、指令、硬件等多种途径，挖掘各种潜在的并行性，而不是主要依靠程序员在编程时解决。

3．并行任务派生

阵列处理机通过指令来反映数据间是否进行并行运算，并由指令直接启动多个处理单元进行并行工作。多处理机系统执行的是指令流，需要有专门的指令或语句指明程序中各程序段的并发关系，并控制它们并发执行，使一个任务执行时可以派生出与它并行执行的另一些任务。派生出的并行任务数随程序和程序流程的不同而动态变化，并不要求多处理机像阵列处理机那样用固定的处理器加屏蔽的办法来满足其执行的需要。如果派生出的并行任务数多于处理机数，就让那些暂时分配不到空闲处理机的任务排队，等待即将释放的处理机。反之，则可以让多余的空闲处理机去执行其他的任务。因此多处理机系统比阵列处理机的运行效率要高些。

4．进程同步

阵列处理机实现的是指令内部对数据操作的并行，所有活跃的处理单元在同一个控制器控制下同时执行同一条指令，工作自然是同步的。多处理机系统实现的是指令、任务、作业级的并行，同一时刻，不同处理机执行不同指令，工作进度不会也不必保持一致。但如果并发程序之间有数据相关或控制依赖，就要采取特殊的措施进行同步，使并发进程能按所需的顺序执行。

5．资源分配和任务调度

阵列处理机主要执行向量数组运算，处理单元数是固定的。程序员编写程序时，利用屏蔽手段设置处理单元的活跃状态，就可改变实际参加并行执行的处理单元数。多处理机系统执行并发任务，需要的处理机数没有固定的要求，各个处理机进入或退出任务以及所需资源的变化情况要复杂得多。这就需要解决好资源分配和任务调度，让处理机的负荷均衡，尽可能提高系统硬件资源的利用率，管理和保护好各处理机、进程共享的公用单元，防止系统死锁。这些问题的解决与否将会直接影响系统的效率。

10.2.2　多处理机系统的分类

多处理机系统由多台独立的处理机组成，每台处理机都能够独立执行自己的程序和指令流，相互之间通过专门的网络连接，实现数据的交换和通信，共同完成某项大的计算或处理任务。系统中的各台处理机由统一的操作系统进行管理，实现指令级以上并行，这种并行性一般建立在程序段的基础上，也就是说，多处理机的并行是作业或任务级的并行。从硬件结构、存储器组织方式等方面区分，多处理机系统有多种分类方法，主要分为两种，即紧耦合多处理机系统、松散耦合多处理机系统。

1．紧耦合多处理机系统

紧耦合多处理机系统是通过共享主存来实现处理机间通信的，其通信速率受限于主存的频宽。但是，由于各处理机与主存经互连网络连接，系统中处理机数就受限于互连网络带宽及多台处理机同时访问主存发生冲突的概率。

为减少主存访问冲突，多处理机系统的主存都采用模 m 多体交叉存取。模数 m 越大，发生冲突的概率将越低，但必须注意解决好数据在各存储器模块中的定位和分配问题。可以让各处理机自带一个小容量的存储器，以存放该处理机运行进程的核心代码和常用系统表格，进一步减少主存访问冲突。也可以让处理机自带高速缓存，减少访问主存的次数。

紧耦合多处理机系统的两种构型如图 10-10 所示，图中 ULM 为非映像局部存储器，MM 为存储器映像。这两种构型的主要区别是处理机是否自带专用高速缓存。系统由 P 台处理机、m 个存储器模块和 d 个 I/O 通道组成，通过处理机/存储器互连网络、I/O 处理机互连网络和中断信号互连网络进行互连。紧耦合多处理机系统的模型如图 10-11 所示。

系统中各处理机相互之间的联系是比较紧密的，通过系统中的共享主存储器实现彼此间的数据传送和通信。

优点：通过共享存储器，处理机间的通信和数据传输速度快、效率高。

缺点：存在访问冲突，总线带宽限制导致处理机数不能太多；为每个处理机配置较大的独立高速缓存可以缓解访问冲突问题，但同时高速缓存同步也是较大的问题。

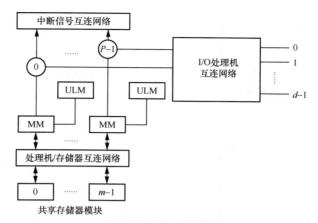

（a）处理机不带专用高速缓存

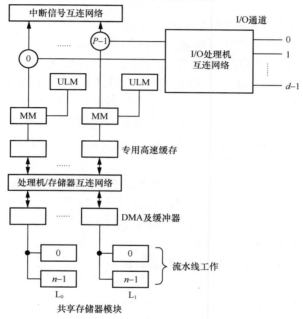

（b）处理机自带专用高速缓存

图 10-10　紧耦合多处理机系统的两种构型

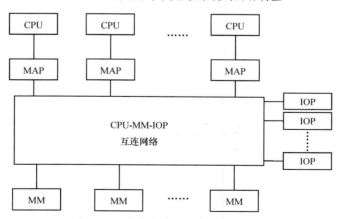

图 10-11　紧耦合多处理机系统的模型

327

多处理机技术 / 第 10 章

2. 松散耦合多处理机系统

松散耦合多处理机系统中，每台处理机都有一个容量较大的局部存储器，用于存储需要经常用到的指令和数据，以减少紧耦合系统中存在的主存访问冲突。不同处理机间或者通过通道互连实现通信，以共享某些外设；或者通过消息传送系统（Message Transfer System，MTS）连接来交换信息，这时各台处理机可带有自己的外设。消息传送系统常采用简单的分时总线或环形、星形、树形等拓扑结构。

松散耦合多处理机系统比较适用于粗粒度的并行计算，处理的作业被分割成若干相对独立的任务在各个处理机上并行，而任务间的信息流量较小。如果各处理机任务间交互作用很小，这种耦合度很松的系统是很有效的，常常可以把它看成一个分布式系统。

这种系统多由一些功能较强、相对独立的模块组成，每个模块至少包括一个功能较强的处理机、一个局部存储器和一个 I/O 设备，模块间以消息的方式通信。系统中每台处理机都有处理单元、各自的存储器和 I/O 设备子系统。

按照 Flynn 分类法，多处理机系统属于 MIMD 计算机。多处理机系统由多个独立的处理机组成，每个处理机都能够独立执行自己的程序。处理机之间的连接频带比较低，通过 I/O 接口连接，处理机互为外设进行连接。例如，IBM 公司的计算机，都可以通过通道到通道的连接器把两个不同计算机系统的输入输出处理机（IOP）连接起来，通过并口或串口把多台计算机连接起来。例如，用串口加一个调制解调器拨号上网，也可以直接连接；多台计算机之间的连接需要有多个接口。目前，通过 Ethernet 接口连接多台计算机速度达 10Gbit/s。

当通信速度要求更高时，可以通过一个通道和仲裁开关（Channel and Arbiter Switch，CAS）直接在存储器总线之间建立连接。在 CAS 中有一个高速的通信缓冲存储器。

通过多输入输出口连接的多处理机系统如图 10-12 所示。

处理机共享主存储器，通过高速总线或高速开关连接。主存储器有多个独立的存储器模块，每个 CPU 能够访问任意一个存储器模块，通过映像部件 MAP 把全局逻辑地址变换成局部物理地址，通过互连网络寻找合适的路径，并分解访问存储器的冲突，多个输入输出处理机也连接在互连网络上，I/O 设备与 CPU 共享主存储器。处理机个数不能太多，

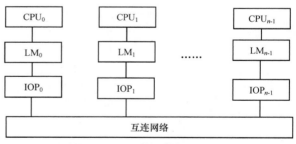

图 10-12　通过多输入输出口连接的多处理机系统

通常为几个到十几个，松散耦合方式要求有很高的通信频带。可以采用如下措施。

（1）采用高速互连网络。

（2）增加存储器模块个数。

（3）每个存储器模块再分成多个小模块，并采用流水线方式工作。

（4）每个 CPU 都有自己的局部存储器（LM）。

（5）每个 CPU 设置一个高速缓存。

通过消息传送系统连接的松散耦合多处理机系统如图 10-13 所示。

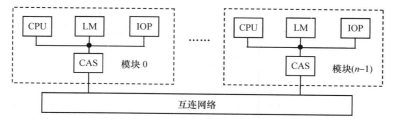

图 10-13　通过消息传送系统连接的松散耦合多处理机系统

习题 10

1. 单项选择题

（1）CRAY-1 的流水线是（　　　）。

A. 多条单功能流水线　　　　　　　　B. 一条单功能流水线

C. 多条多功能流水线　　　　　　　　D. 一条多功能流水线

（2）下列关于标量流水线处理机的说法不正确的是（　　　）。

A. 可对标量数据进行流水线处理　　　B. 没有向量数据表示

C. 不能对向量数据进行运算　　　　　D. 可以对向量、数组进行运算

（3）在 CRAY-1 计算机上，以链接方式执行下面 4 条向量指令（括号中给出相应功能部件的时间），如果向量寄存器和功能部件之间的数据传输需要 1 拍，此链接流水线的流过时间为（　　　）拍。

V0←存储器　　　　　（存储器取数，7 拍）

V1←V0+V1　　　　　（向量加，3 拍）

V3←V2<A3　　　　　（按照 A3 左移，4 拍）

V5←V3∧V4　　　　　（向量逻辑乘，2 拍）

A. 23　　　　　　　B. 24　　　　　　　C. 30　　　　　　　D. 31

（4）下面一组向量操作能分成（　　　）个编队，假设每种流水功能部件只有一个。

```
LV          V1,Rx        ;取向量
MULTSV      V2,F0,V1     ;向量和标量相乘
LV          V3,Ry        ;取向量 Y
ADDV        V4,V2,V3     ;加法
SV          Ry,V4        ;存结果
```

A. 1　　　　　　　B. 2　　　　　　　C. 3　　　　　　　D. 4

2. 简答题

（1）多处理机有哪些基本特点？发展这种系统的主要目的可能有哪些？多处理机着重解决哪些技术问题？

（2）简述多处理机系统 3 种不同类型的结构，列出每种结构的优点和缺点以及设计中的问题。

（3）在大型数组的处理中常常包含向量计算，按照数组中各计算的次序，我们可以把向量处理方法分为哪 3 种类型？

（4）【课程思政】查阅相关资料，了解多核处理技术、多处理机技术、服务器集群技术、云计算技术之间的关系，探讨国家"十四五""新基建"规划对这些技术及相关产业的促进作用。

参考文献

[1] 罗福强. 计算机组成与结构[M]. 北京: 人民邮电出版社, 2014.

[2] 罗福强, 冯裕忠, 茹鹏. 计算机组成原理[M]. 北京: 清华大学出版社, 2011.

[3] 谭志虎, 秦磊华, 吴非, 等. 计算机组成原理（微课版）[M]. 北京: 人民邮电出版社, 2021.

[4] 试题研究编写组. 计算机组成考研指导[M]. 北京: 机械工业出版社, 2009.

[5] 纪禄平, 罗克露, 刘辉, 等. 计算机组成原理[M]. 5 版. 北京: 电子工业出版社, 2020.

[6] 唐朔飞. 计算机组成原理[M]. 3 版. 北京: 高等教育出版社, 2020.

[7] 张晨曦, 王志英. 计算机系统结构[M]. 北京: 高等教育出版社, 2008.

[8] 钱晓捷. 微机原理与接口技术[M]. 5 版. 北京: 机械工业出版社, 2014.

[9] 黎连业, 王安, 李龙. 云计算基础与实用技术[M]. 北京: 清华大学出版社, 2013.

[10] 谭志虎, 周军龙, 肖亮. 计算机组成原理实验指导与习题解析[M]. 北京: 人民邮电出版社, 2022.